国家出版基金项目

中華美學全史

第七卷

陈望衡 著

人民出版社

目　　录

第　七　卷

宋辽金西夏编

导　语 ……………………………………………………………… 2294

第一章　宋词的审美理想 ………………………………………… 2297

　　第一节　"聊佐清欢" ………………………………………… 2298

　　第二节　"吟咏情性" ………………………………………… 2303

　　第三节　"以诗为词" ………………………………………… 2307

　　第四节　"别是一家" ………………………………………… 2312

　　第五节　"清空""骚雅" ……………………………………… 2318

第二章　宋诗的审美理想 ………………………………………… 2326

　　第一节　尚"韵" ……………………………………………… 2326

　　第二节　尚"平淡" …………………………………………… 2333

　　第三节　尚"理趣" …………………………………………… 2338

　　第四节　尚"禅味" …………………………………………… 2345

第三章　宋诗的创作理论 ………………………………………… 2356

　　第一节　"点铁成金"论 ……………………………………… 2357

第二节 "活法"论 …………………………………… 2361

第三节 "妙悟"论 …………………………………… 2365

第四节 "工夫在诗外"论 …………………………… 2372

第四章 欧阳修的美学思想 ……………………………… 2377

第一节 "富贵者之乐"与"山林者之乐" …………… 2378

第二节 "中充实则发为文者辉光" ………………… 2381

第三节 "诗穷而后工" ……………………………… 2386

第四节 "言不尽意之委曲而尽其理" ……………… 2390

第五节 "披图所赏,未必得秉笔之人本意" ……… 2392

第五章 苏轼的美学思想 ………………………………… 2394

第一节 审美人生论:"寓意于物"与"留意于物" … 2395

第二节 审美境界论:"绚烂之极归于平淡" ……… 2401

第三节 审美形象论:"论画以形似,见与儿童邻" … 2405

第四节 审美创作论:"其身与竹化,无穷出清新" … 2413

第五节 审美情趣论:"诗中有画"与"画中有诗" … 2419

第六章 宋朝绘画美学 …………………………………… 2425

第一节 郭熙:"三远"法 …………………………… 2426

第二节 韩拙:"画格"说 …………………………… 2432

第三节 董逌:"无相"说 …………………………… 2438

第四节 黄休复:"逸格"说 ………………………… 2442

第七章 宋朝书法美学 …………………………………… 2447

第一节 苏轼:书如生命说 ………………………… 2447

第二节 黄庭坚:以禅喻书,援禅入书 …………… 2452

第三节 米芾:"得趣"说 …………………………… 2457

第四节 姜夔:"风神"说 …………………………… 2465

第八章 《营造法式》中的建筑美学思想 ……………… 2475

第一节 建筑与功用 ………………………………… 2477

第二节 建筑与礼制 ………………………………… 2478

第三节 建筑与神祇 …………………………………… 2481

第四节 建筑与法则 …………………………………… 2485

第五节 建筑的体势 …………………………………… 2487

第六节 建筑的装饰 …………………………………… 2490

第九章 宋朝城市和园林美学 …………………………… 2494

第一节 《东京梦华录》 ……………………………… 2494

第二节 《洛阳名园记》 ……………………………… 2504

第三节 《艮岳寿山》 ………………………………… 2515

第十章 宋朝理学与心学：人生境界 …………………… 2519

第一节 周敦颐：予独爱莲 …………………………… 2520

第二节 邵雍：以物观物 ……………………………… 2527

第三节 张载：凡气清则通 …………………………… 2533

第四节 程颢、程颐：温润含蓄气象 ………………… 2538

第十一章 宋朝理学与美学：天人合一 ………………… 2544

第一节 "合一"论 …………………………………… 2546

第二节 "交感"论 …………………………………… 2549

第三节 "心性"论 …………………………………… 2551

第四节 "重生"论 …………………………………… 2553

第五节 "重乐"论 …………………………………… 2554

第十二章 陆九渊"心学"的境界 ……………………… 2558

第一节 生平 …………………………………………… 2558

第二节 朱陆之争 ……………………………………… 2560

第三节 鹅湖之会 ……………………………………… 2563

第四节 心灵的世界——价值世界 …………………… 2566

第五节 心灵的品位——天地境界 …………………… 2568

第六节 心灵的生发——复其本心 …………………… 2570

第十三章 朱熹的"理"本体美学思想 ………………… 2575

第一节 美学还是反美学 ……………………………… 2575

第二节　人生美学：天理与人欲的平衡 ⋯⋯⋯⋯⋯⋯⋯ 2584

第三节　天人之乐：自然美的理学化 ⋯⋯⋯⋯⋯⋯⋯⋯ 2586

第四节　文从道出：文学艺术的理学化 ⋯⋯⋯⋯⋯⋯⋯ 2598

第五节　天理节文：礼乐制度的理学化 ⋯⋯⋯⋯⋯⋯⋯ 2623

第十四章　辽朝美学（上） ⋯⋯⋯⋯⋯⋯⋯⋯⋯⋯⋯⋯⋯ 2635

第一节　辽工艺 ⋯⋯⋯⋯⋯⋯⋯⋯⋯⋯⋯⋯⋯⋯⋯⋯⋯ 2636

第二节　辽壁画 ⋯⋯⋯⋯⋯⋯⋯⋯⋯⋯⋯⋯⋯⋯⋯⋯⋯ 2643

第三节　辽建筑 ⋯⋯⋯⋯⋯⋯⋯⋯⋯⋯⋯⋯⋯⋯⋯⋯⋯ 2648

第十五章　辽朝美学（下） ⋯⋯⋯⋯⋯⋯⋯⋯⋯⋯⋯⋯⋯ 2654

第一节　汉化工程与辽文学 ⋯⋯⋯⋯⋯⋯⋯⋯⋯⋯⋯⋯ 2654

第二节　人格美学 ⋯⋯⋯⋯⋯⋯⋯⋯⋯⋯⋯⋯⋯⋯⋯⋯ 2660

第三节　文章之道 ⋯⋯⋯⋯⋯⋯⋯⋯⋯⋯⋯⋯⋯⋯⋯⋯ 2664

第四节　《辽诗话》与诗美学 ⋯⋯⋯⋯⋯⋯⋯⋯⋯⋯⋯ 2668

第十六章　金朝诗文美学 ⋯⋯⋯⋯⋯⋯⋯⋯⋯⋯⋯⋯⋯ 2673

第一节　赵秉文：透具眼之禅 ⋯⋯⋯⋯⋯⋯⋯⋯⋯⋯⋯ 2674

第二节　王若虚（上）：论文章 ⋯⋯⋯⋯⋯⋯⋯⋯⋯⋯ 2681

第三节　王若虚（下）：论诗人 ⋯⋯⋯⋯⋯⋯⋯⋯⋯⋯ 2687

第十七章　元好问的美学思想 ⋯⋯⋯⋯⋯⋯⋯⋯⋯⋯⋯ 2695

第一节　论情感："直教生死相许" ⋯⋯⋯⋯⋯⋯⋯⋯ 2696

第二节　论唐诗："移夺造化为工" ⋯⋯⋯⋯⋯⋯⋯⋯ 2700

第三节　论宋诗："不得不然之谓工" ⋯⋯⋯⋯⋯⋯⋯ 2707

第四节　论诗诗："谁是诗中疏凿手" ⋯⋯⋯⋯⋯⋯⋯ 2714

第十八章　西夏美学（上） ⋯⋯⋯⋯⋯⋯⋯⋯⋯⋯⋯⋯⋯ 2723

第一节　发型：尚秃发 ⋯⋯⋯⋯⋯⋯⋯⋯⋯⋯⋯⋯⋯⋯ 2724

第二节　服饰：尚白色 ⋯⋯⋯⋯⋯⋯⋯⋯⋯⋯⋯⋯⋯⋯ 2728

第三节　文字：尚会意 ⋯⋯⋯⋯⋯⋯⋯⋯⋯⋯⋯⋯⋯⋯ 2732

第四节　民俗：尚生态 ⋯⋯⋯⋯⋯⋯⋯⋯⋯⋯⋯⋯⋯⋯ 2738

第十九章　西夏美学（下）……………………………………………… 2742

　　第一节　工艺：美利统一 ……………………………………… 2743

　　第二节　音乐：胡风汉韵 ……………………………………… 2749

　　第三节　绘画：百川汇海 ……………………………………… 2752

第 七 卷

第七卷

宋辽金西夏编

导　语

　　公元960年后周大将赵匡胤发动陈桥兵变,后周皇帝拱手让位,宋朝建立。宋扫荡了南方的割据政权,中国又实现了统一。宋朝虽然在军事、政治方面远不及唐朝强大,但经济、文化仍然继续着唐朝的繁荣。宋堪称中国封建社会发展的顶峰。

　　如果说唐是中国文化的青春年代,那么宋就是中国文化的中年时代。青春年代自然朝气蓬勃,但中年时代更为理性与成熟,也别有一种魅力。

　　值得我们高度重视的是中国哲学三大学派儒、道、释在宋朝有了新发展。自唐代开始的以融合儒、道、释三家为特征的理学在宋朝达到了辉煌的顶峰。中国哲学终于建构了一个庞大且精致的体系,有了自己的本体论,有了自己的认识论,加之伦理学、美学自先秦以来一直较西方完善,因此,此时的中国的哲学至少可以说与西方双峰并峙。

　　理学以其精微的哲学思辨促使中华美学日趋精微化、哲理化。宋朝美学最突出的成就是"以禅喻诗"理论提出。禅对于美学的深入影响,让中国美学的"境"理论更为丰富与灵动。事实上,到宋朝中国美学的境界理论已经基本上完善。

　　宋朝社会出现了商业的繁荣,与之相关,宋朝的城市格局有了新的变化,里坊制让位于街市制,与此相关,宋朝的园林其规模其品位也超过了唐朝。文人园林的出现,较之贵族园林更能展现中国文化的风采。

　　宋朝的文学艺术非常繁荣，宋词的出现是宋朝文化的重要事件。如果说唐诗是唐朝的辉煌标志，那么，宋词则是宋朝的绚丽广告。宋词蕴藏着宋文化深厚的底蕴，展现着宋无限的美妙。

　　苏轼作为封建士大夫美学的代表人物，他的美学思想代表中国古典美学的最高成就。

　　宋朝前后时期，在中国文化史的重要地位，是多民族的中国文化包括美学的新发展。多民族的中国文化大体上有几个重要阶段：第一阶段是史前，散落在中国大地上的诸多民族逐渐地归属于或认同于以炎帝、黄帝为代表的部族，这种融合既有血缘上的，也有文化上的，以血缘上的融合为主。第二阶段是夏商周三代，华夷的分别与融合是这一时期中国社会的主题。分别主要是文化上的分别，而融合也主要是文化上的融合。第三阶段是秦汉唐三个时代，主要体现为汉与匈奴、突厥等少数民族的斗争，基本上以汉民族政权的基本胜利为结局，从而确立了汉文化的主体地位。第四阶段是宋朝、西夏、辽、金、蒙古阶段，这个时期中国大地上存在着几个少数民族的政权，主要有辽、金、西夏、蒙古，在占有的国土面积上及国势的强弱上，基本上差不多。因而国家政权之间的较量，较此前任何时期都要激烈。虽然军事上，汉族政权不占上风，甚至先部分地亡于金，后全部地亡于蒙古，但是在文化上，汉文化一直居于绝对的优势。文化上的斗争不是一方取代另一方，而是互相融合。因此，可以说，中华民族文化较以前任何时期都显得更为丰富，更为进步，更有力量，也更为精彩。

　　宋辽金西夏在中国美学史上的意义，最重要的是中华民族美学的形成。中国，传统的理解为汉民族统治的国家，但自南北朝起，这一概念逐渐发生变化，南北朝时的北朝的第一个政权为鲜卑人建立的北魏，北魏统治者拓跋氏坚持走汉化的道路，将北魏这样一个少数民族统治的国家建设成华夏国家，为中华民族文化上的融合做出开创性的贡献。少数民族的汉化始于先秦，在南北朝时期结出了第一枚硕果。在唐朝，少数民族的汉化加快了步伐，也扩大了规模，在唐帝国的北方，少数民族统治的政权——契丹改国号为辽，同样开始了汉化的进程，自称为中国。在北方，同时出现的少数民族国家还有西夏，辽灭亡后，还有金，蒙古，他们也都在汉化的道路上取得了重要成就。与此同时，汉民族统治的国家政权也吸收学习少数民族文化中的精华，一个融合多民族文化的中华民族已经形成而且在继续发展。这期间，一种新的美学——中华民族美学在形成着、发展着。

第 一 章
宋词的审美理想

　　宋词是中华艺术的奇葩，向来与唐诗相提并论。

　　唐诗是唐代精神的生动写照，宋词是宋代魂灵的形象传真。唐诗朴实、率真、雄奇、奔放，充满进取的精神、献身的气概。我们从唐诗可以强烈地感受到处于上升时期的封建社会是何等地朝气蓬勃，何等地充满活力。宋词则完全是另一种风味，宋词在艺术形式上显然比唐诗讲究多了，更注重音韵，更注重华美，更注重抒情。虽然宋词中所表达的情感，唐诗及前代诗歌均涉猎过，但比之唐诗及前代诗歌，宋词中的情感更深沉、更缠绵、更细腻、更哀伤、更复杂，充满那种"理不清，剪不断""欲说还休"的滋味。

　　宋代是中国封建社会的成熟期，犹如人之中年，虽还可说年富力强，但毕竟是开始走下坡路了。宋代这个朝代是很有特色的：一方面经济高度繁荣；另一方面，国力却日见虚弱。在文学艺术、哲学等意识形态方面，宋代创造了甚至连唐代都难以超过的灿烂成就，但在军事上，却非常糟糕。先是对辽作战，后是对金作战，最后是对元作战，几乎都无胜利可言。特别是靖康之变，徽钦二帝被掳，这对大宋王朝是最大的耻辱，在中国封建社会是绝无仅有的。所有这一切不能不影响到宋代的文学艺术。宋词特别是南宋词中强烈的忧患意识、爱国热情都可以从时代中找到原因。

　　研究宋代美学不可忽视宋词。虽然相比于词创作，词的理论研究在宋代显得落寞多了,但其成就还是不可小视。宋人对词的研究主要体现在词话中,宋代词话中,最重要的当属王灼的《碧鸡漫志》、张炎的《词源》、沈义美的《乐府指迷》、胡仔的《苕溪渔隐丛话》。除此以外,还有大量的词集序跋以及夹在诗话中的论词言论。所有这些都反映了宋词创作的审美自觉,大致勾勒了宋词的审美理想。

第一节 "聊佐清欢"

词在审美功能上较之于诗有一个重要不同,那就是词更注重娱乐性。

诗当然也有一定的娱乐功能,但中国的诗歌过多地强调"言志""比兴"传统,使得诗承担了过重的政治伦理使命,其娱乐功能受到了压抑。词则不一样,词本就是应娱乐的需要而产生的。

词的产生与燕乐的关系特别密切。中国的诗从《诗经》开始就建立了与音乐相结合的传统,最早的诗歌艺术是诗歌舞一体的。后来虽然不一定每诗必舞,每诗必歌,但诗仍然是合乐的歌词。

唐代的音乐主要为两类:一类是雅乐,分属大乐署及鼓吹署,由政府太常寺掌管,其音乐用来祭祀、庆典,歌词或出自御制,或出自文人,内容多为歌功颂德;另一类是燕乐,燕乐是民间音乐,它不只是汉族的音乐,也吸收融合了来自西域的少数民族的音乐,如"胡戎之乐"。燕乐在隋朝曾被隋炀帝整理成九部,唐初仍按隋制设九部乐。贞观十四年,唐太宗命协律郎改造燕乐,编为十部乐,取名为"燕乐",因为这种音乐通常是在燕享时使用。燕乐的乐器很多,为首的是琵琶,其他有觱篥、笙、笛、羯鼓等。

唐代国家音乐机构,除太常寺管辖的大乐署与鼓吹署外,宫廷内外尚有梨园、教坊。梨园中的艺人,号称"皇帝弟子"或"梨园弟子",唐玄宗笃爱音乐,亲为教司。《旧唐书》卷二十八《音乐志》载:"玄宗又于听政之暇,教太常乐工子弟三百人为丝竹之戏,音响齐发,有一声误,玄宗必觉而正之,号为皇帝弟子,又云梨园弟子,以置院近于禁苑之梨园。"唐代教坊是教授音乐歌舞的场所。唐代教坊有内、外之设,内教坊在宫内,外教坊在宫外,并有左、右之分，右多善歌，左多善舞。梨园与教坊所演唱的歌曲，为近体诗及由近体诗变化而来的长短句，即词。

（宋）佚名：《宋仁宗皇后像》

当时，梨园、教坊很喜欢选用名家的绝句入曲，而名家也为自己的诗能播之于音乐，广为流传而高兴，于是就有了"旗亭赌唱"的传说：

开元中诗人王昌龄、高适、王之涣齐名，时风尘未偶，而游处略同。一日天寒微雪，三诗人共诣旗亭贳酒小饮。忽有梨园伶官十数人，登楼会燕。三诗人因避席隈映，拥炉火以观焉。俄有妙妓四辈，寻续而至，奢华艳曳，都冶颇极。旋则奏乐，皆当时之名部也。昌龄等私相约曰："我辈各擅诗名，不自定其甲乙，今者可以密观诸伶所讴，若诗入歌词之多者，则为优矣。"俄而一伶，拊节而唱曰："寒雨连江夜入吴，平明送客楚山孤。洛阳亲友如相问，一片冰心在玉壶。"昌龄则引手画壁曰："一绝句。"寻又一伶讴之曰："开箧泪沾臆，见君前日书。夜台何寂寞，犹是子云居。"适则引手画壁曰:"一绝句。"寻又一伶讴曰:"奉帚平明金殿开,强将团扇共徘徊。玉颜不及寒鸦色,犹带昭阳日影来。"昌龄则又引手画壁曰:"二绝句。"之涣自以得名已久,因谓诸人曰:"此辈皆潦倒乐官,所唱皆巴人下里之词耳,岂阳春白雪之曲俗物敢近哉?"因指诸妓三中最佳者曰:"待此子所唱,如非我诗,吾即终身不敢与子争衡矣。脱是吾诗,子等当须列拜床下,奉我为师。"因欢笑而俟之。须臾次至双鬟发声,则曰:"黄河远上白云间,一片孤城万仞山。羌笛何须怨杨柳,春风不度玉门关。"之涣即揶揄二子曰:"田舍奴,我岂妄哉!"因大谐笑。①

用近体诗入乐,固然也是可以的,但因近体诗每句不是五字就是七字,每首又都是四句或八句,这种过于整齐的句式难免带来某种单调、呆板。乐曲比较多的是参差不齐的调式,这样就不能不对近代诗加以改造,于是,长短句遂为出现,这就是最初的词。

从词的产生来看,它是为适应音乐的需要而出现的。此种音乐不是那种用于祭祀庆典具有政教意义的雅乐,而是用于娱情遣兴的燕乐。词就这样先天性地具有娱乐性的品格。

词到宋代达到鼎盛,与宋代社会政治、经济、文化的状况大有关系。宋代虽然军事上谈不上强大,但政治上还算稳定,工商业相当繁荣。南宋孟元老在《东京梦华录》"自序"中追忆京城开封的繁华说:

举目则青楼画阁,绣户珠帘,雕车竞驻于天街,宝马争驰于御路。金翠耀目,罗绮飘香。新声巧笑于柳陌花衢,按管调弦于茶坊酒肆。八荒争凑,万国咸通。集四海之珍奇,皆归市易;会寰区之异味,悉在庖厨。花光满路,何限春游;箫鼓喧空,几家夜宴。伎巧则惊人耳目,侈奢则长人精神。……仆数十年烂赏叠游,莫知厌足。

孟元老是在宋南渡后写这本书的,追忆北宋崇宁年间京城的繁华也许有些夸张,但大体上来说还是如实的。宋朝的确物阜民丰。这种物

---

① 薛用弱:《集异记》卷二。

阜民丰为统治阶级、士大夫以及广大市民的娱乐生活提供了优厚的物质条件。

宋代社会重文轻武。《宋史·文苑传序》说："艺祖（赵匡胤）革命，首用文吏而夺武臣之权，宋之尚文，端本乎此。太宗、真宗其在藩邸，已有好学之名，及其即位，弥文日增。自时厥后，子孙相承，上之为人君者，无不典学；下之为人臣者，自宰相以至令录，无不擢科，海内文士彬彬辈出焉。"

这样一种社会风气定然促使燕乐的繁荣，推动词曲的创作。

词作为主要是为燕乐而制作的文学体裁，其娱乐性的品格在宋代追逐奢华的社会氛围中得到强化，宋初词作大家柳永、晏殊、欧阳修、晏几道等毫不掩饰为佐欢、自娱而作词的创作动机。

柳永有一首《鹤冲天》词明确说："且恁偎红翠，风流事、平生畅。青春都一饷，忍把浮名，换了浅斟低唱。"他自诩："才子词人，自是白衣卿相。"

晏殊，仁宗时官至宰相，此公政绩平平，而在词作上堪为大家，他经常举办私家宴会，宴会上少不得"清歌妙舞，急管繁弦"。他常即兴赋词，交歌妓演唱。叶梦得《避暑录话》载：

> 晏元献公虽早富贵，而奉养极约，惟喜宾客，未尝一日不燕饮，而盘馔皆不预办，客至旋营之。顷有苏丞相子容，尝在公幕府，见每有嘉客必留，但人设一空案、一杯，既命酒，果实蔬茹渐至。亦必以歌乐相佐，谈笑杂出，数行之后，案上已灿然矣。稍阑即罢遣歌乐，曰："汝曹呈艺已遍，吾当呈艺。"乃具笔札，相与赋诗，率以为常。前辈风流，未之有比。

欧阳修是儒学大家，为文俨然一副道学家的面孔，他论及儒家文论时亦大谈"道胜者，文不难而自至也"。可是他写词却完全是另一种形象，他的词作清新自然，率情而发，纯然是为了娱情遣兴。他在《采桑子》十首的序中说：

> 因翻旧阕之辞，写以新声之调，敢陈薄伎，聊佐清欢。

写词的目的很单纯，也很明确，就是"聊佐清欢"。

当然，"聊佐清欢"的作品不一定内容肤浅，优秀的词作家总是很善于

(宋) 苏汉臣:《杂技戏孩图》

将词的思想性与娱乐性结合起来,使词既能较有深度地抒发自己的某种人生感慨,又能以高度的艺术性给人以美的享受,既娱人又自娱。

晏几道的《小山词自序》很能说明一些问题。文云:

> 补亡一编,补乐府之亡也。叔原往者浮沉酒中,病世之歌词,不足以析酲解愠,试续南部诸贤绪余,作五七字语,期以自娱,不独叙其所怀,兼写一时杯酒间闻见所同游者意中事。尝思感物之情,古今不易,窃以谓篇中之意,昔人所不遗,第于今无传尔。故今所制,通以补亡名之。始时,沈十二廉叔、陈十君龙,家有莲、鸿、苹、云,品清沤娱客。每得一解,即以草授诸儿。吾三人持酒听之,为一笑乐而已。

晏几道现身说法,说明作词的动机:"不独叙其所怀,兼写一时杯酒间闻见所同游者意中事",这表明作词不仅需有感而发,而且此感要能与别人沟通,是"所同游者意中事"。这是一方面。另一方面,写词又是一种"自娱",对于词作者来说是一种排遣,是一种宣泄,是一种精神解放。词一完成,让歌妓来演唱,又可"品清沤娱客",供人"笑乐"。

宋词娱乐性的审美品格在实践中得以确立,这在中国美学史上具有重要意义。词作为"诗余"或者说诗的另一体本应具有较强的娱乐性。其实不独诗词,凡艺术都应具有较强的娱乐性。审美是离不开娱乐的。中国的诗歌其娱乐性的审美功能遭到压抑是不符合艺术的审美本质的。词异军突起,换一种方式,获得审美娱乐的品格,这实在是件大好事,是中华艺术进步的重要表现。

注重娱乐性必然带来注重艺术性。词在艺术形式美方面比诗更讲究。词的出现,使中国的诗歌艺术出现了另一个高峰,促使中国的诗歌艺术在艺术形式美方面走向成熟。王国维的《人间词话》向来被看作是中国诗歌美学的总结,其实,王国维在这部著作中讨论的是词美学,从中也可看出词在中国诗歌中的重要地位。

当然,宋词过于追求娱乐性也带来一些负面影响。柔靡之风不可避免地随之而来,因而也就遭到苏轼这样具有远见卓识的文人的反对。音乐为词带来的积极意义逐渐淡化,而其对词的发展所带来的局限又日益暴露,以至于词终于脱离音乐而独立,词又回到了诗的怀抱。而词作为歌词的功能则由曲来代替了。

第二节　"吟咏情性"

在审美功能上,词与诗有重大区别。宋代的词学家对此给予了注意。南宋的词学家胡寅在《题酒边词》一文中说:

> 词曲者,古乐府之末造也。古乐府者,诗之傍行也。诗出于《离骚》《楚辞》,而《离骚》者,变风变雅之怨而迫、哀而伤者也;其发乎情则同,而止乎礼义则异。名之曰曲,以其曲尽人情耳。

胡寅在这里谈到词与诗的关系,特别强调"发乎情则同,而止乎礼义则异",这是很重要的观点。诗词都由情而引起,情是诗词的原动力,是创作的出发点,这是它们相同的,但诗都要受"礼义"的统领、节制,诗情要合乎礼义,这样诗就不能尽情。而词则不同,相比较而言,词不那么受礼义的节制,它可以自由地、充分地抒情,因而叫"曲尽人情"。"曲尽人情"的"曲"不只是充分地抒情,还包含有这样的意思:词能够细腻委婉地表达人们通常难以在诗中充分表达的深情。

像闺情,诗一般是很少表现的,偶尔表现也相当地有节制,比较理性化。李商隐的《无题》表面看来是写闺情,实际上是另有寄托。而词特别善于写闺情。五代的温庭筠可谓是写闺情的高手。整个《花间集》弥漫着浓郁的脂粉味。欧阳炯津津乐道地表述:"则有绮筵公子,绣幌佳人,递叶叶之花笺,文抽丽锦;举纤纤之玉指,拍按香檀,不无清绝之辞,用助娇娆之态,自南朝之宫体,扇北里之娼风。"① 欧阳炯所说的这种香艳之风在宋代特别是北宋可说愈演愈烈。北宋写词高手如柳永、晏殊、晏几道、欧阳修都热衷于写闺情词。

宋代词话记载了许多有关闺情词写作的故事,从中也可透出宋词尚情的审美意趣。如《冷斋夜话》云:

> 李元膺作南京教官,丧妻,作长短句曰:"去年相逢深院宇,海棠下,曾歌《金缕》,歌罢花如雨。翠罗衫上,点点红无数。今岁重寻携手处,物是人非春暮,回首青门路,乱红飞絮,相逐东风去。"李元膺寻亦卒。

《苕溪渔隐丛话》云:

> 德麟小词,有"脸薄难藏泪,眉长易觉愁"之句,人多称之,乃全用《香奁集》:"桃花脸薄难藏泪,柳叶眉长易觉愁"一联诗,但去其上四字耳。

宋词是情感的大海,各种情感都在宋词中获得充分的表达。各种情感中,宋词言得最多并言得最为动人的是那种缠绵哀怨之情、凄苦之情、悲咽之情。北宋的词人晏几道、秦少游最为典型。晏几道虽出身名门,父为宰相晏殊,早年也过着纸醉金迷的豪华生活。但到成年,跨入社会,迭遭打击,因政治上的原因株连下狱。秦少游负绝世才华,深得苏轼赏识,但仕途同样不顺,历尽坎坷。他们的词寄寓沉痛的人生体验,用语虽婉,然哀感逼人。冯煦在《宋六十一家词选·例言》中说:"淮海(秦少游别号淮海居士)、小山(晏几道又名小山)真古之伤心人也。其淡语皆有味,浅语皆有致,求之两宋词人,实罕其匹。"

---

① 欧阳炯:《花间集叙》。

(宋) 刘松年:《四景山水图》(局部)

关于词擅长抒情这一美学特点,尹觉《题坦庵词》有个简赅的概括:

> 词,古诗流也。吟咏情性,莫工于词。临淄、六一,当代文伯,其乐府犹有怜景泥情之偏。岂情之所钟,不能自己于言耶? 坦庵先生,金闺之彦,性天夷旷,吐而为文,如泉出不择地。连收两科,如俯拾芥。词章乃其余事。人见其模写风景,体状物态,俱极精巧。初不知得之之易。以至得趣忘忧,乐天知命,兹又情性之自然也。

"吟咏情性"当然不是词的专长,但"莫工于词"颇有道理,除了在情感表达的范围上,词较诗宽泛以外;词较之于诗,与音乐有着更密切的联系。词本就是歌词,古人作词是依声而填词的,因而词更讲究音律。协律被看作是词的"本色""当行",从词依附于乐谱这一点而言,词实是音乐的一部分,而音乐在所有的艺术品种中是最善于表达情感的。黑格尔说:"通过音乐来打动的就是最深刻的主体内心生活;音乐是心情的艺术,它直接针对着心情。"① 词既然是音乐中的表意部分,也就具有音乐长于抒情这一特点。作为文学作品,词又长于表达思想,故而词在表达人的内心

---

① 黑格尔:《美学》第 3 卷上册,商务印书馆 1979 年版,第 332 页。

世界方面有它特殊的优越性。尹觉说"吟咏情性,莫工于词",无疑是很精辟的。

词之抒情,既可以借景,取情景交融;也可以直抒胸臆。尹觉认为欧阳修写词有"怜景泥情"之偏。按尹觉的美学观,词之抒情贵在真挚自然,不吐不快,如"泉出不择地"。

北宋著名词人张耒对贺铸(贺方回)的词创作有精彩的评论,其中谈到词崇尚抒情和抒情贵在自然、贵在真挚的问题。他说:

> 文章之于人,有满心而发,肆口而成,不待思虑而工,不待雕琢而丽者,皆天理之自然,而性情之至道也。世之言雄暴虓武者,莫如刘季、项籍,此两人者,岂有儿女之情哉?至其过故乡而感慨,别美人而涕泣,情发于言,流为歌词,含思凄惋,闻者动心。为此两人者,岂其费心而得之哉!直寄其意耳。

> 余友贺方回,博学业文,而乐府之词,高绝一世,携一编示余,大抵倚声而为之,词皆可歌也。或者讥方回好学能文,而惟是为工,何哉?余应之曰:是所谓满心而发,肆口而成,虽欲已焉而不得者。①

张耒这篇序有很重要的美学价值,他在强调词重情的基础上,又强调词的抒情应是"天理之自然,性情之至道"。只有"满心而发,肆口而成",其词才能让"闻者动心"。

南宋女词人李清照著有《论词》,这是一篇非常重要的词学文献。在这篇文章,她开篇就谈到词的抒情效果:

> 乐府声诗并著,最盛于唐。开元、天宝间,有李八郎者,能歌,擅天下。时新及第进士开宴曲江,榜中一名士先召李,使易服隐姓名,衣冠故敝。精神惨沮,与同之宴所。曰:"表弟愿与坐末。"众皆不顾。既酒行乐作,歌者进,时曹元谦、念奴为冠。歌罢,众皆咨嗟称赏。名士忽指李曰:"请表弟歌。"众皆哂,或有怒者。及转喉发声,歌一曲,众皆泣下。罗拜曰:"此李八郎也。"

---

① 张耒:《东山词序》。

　　这个故事是真实的。李八郎是演唱词曲的高手,他的演唱声情并茂,具有强烈的艺术感染力。词之动人,音乐起了很大作用。中国的诗本有与音乐结合的传统。王灼在《碧鸡漫志》中说:"或问歌曲所起,曰:'天地始分,而人生焉,人莫不有心,此歌曲所以起也。'《舜典》曰:'诗言志,歌永言,声依永,律和声。'《诗序》曰:'在心为志,发言为诗,情动于中而形于言。言之不足,故嗟叹之,嗟叹之不足,故永歌之;永歌之不足,不知手之舞之,足之蹈之。'《乐记》曰:'诗言其志,歌咏其声,舞动其容:三者本于心,然后乐器从之。'故有心则有诗,有诗则有歌,有歌则有声律,有声律则有乐歌。永言,即诗也,非于诗外求歌也。今先定音节,乃制词从之,倒置甚矣。……诗至于动天地、感鬼神、移风俗,何也? 正谓播诸乐歌,有此效也。"王灼这段话的主旨是强调音乐对诗的作用。在他看来,诗的感天动地的审美效应是音乐帮助它实现的。诗与音乐的关系是采诗入乐,依调作歌;词与音乐的关系则是倚声填词,言出于声。诗对乐有相当大的独立性,而词的独立性就小多了。就借助音乐吟咏情性与动人情感这一点来说,词胜于诗。

第三节　"以诗为词"

　　宋代初期的词,其风格基本上沿袭五代词的绮靡俗艳,柳永是突出代表。柳词多为秦楼楚馆的歌女演唱所作,格调不高,但柳词切合音律,内容又多为艳情风月,深得市井喜爱,因而"凡有井水饮处,即能歌柳词"①。柳永参加过科举考试,虽才华出众,但因词作"浮艳虚薄"不为仁宗欣赏而落榜。据吴曾《能改斋漫录》载,仁宗曾就柳永落榜发下话来:"且去浅斟低唱,何要浮名!"

　　其实,热衷浮词艳语的又何止柳永,与柳永同时的晏殊也大写充满脂粉味的闺情词。可笑的是,晏殊还"理直气壮"地强说自己的词与柳词不一

---

① 叶梦得:《避暑录话》卷下。

样。张舜民《画墁录》卷一载：

> 柳三变（即柳永）既以词忤仁庙，吏部不放改官，三变不能堪，诣政府，晏公曰："贤俊作曲子么？"三变曰："只如相公亦作曲子。"公曰："殊虽作曲子，不曾道'绿线慵拈伴伊坐'。"柳遂退。

晏殊的意思是，他虽然也作词，但他不去写那种在勾栏瓦肆偎红倚翠的作品。诚然，晏殊作为达官贵人不必去逛低级的市井娼楼，但他蓄养不少家妓，酒酣耳熟之际也写过不少极尽婉约缠绵、镂玉雕琼的艳词，正如有些论者所说，晏词与柳词只不过是"淑女与娼妓"之别。

苏东坡对词坛这种沉迷于艳情的风气十分不满。他有意识地想打破这种格局，开拓词的境界，他的词雄豪奔放，意境辽阔，被后人誉为豪放派的代表人物。俞文豹《吹剑续录》中记载一段佚事：

> 东坡在玉堂，有幕士善讴，因问："我词比柳词何如？"对曰："柳郎中词，只好十七八岁女孩儿执红牙板唱'杨柳岸晓风残月'，学士词，须关西大汉执铁板唱'大江东去'。"公为之绝倒。

苏东坡不仅以其创作实践革新词坛，而且明确地表明自己的词学主张。他在《与鲜于子骏》书中说：

> 近却颇作小词，虽无柳七郎风味，亦自是一家。呵呵！数日前猎于郊外，所获颇多，作得一阕，令东州壮士抵掌顿足而歌之，吹笛击鼓以为节，颇壮观也。

苏东坡的"自是一家"说是针对以柳永为代表的浮艳词风的。前面我们提到，这是自五代以来的传统词风。苏东坡"自是一家"旗号的亮起，无疑具有词学革新的性质。这是一种新的词美学，这种美学大体上有以下要点。

一、以诗为词

前面我们也谈到过诗词的区别。词之别于诗是词觉醒的表现，也是中国诗歌的一种重要发展，它的进步意义无疑要给予充分肯定，但词偏于艳情，过于注重音律，又给词带来了视野狭隘、格调卑下、专注形式因而难以自由抒发心志的弊病。苏东坡强调诗词一家，词为"诗余""诗之裔"，也就是企图扭转"诗庄词媚"的格局，让词也继承发扬诗的"言志""寄兴"传统，以扩大词的境界，加重词的分量，希望词也能像诗一样具有强烈的现实感、历史感！

苏轼评著名诗人兼词人张先（张子野）的作品，说，"清诗绝俗，甚典而丽。搜研物情，刮发幽翳。微词婉转，盖诗之裔"[①]；"张子野诗笔老妙，歌词乃其余波耳"[②]。

苏轼"以诗为词"，作为一种审美理想，当然首先体现在他自己的创作中。《燕喜词叙》评论苏轼与秦观的诗词创作说：

> 议者曰：少游诗似曲，东坡曲似诗。盖东坡平日耿介直谅，故其为文似其为人。歌《赤壁》之词，使人抵掌激昂而有击楫中流之心；歌〔哨遍〕之词，使人甘心淡泊而有种菊东篱之兴，俗士则酣寐而不闻。少游情意妩媚，见于词则秾艳纤丽，类多脂粉气味，至今脍炙人口，宁不愧于东坡耶？

《燕喜词叙》将苏轼以诗为词的原因归之于苏轼的创作个性，这是有一定道理的。不过，更重要的也许是作为自幼饱读儒家经典的知识分子，儒家的人生哲学、儒家的诗教说对他有着很大的影响。苏轼入世精神很强，他的抱负主要在政治方面，写诗作词只是余事。王灼说他"以文章余事作诗，溢而作词曲"，"非心醉于音律者，偶尔作歌，指出向上一路，新天下耳目，弄笔者始知自振"[③]。

南宋的爱国词人辛弃疾也是如此。范开《稼轩词序》云："公一世之豪，以气节自负，以功业自许。方将敛藏其用，以事清旷，果何意于歌词哉？直陶写之具耳。故其词之为体，如张乐洞庭之野，无首无尾，不主故常；又如春云浮空，卷舒起灭，随所变态，无非可观。无他，意不在于作词，而其气之所充，蓄之所发，词自不能不尔也。"

---

① 苏轼：《祭张子野文》。
② 苏轼：《题张子野诗集后》。
③ 王灼：《碧鸡漫志》。

　　在中国封建社会，知识分子大多有入世、出世之两面，所谓"穷则独善其身，达则兼济天下"。诗与词就其文体性质而言，诗比较适合于言志，"兼济天下"这一面通常借诗表达；词比较重于言情，"独善其身"这一面较多地借词表达。那些入世精神很强，有理想、有抱负的知识分子不满意于词的专主抒情，而要用它来言志，这就造成了"以诗为词"的创作倾向，导致新的词风的出现。

　　从文学传统来说，苏轼、辛弃疾等人的"以诗为词"，实质上是继承并发扬了《诗经》、汉乐府的现实主义传统。苏门文人集团中的重要人物黄庭坚为晏几道作的《小山词序》中引晏几道的话说："我槃珊勃窣，犹获罪于诸公，愤而吐之，是唾人面也。乃独嬉弄于乐府之余，而寓以诗人之句法，清壮顿挫，能动摇人心，士大夫传之，以为有临淄之风耳，罕能味其言也。"这里明确说词乃"乐府之余"，写词应"寓以诗人之句法"。王灼《碧鸡漫志》中也认为"词与乐府同出，岂当分异？"不赞成"柳氏家法"丢弃乐府传统，沉湎于淫艳猥亵之语，而推崇"晁无咎、黄鲁直皆学东坡"。他赞赏陈师道的词，认为好就好在"妙处如其诗"。

二、推崇阳刚之美的词风

　　苏轼很欣赏秦观的才华，但对秦观词的柔弱无力不满意。《唐宋诸贤绝妙选》卷二载：

　　　　后秦少游自会稽入京，见东坡……坡遽云："不意别后公却学柳七作词。"秦答："某虽无识，亦不至是。先生之言，无乃过乎。"坡云："'销魂，当此际'，非柳词句法乎？"秦惭服，然已流传，不复可改矣。

　　苏轼不满意秦观学柳永，好几次将秦观与柳永联系在一起，说是"山抹微云秦学士，露花倒影柳屯田"。其实秦与柳在词的品格上区别还是很大的，但是柔弱乏骨倒是二人共同的毛病。

　　将宋词的风格分成豪放与婉约两大派，这是明代张綖的说法。但在宋代实际上已用"豪放""婉媚"这样的概念评词。苏轼就用过"豪放"的概念评论他人的作品。比如他评吴道子的画，说是"出新意于法度之中，寄妙理于豪放之外"①。他的《与陈季常书》亦云："又惠新词,句句警拔,诗人之雄,非小词也。但豪放太过,恐造物者不容人如此快活。"苏轼虽然被人誉为豪放派之首,但实际上他不只是写作风格豪放的词,也有一些可以看作是婉约的词,如悼念亡妻的《江城子》。值得我们注意的是,苏轼的词不论是豪放还是婉约,都充溢着真挚的情感、流畅的语势、刚健质朴的气质。苏轼不满意于柳永、秦观词作的柔弱乏骨,提出"自是一家"的词学观,就包含有这样的意思:词不论是反映什么生活,表达什么情感,都应该是至情至性的文字,催人向上的文字,使人超拔的文字。

三、重情感自由抒发,不为音律所限

这一点在宋代就遭人批评。李清照就说过:苏轼"学际天人,作为小歌词,直如酌蠡水于大海,然皆句读不葺之诗尔,又往往不协音律"。② 不过,苏轼的词也获得许多人的赞扬。刘辰翁的《辛稼轩词序》就说:"词至东坡,倾荡磊落,如诗如文,如天地奇观,岂与群儿雌声学语较工拙。"辛弃疾深谙音律,但他作词不受音律束缚,一任心灵抒写,"如春云浮空,卷舒起灭,随所变态,无非可观"③;又"如禅宗棒喝,头头皆是"④。苏轼的"自是一家"说,对宋代词坛影响很大,特别是对南宋词坛。苏轼创造的豪放派词风在北宋并未占主导地位,而到南宋则蔚然成一大宗,这主要是南宋的政治形势造就的。贯穿南宋长达 200 余年历史的主旋律一直是主战派与投降派的斗争,在大多数情况下都是投降派占据上风。恢复中原的努力一而再、再而三地遭受挫折,那些爱国人士不能不扼腕浩叹,悲愤填膺,有泪如倾。而当他们把一腔挚情倾注于词篇的时候,很自然地选择了苏轼的"自是一家"的词学。

值得补充说明的是,苏轼虽在创作理论上提出"以诗为词""自是一

---

① 苏轼:《书吴道子画后》。
② 李清照:《论词》。
③ 范开:《稼轩词序》。
④ 刘辰翁:《辛稼轩词序》。

家",并不否定"以词为词""别是一家"。苏轼的意思只是不需固守"以词为词""别是一家",未尝不可"以诗为词""自是一家"。在创作实践上,苏轼的词只是极少数不协音律,绝大部分是协律的,他虽然写了一些"以诗为词"的优秀之作,但更多的还是"以词为词"的作品。苏轼的作品其美学风格也不能都归于豪放,婉约的作品也有不少。但苏轼的确是开一代词风的大词人,是词学革新家,他的词学理论和其词创作对后世的影响是任何人也无法与之相比的。

第四节 "别是一家"

苏轼的"以诗为词""自是一家"的词学主张在宋代就遭到了许多人的批评,其中最重要的是晁补之、陈师道和李清照。晁补之和陈师道都属苏门文人,他们在许多方面与苏轼持相同的观点,但在词学方面他们倒更倾向于诗词相分,以保留词自身的审美特质。晁补之说:

> 世言柳耆卿曲俗,非也。如《八声甘州》云"渐霜风凄紧,关河冷落,残照当楼",此真唐人语,不减高处矣。欧阳永叔《浣溪沙》云"堤上游人逐画船,拍堤春水四垂天,绿杨楼外出秋千",要皆妙绝,然只一出字,自是后人道不到处。苏东坡词,人谓多不谐音律,然居士词横放杰出,自是曲子中缚不住者,黄鲁直间作小词,固高妙,然不是当行家语,是着腔子唱好诗。晏元献不蹈袭人语,而风调闲雅,如"舞低杨柳楼心月,歌尽桃花扇底风",知此人不住三家村也。张子野与耆卿齐名,而时以子野不及耆卿,然子野韵高,是耆卿所乏处。近世以来,作者皆不及秦少游,如"斜阳外,寒鸦万点,流水绕孤村",虽不识字人,亦知是天生好言语。①

晁补之在这里提出"当行家语"这一重要概念,认为词有它的"当行家语",与诗应有所不同,他批评了黄鲁直(黄庭坚)的词不是"当行家语",

① 吴曾:《能改斋漫录》。

只是"着腔子唱好诗"。他也有保留地批评了苏轼，说他的词"不谐音律"。
晁补之赞赏的词人首推秦观，说他的词作是"天生好言语"，其他是晏元献
（晏殊）、张子野（张先）、柳耆卿（柳永）、欧阳修。对他们词作的评价分别
是"风调闲雅""韵高""真唐人语""妙绝"。虽然，晁补之没有明确地说"当
行家语"是什么，然而，从他对以上所述词人的具体评论，可大致推测"当
行家语"的含义。晁补之的意思是，词不同于诗，词有自身特有的音律、格
调，这特有的音律、格调就是它的"当行家语"。

南宋词人陈师道又提出"本色"这一概念，他说：

> 退之以文为诗，子瞻以诗为词，如教坊雷大使之舞，虽极天下之工，
> 要非本色。今代词手，惟秦七黄九尔……①

陈师道对苏轼"以诗为词"颇有微词，认为"虽极天下之工，要非本色"。
那就是说，词就是词，不能当诗来写。词之"本色"是什么，陈师道没有说。
南宋词人刘克庄倒是说得比较明白，他说："长短句当使雪儿啭春莺辈可歌，
方是本色。"②雪儿为歌女，长短句就是让雪儿当作歌词来演唱的，而且要唱
得像春莺般的美妙动人。就在同一篇文章中，刘克庄也谈到辛弃疾、陆游
的"忧时愤世之作"，虽然他也非常推崇这二人的作品，但他并不认为是词
之本色。可见，词的"本色"就是婉约柔美了。

李清照提出词"别是一家"，亦涉及词的审美特质问题，很值得重视。
李清照云：

> 五代干戈，四海瓜分豆剖，斯文道熄。独江南李氏君臣尚文雅，故
> 有"小楼吹彻玉笙寒"，"吹皱一池春水"之词，语虽奇甚，所谓亡国之
> 音哀以思者也！
>
> 逮至本朝，礼乐文武大备，又涵养百余年，始有柳屯田永者，变旧
> 声作新声，出《乐章集》。大得声称于世，虽协音律，而词语尘下。又
> 有张子野、宋子京兄弟，沈唐、元绛、晁次膺辈继出，虽时时有妙语，而

---

① 陈师道：《后山诗话》。
② 刘克庄：《翁应星乐府序》。

破碎何足名家！至晏元献、欧阳永叔、苏子瞻，学际天人，作为小歌词，直如酌蠡水于大海，然皆句读不葺之诗尔，又往往不协音律者。何耶？盖诗文分平侧，而歌词分五音，又分五声，又分六律，又分清浊、轻重。且如近世所谓《声声慢》《雨中花》《喜迁莺》，既押平声韵，又押入声韵。《玉楼春》本押平声韵，又押上去声，又押入声。本押仄声韵，如押上声则协，如押入声，则不可歌矣。王介甫、曾子固文章似西汉，若作一小歌词，则人必绝倒，不可读也。

乃知别是一家，知之者少。后晏叔原、贺方回、秦少游、黄鲁直出，始能知之。又晏苦无铺叙。贺苦少典重。秦即专主情致，而少故实，譬如贫家美女，虽极妍丽丰逸，而终乏富贵态。黄即尚故实，而多疵病，譬如良玉有瑕，价自减半矣。[1]

李清照提出词"别是一家"，显然是不同意苏东坡的"自是一家"的说法的。从以上所引文字看，李清照并不主张将词与诗彻底分别开来。她用"亡国之音哀以思"评价李后主的词，所持的批评标准就是儒家的诗论。看来她是注重词的社会内涵的。但李清照基本上还是主张诗词有别的。诗词之别，她认为主要在音律上。诗词都讲音律，但音律不同。她认为晏元献、欧阳修、苏轼虽然学问甚好，但所作的词也还只能说是长短句的诗，因为往往不协词的音律。这个批评明显是过于苛刻了。李清照的观点倒是很鲜明。她认为，词有词的品格，诗有诗的品格，这是两种不同的文体，不可混淆。词对于诗来说，"别是一家"。

在诗词有别这个问题上，李清照比较突出音律。而就词来说，她又不认为合音律者就是好词，她批评柳永的词"虽协音律，而词语尘下"。联系她批评晏词"无铺叙"、贺词"少典重"、秦词"少故实"，特别是尖锐地指出秦词"终乏富贵态"，可以看出，李清照心目中的好词应该是：格高调雅，典重妍丽，具有大家闺秀气派。

---

① 李清照：《论词》。

(宋) 赵佶:《芙蓉锦鸡图》

总括以上几位重要词人、词评家的看法,词的"本色""当行"亦即它的审美特质大致是这样的。

一、词有特别的不同于诗的音律

词的音律是应适合演唱而制定的,词的演唱者又皆为女妓。沈德符的《万历野获编》云:"今世学舞者,俱作汴梁与金陵,大抵俱软舞。虽有南舞、北舞之异,然皆女妓为之,即不然,亦男子女妆以悦客。古法渐灭,非始本朝也。至若舞用妇人,实胜男子,彼刘、项何等帝王,尚属虞、戚为之舞。唐人谓教坊雷大使舞,极尽巧工,终非本色。盖本色者,妇人态也。"这段文字说明,词曲演唱者为女妓。这样,词的音乐风格应是清圆婉转。南宋词学家张炎著有《词源》,对词的音律有很具体的描述,他特别强调词的演唱具有一种"贯珠"之美。他说:"词以协音为先,音者何,谱是也。……慢曲不过百余字,中间抑扬高下,丁、抗、掣、拽,有大顿、小顿、大住、小住、打、揩等字。真所谓上如抗，下如坠，曲如折，止如槁木，倨中矩，句中钩，累累乎端如贯珠之语，斯为难矣。""盖词中一个生硬字用不得。须是深加锻炼，字字敲打得响，歌诵妥溜，方为本色语。"①

词与音乐的关系特别密切。为了合乐，词有时还不得不迁就于音乐。刘熙载说："乐歌，古以诗，近代以词。如《关雎》《鹿鸣》，皆声出于言也；词则言出于声矣。故词，声学也。"② 既然词是声学，词"出于声"，当然特别讲究音律，不协律者不能称之为"当行"。

二、词以婉丽为本色

词以婉丽为本色是多方面的原因造成的。首先，词本是应达官贵人花前月下娱乐而产生的，演唱词的又多为年轻貌美的女孩，这样，它就先天性地带有女性色彩。词的题材多为闺情，这种题材也只能以婉丽为基调。另外，六朝宫体诗、五代花间词对宋词的影响不可低估。它实际上已经成为宋词的重要源头之一。宋初词人大都具有"花间"遗风。胡仔引《雪浪斋日记》说："晏叔原（即晏几道）工于小词，'舞低杨柳楼心月，歌尽桃花扇底风'，不愧六朝宫掖体。"张侃说欧阳修常从五代花间词中"转其语而用之，意尤新"③。所有这些就造就了词的婉丽本色。

宋人评词大量运用"婉丽"这一美学标准。比如《爱日斋丛抄》云："今吴氏《漫录》载文潜《少年游》《秋蕊香》二词殊婉媚，不在元始（祐）诸公下。"《艺花雌黄》载：苏轼侍妾向秦少游索词，秦少游作了一首《南歌子》，此书评曰："何其婉媚也。"《苕溪渔隐丛话》说："旧词高雅，非近世所及，如《扑蝴蝶》一词，不知谁作，非惟藻丽可喜，其腔调亦自婉美。"

这种以婉丽为特色的词又被称为艳词。尽管宋词的美学风格不都是婉丽的，但婉丽被公认为词之正宗。明代的张綖说："词体大略有：一体婉约，一体豪放。婉约者欲其词调蕴藉，豪放者欲其气象恢宏。然亦存乎其人，

---

① 张炎：《词源》。
② 刘熙载：《艺概·词曲概》。
③ 张侃：《拙轩词话》。

如秦少游之作,多是婉约;苏子瞻之作,多是豪放,大约词体以婉约为正。"①
词以婉约为正,这在中国文化现象中是很耐人寻味的。中国文化以刚柔相
济为特色,崇阳而又恋阴。中国的诗比较崇尚阳刚气概,而词则又比较见
出阴柔本色。阳刚者以力胜,阴柔者以韵胜,这就带来了宋词审美的第三
个特色:婉转。

三、词以婉转为特色

婉转即为含蓄、空灵,多韵外之致、味外之味。王国维谈境界,多是针
对词而谈的。他说:"词之为体,要眇宜修。能言诗之所不能言,而不能尽
言诗之所能言。诗之境阔,词之言长。"② 词的这一特点,宋人也早有认识。
王炎《双溪诗余自序》云:"长短句命名曰曲,取其曲尽人情,惟婉转妩媚为
善。"李之仪认为贺铸的词好就好在"宛转紃绎,能到人所不到处"③。孙竞
为竹坡词作序,云:"至其嬉笑之余,溢为乐章,则清丽婉曲。"④ 秦少游的词
向来被视为婉约派的代表,他的词之美一方面在其婉美;另一方面也在其
婉转。杨湜《古今词话》云:"少游《画堂春》'雨余芳草斜阳,杏花零落燕
泥香'之句,善于状景物。至于'香篆暗暗销鸾凤,画屏萦绕潇湘'二句,便
含蓄无限思量意思,此其有感而作也。"词的婉,既是曲,又是深,因而作得
成功的词总是具有多层次性,甚至其意难以言尽。《古今词论》引毛先舒云:
"永叔词云:'泪眼问花花不语,乱红飞过秋千去。'此可谓层深而浑成。何
也? 因花而有泪,此一层意也;因泪而问花,此一层意也;花竟不语,此一层
意也;不但不语,且又乱落。飞过秋千,此一层意也。人愈伤心,花愈恼人,
语愈浅而意愈入,又绝无刻画费力之迹,谓非层深而浑成耶?"南宋词人柴
望说得好:"大抵词以隽永委婉为尚。"⑤ 隽永,深也;委婉,曲也。

---

① 张綖:《诗余图谱》。
② 王国维:《人间词话删稿》。
③ 李之仪:《跋小重山词》。
④ 孙竞:《竹坡老人词序》。
⑤ 柴望:《凉州鼓吹自序》。

词特别讲究"隽永委婉",使得词较之诗更有意境,更有境界。王国维的"境界"说主要是对词的艺术美的总结。

第五节　"清空""骚雅"

宋词的美学风格是丰富多彩的,明代张綖将其主要风格概括为婉约、豪放两派,对后世影响很大。不过,此说并不完善。事实上,婉约与豪放两大风格流派在其发展过程中,互相吸取对方的成分,形成了一种既婉约又豪放的新词派。这个新词派以南宋的姜夔为代表。有人称之为风雅词派或清雅词派,南宋的词人兼词论家张炎对这一词派的美学风格作了深入的研究,提出"清空""骚雅"两个极为重要的美学范畴,"清空""骚雅"主要是风雅词派的美学风格,但又不只属于这个词派,豪放词派与婉约词派也不同程度地兼有这种风格的内涵。"清空""骚雅"也许更应看作一种具有普遍意义的宋词审美理想。

张炎说:

> 词要清空,不要质实。清空则古雅峭拔,质实则凝涩晦昧。姜白石词如野云孤飞,去留无迹;吴梦窗词如七宝楼台,眩人眼目,碎拆下来,不成片段。此清空质实之说。梦窗《声声慢》云:"檀栾金碧,婀娜蓬莱,游云不蘸芳洲。"前八字恐亦太涩。如《唐多令》云:"何处合成愁? 离人心上秋。纵芭蕉不雨也飕飕。都道晚凉天气好,有明月,怕登楼。前事梦中休,花空烟水流。燕辞归客尚淹流。垂柳不萦裙带住,谩长是,系行舟。"此词疏快,却不质实。如是者集中尚有,惜不多耳。白石词如《疏影》《暗香》《扬州慢》《一萼红》《琵琶仙》《探春》《八归》《淡黄柳》等曲,不惟清空,又且骚雅,读之使人神观飞越。①

张炎这段文字提出"清空""骚雅"两个概念,我们分别析之。"清空"与"质实"相对。张炎认为"清空"则古雅峭拔,"质实"则凝涩晦昧。"清空"

---

① 张炎:《词源·清空》。

的代表为姜白石词,说是"如野云孤飞,去留无迹";"质实"的代表为吴梦窗词,说是"如七宝楼台,眩人眼目,碎拆下来,不成片段"。从这些语句来看,"清空"应具有以下几个主要特征。

一、品格清高

张炎说"清空则古雅峭拔",这"古雅峭拔"主要是指品格。汉代王充说:"操行清浊,性也。"① 操行的"清",当然是指品德高尚了。魏晋玄学品评人物,喜欢用"清"作为尺度,诸如"清通""清真""清省""清鉴""清和""清蔚"等。"清"在玄学家的心目中不只是指一般的品德高尚,还指一种超尘绝俗、冲淡旷达的高蹈精神。此外,"清"这一概念的运用大多与道家的人生理想相关。张炎所推崇的词人姜夔一辈子未曾出仕,寄情山水,啸傲泉石,别号"白石道人",虽不能说他整个人生观属于道家,但道家思想比较重是可以肯定的。文品是人品的写照,从姜夔的作品我们能充分地感受到那种高洁飘逸的襟怀。姜夔喜欢在词序中透露自己写词的意绪,这是我们窥探姜夔思想情怀的重要途径,比如他的《念奴娇》,词序云:"予客武陵,湖北宪治在焉。古城野水,乔木参天。予与二三友日荡舟其间,薄荷花而饮,意象幽闲,不类人境。秋水且涸,荷花出地寻丈,因列坐其下,上不见日,清风徐来,绿云自动,间于疏处,窥见游人画船,亦一乐也。"从大自然中寻求人生快乐的思想,当然不只属于道家,但道家的泉石之乐与儒家的山水之乐有很大的不同。道家的泉石之乐主要体现为对社会的批判和对世俗的超越,是一种清高的行为;儒家的山水之乐则更多的是道德情操的寄托,是对世俗快乐执着追求的体现。姜夔的吟山咏水显然属于前者。

二、意境清远

清旷超迈的襟怀在词的创作中,必然创造出一种清远的意境。清远的意境,一是情思深邃幽远;二是境界空明灵动;三是意象凄冷静谧。姜夔的

---

① 王充:《论衡·骨相篇》。

词最能体现这一特色。刘熙载说:"姜白石词幽韵冷香,令人挹之无尽,拟诸形容,在乐则琴,在花则梅也。词家称白石曰'白石老仙',或问毕竟与何仙相似,曰:藐姑冰雪,盖为近之。"① 白石好写梅,而且好写月夜之梅、冰雪之梅,这月夜之梅、冰雪之梅正是他高洁襟抱的象征。

(宋) 范宽:《雪山萧寺图》

"清空"作为词境的审美性质,其主要意义在"空",或者说它的关键在"空"。张炎说"姜白石词如野云孤飞,去留无迹","野云孤飞"是说词境的"清"——超尘绝俗,格高调雅;"去留无迹"即是讲"空"——"羚羊挂角,

---

① 刘熙载:《艺概·词曲概》。

无迹可求"①。

"空"是艺术境界最重要的品质。"空"不是什么也没有,而是虚中见实,实中见虚,有限中见出无限。"空"以"静"为特色,然静中有动;"空"以"灵"为前提,因"灵"而充满生机。苏轼说:"欲令诗语妙,无厌空且静;静故了群动,空故纳万境。"② 严羽说:"其妙处,透彻玲珑,不可凑泊,如空中之音,相中之色,水中之月,镜中之象。言有尽而意无穷。"③ 这都是说的"空"。

张炎说吴梦窗的词"如七宝楼台,眩人眼目,碎拆下来,不成片段",不管符不符合吴梦窗词的实际情况,他都是在批评与"清空"相对的"质实"。"质实"最大的毛病,在张炎看来还不是太满太实,缺乏灵动,以至不能让读者从有限中见出无限,而是在于质实之作不是一个有机的整体,犹如七宝楼台,碎拆下来,不成片段,因而在张炎看来,"清空"之"空"实质是生命的意味,包括生命的灵动感与生命的整体感。

张炎力主含蓄,强调"情景交炼,得言外意"④,但反对"凝涩晦昧"。他要求"所咏了然在目,且不留滞于物"⑤。他认为"质实"的一个很大缺点就是"拘而不畅"。

这样看来,"清空"的"空"不仅是含蓄幽婉,而且也是自然明朗,是这二者的统一。

三、豪放与婉约的统一、力与韵的统一

前面我们谈到过,宋词在北宋就形成了以苏轼为代表的豪放派与以秦观为代表的婉约派两种不同的美学风格流派。到南宋,基本上也是这两种美学流派为主,不过,有一些词人不满足于做单纯的豪放派或单纯的婉约派,因为他们发现,豪放派虽以气势力量取胜,但难免失之于粗犷喧嚣,不

---

① 严羽:《沧浪诗话·诗辨》。
② 苏轼:《送参寥师》。
③ 严羽:《沧浪诗话·诗辨》。
④ 张炎:《词源·离情》。
⑤ 张炎:《词源·咏物》。

够文雅;婉约派虽以缠绵细腻见长,但总让人感到过于软媚柔弱,于是他们试图将二者结合起来,这便出现了以姜夔为代表的风雅词派。姜夔的词也的确兼有豪放、婉约的优点,但又不是二者的简单相加,它基本上是以婉约为基调,而又从内在精神上给词增添一种刚劲清新的气概。《扬州慢》可以说是这一风格的杰出代表。"清角吹寒,都在空城"的悲壮与"波心荡,冷月无声"的凄凉巧合无垠。词中不乏"淮左名都,竹西佳处,解鞍少驻初程"的气概,但又满溢"豆蔻词工,青楼梦好"的深情。整首词,格调冷峻而又内蕴热情,意趣凄婉而又颇有力度。

张炎很欣赏姜夔这种风格,说是"古雅峭拔"。"古雅",婉约而又典丽者也;"峭拔",冷峻而又刚健者也。"清空"就是这样将二者结合成和谐的一体。

词宜清空,几成金科玉律。清人沈祥龙说:"词宜清空……清者不染尘埃之谓,空者不染色相之谓,清则丽,空则灵……表圣品诗,可移之词。"[1]

值得指出的是,张炎推崇清空,并把姜白石看作是清空的代表,"质实"则以吴梦窗为代表,明显表现出扬姜贬吴的倾向。姜白石的词诚然是好的,至于吴文英,张炎的说法就不免是个人之见了。张炎在《词源》中评姜夔的词又提到"骚雅"这一概念。他认为姜夔词"不惟清空,又且骚雅",可见"骚雅"与"清空"是两个不同的概念,清空不包括骚雅。

如果说"清空"这一概念的内涵更多地具有道家的哲学意味,"骚雅"则是儒家美学兼骚家美学范畴。

"骚雅"是指以《楚辞》和《诗经》所代表的比兴传统与寄托传统。这种传统兼顾诗的教化功能与表现手法两方面的意义。

词本不重寄托,重寄托是诗对词影响的重要表现。北宋论词已经运用了寄托说。比如黄庭坚论晏小山词云:"至其乐府,可谓狎邪之大雅,豪士之鼓吹。其合者,《高唐》《洛神》之流;其下者,岂减《桃叶》《团扇》哉!"[2]

---

① 沈祥龙:《论词随笔》。

② 黄庭坚:《小山词序》。

《高唐赋》是宋玉所作,《洛神赋》是曹植的名作,二赋均有讽谏意义,将晏小山的词比之《高唐赋》《洛神赋》,是说晏词有寄托:难以直言的怀才不遇的怨愤以及深层的政治上的感慨。《桃叶》《团扇》是王献之与其爱妾桃叶相互赠送的作品,这两首诗借咏桃叶、团扇表达相互爱恋的深情。黄庭坚说晏小山的词"其下者,岂减《桃叶》《团扇》哉!"是说晏词普遍地运用咏物的手法,虽不一定像前一类词那样,含有政治上的深层意义,但仍有寄托,耐人品味。北宋最富有寄托的词是苏轼的词,苏轼的《贺新郎·乳燕飞华屋》一词,项安世评论,说是:"兴寄最深,有《离骚经》之遗法,盖以兴君臣遇合之难,一篇之中,殆不止三致意焉。瑶台之梦,主恩之难常也。幽独之情,臣心之不变也。恐西风之惊绿,忧谗之深也。冀君来而共泣,忠爱之至也。"①最有意思的是,他的《水调歌头·明月几时有》一词传到京城,进入了宫廷。宋神宗读到词中"又恐琼楼玉宇,高处不胜寒"一句时,竟然说"苏轼终是爱君",于是"命量移汝州"②。很难说苏词中的"琼楼玉宇"是指代皇上,但苏轼词多有寄托却是符合实际的。词到了南宋,由于政治上的原因,多有寄托。蒋敦复说:"唐、五代、北宋人物,不甚咏物,南渡诸公有之,皆有寄托,白石石湖咏梅,暗指南北议和事,及碧山、草窗、玉潜、仁近诸遗民,《乐府补遗》中龙涎香、白莲、莼、蟹、蝉诸咏,皆寓其家国无穷之感,岂区区赋物而已。"③ 蒋敦复说的姜夔的石湖咏梅,即是讲姜夔在苏州西南的石湖所作的咏梅词。姜夔词忧国伤时,颇多感慨,《扬州慢》词中"过春风十里,尽荠麦青青"一句历来为人传诵,其"黍离"之感,力透纸背。姜夔爱写梅,作于石湖的《暗香》《疏影》,寄寓沉重的家国之痛。"昭君不惯胡沙远,但暗忆、江南江北。想佩环、月夜归来、化作此花幽独。"词学家们大都认为暗寓对徽钦二帝的吊念。陈廷焯云:"南渡以后,国势日非,白石目击心伤,多于词中寄慨,不独《暗香》《疏影》二章,发二帝之幽愤,伤在位之无人也。特感

---

① 项安世:《项氏家说》卷八。

② 苏轼:《坡仙集·外纪》。

③ 蒋敦复:《芬陀利室词话》。

慨全在虚处,无迹可寻,人自不察耳。"①

南宋词人中借写词寄托家国之恨的当然不止姜夔一人,有一大批,故而张炎论姜夔词"不惟清空,又且骚雅"具有相当的普遍意义,"骚雅"使词从裁红剪翠的软媚浮艳中跳出,而像诗一样,具有深广的社会内涵,也许这不一定切合词的本色,但词作为艺术的一个门类,作为诗的别一体,它又的确是向前大大发展了。

(宋) 范宽:《雪景寒林图》

词自其产生之日起,就开始雅俗分流,文人士大夫纷纷爱好写词,加速了词的雅化进程,逐渐地,本为秦楼楚馆歌妓演唱脚本的俚俗曲子词,也就变成为文人雅士抒怀寄慨的"诗客曲子词";词原是怡情遣兴的工具,现成了抒怀寄慨的手段,词的娱乐功能削弱了,教化功能增强了。词的音乐性也难以避免地受到损害,为了充分地抒发心志,有时在遣词造句上就不能做到完全切合音律,词就不那么好用来演唱了。这种情况在北宋末年就已出现,陈师道曾感慨"乡妓无欲余之词",到南宋情况更严重,刘克庄说,陆

_____

① 陈廷焯:《白雨斋词话》。

游的词"歌之者绝少"。尽管这样，在市井里弄，尚有切合音律但不一定有重要社会内涵的俚词俗曲在广泛流行，而且这种词似乎更多。张炎感叹："今老矣，嗟古音之寥寥，虑雅词之落落。"① 雅俗分流的结果必然是文人雅士所写的雅词更趋向于诗，词除了句式上、音韵上尚有自己的特色外，其内容、题材与诗差别不大了，而那些主要由乐工也有部分文人主要是在野文人所写的词则进一步通俗化，题材上主要仍是闺情，音乐上则更便于演唱，词句更通俗易懂，更切合市民欣赏兴趣。这部分词后来发展成曲。曲最早出现于南宋，大盛于元。

---

① 张炎：《词源》。

第 二 章
宋诗的审美理想

　　宋代诗歌非常繁荣，虽然总体成就不及唐代，但亦在元诗、明诗、清诗之上。特别值得一提的是，宋诗有明显的特色，尽管它的有些特色如以议论入诗，尚理趣，多为后人诟病，但有特色意味着它有创造性，宋诗远在元诗、明诗、清诗之上，这大概是重要原因之一。钱钟书说："唐诗以丰神情韵擅长，宋诗多以筋骨思理见胜。"① 钱钟书还指出："唐诗、宋诗，亦非仅朝代之别，乃体格性分之殊。"② 这说明宋诗亦如唐诗成为一种诗美学的代名词，宋诗的美学地位不容忽视。

第一节　尚"韵"

　　宋诗尚"韵"，这不仅见之于诗歌创作本身，而且也见之于宋代诗人、诗学家对"韵"的理解。

　　"韵"，在魏晋南北朝、唐代大多与"气""神"分别组成"气韵""神韵"使用。魏晋清议品评人物，也用到"韵"，比如《世说新语·任诞》载："阮浑

---

① 　钱钟书：《谈艺录》，中华书局 1984 年版，第 3 页。
② 　钱钟书：《谈艺录》，中华书局 1984 年版，第 3 页。

长成,风气韵度似父,亦欲作达。"这里的"韵度",是指精神风度。谢赫论绘画"六法",第一法是"气韵生动是也"①。按钱钟书的理解,"气韵"即为"生动"。谢赫在品画时也用过"神韵"概念,如评顾骏之:"神韵气力,不逮前贤。"② 这里的"神韵"实为神,即指画作的内在精神。

　　魏晋时也有单独使用"韵"的现象,如陆机《文赋》:"收百世之阙文,采千载之遗韵"。"韵"与"文"互文;《全晋文》卷二九王坦之《答谢安书》:"人之体韵犹器之方圆。"这里的"体"即"形","韵"即"神"。

(宋)马远:《踏歌图》

　　唐代张彦远《历代名画记》用"气韵""神韵"作为评论人物画的标准。

---

① 　谢赫:《古画品录》。

② 　谢赫:《古画品录》。

其"气韵"重在"气",讲的是生动;"神韵"重在"神",讲的是精神。

司空图论诗,有"韵外之致"①的说法,其"韵"指意味。宋代,黄庭坚谈书法,说"蓄书者能以韵观之,当得仿佛"②,没有解释"韵"。黄庭坚的学生、秦观的女婿范温首次专文论韵。

范温论韵的专文,见之于他所著的《潜溪诗眼》③。这是一篇十分重要的美学文章,从中可以看出宋人的美学理想。我们现在逐段诠释:

> 王偶定观好论书画,常诵山谷之言曰:"书画以韵为主。"予谓之曰:"夫书画文章,盖一理也。然而巧、吾知其为巧,奇、吾知其为奇;布置开阖,皆有法度;高妙古淡,亦可指陈。独韵者,果何形貌耶?"定观曰:"不俗之谓韵。"余曰:"夫俗者、恶之先;韵者、美之极。书画之不俗,譬如人之不为恶。自不为恶至于圣贤,其间等级固多,则不俗之去韵也远矣。"定观曰:"潇洒之谓韵。"予曰:"夫潇洒者、清也,清乃一长,安得为尽美之韵乎?"定观曰:"古人谓气韵生动,若吴生笔势飞动,可以为韵乎?"予曰:"夫生动者,是得其神;曰神则尽之,不必谓之韵也。"定观曰:"如陆探微数笔作狻猊,可以为韵乎?"余曰:"夫数笔作狻猊,是简而穷其理;曰理则尽之,亦不必谓之韵也。"

范温在这一段中提出"韵者,美之极"这个崭新的观点。韵是最高的美。那什么是"韵"呢?范温在这段未正面作答,但他否定了四个关于"韵"的定义:其一,是"不俗"之谓韵;其二,是"潇洒"之谓韵;其三,是"气韵生动"之谓韵;其四,是"简而穷其理"之谓韵。"不俗"之谓韵、"潇洒"之谓韵,是魏晋清议关于人物品评对韵的理解;"气韵生动"之谓韵显然来自谢赫的"气韵,生动是也";"简而穷其理"之谓韵可能受顾恺之、张彦远画论的启发。范温对这四个定义一一做了批驳,认为它们虽然是值得肯定的审美性质,但或者"去韵也远",或者"不必谓之韵"。那么,范温的"韵"究竟是什么呢?下段,范温即正面回答了这个问题:

① 司空图:《与李生论诗书》。
② 黄庭坚:《题绛本法帖》。
③ 参见郭绍虞:《宋诗话辑佚》,中华书局1980年版,第372—375页。

定观请余发其端,乃告之曰:"有余意之谓韵。"定观曰:"余得之矣。盖尝闻之撞钟,大声已去,余音复来,悠扬宛转,声外之音,其是之谓矣"。余曰:"子得其梗概而未得其详,且韵恶从生?"定观又不能答。

"有余意之谓韵",这就是范温对"韵"所下的定义。原来,范温之所以认为"韵者,美之极",是因为"韵"表示着余意无穷。定观根据范温的定义,加以生发,说是"声外之音,其是之谓矣"。"声外之音",也就是司空图说的"味外之旨""韵外之致"。虽然,在唐代已经有司空图提出了"韵外之致"的观点,但并没有像范温这样,将"声外之音""有余意"提到"美之极"的高度。再者,在宋代,重视、推崇"韵外之致"的诗论远比唐代要多。相对来说,唐诗较多地直抒胸臆,以充沛饱满的诗情与清新明丽的意境取胜;而宋诗则较多思致婉曲,以隽永的哲理与空灵的境界见长。宋代不只是范温,许多诗人从不同角度论述了诗的含蓄美。比如,欧阳修的《六一诗话》引梅圣俞的话说:

圣俞尝语余曰:诗家虽率意,而造语亦难。若意新语工,得前人所未道者,斯为善也。必能状难写之景,如在目前,含不尽之意,见于言外,然后为至矣。

"状难写之景,如在目前",这是化"隐"为"秀","景"不只是自然风物,此处还包括人的思想情感。此句要求诗能道人难道之情、之景,而此情又是人人心中所有之情,此景又是人人眼中可观之景。诗之难、诗之巧正是在此。

"含不尽之意,见于言外",这是化"实"为"虚"。要求能从有限之情景见出无限之意味,也就是司空图已经说过的,要有"象外之象""味外之旨"。

姜夔的《白石道人诗说》亦云:"语贵含蓄。东坡云:'言有尽而意无穷,天下之至言也。'句中有余味,篇中有余意,善之善者也。"

宋代诗话几乎都谈到诗贵含蓄,重言外之意。这说明,尚韵是宋诗一种带普遍性的审美理想。范温将这种审美理想用"韵"来表示,并用新的观点解释"韵",这是一个很大的贡献。范温在正面亮出自己的观点后,又从历史的角度谈尚韵这一审美理想的发展过程：

> 予曰："盖生于有余。请为子毕其说。自三代秦汉，非声不言韵。
> 舍声言韵，自晋人始。唐人言韵者，亦不多见，惟论书画者颇及之。至
> 近代先达，始推尊之以为极致。凡事既尽其美，必有其韵，韵苟不胜，
> 亦亡其美。夫立一言于千载之下，考诸载籍而不缪，出于百善而不愧，
> 发明古人郁塞之长，度越世间闻见之陋，其为有包括众妙、经纬万善者
> 矣。且以文章言之，有巧丽，有雄伟，有奇，有巧，有典，有富，有深，有稳，
> 有清，有古。有此一者，则可以立于世而成名矣，然而一不备焉，不足
> 以为韵，众善皆备而露才用长，亦不足以为韵。必也备众善而出自韬晦，
> 行于简易闲澹之中，而有深远无穷之味，观于世俗，若出寻常。至于识
> 者遇之，则暗然心服，油然神会。测之而益深，究之而益来，其是之谓矣。
> 其次一长有余，亦足以为韵。故巧丽者发之于平淡，奇伟有余者行之
> 于简易，如此之类是也。"

范温认为，"言韵，自晋人始，唐人言韵者，亦不多见，惟论书画者颇及
之"。这基本上符合历史事实，如果不局限于诗，注意到书画特别是书法，
这一点更为明显。晋人尚韵，诗方面以陶渊明为代表，书法方面以王羲之
父子为代表。造成晋人尚韵的原因很复杂。社会的动乱、儒学的衰微、道
家的盛行、玄谈的炽烈以及由此造成的人的觉醒、文的自觉都是值得考虑
的因素。唐人少言韵而尚意。唐人尚意与唐代处在中国封建社会青春期
有很大关系。唐代空前的强大、繁荣，好几代君主雄才大略、富有开拓进
取的精神，特别是唐代比较重视人才的风气，使得唐代的知识分子充满着
献身的渴望，充满着建功立业的进取精神。这些不能不在艺术上得到反映。
李白、杜甫、白居易的诗，颜真卿、张旭、怀素的书法，都堪称唐人尚意的
典型。宋代则不同了。宋代是中国封建社会发展到成熟开始走下坡路的
时期，融会儒、道、佛三家的理学成为时代精神的主潮。如果说晋人尚韵
是魏晋玄学在美学上的反映的话，那么宋人尚韵则是理学对文学艺术深层
次影响的突出表现。晋人尚韵，骨子深处是尚情；而宋人尚韵，本质上是
尚理。晋人对自然山水情有独钟，"久在樊笼里，复得返自然"是晋人特别

是正直的知识分子一种具有普遍性的人生理想，因而晋人尚的"韵"更多的是自然的玄妙与情趣，在艺术风格上追求平易、朴素、真实。宋人尚的"韵"虽然也有那种类似晋人所追求的"天人合一"的境界，但更多地则是对世俗生活的沉迷、欣赏。在艺术风格上除了尚真、尚善以外，突出尚美。范温说得很清楚："既尽其美，必有其韵，韵苟不胜，亦亡其美。"尚韵即为尚美。

范温在进一步阐释"韵"的时候，又提出两个重要观点：

第一，"巧丽者发之于平淡"。可见韵不是感官可视可听的绚丽，反过来"韵"在外观上也许是平淡的、朴素的，然而在这平淡、朴素中隐含着巧丽。这就很像老子所说的"大音希声"了。

第二，"行于简易闲澹之中，而有深远无穷之味"，"奇伟有余者行之于简易"。可见"韵"是简中见繁，易中见难，浅中见深，淡中见浓，一句话，是有限中见出无限。这种说法与清代石涛的"一"画论有相通之处。

范温在进一步论述"韵"的本质是"有余意"的时候，又提出"韵"几个重要性质：

第一，"韵"是"平淡"的，然"平淡"生出"巧丽"。

第二，"韵"是"简易"的，然"简易"中蕴有"深远无穷之味"。

第三，"韵"是灵动的，"测之而益深，究之而益来"。

第四，"韵"是玄妙的，只有识者才能"暗然心服，油然神会"。

第五，"韵"是奇特的。"巧丽""雄伟""奇""巧"等"一不备焉，不足以为韵"，然"众善皆备而露才用长，亦不足以为韵"。"韵"是有别于"巧丽""雄伟"等的另一种审美性质。它可生发出"巧丽""雄伟"等，然"巧丽""雄伟"等不能生发出"韵"。

可见，"韵"是一种本原性的美，尚韵即为尚美。

范温在一般性地论述"韵"的性质之后，又分别论述文章、诗歌、书法中的"韵"：

> 自《论语》《六经》，可以晓其辞，不可以名其美，皆自然有韵。左丘明、司马迁、班固之书，意多而语简，行于平夷，不自矜炫，故韵自

胜。自曹、刘、沈、谢、徐、庾诸人,割据一奇,臻于极致,尽发其美,无复余蕴,皆难以韵与之。惟陶彭泽体兼众妙,不露锋芒,故曰:质而实绮,癯而实腴,初若散缓不收,反复观之,乃得其奇处,夫绮而腴,与其奇处,韵之所从生,行乎质与癯,而又若散缓不收者,韵于是乎成。《饮酒》诗云:"荣哀无定在,彼此更共之。"山谷云:"此是西汉人文章,他人多少语言,尽得此理? 《归田园居》诗,超然有尘外之趣。《赠周祖谢》诗,皎然明出处之节。《三良》诗,慨然致忠臣之愿。《荆轲》诗,毅然彰烈士之愤。一时之意,必反覆形容;所见之景,皆亲切模写。"如"孟夏草木长,绕屋树扶疏";"日暮天无云,春风扇微和",乃更丰浓华美。然人无得而称其长。是以古今诗人,惟渊明最高,所谓出于有余者如此。至于书之韵,二王独尊。……夫惟曲尽法度,而妙在法度之外,其韵自远……

范温这段谈文章与诗有韵的文字也包含有一些很值得珍视的观点:

第一,范温认为,"韵"不仅在于平易,而且在于自然,像《论语》《六经》,用语明白晓畅,并不刻意求美,然"自然有韵"。

第二,"韵"在含蓄收敛。他认为"曹、刘、沈、谢、徐、庾诸人,割据一奇,臻于极致,尽发其美,无复余蕴,皆难以韵与之"。

第三,"韵"在"质而实绮,癯而实腴"。

第四,"韵"在"超然有尘外之趣"。

第五,"韵"在"曲尽法度,又妙在法度之外"。

总括以上的论述,"韵"实是一种极为空明灵动的境界,它是有限与无限的统一、实与虚的统一、合规律性与合目的性的统一。它是入世的又是超然的,它是平淡的又是华丽的,它是简易的又是丰富的。总之,它是一个自由的天地、奇美的天地。

这就是宋人所追求的审美理想!

实际上,范温已经将"韵"提升为一个普遍性的审美范畴,一种人生境界了。他说得很清楚,人之立身行事,皆可有韵,"是以识有余者,无往而不韵也。然所谓有余之韵,岂独文章哉! 自圣贤出处古人功业,皆如是矣"。

从唐人尚"意"到宋人尚"韵",既是发展、成熟,又是老成、萧衰。这里面的意味是极为丰富的,惊赞于壮丽缜密之余,又让人隐隐生出几分悲怆!

第二节　尚"平淡"

自老子大倡"平淡为上"以来,"平淡"一直为诗人、画家所推崇。

唐代司空图列"冲淡"为一诗品,并大加赞美:"素处以默,妙机其微,饮之太和,独鹤与飞。"① 只是"冲淡"在二十四诗品中列为第二位,未能居首位。

(宋)马远:《雪滩双鹭图》

---

① 司空图:《二十四诗品》。

皎然说诗有"六至"："至险而不僻，至奇而不差，至丽而自然，至苦而无迹，至近而意远，至放而不迂。"① 虽然未拈出"平淡"一词，实说的是"平淡"。

到宋代，"平淡"的地位大为提高，"平淡"成为艺术的最高境界。苏轼云："大凡为文，当使气象峥嵘，五色绚烂，渐老渐熟，乃造平淡。"② 欧阳修提倡"平淡典要"③，把"平淡"看成"典要"，亦可见"平淡"在他心目中的地位非常之高。事实上，欧阳修、苏轼都一直将"平淡"作为自己最高的艺术追求。《石林诗话》说："欧阳文忠公诗始矫'昆体'，专以气格为主，故其言多平易疏畅，律诗意所到处，虽语有不伦，亦不复问。"④

姜夔说："诗有四种高妙：一曰理高妙，二曰意高妙，三曰想高妙，四曰自然高妙。"⑤ 其"自然高妙"，他的解释是："非奇非怪，剥落文采，知其妙而不知其所以妙。"⑥ 从这一解释看，所谓"自然高妙"即为平淡。

宋代的诗论对"平淡"这一美学概念有许多深刻的论述。

一、关于"平淡"与"隽永"、"平淡"与"华丽"的关系

苏轼对平淡有深刻的理解，他在评论韩愈、柳宗元的诗时说：

> 柳子厚诗在陶渊明下，韦苏州上；退之豪放奇险则过之，而温丽靖深则不及。所贵乎枯淡者，谓其外枯而中膏，似淡而实美，渊明、子厚之流是也。若中边皆枯淡，亦何足道。佛云："如人食蜜，中边皆甜。"人食五味，知其甘苦者皆是，能分别其中边者，百无一二也。⑦

苏轼在这里说得很清楚，"平淡"不是贫枯，不是简陋，不是粗疏。它"外枯而中膏，似淡而实美"。"枯"与"膏"、"淡"与"美"是一对矛盾，然而在

---

① 皎然：《诗式·诗有六至》。
② 周紫芝：《竹坡诗话》。
③ 欧阳修：《欧阳永叔集·附录·欧阳修行状》。
④ 叶梦得：《石林诗话》。
⑤ 姜夔：《白石道人诗说》。
⑥ 姜夔：《白石道人诗说》。
⑦ 苏轼：《评韩柳诗》。

高超的艺术家的手下,它们构成了统一,而且正是因为它们的统一是对立的统一,所以焕发出非同寻常的艺术魅力。古希腊哲学家赫拉克利特说:"互相排斥的东西结合在一起,不同的音调造成最美的和谐;一切都是斗争所产生的。"① 苏轼认为,在这方面堪称典范的是陶渊明、柳宗元、韦应物的作品。他说:"李杜之后,诗人继作,虽间有远韵,而才不逮意。独韦应物、柳宗元发纤秾于简古,寄至味于淡泊,非余子所及也。"②

(宋) 马远:《倚云仙杏图》

苏轼认为,"外枯而中膏,似淡而实美",属于那种有韵的作品,不仅美,而且妙。美是有限的,妙是无限的,美可观,妙则还须味。他赞扬钟繇、王羲之的书法"萧散简远,妙在笔画之外"③。只有"淡泊"的作品才有"至味"。欧阳修也认为"平淡"的作品,"如食橄榄,真味久愈在"④。

"平淡",就其本质来说,它不是平淡。它的"平淡"是由非平淡转化而来的。南宋诗论家葛立方说:"大抵欲造平淡,当自绚丽中来,落其华芬,然后可造平淡之境。"⑤ 他批评道:"今之人多作拙易诗,而自以为平淡,识者

---

① 北京大学哲学系美学教研室:《西方美学家论美和美感》,商务印书馆 1980 年版,第 15 页。
② 苏轼:《书黄子思诗集后》。
③ 苏轼:《书黄子思诗集后》。
④ 欧阳修:《六一诗话》。
⑤ 葛立方:《韵语阳秋》。

未尝不绝倒也。"① 可见,不仅为"平淡"而"平淡"不可能有"平淡",而且,径直"平淡"也不可能有"平淡"。正如只有百炼钢才能化成绕指柔一样,只有从绚丽中来,方能造平淡之境。宋代的诗论家对艺术的辩证法有深刻的理解。南宋的刘克庄说得好:"其言若近而若远,若淡而若深,近而淡者可能,远而深者不可能也。"②

二、关于"平淡"与"天然"、"平淡"与"雕琢"的关系

宋代的诗论家认为"平淡"的境界其实也是"天然",或者说"天成"的境界。南宋诗论家叶梦得说:

> 王荆公晚年诗律尤精严,造语用字,间不容发,然意与言会,言随意遣,浑然天成,殆不见有牵率排比处。③

> 诗语固忌用巧太过,然缘情体物,自有天然工妙,虽巧而不见刻削之痕。④

> 古今论诗者多矣,吾独爱汤惠休称谢灵运为"初日芙蕖",沈约称王筠为"弹丸脱手"两语,最当人意。"初日芙蕖",非人力所能为,而精彩华妙之意,自然见于造化之妙,灵运诸诗可以当此者亦无几。"弹丸脱手",虽是输写便利,动无留碍,然其精圆快速,发之在手,筠亦未能尽也。⑤

叶梦得是从创作主体即诗人这个角度来谈"平淡"的。所谓"天然""天成",实际上不是,诗都是诗人写的,不是自然原本有的。说诗人的创作"浑然天成","缘情体物,自有天然",指的是创作进入了"神与物游"、心手合一的自由境界,叶梦得说是"意与言会,言随意遣"。这种境界早在《庄子》中那个庖丁解牛的故事里已有很生动的描述和很深刻的论述。

---

① 葛立方:《韵语阳秋》。
② 刘克庄:《跋裘元量司直诗》。
③ 叶梦得:《石林诗话》。
④ 叶梦得:《石林诗话》。
⑤ 叶梦得:《石林诗话》。

虽是人为,却巧夺天工,它的妙处就在虽尽人力却无刻削之痕。这一
点正是关键。黄庭坚说,"平淡而山高水深,似欲不可企及,文章成就,更无
斧凿痕,乃为佳作耳"①。

文章是讲究遣词造句的,诗又尤其讲究锤炼,说不雕琢是说不过去的。
难就难在虽雕琢却不见雕琢之痕。宋代的诗论家准确地抓住这个关键,揭
示矛盾,予以深入地探索,葛立方说:"作诗贵雕琢,又畏有斧凿痕,贵破的,
又畏黏皮骨,此所以为难。"② 解决这个难题的根本途径,是《石林诗话》的
作者叶梦得提出"初日芙蕖"说与"弹丸脱手"说。"初日芙蕖"用的是汤惠
休称谢灵运诗为"初日芙蕖"的掌故。从这个掌故所获得的启示就是:要真
实地表现"自然见于造化之妙",那就要真实地写自己所见、所闻、所感,贵
在真实,贵在真诚。就在同一著作《石林诗话》中,叶梦得从钟嵘的《诗品》
中获得启示,他从《诗品》中拈出"即目""直寻"等概念。所谓"即目""直
寻",就是"猝然与景相遇,借以成章,不假绳削"。举诗句为例,比如"'思
君如流水'即是即目,'高台多悲风'亦惟所见"。③ 叶梦得认为,"古今胜语,
多非补假,皆由直寻。"④ 颜延之、谢庄等人的作品雕缋满眼,与他们不注重
从生活中获取诗情、诗境大有关系。叶梦得大倡"自然英旨"⑤ 的美,亦即
平淡的美。

所谓"弹丸脱手",也是用的比喻。其典出自谢朓的"好诗圆美流转如
弹丸",沈约用此语评价王筠的诗美。叶梦得将"弹丸脱手"借来表示创造
天然之美的另一条重要途径,那就是,诗人须自由地抒发自己的思想与情
感,不要刻意地去影响、左右自己的思想与情感,真正做到"输写便利,动
无留碍"。叶梦得认为真正做到这一点不容易,为沈约所激赏的王筠也未
必做到了。

---

① 黄庭坚:《与王观复书三首之二》。
② 葛立方:《韵语阳秋》。
③ 叶梦得:《石林诗话》。
④ 叶梦得:《石林诗话》。
⑤ 叶梦得:《石林诗话》。

倒是苏轼应为"弹丸脱手"的典范。苏轼说:"吾文如万斛泉源,不择地而出,在平地滔滔汩汩,虽一日千里无难。及其与山石曲折、随物赋形而不可知也。所可知者,常行于所当行,常止于不可不止,如是而已矣。"① 苏轼所说的"常行于所当行,常止于不可不止",即是让文意随着思想与情感的流动自然而然地流动,这也就是上文所引的"意与言会,言随意遣"。

"平淡"作为艺术境界,与"空灵"、与"韵"相通。苏轼《送参寥师》云:"……颓然寄澹泊,谁与发豪猛?细思乃不然,真巧非幻影。欲令诗语妙,无厌空且静。静故了群动,空故纳万境。阅世走人间,观身卧云岭。咸酸杂众好,中有至味永。"这段经常被引用的文字,人们通常只注意到"空"与"静""动""纳万境""至味永"的关系,忽视了这种空灵境界的形成正是以"澹泊"为前提的。我们上一节谈到范温论韵,范温就说过:"行于简易闲澹之中,而有深远无穷之味"②。可见"韵"的获得也是以"平淡"为前提的。基于此,我们就能理解何以宋诗要以"平淡"作为审美理想。

第三节 尚"理趣"

宋代理学大盛,对诗的影响最突出的就是"以理入诗"。对于这种现象,南宋的诗论家严羽尖锐地指出来了。他说:

> 近代诸公乃作奇特解会,遂以文字为诗,以才学为诗,以议论为诗;夫岂不工,终非古人之诗也,盖于一唱三叹之音,有所歉焉。且其作多务使事,不问兴致;用字必有来历,押韵必有出处,读之反覆终篇,不知着到何在。③

诗本应是人的情感、意兴的抒写,把诗写成押韵的论文,自然就不是诗

---

① 苏轼:《文说》。
② 范温:《潜溪诗眼·论韵》。
③ 严羽:《沧浪诗话·诗辨》。

(宋) 许道宁:《渔父图》(局部一)

了,因而自宋以来,对此多有批评。王夫之云:"议论入诗,自成背戾。"① "诗源情,理源性,斯二者岂分辕反驾者哉!"② 当代学者钱钟书也说:"宋诗还有个缺陷,爱讲道理,发议论;道理往往粗浅,议论往往陈旧,也煞费笔墨去发挥申说。"③

这些批评当然是对的。不过,宋人虽以理入诗,但并不主张以理代诗,而力主"理趣",写得味同嚼蜡的说理的诗固然也有,但毕竟极少,绝大多数诗写得情趣盎然,耐人品读。宋代理学家邵雍、周敦颐、程颐、程颢、朱熹等好以诗谈理,特别是邵雍还著有诗集《伊川击壤集》,他们的诗也不乏精彩之作。邵雍说:"《击壤集》,伊川翁自乐之诗也。非唯自乐,又能乐时与万物之自得也。"④ 将写诗看作一乐,并且其乐又是"乐时与万物之自得",

① 王夫之:《古诗评选》卷四。
② 王夫之:《古诗评选》卷二。
③ 钱钟书:《宋诗选注》,人民文学出版社 1958 年版,第 9 页。
④ 邵雍:《伊川击壤集序》。

应该说这诗还是很有情趣的。列为《千家诗》首篇的《春日偶成》是北宋大理学家程颢的作品,诗云:

> 云淡风轻近午天,
>
> 傍花随柳过前川。
>
> 时人不识余心乐,
>
> 将谓偷闲学少年。

此诗自咏闲居自得之趣,将哲理融入清丽的画面和微漾的情感之中,实在是一首好诗。紧排在程颢这首诗之后的是朱熹的《春日》,亦是融理入情、融情入景的佳作,笔者认为其思想性与艺术性都不在李白、苏轼优秀的作品之下。

道学家们虽不多写诗,但对自己写的诗通常比较自负。盛如梓《庶斋老学丛谈》有一节谈到南宋理学家张栻:

> 有以诗集呈南轩(张栻)先生。先生曰:"诗人之诗也,可惜不禁咀嚼。"或问其故? 曰:"非学者之诗,学者诗读著似质,却有无限滋味,涵泳愈久,愈觉深长。"又曰:"诗者记一时之实,只要据眼前实说。古诗皆是道当时实事。今人做诗多爱装造语言,只要文好,却不思一语不实,便是欺。这上面欺,将何往不欺。"

在这里,张栻提出要区分学者之诗与诗人之诗。他认为,学者之诗虽然朴质却有无限滋味,耐人品读;诗人之诗虽然语言华丽却不禁咀嚼。又说学者之诗"记一时之实",讲究真,诗人之诗"多爱装造语言","却不思一语不实",也就是说,诗人之诗则不看重真。这段话关系到"以理入诗"了。因为学者之诗与诗人之诗的最大区别在学者之诗主理,诗人之诗主情。张栻站在理学家的立场,看重主理的诗是可以理解的。令我们特别感兴趣的是,作为诗人的姜夔也很重视理。他说:"诗有四种高妙:一曰理高妙,二曰意高妙,三曰想高妙,四曰自然高妙。"① 这"理高妙""意高妙""想高妙"虽然包含有构思高妙,但主要说的还是诗中的理、意高妙。

---

① 姜夔:《白石道人诗说》。

上面我们谈到严羽批评"以理入诗",似乎严羽拒绝诗中有理,其实不然。诚然,严羽认为"诗有别材,非关书也;诗有别趣,非关理也"①。但严羽又紧接着说"然非多读书,多穷理,则不能极其至",最好的处理则是理入于诗而不见理,"所谓不涉理路,不落言筌者也"②。

南宋理学家包恢、袁燮创"理趣"概念,恰到好处地解决了诗与理的矛盾。包恢说:

> 盖古人于诗不苟作,不多作,而或一诗之出,必极天下之至精;状理则理趣浑然,状事则事情昭然,状物则物态宛然,有穷智极力之所不能到者,犹造化自然之声也。盖天机自动,天籁自鸣,鼓以雷霆,豫顺以动,发自中节,声自成文,此诗之至也。③

袁燮说:

> 古人之作诗,犹天籁之自鸣尔,志之所至,诗亦至焉,直已而发,不知其所以然,又何暇求夫语言之工哉?故圣人断之曰:"思无邪。"心无邪思,一言一句,自然精粹,此所以垂百世之典刑也。魏晋诸贤之作,虽不逮古,犹有春容恬畅之风,而陶靖节为最,不烦雕琢,理趣深长,非余子所及。故东坡苏公言:"渊明不为诗,写其胸中之妙尔。"④

包恢,据《宋元学案》:"父扬,世父约,叔父逊皆从朱陆二子学。"袁燮是著名理学家陆象山的门人。在上引两段文字中,包、袁都提出了"理趣"这一概念,而且都把"理趣"与"天籁自鸣"联系起来。所谓"天籁自鸣",在他们看来都是用来比喻自由地抒写心志,所谓"志之所至,诗亦至焉","发自中节,发自成文,此诗之至也"。陶渊明的诗之所以"理趣深长",袁燮认为,就是因为"不烦雕琢","发自中节","写其胸中之妙尔"。

这样看来,自然地、本色地抒写真情实感,对于创造理趣是非常重要的。葛立方《韵语阳秋》载:"东坡拈出陶渊明谈理之诗,前后有三:一曰'采菊

---

① 严羽:《沧浪诗话·诗辨》。
② 严羽:《沧浪诗话·诗辨》。
③ 包恢:《敝帚稿略》。
④ 袁燮:《絜斋集》。

东篱下，悠然见南山。'二曰'笑傲东轩下，聊复得此生。'三曰'客养千金躯，临化消其宝。'皆以为知道之言，盖摛章绘句，嘲弄风月，虽工亦何补。若睹道者，出语自然超诣，非常人能蹈其轨辙也。"所谓"出语自然超诣"，也就是"不烦雕琢"，"写其胸中之妙尔"。

宋代另一位学者李涂说得更清楚：

> 选诗惟陶渊明，唐文惟韩退之，自理趣中流出，故浑然天成，无斧凿痕。[①]

"理趣"就这样与"天籁""天成""平淡""韵"等联系在一起了。宋人尚韵、尚平淡、尚理趣，在实质上是一回事。

(宋)许道宁：《渔父图》(局部二)

这里特别值得一说的是，宋人所尚的"理"，并非人为之理，而是天然之理，或者说"天理"。这个"天理"，既是人伦社会的秩序，又是自然界的

---

① 李涂：《文章精义》。

秩序。程颐说："道未始有天人之别，但在天则为天道，在地为地道，在人则为人道。"① "天者，理也。神者，妙万物而为言者也。"② 朱熹也说："天地之间，理一而已。"③ 在理学家看来，读书可以明理，观物也可以明理。邵雍说他"自壮岁业于儒术，谓人世之乐，何尝有万之一二，而谓名教之乐，固有万万焉。况观物之乐，复有万万者焉。"④ 如果能这样认识道学家的理，"理之入诗"就会有一个较为正确的认识。原来，宋人的"理之入诗"有多种情况，有"以议论为诗""以才学为诗"的，也有借景寓意、借物言理的。宋代咏物诗很丰富，这些咏物诗基本上都是"以理入诗"的。前引苏轼拈出陶渊明谈理之诗，其中之一为"采菊东篱下，悠然见南山"，这是陶渊明的名句，表面上看，是写诗人的田园生活情景，展现的是一幅极为生动可感的画面，出语也的确"自然超诣"，没有任何抽象的概念，然而这里面有"理"，亦有情。东篱采菊，清高自许；晤谈南山，物我两忘，天人合一。

如果从这个角度看宋人的以理入诗，应该说它还是符合美学规律的。

其实，诗也未尝不可以发议论，只要这议论融入诗境，贴切自然，不露痕迹。

"用事"也是宋诗"以理入诗"的一种表现。宋诗"用事"远较唐代为多，这是宋诗特色之一。"用事"如果不能融入诗境，不仅不能增强诗的表现力和审美趣味，还会造成晦涩，影响读者的理解和阅读兴趣。宋人关于诗如何"用事"也有很多精彩的论述。比如蔡绦在《西清诗话》中引杜少陵语说："作诗用事，要如释氏语：'水中著盐，饮水乃知盐味。'"景淳也说："如铅中金，石中玉，水中盐，色中胶，皆不可见，意在其中。"⑤

南宋诗人杨万里好写理趣盎然的小诗。他的体会是，写诗应该像参禅一样，需透脱，在《和李天麟二首》中他说：

---

① 《二程遗书》卷二十二上。
② 《二程遗书》卷十一。
③ 朱熹：《西铭解义》。
④ 邵雍：《伊川击壤集序》。
⑤ 景淳：《诗评》。

学诗须透脱，信手自孤高。

又说：

参时且柏树，悟罢岂桃花？

"柏树""桃花"均是禅悟中经常用到的自然形象。《五灯会元》载：赵州从谂禅师问南泉禅师"如何是祖师西来意"，南泉的回答就是"庭前柏树子"。僧问台州胜光和尚，"如何是和尚家风"，胜光答："福州荔枝，泉州刺桐。"出现在禅悟中的自然形象均是有禅意的，又是有诗意的。宋代禅学大盛，以禅喻诗也颇风行。以禅喻诗可以看作"以理入诗"的理论来源之一。诗既然可用来喻禅，当然也就可用来喻理。

诗既要有理，又要有趣，理趣兼得，当然不是一件很容易做好的事。既牵涉到对诗的美学本质的认识，又牵涉到艺术技巧的运用。宋人写诗较之唐人更注重技巧，这也是宋诗的一个重要特点。杨万里有一篇《颐庵诗稿序》谈到他对诗的看法：

夫诗，何为者也？尚其词而已矣。曰：善诗者去词。然则尚其意而已矣？曰：善诗者去意。然则去词去意，则诗安在乎？曰：去词去意，而诗有在矣。然则诗果焉在？曰：尝食夫饴与荼乎？人孰不饴之嗜也？初而甘，卒而酸。至于荼也，人病其苦也；然苦未既，而不胜其甘。——诗亦如是而已矣。

杨万里认为，诗最重要的不是词，也不是意，而是味，而味不是直接表露出来的，它藏在诗的形象之中。杨万里认为作诗不能像作文那样，直接地讲道理，开门见山。打个比方，诗不能像糖。糖放到嘴里，马上就觉得甜；诗应该像一种苦菜——荼，初食之，有点苦，然过后却让人不胜回味。诗之理趣、诗的意味大概就像荼吧！

宋代以后，关于理趣问题，不乏议论。元代诗论家杨载说："诗有内外意，内意欲尽其理，外意欲尽其象，内外意含蓄，方妙。"[1] 明代李梦阳、胡应麟对以理入诗则持反对意见。李梦阳《缶音序》云："宋人主理，作理语……诗

---

① 杨载：《诗法家数》。

何尝无理！若专作理语，何不作文而诗为邪？"胡应麟《诗薮》云："禅家戒事理二障。苏、黄好用事而为事使，事障也。程、邵好谈理而为理缚，理障也。"明人尊唐，对宋诗多有非议，有些言论偏激。李、胡的言论不完全符合宋诗实际。清人看此问题就比较地全面、稳妥。沈德潜说："人谓诗主性情，不主议论。似也，而亦不尽然。试思《二雅》中何处无议论？老杜古诗中，《奉先》《咏怀》《北征》《八哀》诸作，近体中《蜀相》《咏怀》《诸葛》诸作，纯乎议论。但议论带情韵以行，勿近伧父面目耳。……杜诗'江山如有待，花柳自无私''水深鱼极乐，林茂鸟知归''水流心不竞，云在意俱迟'，俱入理趣。"①"诗不能离理，然贵有理趣，不贵下理语。"②沈德潜的这个看法可以说为自宋以来关于"以理入诗"的争论做了一个很好的总结。

第四节　尚"禅味"

宋代诗学的一个重要特点就是禅进入了诗，而从理论上对这一问题进行总结的主要是严羽。严羽的论诗的代表作是《沧浪诗话》。这部作品全面地论述禅是如何进入诗的。主要有两个观点，一是以禅喻诗说，二是妙悟说，前者主要涉及审美理想，后者主要涉及审美创作。关于妙悟说，我们拟在下一章详论，此处主要阐述以禅喻诗说，以禅喻诗涉及禅味。禅味可以分成禅趣与禅境两个层面。

一、禅趣

严羽没有明确提出"禅趣"这一概念，他提出的概念是"兴趣"。严羽说"盛唐诸人，惟在兴趣"，兴趣是创作的动力。"兴趣"是什么，有很多不同的理解。分歧的关键在于对"兴"的解释。中国古代文论中，"兴"的含义甚多，严羽在这里用的是"起"与"有感"的意思。刘勰《文心雕龙》云："兴

---

① 沈德潜：《说诗晬语》卷下。
② 沈德潜：《国朝诗别裁集·凡例》。

者，起也。"晋代挚虞《文章流别论》云："兴者，有感之辞也。"所谓"起""有感"，是说情感的激发，因而"兴"与"情"关系密切。宋代胡寅《与李叔易书》引李仲蒙云："触物以起情谓之兴，物动情者也。"如果这个推测不错的话，严羽说的"兴趣"就是情趣。在《沧浪诗话》中，严羽也用过"兴致""意兴"等概念，其内涵主要是情感。只是"兴致"，其情落实在"致"即"归趋"上，"意兴"则情与意融为一体。严羽说"盛唐诸人，惟在兴趣"，是讲盛唐诗人的创作动机或者说创作的原动力是情趣。这是符合诗的本质的，因为"诗者，吟咏情性也"[1]。

严羽认为，盛唐诗人之所以能写出好诗来，根本的原因是他们"惟在兴趣"。这一说法无疑是正确的。严羽强调这一点，不只是在阐明一个文艺创作普遍的规律，应该有深意。这深意就是在当代（宋代）还应该重视另一种趣——禅趣。

禅趣作为兴趣的一种因素，它可以成为诗人创作原动力的因子之一，另外，禅趣也可以作诗的审美效果——诗趣的因子之一，成为诗美的构成成分。

严羽之前，谈诗歌创作动力、谈诗美的著作很多，为什么没有提出禅趣来？这是因为在此前，禅的问题没有产生，或者产生了，但没有那样重要。

佛教东汉传入中国，在中国中原内地的教派主要是大乘佛教。在中国流传的大乘佛教在中国化的道路上取得了长足的进步，至唐，产生了八个宗派。这八个宗派中，中国化做得最好的是禅宗。至宋，禅宗之外的七个宗派程度不一地没落了，禅宗实际上成为汉传佛教的代表。而且禅宗也分枝展叶，产生诸多小宗派，呈现出繁花似锦的兴盛景象。

禅宗深入中国社会，上至王公贵族下至平民百姓，均热衷于参禅。这中间，知识分子起到极其重要的作用，他们热衷于参禅，不只是加速了禅宗中国化的进程，更重要的是提升了禅宗的中国人文品格。禅宗全面地吸收中国文化的一些精华，主要是吸收老庄哲学的精华。宋代学者罗大经敏锐

---

① 严羽：《沧浪诗话·诗辨》。

地发现"佛本于老庄"。他认为,热衷于炼丹飞升成仙长生不死的神仙方士
"与老庄之说背道而驰",而"佛家所谓'生灭灭已,寂灭为乐'乃老庄之本
意也"①。

(宋)夏圭:《雪堂客话图》(局部)

　　在禅风盛行的宋代,诗与禅悄然联姻。诸多僧人喜欢诗。苏东坡结交
的诸多僧人朋友都是诗人。苏轼在《东坡志林》一书中有诸多记载:

　　　　径山长老维琳,行峻而通,文丽而清……

　　　　秀州本觉寺一长老,少盖有名进士,自文字言语悟入,至今以笔研

　　　作佛事。所与游,皆一时文人……

　　　　苏州仲殊师利和尚,能文,善诗及歌词,皆操笔立成,不点窜一字。

———————————

① 　罗大经:《鹤林玉露·佛本于老庄》。

予曰:"此僧胸中无一毫发事。"故与之游……

　　孤山思聪闻复师,作诗清远如画工,而雅逸可爱,放而不流。其为人称其诗……①

精通诗的僧人不仅将诗作为一种审美方式,而且将其作为一种参禅的方式,于是,诗趣与禅趣合而为一。

《五灯会元》载:

　　曰:某甲不会,乞师指示。

　　师曰:万古长空,一朝风月。

　　……

　　问:如何是和尚利人处?

　　师曰:一雨普滋,千山秀色。②

这样做,一方面诗禅化了,另一方面禅诗化了。诗评家叶梦得认为有三种参禅的话语,分别为"涵盖乾坤句""随波逐流句""截断众流句"。有意思的是,他认为杜甫的诗中也有这三种句子:"波漂菰米沉云黑,露冷莲房坠花红。"这是"涵盖乾坤句";"落花游丝白日静,鸣鸠乳燕青春深。"这是"随波逐流句";"百年地僻柴门回,五月江深草阁寒。"这是"截断众流句"。③

诗化的禅充满着诗趣,而禅化的诗也就充满着禅趣,趣的深处是禅味。诗人是知识分子中最为洒脱最具才气的群体。他们喜欢与禅僧交朋友,在这个过程中,诗与禅互相影响,一方面禅诗化了;另一方面诗禅化了。这方面最突出的例子还是苏轼。苏轼是认真研究过佛教的。《东坡志林》载有他研究禅宗经典《坛经》的体会。他说:"近读六祖《坛经》,指说法、报、化三身,使人心开目明。然尚少一喻,试以喻眼:见是法身,能见是报身,所见是化身。"④

---

① 苏轼:《东坡志林·付僧惠诚游吴中代书十二》。
② 《五灯会元·天柱崇慧禅师》卷二。
③ 叶梦得:《石林诗话》卷上。
④ 苏轼:《东坡志林·佛教》。

应该指出，苏轼虽然喜欢禅宗，只是接受部分的禅宗思想，主要是禅宗的诗性智慧，并没有全盘地接受禅宗的生活方式。这样，就产生诸多趣事。

《东坡志林》载有这样一个故事：

> 东坡食肉诵经，或云："不可诵。"坡取水漱口，或云："一盆水如何漱得？"坡云："惭愧，阇黎会得！"①

这种趣事，可以说是以世法戏佛法。苏轼与好几位诗僧有过这样的交锋，其中与佛印的交锋最有趣。佛印出家前是位读书人。"群书无不遍读，当时无出其右者"。是苏轼将他推荐给皇帝的，而皇帝又让他出家为僧。出家后，佛印的佛学修养大为提升，此后他与苏轼的交往中俨然成为苏轼的禅学导师，不过苏轼的诗学修养毕竟较佛印更胜一筹。据《苏东坡全集·问答录》载：

> 东坡过天竺谒佛印，款语间，因言窗前两松，昨为风折其一，怅怅成一联，竟未得续其后，举以示坡曰："龙枝已逐风雷变，减却虚窗半日凉。"坡续云："天爱禅心圆是镜，故添明月伴清光。"佛印喜其敏捷，叹服不已。

不消说，苏轼的续句非常精彩。这其中流淌的诗趣实现了世法与禅法的圆融统一，而这种统一建构在自然景观之中。宋诗的禅趣，有些可以明显见出禅意，而更多是隐晦的、含蓄的、无形的，表面上似乎还看不出趣来，但它是至趣。如黄庭坚《登快阁》中名句："落木千山天远大，澄江一道月分明"，全部是景，几乎看不出一丝人的痕迹，更不消禅意，但只要细细地品味一下，就会感受到一个极阔大又极精微、极静谧又极生动、极明丽又极朴素的境界。这境界一经生成，会让你躁动的心静下来，不安的灵魂定下来，沉重的身体轻起来，高贵的精神飞起来……此时，身心自然而然地生出一种难以言传的快意来，这种快意就是禅趣。

---

① 苏轼：《东坡志林·佛教》。

二、禅境

严羽在谈到"盛唐诸人惟在兴趣"时,提出一种诗的境界:

> 故其妙处透彻玲珑,不可凑泊,如空中之音,相中之色,水中之月,镜中之象,言有尽而意无穷。①

这句话广为人称引,较多的是注重它的后半句"言有尽而意无穷"。其实,"言有尽而意无穷"虽然是很好的观点,但并不新鲜,严羽之前有不少人说过。严羽这句话的最大价值是用禅境来比喻诗境,把唐代开始的意境说大大推进了一步。唐代的司空图、皎然虽然没有标榜用禅境喻诗境,但实际上是这么做的。司空图的《二十四诗品》用以说明每一品的文字不少富有禅意。比如:

雄浑:超以象外,得其环中。

冲淡:遇之匪深,即之愈希,脱有形似,握手已违。

纤秾:乘之愈往,识之愈真。

沉著:所思不远,若为平生。

高古:虚伫神素,况然畦封。

典雅:落花无言,人淡如菊。

洗炼:空潭泻春,古镜照神。

劲健:天地与立,神化攸同。

自然:幽人空山,过水采苹。

含蓄:不著一字,尽得风流。

精神:妙造自然,伊谁与裁?

……

司空图的《与李生论诗书》提出诗境当"近而不浮,远而不尽",应有"韵外之致""味外之旨",都让人联想到禅。皎然本是僧人,其谈诗的著作,禅意盎然,更是不必说了。

---

① 严羽:《沧浪诗话·诗辨》。

　　尽管司空图、皎然已开以禅境谈诗境之端，但他们都不是有意为之，而是因为他们的修养所致，自然为之，另外也未能从总体上揭示禅境与诗境的关系。宋代在这方面显然比唐进了一步。苏轼的《送参寥师》已注意从整体上以禅境喻诗境了。其诗云："欲令诗语妙，无厌空且静。静故了群动，空故纳万境。阅世走人间，观身卧云岭。咸酸杂众好，中有至味永。诗法不相妨，此语当更请。"此诗也没有提出"禅境"这个概念来，不过，要注意到此诗是送给禅师参寥的，且"静故了群动，空故纳万境"正是禅宗的思想。苏轼的意思是，诗要写得妙，就要有禅的境界、禅的意味。但这话苏轼没有明说。

　　严羽的观点倒是很鲜明。他在《答吴景仙书》中谈他写《沧浪诗话·诗辨》的出发点时说："仆之《诗辨》，乃断千百年公案，诚惊世绝俗之谈，至当归一之论。其间说江西诗病，真取心肝刽子手，以禅喻诗，莫此亲切。"他的四个比喻皆出自佛典。

　　关于"空中之音"，《大涅槃经·序品第一》云："以真金为叶，金刚为台，是华台中……又出妙音。"《第一义法胜经》云："诸天虚空中，雨种种妙华，多有诸音乐，不击自然鸣。"《华严经》云："悉发一切妙音声，普转如来正法轮。""此上过佛刹微尘数世界，有世界名微尘数音声。其状犹如因陀罗网，依一切宝水海住。一切乐音宝盖云弥覆其上。"佛家凡言及极乐世界无不描绘这种美妙动人的"空中之音"。

　　关于"相中之色"，《华严经》云："无边色相，圆满光明。"《金刚经》云："若有色，若无色。""凡所有相，皆是虚妄。若见诸相非相，即见如来。"佛家谈"色相"的言论颇多，它不否定色相的存在，但又从本质上揭露它的虚妄。

　　关于"水中之月"和"镜中之像"，《文殊师利问菩提经》云："发菩提心者，如镜中像，如热时焰，如影如响，如水中月。"《文殊师利问经·杂问品》十六云："佛从世间出，不著世间，亦有亦无，亦现不现，可取不可取，如水中月。"《净饭王涅槃经》："世法无常，如幻如化，如热时炎，如水中月。"《说无垢称经·声闻品》第三："一切法性皆虚妄见，如梦如焰。所起影像，如水中月，如镜中像。"《大乘本生心地观经·序品》第一："智慧如空无有边，应物现形如水月。"《月上女经》卷上："诸三世犹如幻化，亦如阳焰，如水中月。"

从以上的摘引来看，严羽将诗境比喻成镜花水月，显然是从佛经上受到启发的，在他看来，诗境虽不能等同禅境（有论者认为严羽视诗境为禅境，这是不对的，严羽是以禅喻诗，不是以禅入诗），但在某些方面是相似的。严羽以禅境喻诗境，试图说明：

第一，诗境是一种心境，不是物境。

禅宗是非常强调心的作用的，"心是菩提树"，佛不在别的什么地方，就在每个人的心中，禅境实是心境，因而特别强调"明心见性"。严羽所说的诗境也是心境。所谓诗境即心境，就是认为诗是诗人的精神产物，不是别的，正是诗人自己的心决定它的境界。严羽说："诗者，吟咏情性也。"[1] "情性"是诗之灵魂，诗虽然也反映外界事物，但进入诗的各种事物无不为诗人情感所过滤，从而染上诗人的情感色彩，渗透诗人的主观精神，成为诗人情感意绪的载体。从这个意义上讲，进入诗里的"物"已经情化了，客观化成了主观。正因为如此，处于同一时代的诗人，面对同样的描写对象，而写出来的诗境有明显的差别。严羽说，"子美不能为太白之飘逸，太白不能为子美之沉郁"；"少陵诗法如孙吴，太白诗法如李广，少陵如节制之师"[2]。严羽是非常注重诗人的个性及由此而决定的艺术风格的。这种观点之由来，就是他认为诗境是心境。要知诗，必先知诗人，知诗人的心。严羽说："观太白诗者，要识真太白处，太白天才豪逸，语多卒然而成者。学者于每篇中，要识其安身立命处可也。"[3]

第二，诗境是虚境，不是实境。

这正如"空中之音，相中之色，水中之月，镜中之象"一样，它是"幻化"之物。诗境虽是虚境，但不能说不真。"真"有好几种不同含义，实存固然

---

[1]　严羽：《沧浪诗话·诗辨》。

[2]　严羽：《沧浪诗话·诗评》。

[3]　严羽：《沧浪诗话·诗评》。

是真,对实存的反映也应说是真。水中月不是月,但确是天上月的映像,从这个意义上讲,虚中有实,虚即是实。诗境,正因为是虚境,它拥有更大的审美空间可任凭读者在诗境中自由徜徉,获得远比实境所能提供的多得多的审美感受。诗境,正因为它是虚境,它"透彻玲珑,不可凑泊",具有艺术境界最可宝贵的空灵美。刘禹锡说:"虚而万象入。"① 这正是诗境"韵外之致""味外之旨"得以产生的根源,是诗境的魅力所在。

第三,诗境是化境,不是画境。

"化境"与"画境"相对。画境强调形似,化境强调神似;画境重生动,化境重韵味;画境"贵在画中态",化境则贵在味外旨;画境物我两分情景相隔,未能做到天衣无缝,化境则物我一体,情景不分,浑然一体;画境终见出人工,虽惟妙惟肖,终见匠气,化境则虽是人工,却宛似天工,功夺造化,巧如天籁。严羽说:"诗之极致有一,曰入神。诗而入神,至矣,尽矣,蔑以加矣!"② 这"入神"可以理解成这种化境。

严羽在谈及"空中之音,相中之色,水中之月,镜中之象,言有尽而意无穷"时,前面有几句话非常重要,它们是:"诗者,吟咏情性也。盛唐诸人惟在兴趣。羚羊挂角,无迹可求。故其妙处透彻玲珑,不可凑泊,如空中之音……"③

特意提出这几句话,是因为有两个问题值得探讨:

第一,"兴趣"与"镜花水月"之美有什么关系。从语意来看,"镜花水月"之美正是"兴趣"所在。而"兴趣"又是"妙悟"的原动力,所以,"镜花水月"之美正是"妙悟"的产物。

第二,"羚羊挂角,无迹可求"是什么意思。"羚羊挂角,无迹可求"典出禅宗典籍《传灯录》卷十六,义存禅师谓众曰:"我若东道西道,汝则寻言逐句;我若羚羊挂角,汝向什么处扪摸?""羚羊",据《尔雅·释兽》:"似羊而大,角圆锐,好在山崖间。"北宋学者陆佃《埤雅·释兽》亦说:"羚羊……

① 刘禹锡:《秋日过鸿举法师寺院便送归江陵并引》。
② 严羽:《沧浪诗话·诗辨》。
③ 严羽:《沧浪诗话·诗辨》。

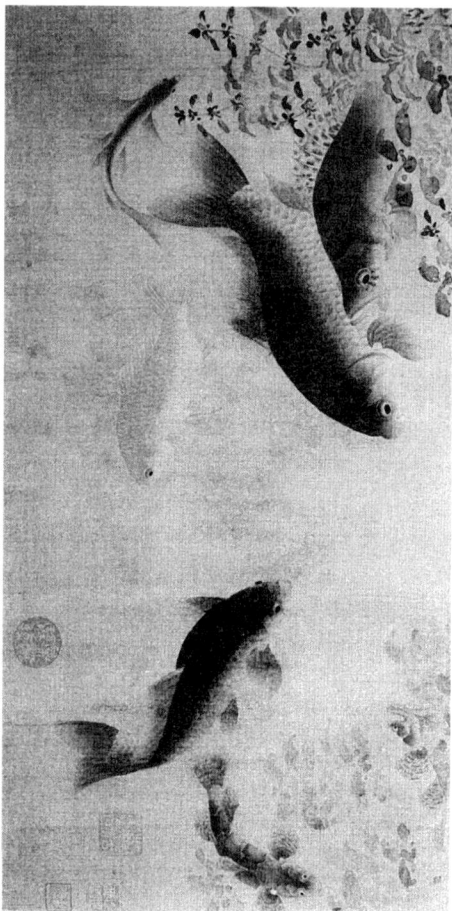

(宋) 刘寀:《落花游鱼图》

夜则悬角木上以防患。"可见羚羊是非常警觉的。羚羊的踪迹非常难找。《景德传灯录》卷十七载道膺禅师说:"如好猎狗,只解寻得有踪迹底;忽遇羚羊挂角,莫道迹,气亦不识。"从这看,"羚羊挂角,无迹可求"应是"不著一字,尽得风流""言有尽意无穷"的意思。这个比喻是用来说明"镜花水月"之美的。它不能理解成"兴趣"的内涵,只能理解成"兴趣"的对象。由于郭绍虞校注的《沧浪诗话》在"盛唐诸人惟在兴趣"之后打个逗号,下接"羚羊挂角,无迹可求",故而造成误解。正确的标点应是"盛唐诸人惟在兴趣"之后打上句号。"羚羊挂角,无迹可求"在语意上应与"故其妙处透彻玲珑,不可凑泊,如空中之音……"相连。

　　"镜花水月"是宋代诗人所极力推崇的一种审美理想，是诗学与禅学共同孕育的宁馨儿。作为一种诗学理论，它为意境说的最后成熟做了重要准备。在王国维所论的"有我之境""无我之境"特别是"无我之境"之中，我们更深刻地领悟到这种美。

第 三 章
宋诗的创作理论

宋代诗歌在创作上贯穿着创新与学古的斗争。

宋初,杨亿、刘筠等人专学李商隐,辞丽清婉,用典贴切,属对工巧,号为西昆体,这是宋初最早的学古派。欧阳修、苏轼出,倡导作诗出自意兴,不拘一格,自然成文,将宋诗创作大大推进了一步。与苏轼齐名的黄庭坚在批判西昆体专学李商隐的同时又走上了另一条学古的道路。黄庭坚以杜甫为师,注重艺术技巧,讲究格律、语言形式,提出"点铁成金""夺胎换骨""活法"古人诗句的创作主张。刘克庄《后村诗话》云:"元祐后,诗人迭起,一种则波澜富而句律疏,一种则锻炼精而情性远,要之不出苏黄二体而已。"苏重才情,黄重工夫。才情出于天分,非可强致;工夫出自学力,易见功效,故学苏者少而宗黄者多。以黄庭坚为宗祖的江西诗派因此成矣。江西诗派,据吕本中所作《江西诗社宗派图》,属于该诗派的诗人除黄庭坚外有25人。江西诗派影响甚大,可以划属该诗派的诗人远不止25人。这个诗派经师友、门生辗转传授,其活动前后持续200多年。宋末元初,承继江西诗派衣钵的方回提出"一祖三宗"说,杜甫被尊为一祖,三宗为黄庭坚、陈师道与陈与义。江西诗派注重诗歌的艺术性,提出了许多艺术创作理论。除黄庭坚的"点铁成金""夺胎换骨"说以外,较重要的还有吕本中的"活法"论、范温的"句中眼"论、韩驹等人的"禅悟"论。

南宋的诗歌创作理论最重要的是严羽的《沧浪诗话》。严羽对江西诗派的创作主张进行了批判，提出了著名的"妙悟"论，这是中国美学史上最为系统也最为深刻的艺术思维理论。

与黄庭坚为首的江西诗派一味从书本、从古人寻找作诗技巧不同，爱国诗人陆游提出"工夫在诗外"，强调要从现实生活获取创作的题材和创作的灵感。尽管陆游未能充分地展开自己的观点，令人深为遗憾，但在一片复古之风的宋代，这一口号的提出，其本身就具有振聋发聩的重大意义。陆游的诗论是现实主义在宋代的卓越代表。

第一节　"点铁成金"论

江西诗派是宋代最有影响的诗歌流派。诗派的领头人物为黄庭坚。黄庭坚（1045—1105），字鲁直，洪州分宁（今江西修水县）人。黄庭坚为苏门四学士之一，其诗名与苏轼相并，号称"苏黄"。除诗歌，黄庭坚在书法上成就亦极高，与苏轼、米芾、蔡襄并称为宋代四大书家。

黄庭坚在诗歌创作上特别注重艺术技巧，讲究法度，形成了独特的风格，在当时影响很大。严羽《沧浪诗话》云："至东坡、山谷始自出己意以为诗，唐人之风变矣。山谷用工尤为深刻，其后法席盛行，海内称为江西宗派。"陈岩肖认为，"山谷之诗，清新奇峭，颇造前人未尝道处，自为一家，此其妙也。"[①] 在创作理论上，黄庭坚提出的"点铁成金""夺胎换骨"说，在当时及后世引起广泛的注意，褒贬不一，其影响之大甚至超过他的创作。

他的"点铁成金"说见之于他的《答洪驹父书》。洪驹父是他的外甥，亦是江西诗派的诗人。在这篇文章中，黄庭坚说：

> 自作语最难，老杜作诗，退之作文，无一字无来处。盖后人读书少，故谓韩、杜自作此语耳。古之能为文章者，真能陶冶万物，虽取古人之陈言入于翰墨，如灵丹一粒，点铁成金也。

---

① 陈岩肖：《庚溪诗话》卷下。

黄庭坚论诗特别推崇杜甫，论文特别推崇韩愈。他说："观杜子美到夔州后诗，韩退之自潮州还朝后文章，皆不烦绳削而自合矣。"① 说杜甫后期的诗、韩愈后期的文"不烦绳削而自合"，且不去计议此种评价是否切合杜、韩创作实际，单就提出"不烦绳削而自合"这一创作主张来说，无疑是应该给予充分肯定的。在《大雅堂记》一文中，黄庭坚称赞杜诗，说"子美诗妙处乃在无意于文，夫无意而意已至"，这和"不烦绳削而自合"是一个意思。

(宋) 鲁宗贵：《橘子葡萄石榴图》

杜、韩创作的确取得很高成就，不过说他们的诗文"无一字无来处"，这是不符合杜、韩创作实际的。黄庭坚为了强调读书对于写诗的重要性，为自己的"点铁成金"说提供根据，硬要说杜、韩的诗文一字一句来自书本，这种说法当然是不能让人信服的。不过，黄庭坚说的"无一字无来处"也不

① 黄庭坚：《答王观复书》。

是古人语言的照搬,而是根据此时此地的景物与心情,对古人的语言予以改造,用他的话来说就是"虽取古人之陈言入于翰墨,如灵丹一粒,点铁成金也"。

黄庭坚此说,正确与谬误各半。正确的方面是:运用古人的语言加以改造,用以反映现实,表达当下的思想情感不失为一种创作手法。语言有它的继承性,古人的语言也不都变成历史,失去了生命力。再者古人的思想情感与今人的思想情感是相通的。古人的思想成果不论是哲学的,还是艺术的以及其他形式的,都是今人的宝贵财富,他们的一些语言加以适当改造,甚至原封不动地移用,也的确能够在一定程度上用以表达今人的思想情感。虽然杜甫的诗、韩愈的文未必"无一字无来处",但也有一些诗句、文字是从前人的诗、文中化出来的,这也是事实。应该说,吸取古人语言中有生命力的部分用于今天的创作不失为一种创作手法。黄庭坚的错误是将这种方法的作用夸大了。对于艺术创作来说,最根本的是从实际生活中获取要表达的内容以及这内容的形式包括语言形式。运用活在今人生活中的语言进行创作,远比运用古人的语言进行创作,重要得多。

尽管"点铁成金"说有很大的片面性,但仅就提出要重视吸收古人的语言并改造古人的语言这一点而言,"点铁成金"说还有值得肯定之处。

"点铁成金"是黄庭坚学习、吸取古典的基本立场。那么,到底如何"点铁成金"呢? 黄庭坚又提出"夺胎换骨"说。"夺胎换骨"说,见之于宋代惠洪所著的《冷斋夜话》:

> 山谷云:"诗意无穷,而人之才有限,以有限之才,追无穷之意,虽渊明、少陵不得工也。然不易其意而造其语,谓之换骨法;窥入其意而形容之,谓之夺胎法。"

> 如郑谷《十日菊》诗曰:"自缘今日人心别,未必秋香一夜衰。"此意甚佳,而病在气不长;西汉文章雅深雅健者,其气长故也。曾子固曰:"诗当使人一览语尽而意有余,乃古人用心处。"所以荆公菊诗曰:"千花百卉凋零后,始见闲人把一枝。"东坡则曰:"万事到头终是梦,休,休,休,明日黄花蝶也愁。"……凡此之类,皆换骨法也。

顾况诗曰："一别二十年,人堪几回别?"其诗简拔而立意精确。舒王作与故人诗曰："一日君家把酒杯,六年波浪与尘埃。不知乌石江头路,到老相寻得几回?"乐天诗曰："临风杪秋树,对酒长年身。醉貌如霜叶,虽红不是春。"东坡《南中作》诗云："儿童误喜朱颜在,一笑那知是醉红。"凡此之类,皆夺胎法也。

关于"夺胎换骨"一法,除惠洪的《冷斋夜话》以外,葛立方的《韵语阳秋》、严有翼的《艺苑雌黄》、魏庆之的《诗人玉屑》、胡仔的《苕溪渔隐丛话》、阮阅的《诗话总龟》、李颀的《古今诗话》、陈善的《扪虱诗话》、马永卿的《嫩真子》、赵彦卫的《云麓漫钞》、吴垌的《五总志》、俞成的《萤雪丛说》等均有论述。

(宋) 刘寀:《花篮图》

从这些论述来看,所谓"换骨"法,是指取古人诗意而自造其语。比如,唐代郑谷咏菊:"自缘今日人心别,未必秋香一夜衰。"王安石取其意,另拟诗句:"千花百卉凋零后,始见闲人把一枝。"苏轼咏菊亦取其意,词云:"休,休,休,明日黄花蝶也愁。"这种"换骨",不仅语言全换了,诗意也有不同程度的改变,有的改变还是相当大的,苏轼的词与郑谷的诗就有很大不同。说"不易其意","不易"的其实主要是题材。

所谓"夺胎",不仅取前人的诗意,而且取前人的语言格式,甚至构思。比如:顾况诗云:"一别二十年,人堪几回别?"王安石取顾况诗意与句式,写出自己的诗:"一日君家把酒杯,六年波浪与尘埃。不知乌石江头路,到老相寻得几回?"又如,白居易有诗:"临风杪秋树,对酒长年身。醉貌如霜叶,虽红不是春。"苏轼夺其诗意及构思,诗云:"儿童误喜朱颜在,一笑那知是醉红。"黄庭坚有好些诗句也是向前人"夺"来的。他有一首《睡鸭》,中有:"山鸡照影空自爱,孤鸾舞镜不作双。"这两句就出自徐陵的《鸳鸯赋》:"山鸡映水那相得,孤鸾照镜不成双。"

黄庭坚的"夺胎换骨"法,历代有褒有贬。褒者誉其为"高妙""善学前人",得"诗中三昧"①。贬者径直说这是剽窃前人,金人王若虚在《滹南诗话》中就这样说:"鲁直论诗有夺胎换骨、点铁成金之喻,世以为名言。以予观之,特剽窃之黠者耳。鲁直好胜,而耻其出于前人,故为此强辞而私立名字。"

王若虚的批评是言重了。客观来说,"点铁成金""夺胎换骨",只要运用得好,不失为化腐朽为神奇的一种窍门。事实上,宋代不少诗人包括苏轼、王安石、黄庭坚在内,运用此法都获得了成功。问题是,此方法毕竟不是创作的主要手法。对于诗来说,根本的途径还是创造,任何模仿,哪怕是非常成功的模仿也不能取代创造。黄庭坚的失误主要在这里。

第二节　"活法"论

宋代诗歌创作的"活法"论当溯源于黄庭坚。

黄庭坚认为,作诗当讲究"布置""法度"。范温《潜溪诗眼》云:"山谷言文章必谨布置,每见后学,多告以《原道》命意曲折。后予以此概考古人

---

① 周紫芝:《竹坡诗话》。

法度。"布置""法度"来自于古人,于是黄庭坚教人去规摹古人。古人的作品中堪称典范的佳作,黄庭坚认为就是"法度",称之为"正体"。此为一方面。另一方面,黄庭坚又认为,学习古人并不是要一味模仿古人;讲究"法度",不是要死搬法度,而是要灵活运用法度。黄庭坚那些将灵活运用"法度"写出来的作品称之为"变体"。关于"正体"与"变体"的关系,黄庭坚有一段精彩的论述:

> ……此诗(指杜甫的《奉赠韦左丞丈二十二韵》)前贤录为压卷,盖布置最得正体,如官府甲第厅堂房屋,各有定处,不可乱也。韩文公《原道》与《书》之《尧典》盖如此,其他皆谓之变体可也。盖变体如行云流水,初无定质,出于精微,夺乎天造,不可以形器求矣。然要之以正体为本,自然法度行乎其间。譬如用兵,奇正相生,初若不知正而径出于奇,则纷然无复纲纪,终于败乱而已矣。①

黄庭坚很看重"布置""法度"的"正体",认为它是"本",是用兵之"正",如果没了"正体",则"纷然无复纲纪,终于败乱而已矣"。从这里可以看出,黄庭坚认为写诗"有法",但黄庭坚又提出"正体"之外,"其他皆谓之变体"。顾名思义,"变体"正是从"正体"变化而来的。"正体"为一,"变体"则为多。"正体"讲规定,"各有定处","不可乱";"变体"则讲变化,"如行云流水,初无定质"。比之用兵,"正体"是"正","变体"就是"奇"。从承认"变体"存在这一立场言,黄庭坚又认为写诗"无法"。既有法,又无法。换句话说,有法,但不是死法,而是活法。这就是黄庭坚对诗歌创作是否有法的基本看法。

黄庭坚非常推崇杜甫的诗,特别是杜甫到夔州以后写的诗。原因是杜甫到夔州后写的诗"句法简易","格律益严",又"无斧凿痕","皆不烦绳削而自合矣",可谓"大巧出焉"。②

黄庭坚认为,"子美诗妙处乃在无意于文,夫无意而意已至"。③

---

① 转引自范温:《潜溪诗眼》。
② 引文参见黄庭坚:《与王观复书三首》。
③ 黄庭坚:《大雅堂记》。

"无意于文"而又能"无意而意已至",这可说是进入了自由的境界,这是写诗的极致。而实现这一极致,登上这一最高境界的途径乃是"活法"。

黄庭坚没有提出"活法"这一概念,但"活法"的基本理论是提出来了。

明确提出"活法"这一概念的是吕本中(1084—1145)。吕本中,字居仁,寿州人。他是元祐宰相吕公著的曾孙,南宋绍兴六年赐进士出身,历官中书舍人,权直学士院,世称东莱先生。他曾作《江西诗社宗派图》,将黄庭坚在内的26名诗人列入江西诗派,江西诗派自此而著名。吕本中虽未将自己列入江西诗派,但他仰慕黄庭坚,在创作方面基本上追随黄庭坚,应是江西诗派中期的诗人。吕本中在《夏均父集序》中提出著名的"活法"说:

> 学诗当识活法。所谓活法者,规矩备具,而能出于规矩之外;变化不测,而亦不背于规矩也。是道也,盖有定法而无定法,无定法而有定法。知是者,则可以语活法矣。谢玄晖有言:"好诗(疑脱"流"字)转圆美如弹丸。"此真活法也。近世惟豫章黄公首变前作之弊,而后学者知所趣向。毕精尽知,左规右矩,庶几至于变化不测。然余区区浅末之论,皆汉魏以来有意于文者之法,而非无意于文者之法也。

吕本中将"活法"概括为"规矩备具,而能出于规矩之外","无定法而有定法",这是十分精当的。吕本中强调"毕精尽知,左规右矩,庶几至于变化不测",他将"定法"看作"无定法"的前提。吕本中较黄庭坚在这一问题上的新贡献是提出了"有意于文者之法"与"无意于文者之法"的区别。他认为"有意于文"对于写诗是十分重要的。他的"有意于文",是讲创作需要有正确的意图,他说:"今之为诗者,读之果可使人兴起其为善之心乎,果可使人兴、观、群、怨乎,果可使人知事父、事君而能识鸟兽草木之名之理乎?为之而不能使人如是,则如勿作。"① 显然,吕本中是想说明,不能离开儒家的诗教说来谈写诗的方法。

我们在本章上一节讨论黄庭坚的"点铁成金""夺胎换骨"时,曾指出

---

① 　吕本中:《夏均父集序》。

这种方法,只要运用得好,不失为化腐朽为神奇的一种窍门。在宋代,诗论家俞成把这种方法也看作"活法",他说:

> 文章一技,要自有活法,若胶古人之陈迹而不能点化其句语,此乃谓之死法。死法专祖蹈袭,则不能生于吾言之外;活法夺胎换骨,则不能毙于吾言之内。毙吾言者生吾言也,故为活法。①

俞成此说可以看作是黄庭坚"夺胎换骨"说的补充。在他看来,学习、模仿前人也有个"死法""活法"的问题。"死法"在于"胶古人之陈迹而不能点化其句语";而"活法"就是"夺胎换骨"了。他对"夺胎换骨"的理解比较有深度,他认为"夺胎换骨"的实质是"毙吾言者生吾言也"。"毙"是手段,"生"才是目的。借古人的某些诗意或句法,目的是说出自己的新感受。

(宋) 马麟:《橘绿图》

"活法"这个概念在宋代还有一些不同于上说的理解,比如,南宋诗人杨万里善于写清新活泼、奇趣盎然的小诗,他的朋友张镃就说这是"活法诗"。张镃有《携杨秘监诗一编登舟因成二绝》,其一云:

> 造化精神天尽期,

---

① 俞成:《萤雪丛说》卷上。

　　　跳腾踔厉即时追。

　　　目前言句知多少，

　　　罕有先生活法诗。

　　南宋诗人刘克庄很欣赏杨万里的诗，甚至这样说："后来诚斋出，真得秀所谓活泼、所谓流转圆美如弹丸者，恨紫微公（即吕本中）不及见耳。"①刘克庄显然认为杨万里写诗的方法也属于"活法"，应当成为吕本中的评论对象。查吕本中谈"活法"的那篇文章——《夏均父集序》，吕本中的确用上了谢玄晖的话："好诗流转圆美如弹丸。"不过，吕本中谈的"活法"与张镃、刘克庄谈的"活法"有根本性的不同。吕本中谈的"活法"是指创造性运用规则法度；张、刘理解的"活法"，实为"活泼"，是诗的一种风格。这二者是有区别的。

第三节　"妙悟"论

　　在宋代，最重要的诗歌美学专著是严羽的《沧浪诗话》，最重要的诗歌创作理论是这部著作中所提出的"妙悟"论。

　　严羽（生卒年不详），字仪卿，一字丹丘，邵武（今属福建）人，自号沧浪逋客，南宋诗人兼诗论家。严羽生平事迹不详，南宋诗人戴复古有诗咏他："羽也天资高，不肯事科举。风雅与骚些，历历在肺腑。持论伤太高，与世或龃龉。"②从这诗中可以看到严羽的为人。又，从严羽的《答吴景仙书》中，我们可以找到戴诗所说的一些佐证。在该书中，严羽自诩："仆之《诗辨》，乃断千百年公案，诚惊世绝俗之谈，至当归一之论。"口气之大，令人惊诧。在该书中，他坚定地说，他的诗论"虽得罪于世之君子，不辞也"。

　　严羽的《沧浪诗话》是对江西诗派的一次很有深度的批判。可以说，对长达两百年之久的江西诗派，只有到严羽这里才得到一个比较彻底的清算。

---

① 　刘克庄：《江西诗派总序》。

② 　戴复古：《石屏集·祝二严》。

《沧浪诗话》的内容比较丰富，它不仅对宋代以及宋代以前的诗歌发展历程做了言简意赅的评述，而且正面提出了许多可贵的诗歌美学思想。《沧浪诗话》最重要的美学价值是他的"以禅喻诗"说，其中以禅境喻诗境，我们在上一章已做了介绍。这一节主要介绍他的以禅喻诗的"妙悟"观点。严羽说：

> 禅家者流，乘有小大，宗有南北，道有邪正。学者须从最上乘，具正法眼，悟第一义。若小乘禅，声闻辟支果，皆非正也。论诗如论禅：汉魏晋与盛唐之诗，则第一义也。大历以还之诗，则小乘禅也，已落第二义矣。晚唐之诗，则声闻辟支果也。学汉魏晋与盛唐诗者，临济下也。学大历以还之诗者，曹洞下也。大抵禅道惟在妙悟，诗道亦在妙悟。且孟襄阳学力下韩退之远甚，而其诗独出退之之上者，一味妙悟而已。惟悟乃为当行，乃为本色。然悟有深浅，有分限，有透彻之悟，有但得一知半解之悟。汉魏尚矣，不假悟也。谢灵运至盛唐诗公，透彻之悟也，他虽有悟者，皆非第一义也。

这段话的中心句是"诗道亦在妙悟"。那么什么是"妙悟"呢？自古至今，对此的理解可说是"仁者见仁，智者见智"，莫衷一是。种种不同的阐释，难以备述。笔者认为，正确理解严羽所说的"妙悟"，关键有二：

第一，严羽采取的是"以禅喻诗"的方法来谈"妙悟"的。所谓"以禅喻诗"不是"以禅论诗"或"以禅入诗"，而是借用禅来比喻诗，用他的话来说是"论诗如论禅"。

严羽说"大抵禅道惟在妙悟，诗道亦在妙悟"，所谓"禅道"，是奉行禅学的一种方法，作为佛教一个宗派的禅宗，其最高追求是成佛，因而"禅道"，亦可说是成佛的方法。禅宗有南、北二宗的区分，这种区分并不具本质上的意义。弘辩禅师云："其所得法虽一，而开导发悟，有顿渐之异，故曰南顿北渐，非禅宗本有南北之号也。"① 所谓"顿渐"，即"顿悟""渐悟"。"顿悟"与"渐悟"都是"悟"，只是"顿悟"是当下即悟，"渐悟"是逐渐地

---

① 《传灯录》卷九。

悟。严羽无意强调顿渐之别，强调的只是"悟"。所谓"悟"，是非逻辑的感悟，按它所取得的精神成果来看，已达到理性认识的高度，但它并未采取逻辑思辨的方法，其精神成果的存在方式也不一定取概念的形式。那么，它实现认识飞跃的途径是什么呢？是形象的感发，想象的腾越，无意识向有意识的瞬间转换。这种思维的方式，通常又叫作"直觉"。当下直观，即实现思维的飞跃，直观即思维。禅宗的"妙悟"其实就是直觉，只是禅宗的直觉比之一般的直觉来说更具怪异性、神秘性。严羽说"诗道亦在妙悟"，是想借"禅悟"来说明诗歌创作过程中诗人感发诗兴、提炼诗句、创造意境的特点，换句话说，严羽是想揭示艺术思维的规律。从"以禅喻诗"这个角度来看艺术思维，严羽认为，艺术思维是直觉思维，它具有直观性、非逻辑性、创造性的特点。基于它的直观性即形象性，将它称之为审美直觉亦未尝不可。

　　审美直觉包括灵感形式、想象形式，严羽并没有强调哪一种形式，因此，不必将严羽说的"妙悟"归结为"灵感"。

　　严羽没有谈禅悟与诗悟的区别，但他亦未将二者等同起来，可见他是认为二者有同有异的。明代的胡应麟在严羽的基础上予以生发：

　　　　严氏以禅喻诗，旨哉！禅则一悟之后，万法皆空，棒喝怒呵，无非至理；诗则一悟之后，万象冥会，呻吟咳唾，动触天真。禅必深造而后能悟；诗虽悟后，仍须深造。①

钱钟书也说：

　　　　禅家讲关捩子，故一悟尽悟，快人一言，快马一鞭，一指头禅可以终身受用不尽。诗家篇什，故于理会法则以外，触景生情，即事漫兴，有所作必随时有所感发，大判断外，尚须有小结裹。②

　　除了胡应麟、钱钟书所说的这个区别外，禅悟与诗悟还有一个根本性的不同：禅悟是宗教性的悟，审美性只是兼而有之，因此禅悟总是将人引向

---

① 胡应麟：《诗薮》。
② 钱钟书：《谈艺录》，中华书局1984年版，第101页。

否定人生的空寂的世界；诗悟则是审美的悟，审美的性质决定了它总是将人引向肯定人生的温馨的境界。当然也有禅悟与诗悟二者相兼甚至融为一体的情况，它们的性质就要做具体的分析了。

(宋) 林椿:《海棠图》

第二，严羽是从盛唐诗人作诗与"近代诸公"作诗相比较的角度来谈"妙悟"的。

严羽将"悟"分成若干等级，有"透彻之悟""一知半解之悟"。他认为"盛唐诸公，透彻之悟也"。对"近代"即宋代的诗人，他的评价不高，虽不能说"近代"诗人无"悟"，但"悟"得不够，仿照禅家排高低名次的方法，这些诗人只能列入"临济下"或"曹洞下"。他感叹："岂盛唐诸公大乘正法眼者哉！嗟乎！正法眼之无传久矣！"① 那么，问题出在哪里呢？他认为，问题就出在"近代诸公"，"以文字为诗，以才学为诗，以议论为诗。夫岂不工，终非古人之诗也，盖于一唱三叹之音，有所歉焉"②。

两相比较，可知严羽说的"妙悟"至少还包含这样几种意思：第一，"妙

① 严羽:《沧浪诗话·诗辨》。
② 严羽:《沧浪诗话·诗辨》。

悟"出自"情性"①，并非出自学问；第二，"妙悟"出自"兴致"，并非出自苦吟；第三，"妙悟"出自"自然"②，并非出自强求；第四，"妙悟"自有一套形象与情感运行机制，"不涉理路，不落言筌"③。以上四点，可归纳为两点：一是"妙悟"是自然而然的，不管是"直下了知，当处超越"④的顿悟，还是"自然悟入"的渐悟，都不是强求而得的。二是"妙悟""不涉理路，不落言筌"。

　　关于此，历来诤议甚多。钱钟书说："若诗自是文字之妙，非言无以寓外之意；水月镜花，固可见而不可捉，然必有此水而后月可印潭，有此镜而后花可映影。"⑤钱先生这个批评可能有些胶柱鼓瑟了，严羽说的"不涉理路"，不等于说诗中无理，因而不必读书。相反，他十分重视读书穷理对于写诗的意义，说："非多读书，多穷理，则不能极其致。"⑥可见，诗能否写到很高层次，与读书多少、穷理多少关系极大。问题是"诗有别材，非关书也，诗有别趣，非关理也"⑦。这"别材""别趣"，要求诗的写作，从材料的选取、主体精神的投入到艺术意境的构制都与文章写作区别开来。诗中之"材"是有它特殊要求的。同样一段历史，写进诗里与写进史书、策论之中，其处理方式是不同的。诗中之"趣"⑧也有特殊要求。诗人通过写诗希望实现什么价值或对社会贡献点什么，显然也不同于做学问。

　　严羽说诗的"妙悟""不涉理路"，这"理路"是指逻辑规则。诗主要是形象与情感的体系，它的机制不同于逻辑思维。正是在这个意义上说诗的妙悟"不涉理路"。李白咏庐山瀑布说"疑是银河落九天"，其意是说瀑布之高，但不用概念表示，而用形象显现，这就是"不涉理路"。"不涉理路"是不涉逻辑思维的理路，它还是有自己的理路的。它无理而真，无理而妙。

---

① 严羽说："诗者，吟咏情性也。"

② 严羽说："博取盛唐名家，酝酿胸中，久之自然悟入。"

③ 严羽：《沧浪诗话·诗辨》。

④ 《五灯会元》卷四十八。

⑤ 钱钟书：《谈艺录》，中华书局1984年版，第100页。

⑥ 严羽：《沧浪诗话·诗辨》。

⑦ 严羽：《沧浪诗话·诗辨》。

⑧ 此"趣"可理解成"旨趣""追求"等意，大于"乐趣"。

至于说"不落言筌",严羽当不至于糊涂到不明白"诗自是文字之妙"。"言筌"典出《庄子》:"筌者所以在鱼,得鱼而忘筌。……言者所以在意,得意而忘言。"言筌指言词,它相当于筌。禅宗思想是不借助于文字的。它既不遵循思维的逻辑,也不借助语言的工具。写诗当然不能说不用文字,但就其意象的形成来说,是忘却文字的。严羽借用这一典故,说明在"妙悟"中,意象自由活动,作为传达意象工具的文字几乎被忘却,并没有给想象的自由带来障碍。

严羽在谈"妙悟"时,为说明"妙悟"为诗之"本色""当行",将孟浩然与韩愈进行比较。他说:"孟襄阳学力下退之远甚,而其诗独出退之之上者,一味妙悟而已。"有些论者认为严羽看重的是孟浩然恬淡的艺术风格,故而将"妙悟"理解成"羚羊挂角,无迹可求"。其实,"妙悟"与"羚羊挂角,无迹可求"是两码事,"妙悟"讲的是艺术思维,"羚羊挂角,无迹可求"讲的是艺术境界,它与下面讲"空中之音,相中之色,水中之月,镜中之象"相衔接。严羽将孟浩然与韩愈作比较,比较的不是他们的艺术风格,而是他们的艺术思维。韩愈好以文为诗,艺术构思时,理性因素较重。孟浩然则一味妙悟,凭直觉进行创作,感性因素较重。许学夷说:"浩然造思极精,必待自得。故其五言律皆忽然而来,浑然而就,而圆转超绝多入于圣矣。须溪谓浩然不刻画,只似乘兴;沧浪谓浩然一味妙悟,皆得之矣。"[1]

严羽说:"汉魏尚矣,不假悟也。"意思是汉魏人作诗崇尚写实,比较缺乏艺术想象,不看重审美直觉的作用。胡应麟说:"汉人直写胸臆,斫削无施,严氏所云,庶几实录。建安以降稍属思维,便应悬解,非缘妙悟,曷极精深。"[2]

从以上分析,我们大致可以得出这样的结论:严羽说的"妙悟"就是以审美直觉为基本特征的艺术思维,它近似于我们今天说的形象思维,说近似,是因为"妙悟"实际上只是形象思维的一种形式。形象思维比它更丰富。

---

① 许学夷:《诗源辩体》卷十六。

② 胡应麟:《诗薮》。

（宋）赵昌：《杏花图》

与严羽同时代和早于、晚于他的一些学者诗人对"妙悟"也做过许多很有价值的论述，如：

> 学诗当如初学禅，未悟且遍参诸方。
> 一朝悟罢正法眼，信手拈出皆成章。①
> 学诗浑似学参禅，竹榻蒲团不计年。
> 直待自家都了得，等闲拈出便超然。②
> 学诗浑如学参禅，悟了方知岁是年。
> 点铁成金犹是妄，高山流水自依然。③

这三首诗都涉及"妙悟"的一些重要特点，其中最重要的是思维的瞬间飞跃。

宋人包恢认为参禅可分顿悟、渐修两种。"顿悟如初生孩子，一日而肢体已成；渐修如长养成人，岁久而志气方立。"④

曾几则进一步认识到"妙悟"的关键是"参活句"："学诗如参禅，慎勿

---

① 韩驹：《赠赵伯鱼》。
② 吴可：《学诗诗》，见《诗人玉屑》卷一。
③ 龚相：《学诗诗》，见《诗人玉屑》卷一。
④ 包恢：《答傅当可论诗》。

参死句。"①

葛天民说的也是同样的意思:"参禅学诗无两法,死蛇解弄活泼泼。"②

宋代也有人不主张将"妙悟"弄得太神秘,认为悟不是神赐的,也不是天生的。吕本中就很有识见地说:"作文必要悟入处,悟入必自工夫中来。"③

严羽的"妙悟"说,融禅道入诗学,提出了一个中国特色的审美思维学说,是对世界美学的一个杰出贡献。

"妙悟"说前承魏晋之"神思"说,后启清代的"神韵"说,在中国美学特别是审美心理学的发展史上具有重要地位。

第四节 "工夫在诗外"论

与江西诗派一味学古,从前人书本子中讨生活相反,南宋著名的爱国主义诗人陆游提出"工夫在诗外"的美学主张。

靖康事变,二帝被掳,宋室南渡,巨大的社会惨变给作家、诗人的刺激无异于惊雷闪电。那么强大繁华的宋帝国只剩下半壁河山,且风雨飘摇。亡国的屈辱给每一位爱国的知识分子都带来了刻骨铭心的哀痛。这样的社会局势促使江西诗派诗风的转变。不少诗人走向抗金的前线或卷入与投降派斗争的漩涡,斗争的生活使得他们的创作很自然地冲破了江西诗派的樊篱,南宋的诗苑终于绽放了绚丽的花朵。在南宋的诗人中,陆游是最杰出的一位。

陆游(1125—1210),字务观,号放翁,山阴(今浙江绍兴)人,南宋著名诗人,有《剑南诗稿》85卷。陆游学诗,也是从江西诗派入手的。他童年时喜读江西诗派诗人吕本中的诗,青年时又师事曾几。曾几是江西诗派后期的重要诗人之一。当然,吕本中、曾几的诗学观点及创作实践与前期的江西诗派已经有所不同,吕本中提出"活法"论,曾几受吕本中影响很

---

① 曾几:《读吕居仁旧诗有怀其人作诗寄之》。
② 葛天民:《寄杨诚斋》。
③ 吕本中:《童蒙诗训》。

大。在《读吕居仁旧诗有怀其人作诗寄之》中他说："学诗如参禅，慎勿参死句。""居仁说活法，大意欲人悟。""其圆如金弹，所向若脱兔；风吹春空云，顷刻多态度。"在创作上，曾几诗风清新活泼，颇得"活法"真谛。虽然这两位诗人尚未能打破江西诗派的樊篱，但都是促使江西诗派诗风转变的关键人物。陆游在两位老师所取得成就的基础上，又前进了一大步，开创了一代新诗风。

(宋) 林椿:《果熟来禽图》

　　陆游的创作基本倾向是现实主义的，又富有浪漫主义色彩，他一生写诗上万首，尚存的就有 9300 多首，是中国历史上创作数量最为丰富的诗人。这些诗绝大多数言之有物，热情洋溢，充满浓郁的生活气息，是真正从生活中结出的丰硕果实。当然，陆游早期的诗并不是这样的，那时他尚沉浸在江西诗派的诗风中，追求藻绘绮丽。晚年，陆游总结自己的创作道路，为儿子遹 (字怀祖) 写下这样一首诗：

　　　　我初学诗日，但欲工藻绘；中年始少悟，渐若窥宏大。

　　　　怪奇亦闻出，如石漱湍濑。数仞李杜墙，常恨欠领会。

　　　　元白才倚门，温李真自郐。正令笔扛鼎，亦未造三昧。

　　　　诗为六艺一，岂用资狡狯？（自注：晋人谓戏为狡狯，今闽语尚尔。）

汝果欲学诗,工夫在诗外。①

"汝果欲学诗,工夫在诗外",这是陆游集几十年的创作得失所获得的最重要的经验体会。所谓"工夫在诗外",就是说决定诗歌创作能否取得很大成就的关键是生活。

陆游用自己的创作证明这一艺术创作的金科玉律。在《九月一日夜读诗稿有感走笔作歌》中,他首先说:"我昔学诗未有得,残余未免从人乞。力屡气馁心自知,妄取虚名有惭色。"这是非常难得的反省,同时也是对江西诗派一味学古的批判。陆游接着谈他46岁出任夔州通判不久又入王炎幕府这段生活对他创作的帮助:"四十从戎驻南郑,酣宴军中夜连日。打球筑场一千步,阅马列厩三万匹。华灯纵博声满楼,宝钗艳舞光照席。琵琶弦急冰雹乱,羯鼓手匀风雨疾。诗家三昧忽见前,屈贾在眼元历历。天机云锦用在我,剪裁妙处非刀尺。"

什么是"诗家三昧",陆游的看法与黄庭坚的看法是完全不同的,陆游认为"诗家三昧"就在于诗人全身心地投身到生活的激流之中去,去深切地感受时代的脉搏,从中获得诗情,获得诗的题材、诗的主旨和诗的表现手法。的确,陆游在四川军旅生活期间写的诗歌是最优秀的,像《关山月》《书愤》《登赏心亭》《夜登千峰榭》这样壮丽的诗篇,没有"楼船夜雪""铁马秋风"的真实感受是无论如何也写不出来的。黄庭坚对"诗家三昧"的看法与陆游完全不同,他大谈"老杜作诗,退之作文,无一字无来历"②,认为文章写不好只是"读书未精博耳"③,引导青年去钻故纸堆,从前人的诗篇中去寻取诗的题材与诗的句式,还美其名曰"点铁成金""夺胎换骨"。

陆游对江西诗派这种从书本中讨生活的美学给予尖锐的批判。他说:

今人解杜诗,但寻出处,不知少陵之意,初不如此。且如《岳阳楼》诗:"昔闻洞庭水,今上岳阳楼。吴楚东南坼,乾坤日夜浮。……"此岂

---

① 陆游:《示子遹》。

② 黄庭坚:《答洪驹父书》。

③ 黄庭坚:《与王观复书三首之一》。

(宋) 马远:《白蔷薇图》

可以出处求哉？……纵使字字寻得出处,去少陵之意亦远矣。①

在《题庐陵萧彦毓秀才诗卷后》(其二)一诗中,陆游对"工夫在诗外"做了深刻的诠释:

　　法不孤生自古同,痴人乃欲镂虚空。

　　君诗妙处吾能识,正在山程水驿中。

"法不孤生"是佛教禅宗的话,意思是"心不孤起,仗境方生",强调"境"是心之源,陆游借用此语,说明生活是诗歌之本。"君诗妙处吾能识,正在山程水驿中"一句与严羽的"唐人好诗,多是征戍、迁谪、行旅、离别之作,往往能感动激发人意"②,正可互相转释,只是陆游谈的是现实,严羽说的是历史。这说明一个问题:古人不是不可学,问题是学什么。陆游以自己的创作实践做了精辟的回答。

陆游说的"工夫在诗外",这"诗外"之"工夫"除了投身于生活激流之外,还包含有诗人自身的修养,其中主要是人品的修养。陆游认为诗人的

---

① 陆游:《老学庵笔记》卷七。

② 严羽:《沧浪诗话·诗评》。

品格对于诗的品格关系极大。他说:

> 夫心之所养,发而为言,言之所发,比而成文,人之邪正,至观其文则尽矣,决矣,不可复隐矣。爝火不能为日月之明,瓦釜不能为金石之声,潢污不能为江海之涛澜,犬羊不能为虎豹之炳蔚,而或谓庸人能浮文眩世,乌有此理也哉? ①

陆游认为文如其人。他强调这一点,目的是要说明作为一个诗人,一定要将自身的修养摆在首要地位,"务重其身而养其气"②。陆游这一观点是魏晋"文以气为主"的新发展,在中国美学史上具有重要的意义。中华美学的传统是将做人与为文联系在一起,并将做人看成为文之根本。

---

① 陆游:《上辛给事书》。
② 陆游:《上辛给事书》。

第 四 章

欧阳修的美学思想

欧阳修（1007—1072），字永叔，号六一居士，又号醉翁，江西庐陵人，官至参知政事，有《欧阳文忠公文集》等著作。

欧阳修像

欧阳修是北宋中期文坛领袖，他领导的新古文运动在中国文学发展史上具有重要的地位。这场古文运动是以唐代韩愈、柳宗元为中坚的古文运动的继续，它最终确立了散文的正宗地位，使散文成为与诗词并列的重要文学样式。

欧阳修在文学理论和文学创作两方面均有重要成就，又注意提携培养文坛新人，苏轼、苏辙及他们的父亲苏洵，还有王安石、曾巩都是欧阳修识拔、举荐的。可以说，欧阳修是北宋文坛承前启后的关键人物，其影响无人可与之匹敌。

欧阳修的美学观比较集中地反映了封建士大夫的美学思想，并标志着这种美学思想趋于成熟，以后这种美学思想在苏东坡身上则完全成熟。所谓封建士大夫的美学思想，它基本上以儒家美学为主干，不同程度地吸取道家、禅宗等其他各家的美学思想。儒道互补、道禅合一体现得特别明显。这种封建士大夫美学基本上是虽有所失意但仍混迹官场的知识分子的美学，与基本上归属于隐逸的在野派知识分子的美学有所不同。封建士大夫美学，在唐代就开始形成，韩愈堪称代表，到宋代则有欧阳修、范仲淹、王安石、苏轼等为代表，发展脉络很清楚。

第一节 "富贵者之乐"与"山林者之乐"

欧阳修在《浮槎山水记》中谈到两种快乐：

> 夫穷天下之物，无不得其欲者，富贵者之乐也；至于荫长松，藉丰草，听山溜之潺湲，饮石泉之滴沥，此山林者之乐也。而山林之士视天下之乐，不一动其心；或有欲于心，顾力不可得而止者，乃能退而获乐于斯。彼富贵者之能致物矣，而其不可兼者，惟山林之乐尔。惟富贵者而不得兼，然后贫贱之士有以自足而高世。其不能两得，亦其理与势之然欤！

欧阳修这篇文章中提出的"山林者之乐"与"富贵者之乐"在《有美堂记》中以另一种语言表达方式再次提出：

> 夫举天下之至美与其乐，有不得而兼焉者多矣。故穷山水登临之美者，必之乎宽闲之野、寂寞之乡而后得焉；览人物之盛丽，夸都邑之雄富者，必据乎四达之冲、舟车之会而后足焉。盖彼放心于物外，而此娱意于繁华，二者各有适焉。然其为乐不得而兼也。

　　欧阳修谈的两种人生快乐是从审美角度谈的，他所说的山林者之乐其乐来自于自然美欣赏。对于这种快乐，中国的知识分子一直都将之作为人生的一大追求。孔子在与学生们言志时，明确表示赞同曾点的观点，将"浴乎沂，风乎舞雩"这种人生享受列入"志"的范围。魏晋玄学盛行，啸傲泉石、寄情山水更是成为知识分子津津乐道的时髦、雅趣。《世说新语·任诞》载："王子猷尝暂寄人空宅住，便令种竹。或问：'暂住何烦尔？'王啸咏良久，直指竹曰：'何可一日无此君？'"陶渊明是魏晋隐士的一个代表，他后来入仕，深感"自以心为形役"，最后终于不愿为五斗米折腰，毅然弃官归隐，投向自然怀抱，陶醉于"悠然见南山"的审美快乐。

　　中国的山水审美文化总是比较多地与隐士文化、道禅文化相联系，表现出一种出世的情怀。不过，中国的儒家文化自来相当宽容。孔子时代就有隐士，长耕、桀溺就是。孔子汲汲于功名也曾遭到他们的讽刺、嘲笑，但孔子并没有予以回击，相反，孔子有时也感叹："道不行，乘桴浮于海"[1]，明显表达出退隐的思想。他赞同曾点的山水之乐，不能说就没有某种退隐的思想因素，中国知识分子大抵是兼有儒、道两种思想，"出世""入世"是他们人生的二重奏。所谓"穷则独善其身，达则兼善天下"[2]。"独善其身"的重要方式就是放浪于形骸之外，纵情于泉石山水之乐。唐朝的柳宗元亦可看作一个典型。他贬官至穷乡僻壤的永州，可说是潦倒不堪，然而他并没有被生活中的不幸所彻底击倒。一个重要的原因，是他从自然山水中获得了精神的补偿。在中国的美学传统中，自然山水美是中国知识分子不可缺少的心理安慰剂。

　　欧阳修的仕途虽然比柳宗元顺利得多，但亦有过多次被贬谪的遭遇。他对于"山水者之乐"的由衷热爱不能说没有失意心理自我调节、自我排遣的意味。他的著名的散文《醉翁亭记》在生动地描绘自然山水美的同时，颇有弦外之音地说："醉翁之意不在酒，在乎山水之间也。山水之乐，得之心

---

① 《论语·公冶长》。
② 《孟子·尽心章句上》。

而寓之酒也";"然而禽鸟知山林之乐,而不知人之乐。人知从太守游而乐,而不知太守之乐其乐也。"

欧阳修在写《桴槎山水记》与《有美堂记》时仕途得意,因而既没有柳宗元作"永州八记"时的那种怨愤,也没有他作《醉翁亭记》时的那种故作的旷达。不过,在这两篇文章中他也明确指出那"奇伟秀绝"的自然山水,"乃皆在乎下州小邑、僻陋之邦。此幽潜之士、穷愁放逐之臣之所乐也"[①]。

将"山林者之乐"与"穷愁放逐""幽潜"联系起来,在"山林者之乐"的内蕴中渗入政治上的悲愤、哀怨,这正是封建士大夫自然山水美学观的一大特色。

欧阳修谈"富贵者之乐"不多,主要是作为"山林者之乐"的陪衬。不过,仅就他所谈到的"富贵者之乐"的某些内涵也颇能反映封建士大夫的审美情趣。

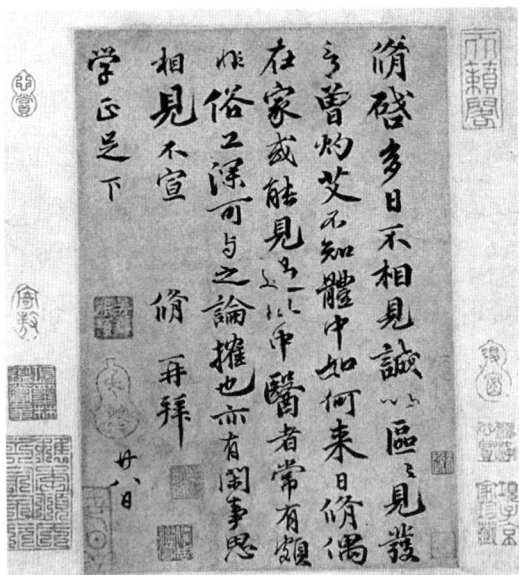

(宋)欧阳修:《灼艾帖》

① 欧阳修:《有美堂记》。

欧阳修说："穷天下之物，无不得其欲者，富贵者之乐也。"这种奢华的生活当然不是穷乡僻壤可以提供的，"览人物之盛丽，夸都邑之雄富者，必据乎四达之冲、舟车之会而后足焉"。显然，这种"富贵者之乐"是都市生活的快乐。实现、满足这种"富贵者之乐"的唯一途径就是做官了。

值得我们注意的是，欧阳修在这两篇文章中都谈到这两种快乐"不能两得"，"有不得而兼焉者多矣"。这也很能反映封建士大夫的人生追求和矛盾心理。作为人生理想，他们希望既得"富贵者之乐"，又得"山林者之乐"，既"入世"又"出世"；既能以一己之才华，贡献于君主，贡献于社会，获得个封妻荫子，美名万代，又能摆脱公务之冗忙，特别是逃避政治斗争之残酷，如陶渊明那样，寻找回自己失落的本性。中国封建社会的知识分子特别是已经进入社会上层的士大夫阶层就在这二者的矛盾中煞费苦心地寻找统一。

第二节　"中充实则发为文者辉光"

"道"与"文"的关系是儒家美学的基本问题，大凡文学上的每次复古运动都要将这个问题提出来讨论一番。唐代的古文运动是如此，宋代的古文运动亦是如此。

一般来说，古文家们讲的"道"，其含义都是指儒家政治伦理学说，在道与文的关系上都主张二者统一，这是大家共同的立场，但对"道"的理解还是有一些比较重要的差别的。对道与文的统一是怎样的统一也有不同的看法。

宋初的古文运动代表人物是柳开。柳开说"吾之道，孔子、孟轲、扬雄、韩愈之道，吾之文，孔子、孟轲、扬雄、韩愈之文也"[1]。道与文是一致的。道与文的关系则是：道为目的，文为手段。他譬"道"为海，"文"则是游海的工具，"文"既然只是实现目的的工具，除了为目的服务外，谈不上别的什

---

① 柳开：《应责》。

么意义了，他明确地说："文章为道之筌也，筌可妄作乎？筌之不良，获斯失矣"；"文恶辞之华于理，不恶理之华于辞也。"① 这种重道轻文的观念在宋代初期乃至欧阳修参与古文运动之前都是很突出的。另外，欧阳修之前的古文运动明显地有重古轻今的倾向，一味提倡效法古人，忽视创新，严重脱离实际生活，因而在反对五代以来华靡骈偶文风的同时又出现了险怪奇涩的太学体文风，古文运动实际上走上了邪路。

欧阳修对此是不满的，他继承先秦儒家"文质彬彬"的美学传统，既反对重文轻道，又反对重道轻文，既不厚古，又不菲今，强调古为今用，提倡一种重事务实文美的新文风，用他的话来说就是"其充于中者足，而后发乎外者大以光"② 的文风。借用《易传》上的话，就是"刚健笃实，辉光日新"的文风。

欧阳修基于当时的古文运动中对"道"的理解有"舍近取远务高言而鲜事实"的倾向，对"道"做出精辟的解释。

在《与张秀才第二书》中，欧阳修以孔子"道不远人""率性之谓道"作为立论的基础，提出"道"应是"易知而可法""易明而可行"的，强调"道"的实践性的品格。他说："君子之于学也，务为道，为道必求知古，知古明道，而后履之以身，施之于事而后见于文章而发之，以信后世。""履之于身""施之于事""见之于文"这就是"道"的应用。欧阳修认为这些应用比之于"鲜事实"的"高言"要重要得多。欧阳修崇道，但不主张一味复古。古当然对今天有重要的借鉴意义，但古之所以于今有借鉴意义，乃是因为"所谓古者其事乃君臣上下礼乐刑法之事"，这些事今天依然存在。就对今天的意义来论古，而不是为古而古，越古越好。欧阳修说"孔子删书，断自尧典而弗道其前"。不是孔子没有能力"追其前者"，而是因为"其渐远而难彰，不可以信后世也"。他指斥那些一味复古"舍近而取远"的复古派："今生于孔子之绝后，而反欲求尧舜之已前，世所谓务高言而鲜事实者也。"

---

① 柳开：《上王学士第三书》。
② 欧阳修：《与乐秀才第一书》。

　　欧阳修这样一种以切事务实的态度论"道"的立场,使得他所说的"道"在相当程度上已经不是抽象的教条,而近于现实生活了。他在《与张秀才第二书》中说得很明白:"孔子之后,唯孟轲最知'道',然其言不过于教人树桑麻畜鸡豚,以谓养生送死为王道之本。"连养蚕喂鸡都是"道","道"就由神圣的教条落实成丰富多彩的现实生活了。欧阳修对"道"的解释使得由他领导的古文运动纳入了现实主义的轨道,其功不可没。

　　欧阳修是重道的,他说:"学者当师经,师经必先求其意,意得则心定,心定则道纯,道纯则充于中者实,中充实则发为文者辉光,施于事者果毅。"[①] "道"是"充于中"的,是"文"的内容,"文"的灵魂,"文"是"道"发为外的,是"道"的形式,"道"的肉体。内充实则必外辉光。欧阳修是将"道"看作第一性的东西,是本源、动力。在《与乐秀才第一书》中,他将这一道理说得更充分:

　　　　闻古人之于学也,讲之深而信之笃。其充于中者足,而后发乎外者大以光。譬夫金玉之有英华,非由磨饰染濯之所为,而由其质性坚实,而光辉之发自然也。《易》之《大畜》曰:"刚健笃实,辉光日新。"谓夫畜于其内者实,而后发为光辉者,日益新而不竭也。

　　这里隐约见出孟子"充实之谓美"的理论,但欧阳修的说法与孟子的说法还有所不同,孟子是不考虑形式的,认为只要内容充实就可说得上美了,欧阳修则不这样看。他认为"内充实"而又"发为光辉者"才美。他是内容形式统一论者。欧阳修这段文章立意也不是谈美,而是谈内容与形式的关系,他用金玉为喻,说明事物的形式是由内容决定的。这话说得对,不过,事物的形式是一个丰富的概念,金玉的光辉固然是由金玉的质性决定的,从这意义上讲可说是内容决定形式。但金玉是否经过"磨饰染濯",其形式的美还是大不一样。应该说,由事物质性所决定的基本形式它是没有自主性的,受制于内容;但是非基本形式它是不受事物质性决定的。就拿金玉来说,在其基本形式不变的情况下,可由人工按照不同的审美趣味打磨成

———————————

① 欧阳修:《答祖择之书》。

各种不同的形式。这形式是有它的自主性的。

欧阳修的深刻在于它充分看到了形式的自主性的一面。也就在《与乐秀才第一书》这同一篇文章中，他说：

> 古人之学者非一家，其为道虽同，言语文章未尝相似。孔子之系《易》，周公之作《书》，奚斯之作《颂》，其辞皆不同，而各自以为经。子游、子夏、子张与颜回同一师，其为人皆不同，各由其性而就于道耳。

"其为道虽同，言语文章未尝相似"，这的确是一个极普遍的现象。欧阳修认为，造成这种不同的原因是"各由其性而就于道耳"。

这就牵涉到艺术创造中的自主性问题。艺术创造中的自主性涉及内容、形式两个方面。对"道"，各人有各人的理解，各人有各人的应用，进入文章，就见出内容的独特性来了。另外，那些与文章具体内容没有必然联系的形式因素诸如语言风格、结构技巧之类，因各人的修养、审美兴趣不同，也会有所不同。当艺术家将他的各方面修养运用到写作之中去，必然对文章的性质产生影响，从而不仅使文章内容见出作者的个性，而且使文章的形式也见出作者的风格来。

欧阳修在这篇文章中提出"性"这个概念很重要。"性"在这里即个性。欧阳修认为人都是通过自己的个性去接受道的，他说："孔子之系《易》，周公之作《书》，奚斯之作《颂》，其辞皆不同，而各自以为经。"辞不同，是因为个性不同，"辞"在这里更多地是指形式。但欧阳修紧跟着说："子游、子夏、子张与颜回同一师，其为人皆不同，各由其性而就于道耳。"这"性"不同就影响到"为人"的方式了，这就更多地说的是内容。

这种说法见出理学家"理一分殊"的观点。另外，也说明欧阳修虽认为文从道出，但文并不就是道；文可载道，但文也不是全由道决定的。决定"文"的除了"道"外，还有各人的"性"。欧阳修在这里较明确地说明了文道既相制约又相对独立的关系。同时还强调了文章体裁风格的多样性。

欧阳修重道，这点与柳开很相似，不过他的重道往往落实到文上，像这样的话"大抵道胜者文不难而自至也""若道之充焉，虽行乎天地，入于渊泉,无不之也",① 表面上看是强调道的重要,但道的重要又在于它是文之本。"道胜者文不难而自至",亦如"中充实则发为文者辉光",虽然此种说法不是很能服人,但隐约见出重道的欧阳修骨子深处重文。这点他倒是与韩愈一样。

在《代人上王枢密求先集序书》中,他大谈文对道的作用:

> 某闻《传》曰:"言之无文,行而不远。"君子之所学也,言以载事而文以饰言,事信言文,乃能表见于后世。《诗》《书》《易》《春秋》皆善载事而尤文者,故其传尤远;……

> 甚矣,言之难行也!事信矣须文;文至矣又系其所恃之大小,以见其行远不远也。《书》载尧舜,《诗》载商周,《易》载九圣,《春秋》载文武之法,荀孟二家载《诗》《书》《易》《春秋》者,楚之辞载《风》《雅》,汉之徒各载其时主声名文物之盛以为辞。后之学者荡然无所载,则其言之不纯信,其传之不久远,势使然也。至唐之兴,若太宗之政、开元之治、宪宗之功,其臣下又争载之以文,其词或播乐歌,或刻金石。故其间巨人硕德闳言高论流铄前后者,恃其所载之在文也。故其言之所载者大且文,则其传也章;言之所载者不文而又小,则其传也不章。

欧阳修在这段文章中强调的是两个方面。一是"事信",二是"言文"。"事信"即是"道胜",讲的是文章的内容;"言文"是对文章语言的要求,扩而大之,是对文章包括语言在内的一切形式因素的要求,"文",在这里即为美。欧阳修认为这两者都是重要的,关系到文章能不能在社会上发挥积极作用,传之久远。正面的典范,《诗》《书》《易》《春秋》所载之事是可信的,文采亦好,所以能传之后世。欧阳修在这篇文章中虽然谈了"事信""言文"两个方面,但可以明显地看出他突出强调的是文,这和当时的古文运动的另一位倡导者石介以道代文,将文统一于道有关。欧阳修对石介的观点是不同意的,他曾批评石介"自许太高,诋时太过,其论若未深究其源者"②,

---

① 欧阳修:《答吴充秀才书》。
② 欧阳修:《与石推官第一书》。

这里说的"诋时太过",可能是指石介对西昆体的批评有些过分。石介在《怪法》中尖锐地抨击西昆体的领袖人物杨亿"穷妍极态,缀风月,弄花草,淫巧侈丽,浮华纂组,其为怪大矣"。欧阳修则对杨亿并没有全盘否定,他曾赞美杨亿"雄文博学,笔力有余"①。问题的严重当然不是对杨亿的评价应如何做到恰当,而是由于石介片面强调道而忽视文,造成了一股不良的文风。当时的士子基于对石介的崇敬(石介时任国子监直讲,声望颇高,权力亦大),作文投合石介的喜好,纷纷走上险怪奇涩的道路。此种文体即所谓"太学体"。欧阳修对这种文风是坚决反对的。《宋史·欧阳修传》云:"知嘉祐二年贡举。时士子尚为险怪奇涩之文,号'太学体',修痛排抑之,凡如是者辄黜。毕事,向之嚣薄者伺修出,聚噪于马首,街逻不能制;然场屋之习,从是遂变。"《梦溪笔谈》对这次考场风波有详细介绍。从这些情况来看,欧阳修的文道观与韩愈基本上是一致的(参见唐代部分对韩愈的评述),而与道学家有重要区别。

欧阳修的文道观有利于古文的发展。欧阳修不仅以它的理论,更重要的是以他的写作实践为宋代散文的繁荣开辟了道路。受欧阳修影响的苏氏父子、王安石、曾巩等都成为散文大家。

第三节 　"诗穷而后工"

"诗穷而后工"是欧阳修在《梅圣俞诗集序》中提出来的重要美学观点。

"诗穷而后工",如溯其源,可谓源远流长。《论语·阳货》中云"诗……可以怨"。"诗可以怨"是讲诗的功能,至于"怨"的诗是否"工"并没有说。

《孟子·尽心》云:"人之有德慧术知者,恒存乎疢疾,独孤臣孽子,其操心也危,其虑患也深,故达。"另《孟子·告子》云:"动心忍性,增益其所不能。困于心,衡于虑,而后作……然后知生于忧患。"这里讲忧患对于人的品格修养与事功具有重要意义,与"诗穷而后工"相通,但孟子没有说到为文。

---

① 欧阳修:《六一诗话》。

真正从为文角度说忧患的意义的是司马迁。司马迁历数《周易》《春秋》《离骚》等大著作产生的情况，说这些伟大著作"大抵贤圣发愤之所为作也"①，由此提出著名的"抒愤"说，可司马迁只是说创作的动机、动力问题，并没有强调"抒愤"的作品一定"工"。

(宋) 郭熙:《寒林图》

司马迁之后，类似的说法很多。大体上分为两类：一类仍着重于讲创作的动机、动力，如钟嵘的《诗品序》："嘉会寄诗以亲，离群托诗以怨。至于楚臣去境，汉妾辞宫，或骨横朔野，魂逐飞蓬；或负戈外戍，杀气雄边；塞客衣单，孀闺泪尽。或士有解佩出朝，一去忘反；女有扬蛾入宠，再盼倾国。凡斯种种，感荡心灵，非陈诗何以展其义？非长歌何以骋其情？"另一类则

———————

① 司马迁:《史记·太史公自序》。

着重讲忧患对作品审美效果的意义,如唐代韩愈《荆潭唱和诗序》云:"夫和平之音淡薄,而愁思之声要妙,欢愉之词难工,而穷苦之言易好。"

欧阳修的"诗穷而后工"说就是在这种背景下提出来的。欧阳修在《梅圣俞诗集序》中说:

> 予闻世谓诗人少达而多穷,夫岂然哉! 盖世所传诗者,多出于古穷人之辞也。凡士之蕴其所有而不得施于世者,多喜自放于山颠水涯,外见虫鱼草木、风云鸟兽之状类,往往探其奇怪。内有忧思感愤之郁积,其兴于怨刺,以道羁臣寡妇之所叹而写人情之难言。盖愈穷则愈工。然则非诗之能穷人,殆穷者而后工也。

欧阳修的基本观点是"非诗之能穷人,殆穷者而后工也"。"诗之能穷人",这是一个传统的观点。杜甫诗云:"文章憎命达。"[1] 白居易《序洛诗序》云:"予历览古今歌诗……多因谗冤谴逐,征戍行旅,冻馁病老,存殁别离……世所谓'文士多数奇,诗人尤命薄',于斯见矣。"唐裴庭裕《东观奏记》卷下记温庭筠、李商隐事,云:"商隐……竟不升于王庭,而庭筠亦栖栖不涉第……岂以文学为极致,已〔不〕靳于此,遂于禄位有所爱耶? 不可得而问矣。"应该说,这些说法并非没有根据,在封建社会的确有不少诗人不见用朝廷,穷困潦倒,淹蹇一生。当然,并非所有的诗人皆如此,因而历代也有人不同意此种说法。宋代诗人陈师道《次韵苏公涉颍》云:"须公晓二子,人自穷非诗。"欧阳修对"诗"与"穷"的关系做了新的理解。他认为"世谓诗人少达而多穷",并非"诗之能穷人",而是"穷"成就了诗人。这是因为"世所传诗者,多出于古穷人之辞也。"为什么穷能成就诗人呢? 欧阳修运用儒家诗教的"怨刺"说做了解释。

按儒家的诗教,优秀的诗应是有深刻的社会内涵的,它应对社会上不平之事有所"怨",对政教之失有所"刺",用《毛诗序》的话来说,就是"上以风化下,下以风刺上,主文而谲谏"。当"王道衰、礼义废、政教失、国异政、家殊俗"之时,则"变风、变雅作矣"。生活道路塞的知识分子,因为不得志,

---

① 杜甫:《天末怀李白》。

更能接触社会下层,亦更能感知社会的内在矛盾,因而其诗就自然"兴于怨刺",对于统治阶级来说,就更具了解民间疾苦、明了政教得失的作用。正是从这个意义上讲,"穷"造就了诗人。

欧阳修对"诗之能穷人"这个传统说法显然是有所保留的,它虽然没有明确地否定这种说法,但用"穷者而后工"对"诗之能穷人"作了新的解释。那就是说,穷岂止是造就了诗人而且使诗写得愈发地好了。

"穷"之所以能使诗"工",除了"穷"能深刻地反映社会现实,使诗"兴于怨刺"以外;"穷"还能使诗人"内有忧思感愤之郁积","以道羁臣寡妇之所叹而写人情之难言",这就牵涉到美学效果的问题了。

这里牵涉到两个问题:

其一,因为"穷",诗人"内有忧思感愤之郁积"。这"忧思感愤"遂成为诗人创作的动力。从心理学来说,"忧思感愤"这种负面的情感比之喜悦欢快的正面的情感具有大得多的力量。中国古代文论对此亦做了不少很有价值的探索。钱钟书先生的《诗可以怨》一文介绍了许多这方面的资料,如:明代张煌言说:"盖诗言志,欢愉则其情散越,散越则思致不能深入;愁苦则其情沉着,沉着则舒籁发声,动与天会,故曰:'诗以穷而后工',夫亦其境然也。"① 清初文人陈兆仑说:"盖乐主散,一发而无余;忧主留,辗转而不尽。意味之浅深别矣。"② 陈继儒论述屈原与庄子风格之别时说:"哀者毗于阴,故《离骚》孤沉而深往,乐者毗于阳,故《南华》奔放而飘飞。"③

"忧思"这种情感为什么比"欢愉"这种情感更有力量,是个很复杂的心理学、社会学问题。其中至关重要的一点可能是:忧思总是与人与社会的矛盾、人与自然的矛盾联系在一起,总是不同程度地触及人和社会最深层的方面,因而具有深刻的社会内涵。

另外,忧伤的情感比之欢愉的情感具有更大的感染力。同情别人的不幸,总是比分享别人的愉快更为容易。这大概是深层人性的一种表现吧!

---

① 张煌言:《曹云霖诗序》,见《张苍水集》卷一。
② 陈兆仑:《消寒八咏·序》,见《紫竹山房集》卷四。
③ 陈继儒:《郭注庄子叙》,见《晚香堂小品》卷九。

从美学角度言之,悲剧比喜剧往往更有力量。

其二,从表现的内容看,"少达而多穷"的诗人所表达的多是"羁臣寡妇之所叹","写人情之难言"。这种作品揭示社会内在本质远比那种表达欢愉之情的作品深刻。

"诗穷而后工"虽然不是新命题,但经欧阳修总结较以前的类似提法更为完善、深刻了。

宋人中,倡导此理论的有绘画理论家董逌。他说孟浩然的诗之所以感人,就在于诗人"每病畸穷不偶",并引申说:

> 盖诗非极于清苦险绝,则怨思不深,文辞不怨思抑扬,则流荡无味,不能警发人意。要辞句清苦,搜冥贯幽,非深得江山秀气迥绝人境,又得风劲霜寒以助其穷怨哀思……郑綮谓:诗思在灞桥风雪中、驴子上。①

此段文字中,郑綮的"诗思在灞桥风雪中、驴子上"成为著名的典故。南宋人刘克庄也有"诗穷而后工"类似的观点:

> 诗必天地畸人,山林退士,然后有标致。必空乏拂乱,必流离颠沛,然后有感触。又必与其类锻炼追璞,然后工。②

此处说的"空乏拂乱""流离颠沛",也就是"穷"。这些于普通人,那是苦难,而于诗人,则是"锻炼追璞"。因为有这样的锻炼,这样的追璞,所以才有工。

宋以后,"诗穷而后工"几成金科玉律。清人赵翼说:"家国不幸诗家幸,赋到沧桑句便工。"对此理论做了新的概括。

第四节 "言不尽意之委曲而尽其理"

"言意"问题自《易传·系辞》提出后,魏晋之际成为热门话题。欧阳

---

① 董逌:《书孟浩然骑驴图》,见《广川画跋》卷二。
② 刘克庄:《跋章仲山诗》。

修提出新说:

> "书不尽言,言不尽意",然自古圣贤之意,万古得以推而求之者,
> 岂非言之传欤!圣人之意所以存者,得非书乎!然则书不尽言烦而尽
> 其要;言不尽意之委曲而尽其理。所谓"书不尽言,言不尽意"者,非
> 深明之论也。①

按欧阳修的看法,正因为"书不尽言",所以要"尽其要";正因为"言
不尽意",所以要"尽其理"。抓住关键,抓住精髓,以尽传精神,这就是欧
阳修的主张。

欧阳修实际上并没有否定"书不尽言""言不尽意",只是提出了一种
克服"书""言"缺点的办法,使"书""言"较好地表达人的思想情感,这样,
欧阳修把一个古老的命题推进了一步。

(宋) 夏圭:《钱塘秋潮图》

以简驭繁,以少总多,这正是欧阳修的美学观。他谈绘画时说过"笔简
而意足",又说过"萧条淡泊,此难画之意"。这既是一种重简重淡的美学
趣味,又是一种艺术手法。

---

① 欧阳修:《试笔·系辞说》。

金人王若虚对欧说又有补充：

> 圣人之意，或不尽于言，亦不外于言也。不尽于言，而执其言以求之，宜其失之不及也。不外于言，而离其言以求之，宜其伤于太过也。①

王若虚的说法也很值得注意，他说，"不尽于言"，又"不外于言"，这就明确指出，不能离"言"去寻"言外"之意。"言外"正寓于"言内"。这看来是矛盾的，实是统一的。艺术的魅力正在于此。

言意问题从"不尽言""不尽意"到"尽其要""尽其理"是一发展，而到"言外之意""象外之象""文外之旨"又是一发展，最后到"不尽于言，亦不外于言"才算完成。

中国的意境理论核心也是在言与意的关系。

第五节　"披图所赏，未必得秉笔之人本意"

欧阳修是位大作家，也是位大鉴赏家。关于鉴赏，他提出一个很重要的理论：

> 画之为物尤难识，其精粗真伪，非一言可达。得者各以其意，披图所赏未必是秉笔之意也。昔梅圣俞作诗，独以吾为知音，吾亦自谓举世之人知梅诗者莫吾若也。吾尝问渠最得意处，渠诵数句，皆非吾赏者，以此知披图所赏，未必得秉笔之人本意也。②

是的，"披图所赏未必是秉笔之意"。鉴赏主体与创作主体均具有创造性。作家自己所得意的，未必是读者所欣赏的。在艺术欣赏活动中，读者既是被动者，又是主动者。既是接受者，又是创造者。欧阳修在这里实际上提出了今日"接受美学"的基本理论，难能可贵。

关于鉴赏，欧阳修还提出观书而见人的观点：

> 余谓颜公书一如忠臣烈士、道德君子，其端严尊重，人初见而畏之，

---

① 王若虚：《〈论语〉辨惑自序》，见《滹南遗志》卷二。
② 欧阳修：《唐薛稷书》。

然愈久而愈可爱也。①

书法乃人思想情感的一种物化形态,善观书者必从书见人,书品与人品是相通的。他批评学颜书者只模仿颜书之形,所书俗不可耐:"世之人有喜作肥字者,正如厚皮馒头,食之未必不佳,而视其状,已可知其俗物。"②他指出,我们欣赏某人的书与欣赏某人的品格是不能分开的。"爱其书者,兼取其为人也"③。

对人格的看重,是儒家学说的一大特点。欧阳修将其移用到美学正是封建士大夫美学的一个表现。

① 欧阳修:《唐颜鲁公书残碑》。
② 欧阳修:《笔说·世人作肥字说》。
③ 欧阳修:《笔说·世人作肥字说》。

第 五 章
苏轼的美学思想

苏轼（1037—1101），字子瞻，号东坡，眉山（今属四川省）人，北宋大文学家、大书画家。苏轼是中国文学艺术史上的旷世奇才。他几乎在文学

苏轼画像

艺术的一切领域都有极其卓越的成就。

苏轼出身世代书香之家，自幼接受良好的教育，曾一度春风得意，官至翰林学士、礼部尚书，深得皇帝赏识。《宋史·苏轼传》载："仁宗初读轼、辙的制策，退而喜曰：'朕今日为子孙得两宰相矣。'神宗尤爱其文，宫中读之，膳进忘食，称为天下奇才。"然而在危机四伏、风波迭起的北宋朝廷，苏轼如许多正直的有才华的知识分子一样，不可能真正施展自己的抱负。他在新派与旧派斗争的漩涡中，起伏沉浮，历经坎坷。

苏轼在思想上是以儒为主的"三教合一"论者。他以儒家入世的思想克服道、禅的虚无消极，又以道、禅的超脱克服儒家思想某些方面的偏执与僵化。儒、道、禅三者在他身上得到完美的体现。

苏轼"三教合一"的人生观在美学上得到充分的体现。由于苏轼在文学、书画、音乐诸方面都有极高的造诣，他的美学思想体现出打破艺术门类界限、融会贯通的特色。苏轼在文学艺术上是勇于创新的，这亦体现在他的美学思想之中。

苏轼的艺术成就和在美学上的贡献在中国封建社会中是有数的几座高峰之一。

我们前面谈到欧阳修美学思想是封建士大夫美学的突出代表，苏轼亦是，而且更具代表性，甚至可以说，苏轼是封建士大夫美学的集大成者。

第一节　审美人生论："寓意于物"与"留意于物"

苏轼在人生态度上自始至终充满入世与出世的矛盾。他本有志于政治，然屡遭打击；他多次想退隐，然欲罢不能。"长恨此身非我有，何时忘却营营，夜阑风静縠纹平，小舟从此逝，江海寄余生。"① 这是他思想的真实反映。不过，苏轼终生没有退隐，仍然在宦海浮沉。做地方官，不乏政绩，口碑传世，说明儒家的为君为民的思想一直占上风。

---

① 苏轼：《临江仙》。

然在日常生活中,他多喜欢与道禅交往,纵情山水,吟风弄月。他的《前赤壁赋》可视他人生态度的宣言。赋云:

> 苏子曰:"客亦知夫水与月乎?逝者如斯,而未尝往也;盈虚者如彼,而卒莫消长也。盖将自其变者而观之,则天地曾不能一瞬;自其不变者而观之,则物与我皆无尽也。而又何羡乎?且夫天地之间,物各有主,苟非吾之所有,虽一毫而莫取。惟江上之清风,与山间之明月,耳得之而为声,目遇之而成色;取之无禁,用之不竭。是造物者之无尽藏也,而吾与子之所共适。"①

这里表现的思想明显地属于道家,它类似于庄子,然而没有庄子的虚幻缥缈,而是一种很现实的人生态度。在徜徉于自然山水中,实现人与自然的统一。这里没有丝毫的悲观,也不是什么消极。相反,倒还见出一种审美的快乐来。

欧阳修提出"山林者之乐"与"富贵者之乐",因二者不可兼得而困惑苦恼。苏轼则没有这种心理矛盾。

人生总是有许多追求的,这牵涉到人与物(包括功名利禄)的关系。如何看待并处理这种关系,是各种不同人生观的出发点。苏轼提出"寓意于物"而不"留意于物"的人生态度。他说:

> 君子可以寓意于物,而不可以留意于物。寓意于物,虽微物足以为乐,虽尤物不足以为病;留意于物,虽微物足以为病,虽尤物不足以为乐。老子曰:"五色令人目盲,五音令人耳聋,五味令人口爽,驰骋田猎令人心发狂。"然圣人未尝废此四者,亦聊以寓意焉耳。刘备之雄才也,而好结髦;嵇康之达也,而好锻炼;阮孚之放也,而好蜡屐。此岂有声色臭味也哉?而乐之终身不厌。②

这里,提出两种对待物的态度,一种是"寓意于物",一种是"留意于物"。"寓意于物"是一种审美的态度,寄情于物,而不为物执。既非仙佛

---

① 苏轼:《前赤壁赋》。
② 苏轼:《宝绘堂记》。

那样视物如无，一味超脱，也非俗众那样视物如命，执着不舍，而能以主体的地位，持欣赏的态度去看待它，以随遇、随缘的立场去处理它。这种态度显然带有审美的色彩了。难怪苏轼认为这种态度给主体带来的是"乐"了。

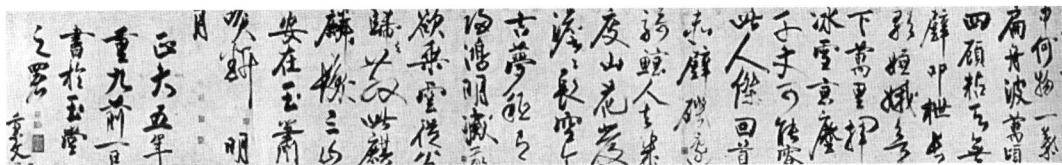

（金）武元直：《赤壁赋画》（局部一）

"留意于物"的态度则与之相反，这是一种狭隘的功利的态度，自私的占有的态度，执着的顽固的态度。自然，这种对待物的态度给主体带来的就只能是"病"了。

苏轼在《超然台记》中对"寓意于物"与"留意于物"两种不同的人生态度做了更富有哲学化的剖析：

> 凡物皆有可观。苟有可观，皆有可乐，非必怪奇玮丽者也。餔糟啜醨皆可以醉，果蔬草木皆可以饱。推此类也，吾安往而不乐？夫所为求福而辞祸者，以福可喜而祸可悲也。人之所欲无穷，而物之可以足吾欲者有尽，美恶之辨战乎中，而去取之择交乎前，则可乐者常少，而可悲者常多，是谓求祸而辞福。夫求祸而辞福，岂人之情也哉？物有以盖之矣。彼游于物之内，而不游于物之外。物非有大小也，自其内而观之，未有不高且大者也。彼挟其高大以临我，则我常眩乱反复，如隙中之观斗，又乌知胜负之所在？是以美恶横生，而忧乐出焉，可不

（金）武元直：《赤壁赋画》（局部二）

大哀乎？

苏轼并不反对人欲，相反，他给予人欲以充分的肯定，认为这是人的快乐所在，这是他与道学家根本不同的地方。但苏轼反对纵欲、贪欲，因为欲总是表现为对物的追求，"人之所欲无穷，而物之可以足吾欲者有尽"。这样，苏轼一下子就将欲的问题提到物我关系的高度，由此提出两种物我关系：其一，是"游于物之内"，即沉溺于物，结果是物"挟其高大以临我，则我常眩乱反复，如隙中之观斗"。人为物役，心为形役，人的主体性、能动性消失了，实际上是人的异化。其二，是"游于物之外"，即物为我用，不是物临我，而是我临物，人的主体性、能动性突出了。前一种关系，物我的和谐破坏了，它给人带来的必然是悲，是祸，后一种关系，物我和谐，它给人带来的是乐，是福。

（金）武元直：《赤壁赋画》（局部三）

"游于物之外"，即"寓意于物"；"游于物之内"，即"留意于物"。

苏轼这种"游于物之外而不游于物之内"的人生态度显然来自于庄子的"物物而不物于物"。但庄子的"物物而不物于物"比较多地呈现为一种消极的出世的人生态度，一种哲学的思辨，而苏轼的"游于物之外而不游于物之内"则更多地呈现为现实的人生态度。它不表现为纯粹的出世，而是入世与出世相结合，在入世中去出世，或者说在现实人生中实现超越。他没有看破红尘，这与道、禅明显区别；也未厌倦官场，这与真正归耕田园的陶渊明亦有所不同。相反，他认为红尘中仍有许多乐趣，即使是贬官至当时生活条件极差的海南，他亦能以达观的态度对待这生活中的极大不幸。他在海南写的杂记中有这样一则：

> 己卯上元，余在儋耳，有老书生数人来。过曰："良月佳夜，先生能一出乎？"予欣然从之，步城西，入僧舍，历小巷。民夷杂糅，屠酤纷然，归舍已三鼓矣。舍中掩关熟寝，已再鼾矣。放杖而笑，孰为得失？过问："先生何笑？""盖自笑也，然亦笑韩退之钓鱼无得，便欲远去，不知钓者未必得大鱼也。"①

仅看这则杂记，你根本不能推断这是一位历经坎坷人之语。当然，不能说苏轼身处蛮荒边远之地就没有一点悲伤，悲伤是有的，但他善于化解。且看他初到海南写的一则日记：

> 吾始至南海，环视天水无际，凄然伤之曰："何时得出此岛也？"已而思之：天地在积水中，九州在大瀛海中，中国在少海中。有生孰不在岛者？譬如注水于地，小草浮其上，一蚁抱草叶求活。已而水干，遇他蚁而泣曰："不意尚能相见尔！"小蚁岂知瞬间竟得全哉？思及此事甚妙。与诸友人小饮后记之。②

他在海南时，僧人参寥派小沙弥来看他，苏轼回信说："某到贬所半年，凡百粗遣，更不能细说。大略只似灵隐天竺和尚退院后，却在一个小村院子，

---

① 苏轼：《儋耳夜书》。

② 苏轼：《试笔自书》。

（金）武元直：《赤壁赋画》（局部四）

折足铛中罨糙米饭吃，便过一生也得。其余瘴疠病人，北方何尝不病？是病皆死得人，何必瘴气？但苦无医药，京师国医手里，死汉尤多。参寥闻此一笑，当不复忧我也。故人相知者即以此语之，余人不足与道也。"①

这些事迹也证明了他所说的"凡物皆有可观。苟有可观，皆有可乐"，"餔糟啜醨皆可以醉，果蔬草木皆可以饱"。苏轼就是以这样一种审美的态度对待生活的，也正是这样一种审美观使他在最艰难的生活中也不颓废，也不消极，也不绝望，总是能从生活中找出美与快乐。

苏轼"寓意于物"的世界观、审美观是中国哲学儒道互补的体现，它在中国封建社会最容易为历经坎坷怀才不遇的知识分子所接受，因而它可以说是中国封建社会中比较有普遍性的士大夫人生哲学。

---

① 苏轼：《答参寥三首》。

第二节　审美境界论:"绚烂之极归于平淡"

在艺术风格的追求上,苏轼有一个发展的过程。年轻时候,比较看重豪放劲健。他在《与鲜于子骏书》中写道:"近却颇作小词,虽无柳七郎风味,亦自是一家。呵呵!数日前,猎于郊外,所获颇多,作得一阕,令东州壮士抵掌顿足而歌之,吹笛击鼓以为节,颇壮观也。"他对诗人画家的评论,也多标举"雄放""豪俊"。比如他在《王维吴道子画》中说:"道子实雄放,浩如海波翻。当其下手风雨快,笔所未到气已吞。"他推崇李白诗"豪俊"①,钦佩米芾书"清雄绝俗"②。

到晚年,由于饱经忧患,年轻时的豪气已不复见,另一方面,艺术上已臻成熟,这时苏轼更推崇平淡朴质的艺术风格。他在《评韩柳诗》中说:

> 柳子厚诗在陶渊明下、韦苏州上。退之豪放奇险则过之,而温丽靖深不及也。所贵乎枯淡者,谓其外枯而中膏,似淡而实美,渊明、子厚之流是也。若中边皆枯淡,亦何足道。佛云:"如人食蜜,中边皆甜。"人食五味,知其甘苦者皆是,能分别其中边者,百无一二也。

苏轼对"枯淡"做了深刻的解释,那就是"外枯而中膏,似淡而实美"。显然,这种艺术不是以外在的华丽或力量取胜,而重在它的丰富内涵,而且由于它的外在表现与它的内在实质构成一种矛盾的状态,相反相成,增添了艺术的魅力。

与其说苏轼看重的是枯淡本身,还不如说他看重的是"枯"与"膏"、"淡"与"美"的这种对立统一状态。苏轼不希望外露的美,一览无余的美,它喜欢隽永的美、含蓄的美。他在《书黄子思诗集后》中先是赞赏韦应物、柳宗元的作品"发纤秾于简古,寄至味于淡泊",说是"非余子所及也",然后马上联系司空图:

---

① 苏轼:《书太白集》,见《东坡题跋》卷一。
② 苏轼:《与米元章书》。

唐末司空图崎岖兵乱之间，而诗文高雅，犹有承平之遗风。其论诗曰："梅止于酸，盐止于咸，饮食不可无盐梅，而其美常在咸酸之外。"盖自列其诗之有得于文字之表者二十四韵，恨当时不识其妙，予三复其言而悲之。

由此可见，苏轼看重"外枯而中膏，似淡而实美""发纤秾于简古，寄至味于淡泊"，其主要原因是这种内外矛盾的审美构成最能创造出"韵外之致""味外之旨"的艺术魅力。

苏轼熟谙艺术辩证法，他多处谈到了不同艺术风格之间对立而又统一的辩证关系。他在《与苏辙书》中评论陶渊明的诗，说是"质而实绮，癯而实腴"。这与"外枯而中膏，似淡而实美"含义完全一样。苏轼认为不仅诗的艺术风格最好不要是单一的，而是要由对立的风格辩证统一而成的，而且书法、绘画的风格也最好如此。他在《和子由论书》中说：

> 吾虽不善书，晓书莫如我。苟能通其意，常谓不学可。貌妍容有矉，璧美何妨椭。端庄杂流丽，刚健含婀娜。

"端庄"与"流丽"、"刚健"与"婀娜"是两种对立的风格，苏轼认为它们完全可以统一起来，而且统一起来比不统一起来美得多。

也就在这一段话中，苏轼还说到了美中不妨融进丑，亦如"貌妍容有矉，璧美何妨椭"，这"丑"不仅不妨碍美，而且为美增添了魅力。

苏轼不喜欢单一的风格，这从他对唐代书法家的评论亦可看出：

> 永禅师书骨气深稳，体兼众妙，精能之至，反造疏淡。……欧阳率更书，妍紧拔群，尤工于小楷。……褚河南书，清远萧散，微杂隶体，……张长史草书，颓然天放，略有点画处，而意态自足，号称神逸。……颜鲁公书雄秀独出……①

"咸酸杂众好，中有至味永。"② 这是苏轼在艺术上的追求。苏轼的艺术风格是很丰富的。刘克庄云："坡诗略如昌黎，有汗漫者，有典丽者，有丽缛

---

① 苏轼：《书唐氏六家书后》。
② 苏轼：《送参寥师》。

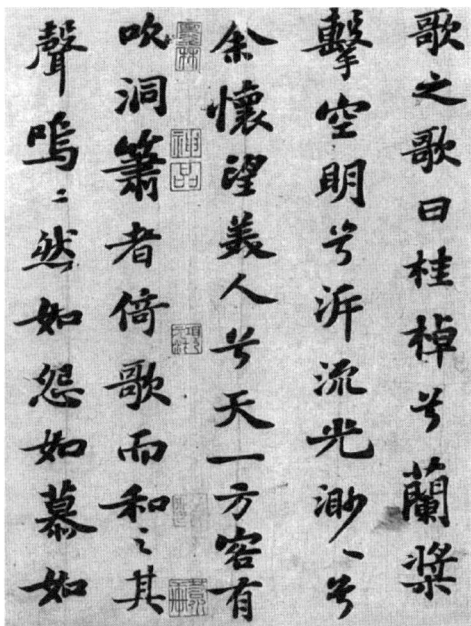

苏轼墨迹

者，有简淡者，翕张开合，千变万态。"① 苏轼的艺术风格不仅是丰富的，而且善于将两种对立的风格统一在一起，构成一个和谐的整体，比如刚健与婀娜、简澹与秾丽、典雅与野逸。

不管是哪种组合，苏轼都将"远韵""至味永"② 作为最高的追求。

苏轼晚年，对于"平淡"这种风格格外地看重。宋周紫芝《竹坡诗话》有一条记载：

> 有明上人者，作诗甚艰，求捷法于东坡，作两颂以与之。其一云："字字觅奇险，节节累枝叶。咬嚼三十年，转更无交涉。"其一云："衡口出常言，法度法前轨。人言非妙处，妙处在于是。"乃知作诗到平淡处，要似非力所能。东坡尝有书与其侄云："大凡为文，当使气象峥嵘，五色绚烂，渐老渐熟，乃造平淡。"余以不但为文，作诗者尤当取法于此。

周紫芝这里所引苏轼的话原文是这样的：

---

① 刘克庄：《后村诗话》卷二。
② 苏轼：《书黄子思诗集后》。

凡文字少小时须令气象峥嵘,五色绚烂,渐老渐熟,乃造平淡,其实不是平淡,绚烂之极也。汝只见爷伯而今平淡,一向只学此样,何不取旧日应举文字,看高下抑扬如龙蛇捉不住,当旦夕学此。①

苏轼在这封指导侄子作文的信中对"平淡"这种艺术风格作了深刻的论述。

苏轼认为"平淡"是艺术上成熟的表现,只有"渐老渐熟,乃造平淡"。这种"平淡"实际上已超出艺术风格的范围而上升为一种艺术境界。

这种平淡与平常说的平淡,虽是同一个词,但内涵完全不同。这种平淡"其实不是平淡,绚烂之极也"。这正如七彩阳光当其炽烈不可仰视时竟成了白光,这种平淡实为不淡。它是老子讲的"希声"之"大音","无形"之"大象","无味"之"大味"。

不是一般的艺术功夫能达到这种境界的,也不是所有的艺术家能达到这种境界。甚至可以说绝大部分艺术家虽历毕生之功仍然与这种境界无缘,只有极少数艺术家可以达到这种境界。

这种"平淡"的境界实际上是自然天成的境界。它虽然是人精心设计的产物,却一点也不见费心雕琢的痕迹。因为它巧夺天工,所以才说它平淡。苏轼论艺术,十分推崇自然天成的艺术美。他论诗,说:"苏、李之天成,曹、刘之自得,陶、谢之超然,盖亦至矣。"②他论文,说:"夫昔之为文者,非能为之为工,乃不能不为之为工也。山川之有云雾,草木之有华实,充满勃郁而见于外,夫虽欲无有,其可得耶?"③他论画云:"诗画本一律,天工与清新。"④他论书云:"短长肥瘦各有态,玉环飞燕谁敢憎?"⑤

值得特别指出的是,苏轼所高度肯定的这种自然天成的境界却不是自然造成的,而是人工的产物,而且只有历经非同寻常的长期的努力方能达

---

① 苏轼:《与侄论文书》。

② 苏轼:《书黄子思诗集后》。

③ 苏轼:《南行前集叙》。

④ 苏轼:《书鄢陵王主簿所画折枝二首》。

⑤ 苏轼:《孙莘老求墨妙亭诗》。

到这种境界。要学"平淡",却不是从平淡入手,反过来却是从"绚烂"入手。苏轼对艺术辩证法的深刻理解使他将"平淡"这种艺术境界论述得十分精辟透彻。

第三节　审美形象论:"论画以形似,见与儿童邻"

自顾恺之提出"以形写神"命题之后,形与神的关系问题一直为后来的艺术家、诗人所关注,种种议论甚多。

苏轼关于形神的观点,其影响仅次于顾恺之。在《书鄢陵王主簿所画折枝二首》中,苏轼说:

> 论画以形似,见与儿童邻。
>
> 赋诗必此诗,定非知诗人。
>
> 诗画本一律,天工与清新。
>
> 边鸾雀写生,赵昌花传神。
>
> 何如此两幅,疏淡含精匀。
>
> 谁言一点红,解寄无边春。

这首诗当时及后世称引均甚多,理解不一。与苏轼同时的晁补之写了一首和诗,诗云:"画写物外形,要物形不改,诗传画外意,贵有画中态。"[1]晁补之的意思是苏轼忽视形似,其言有偏,因而予以补充。明代的杨慎称赞晁补之的做法,将其写入《升庵诗话》,说是经晁的补充"其论始定"。

晁补之其实误解了苏轼。苏轼反对"论画以形似",并非反对形似,只是不同意以形似作为论画的唯一标准或者说最高标准。

形神概念在六朝、初唐只用来论画论书,中唐始用来论诗。唐诗人徐寅《雅道机要》云:"体者,诗之象,如人之体象,须使形神丰备,不露风骨,斯为妙手。"这里就明确用形神来论诗了。

---

① 晁补之:《和苏翰林题李甲画雁》。

苏轼的形神观有他的特点。苏轼并没有对形神的概念去做形而上的界定,但他许多命题应归属形神观。从中我们可以看出他对形神的独特理解。

苏轼的"论画以形似,见与儿童邻"的观点在后世造成重大影响,解释或评论此观点的大有人在。金朝的王若虚有一个评论,值得注意:

> 东坡云:"论画以形似,见与儿童邻。赋诗必此诗,定非知诗人。"夫贵于画者,为其似耳。画而不似,则如勿画。命题而赋诗,不必此诗,果为何语! 然则坡之论非欤? 曰:论妙在形似之外,而非遗其形似。不窘于题,而要不失其题,如是而已耳。①

王若虚的这个理解是到位的。这里涉及东坡语中两个关键处:"见与儿童邻""非知诗人"。与儿童一般的见,是浅见;"非知诗人"是愚蠢的诗人。浅见的画家,只能以形似论画,所画的画,虽然为画,但不是好画,用王若虚的话来说,不为妙。愚蠢的诗人只会写诗题中的内容,虽然也是诗,但不是好诗。好诗应是"不窘于题,而要不失其题"。这就涉及境界了,好画重妙,而"妙在形似之外",好诗要"不窘于题",而要具"象外之象",含"味外之味"。如此,涉及艺术追求的最高范畴——境界了。

只是形似的画、只是窘于题的诗,其画作、诗作的形象只为意象。只有既在"形似之外"而又"非遗其形似",做到形神统一的画的形象,才创造出了境界;同样,只有"不失其题"而又"不窘于题",做到"象内"与"象外"的统一、"味内"与"味外"统一的诗的形象,才创造出了境界。

一、"得自然之数"与"求精于数外"

苏轼在《书吴道子画后》一文说:

> 道子画人物,如以灯取影,逆来顺往,旁见侧出,横斜平直,各相乘除,得自然之数,不差毫末。

苏轼认为吴道子画人物特别精确,好像借助灯火将人投影到墙上一样。"逆来顺往,旁见侧出,横斜平直",指人物的各种姿态,这些姿态也都是很

---

① 王若虚:《滹南诗话十一》。

准确的,精细到好像经过计算而得出的"自然之数","不差毫末"。

从这看,苏轼是非常注重外形的真实的。说苏轼不重形似显然不妥。苏轼有两则题跋,讲到绘画应真:

> 黄筌画飞鸟,颈足皆展。或曰:"飞鸟缩颈则展足,缩足则展颈,无两展者。"验之,信然。乃知观物不审者,虽画师且不能,况其大者乎?君子是以务学而好问也。①

> 蜀中有杜处士,好书画,所宝以百数。有戴嵩《牛》一轴,尤所爱。锦囊玉轴,常以自随。一日,曝书画,有一牧童见之,拊掌大笑曰:"此画斗牛也,牛斗力在角,尾搐入两股间,今乃掉尾而斗,谬矣!"处士笑而然之。古语有云:"耕当问奴,织当问婢。"不可改也。②

这两个故事都很能说明问题。形似实质是真。真的标准就是合乎自然,不是主观想象的真,而是客观实存的真,亦即"自然之数"。这是艺术形象得以成立的基础。苏轼不同意离开形似去求神似,抛弃"自然之数",而去"求精于数外"。在《大悲阁记》中,苏轼将这一道理说得很透彻:

> 羊豕以为羞,五味以为和,秫稻以为酒,麴糵以作之,天下之所同也。其材同,其水火之齐均,其寒暖燥湿之候一也。而二人为之,则美恶不齐。岂其所以美者,不可以数取欤!然古之为方者,未尝遗数也。能者即数以得妙,不能者循数以得其略,其出一也。有能有不能,而精粗见焉。人见其二也,则求精于数外,而弃迹以逐妙,曰:我知酒食之所以美也,而略其分齐,舍其度数,以为不在是也,而一以意造,则其不为人之所呕弃者,寡矣!

苏轼在这篇文章中也谈到了"数"。他说烤肉酿酒是有方法的,这方法量化可以说是"数"。"数"是一样的,但不同的人运用它,结果不完全一样,这里有"美恶"之别,"精粗"之分,牵涉到运用"数"的人是"能者"还是"不能者",是"即数"还是"循数"等许多问题。尽管如此,"数"还是基础,如

---

① 苏轼:《书黄筌画雀》。

② 苏轼:《书戴嵩画牛》。

果自以为知道酒食美妙的奥秘,抛弃"数","以意造",那么其造出来的酒食必然是不堪入口,为人呕弃。苏轼不排斥而且充分肯定人的创造性,即"求精于数外",但他更强调事物的规律性,即"数"。

苏轼这篇文章的主旨不是谈形似与神似的关系,但可以移来理解形神的问题。基于苏轼谈吴道子画人物,"得自然之数,不差毫末",我们可以说,他在这篇文章中所提出的"岂其所以美者,不可以数取欤"也包含有以形似为神似基础的意义。

二、"随物赋形","尽万物之态"

怎样描画人物或者景物,苏轼提出"随物赋形"说。他说:

> 吾文如万斛泉源,不择地皆而出。在平地滔滔汩汩,虽一日千里无难,及其与山石曲折,随物赋形,而不可知也。①

> 孙位始出新意,画奔湍巨浪,与山石曲折,随物赋形,尽水之变,号称神逸。②

> 江河之大,与海之深,而可以意揣,唯其不自为形,而因物以赋形,是故千变万化,而有必然之理。③

苏轼在很多地方谈到"随物赋形",看来,"随物赋形"不是诗文中一时的用法,而是一个艺术创作的基本观点。

"随物赋形",强调的是"随物",这与他在谈吴道子画人物"得自然之数",基本立场是一致的,都是尊重客观实存之真。不过"数"已经上升到规律了,是对事物实存的概括,比如画人,根据从生活中概括出来的人物身体各部分的比例关系来画,虽不能说就是生活中的某一人,但它应也是真的人。按"自然之数"来画人,取的是人物的常形、一般性,而"随物赋形"则立足于物的个别性、特殊性,是力图画出人物的各种不同的姿态。苏轼说:

> 美哉多乎,其尽万物之态也! 霏霏乎其若轻云之蔽月,翻翻乎其

---

① 苏轼:《自评文》。
② 苏轼:《书蒲永昇画后》。
③ 苏轼:《滟滪堆赋》。

(宋) 苏轼:《古木怪石图》

若长风之卷斾也。猗猗乎其若游丝之萦柳絮,袅袅乎其若流水之舞荇带也。①

苏轼认为美重要的是表现出事物的个性、千姿百态。而且从他对文与可"飞白"笔墨的赞赏来看,他尤强调表现出事物的动态美。苏轼这一美学观点,在他对孙位、孙知微等画家画水的评论中表现得更为鲜明、突出。苏轼说:

古今画水多作平远细皱,其善者不过能为波头起伏,使人至以手扪之,谓有洼隆以为至妙矣,然其品格,特与印板水纸,争工拙于毫厘间耳。唐广明中,处士孙位始出新意,画奔湍巨浪,与山石曲折,随物赋形,尽水之变,号称神逸。其后蜀人黄筌、孙知微皆得其笔法。始,知微欲于大慈寺寿宁院壁作胡滩水石四堵,营度经岁,终不肯下笔。一日仓皇入寺,索笔墨甚急,奋袂如风,须臾而成,作输泻跳蹙之势,汹汹欲崩屋也。知微既死,笔法中绝五十年。近岁成都人蒲永昇,嗜酒放浪,性与画会,始作活水,得二孙本意。②

————————

① 苏轼:《文与可飞白赞》。
② 苏轼:《书蒲永昇画后》。

苏轼这里提出要画"活水"。活水就没有固定的一成不变的姿态，它与"山石曲折"，千变万化。在这里，苏轼实际上已经由"形似"谈到"神似"了。"水"之"神"就在它的千变万化，无一定的形状，就在于它的"活"。而像"古今画水"，遵照刻板的模式，只是描出"波头起伏"，那水就不是活水，而是死水，连形似也谈不上了。

苏轼无意于离开形似来谈"神似"，他认为"神"就在"形"中。"随物赋形，尽水之变"，既写出了水之"形"，也写出了水之"神"。形神实为一体，离开形似来谈神似和离开神似来谈形似都是不可取的。

三、"虽无常形，而有常理"

苏轼认为事物之形大体有两种情况，一是常形，二是非常形或者说变形。描绘事物固然不能轻视常形但尤要注重非常形、变形。常形只是一种，而变形可多至不可数，而且有些事物其实是无常形的，如水。只是一味表现事物的常形，必然使被表现的对象成为一种僵化的模式，既失去神似，也失去形似。艺术创作走到这一步，也就无创造可言，其结果也必然取消艺术。

苏轼针对某些艺术家"以常形者可信，而以无常形者为不信"提出批评：

> 世有以常形者为信，而以无常形者为不信。然而方者可斫以为圆，曲者可矫以为直，常形之不可恃以为信也如此。今夫水虽无常形，而因物以为形者，可以前定也……天下之信，未有若水者也。①

苏轼不愧为大学者，他对许多问题的看法一般都较他人深刻。关于事物"常形""无常形"的问题，他不只是肯定"无常形"是可信的现实存在，而且还提出"无常形"背后有一种"常理"，正是这"常理"，决定了"无常形"也是事物的真实存在。艺术创作之可贵不仅在于表现了形形色色的"无常形"，而且在于揭示了这形形色色"无常形"背后的"常理"。文与可可以说是一个典型。苏轼在评论文与可为净因禅院画的竹子说：

> 余尝论画，以为人禽宫室器用皆有常形，至于山石竹木水波烟云，

---

① 苏轼：《苏氏易传》卷三。

虽无常形而有常理。常形之失,人皆知之;常理之不当,虽晓画者有不知。故凡可以欺世而取名者,必托于无常形者也。虽然常形之失,止于所失而不能病其全。若常理之不当,则举废之矣。以其形之无常,是以其理不可不谨也。世之工人,或能曲尽其形,而至于其理,非高人逸才不能辨。与可之于竹石枯木,真可谓得其理者矣。如是而生,如是而死,如是而挛拳瘠蹙,如是而条达遂茂,根茎、节叶、牙角脉缕,千变万化,未始相袭,而各当其处,合于天造,厌于人意。盖达士之所寓也欤。①

苏轼认为"常理"是最根本的,"常形"即算有所"失"只能说有局部的缺点;而"常理"一失,则是全局性的错误,整幅画全废了。问题的严重之处在于,人们对于"常形之失"看得很清楚;而对于"常理之失"就不容易看出了,因而常常过于挑剔"常形之失"而放过了"常理之失"。而且所谓的"常形之失"并不都是"失",有些是画家试图要表现的"无常形"。苏轼认为,大部分的画家只能"曲尽其形",而不能"至于其理";能"形""理"得兼者只是凤毛麟角的"高人逸才"。文与可就是这"高人逸才"中的一位。他的竹石枯木,既得物之形,又得物之理,其形"千变万化,未始相袭",可说是"无常形";然而又"各当其处,合于天造,厌于人意",即得"常理"。

这里值得我们特别注意的是苏轼对"常理"的理解。苏轼认为"常理"即"各当其处,合于天造,厌于人意"。这样"常理"既包含有物理,又包含有"人意","常理"是合规律性与合目的性的统一。

如果这"常理"可以理解成"神",这"神"既指客观物象本身所具有的生气,又指作者对物象的感受、评价,是主客观的统一。

四、"凡人意思,各有所在"

苏轼重形似,把形似看作神似的基础,但苏轼总是把神似看作艺术创作的最高要求。除了我们在本节开始引用的诗可以证明外,《韩幹马十四匹》

————————

① 苏轼:《净因院画记》。

诗也可以作为证明。此诗云：

> 二马并驱攒八蹄，二马宛颈骢尾齐。
>
> 一马任前双举后，一马却避长鸣嘶。
>
> 老髯奚官骑且顾，前身作马通马语。
>
> 后有八匹饮且行，微流赴吻若有声。
>
> 前者既济出林鹤，后者欲涉鹤俯啄。
>
> 最后一匹马中龙，不嘶不动尾摇风。
>
> 韩生画马真是马，苏子作诗如见画。
>
> 世无伯乐亦无韩，此诗此画谁当看。

韩幹是唐代著名的画马专家。唐明皇召他人供奉，为之画马，并关照他向画马名家陈闳学习，然而当韩幹将他画的马呈上时，唐明皇发现韩幹画马的路数与陈闳根本不同，于是问他为何不向陈闳学习，韩幹说："臣自有师，陛下内厩之马皆臣之师也。"[①] 苏轼对韩幹的这一说法很欣赏，曾在《次韵子由书李伯时所藏韩幹马》一话加以称许："君不见韩生自言无所学，厩马万匹皆吾师。"在《韩幹马十四匹》一诗中又非常深入分析韩幹画马好在哪里。原来韩幹的马画得好，好就好在不独画出马的形象，而且画出马的精神。苏轼细致地描述马不同的神态，从它们不同的神态又分析它们的"心理"活动来。韩幹画马的确与众不同，难怪"韩生画马真是马，苏子作诗如见画"。

人物画、动物画，推而广之一切画都贵在传神，传神又必须落实在画作中某些主要细部的刻画上。顾恺之强调，人物的眼睛最重要，说是"传神写照，正在阿堵中"。苏轼则认为，"凡人意思，各有所在，或在眉目，或在鼻口，虎头云：'颊上加三毛，觉精采殊胜'，则此人意思，盖在须颊间也。优孟学孙叔敖，抵掌谈笑，至使人谓死者复生，此岂能举体皆似耶？亦得其意思所在而已。"[②] 苏轼的这个观点非常重要，它涉及对"神"的理解。按苏轼的看

---

① 朱景玄：《唐朝名画录》。

② 苏轼：《传神记》。

法,人物或事物的"神"并不是固定的,也不只是一种,取何种"神"予以突出表现决定于画家对所画对象的理解。人物或事物的"神"在形象每个部位上的表现情况也不是一样的,因此,画家要放出眼光来,确定形象哪一个部位对于揭示形象的神至关重要,效果最好,然后加以突出地表现。

苏轼的这个观点对于顾恺之的"传神写照"说是重要的补充、发展。

苏轼的艺术美学观其基本点是自然天成为美,这在形神观上也充分体现出来了。他的"随物赋形"说、"得自然之数"说、"无常形"与"常理"说都以自然天成为立论基础。在《答谢民师书》中,苏轼用"文理自然,姿态横生"概括他的艺术创作论,我看这其实亦可看作他的形神观的一种概括。

第四节　审美创作论:"其身与竹化,无穷出清新"

"苏轼是中国文学艺术史上稀有的多面手天才作家,在骈散文、诗、词、书法、绘画等各方面,他都有着不可企及的成就"[1]。文艺创作对于苏轼来说既是"一肚皮不入时宜"[2]思想的宣泄,又是他人生的一大快事,是他审美人生的重要方面。

苏轼深谙艺术创作对创作规律、创作思维、创作心境有许多重要论述。这些论述大多是他自身创作的体会,也有一些是他对别人创作的体察。这些论述虽然各有其针对性,但联系起来作综合考察,又能见出一个完整的理论体系。

一、关于创作的目的与动机:"有为而作"与"未尝敢有作文之意"

苏轼是深受儒家思想教育的知识分子,自幼就立下报国之志,苏辙的《东坡先生墓志铭》云:"公生十年而先君宦学四方,太夫人亲授以书。闻古

---

① 程千帆、吴新雷:《两宋文学史》,上海古籍出版社 1991 年版,第 130 页。

② 费衮:《梁溪漫志》卷四:"东坡一日退朝,食罢,扪腹徐行,顾谓侍儿曰:'汝辈且道是中有何物?'一婢遽曰:'都是文章。'坡不以为然。又一人曰:'满腹都是识见。'坡亦未以当。至朝云,乃曰:'学士一肚皮不入时宜。'坡捧腹大笑。"

今成败,辄能语其要。太夫人尝读东汉史至《范滂传》,慨然太息。公侍侧曰:
'轼若为滂,夫人亦许之否?'太夫人曰:'汝能为滂,吾顾不能为滂母耶?'
公亦奋厉有当世志。"儒家的诗教论对他影响甚大,他写诗作文注重社会作
用,敢于揭露时弊。"见事有不便于民者,不敢言亦不敢默视也。缘诗人之义,
托事以讽,庶几有补于国。"[1]苏轼是很有社会责任感的诗人,他在《题柳子
厚诗》中明确说:"诗须要有为而作。"这"有为"主要是指诗对社会现实的
干预作用。苏轼为人又极为豪爽,敢怒敢言敢骂,为文遂直抒胸臆,不作矫
饰。他在《思堂记》中说:"言发于心而冲于口,吐之则逆人,茹之则逆余,
以为宁逆人也,故卒吐之。"也正是因为他敢于在诗文中表露自己的政治观
点,他政治上的敌对派抓住他诗中的片言只语攻击他讪谤新法,以致下狱,
险些掉了性命。为之,黄庭坚在《答洪驹父书》中教育他的外甥不要学苏轼,
说是:"东坡文章妙天下,其短处在好骂,慎勿袭其轨也。"

　　既是为君为民而作,又是直抒胸臆,把社会责任感与自我表现充分统
一起来,这是苏轼创作目的论的一个突出特点。然苏轼又在《南行前集叙》
中说:"轼与弟辙为文至多,而未尝敢有作文之意。"这又是什么意思呢? 前
面引他《题柳子厚诗》说:"诗须要有为而作",创作应有明确的目的性、高
度的自觉性。这里又说"未尝敢有作文之意",这是不是矛盾呢? 这不矛盾。
前面说的"有为而作"是讲创作的总体指导思想;后面说的"未尝敢有作文
之意"是讲创作动机的萌生。创作动机的产生一般有两种情况,一是为写
作而写作,动机的产生来自外力;二是因有所感而写作,动机的产生来自内
力。苏轼是强调并肯定后一种动机的。他与父亲苏洵、弟苏辙合著的《南
行前集》,其产生正是后一种情况。苏轼在为此集写的序言中说:"己亥之
岁,侍行适楚,舟中无事,博弈饮酒,非所以为闺门之欢,而山川之秀美,风
俗之朴陋,贤人君子之遗迹,与凡耳目之所接者,杂然有触于中,而发于咏
叹。""有触于中",即说创作动机来自内力。

　　创作的总体指导思想是"有为",目的也是明确的,这可说是创作中的

---

[1]　苏辙:《东坡先生墓志铭》。

"自觉性"。但每一具体作品,其创作动机的萌生则又往往是"非自觉性"的,它有感而发,自然而为之,或者说"不能不为之"①。"非自觉性"中有"自觉性",因为这创作动机的产生及写什么不是毫无来由的;"自觉性"又往往借大量的"非自觉性"来实现。苏轼关于艺术创作动机和目的关系的认识是非常深刻的。

二、关于创作的功力与灵感:"成竹于胸"与"振笔直遂"

苏轼在《文与可画筼筜谷偃竹记》中对艺术创作中神秘的灵感现象做了生动的描述与深刻的论述。文云:

> 竹之始生,一寸之萌耳,而节叶具焉。自蜩腹蛇蚹以至于剑拔十寻者,生而有之也。今画者乃节节而为之,叶叶而累之,岂复有竹乎!故画竹必得成竹于胸中,执笔熟视,乃见其所欲画者,急起从之,振笔直遂,以追其所见,如兔起鹘落,少纵则逝矣。与可之教予如此,予不能然也,而心识其所以然。夫既心识其所以然而不能然者,内外不一,心手不相应,不学之过也。故凡有见于中而操之不熟者,平居自视了然,而临事忽焉丧之,岂独竹乎。(着重号为引者所加)

苏轼这里描写文与可画竹的情景,应是通常说的"灵感"。应该说,发现创作中有这种"如兔起鹘落,少纵则逝"的灵感现象不是苏轼的功劳,苏轼以前有人谈过,如唐代的皎然。②苏轼的贡献是在探讨造成这种灵感现象出现的原因时有他独特的见解。苏轼认为,文与可竹子画得这样快、这样出色的直接原因是"成竹于胸中,执笔熟视,乃见其所欲画者"。"成竹于胸"包含两个含义:其一,对竹子的形象极为熟悉,其二,对竹子的形象有一个整体的把握。前一个含义是基础,主要关系所画的内容;后一个含义则不仅关系到所画的内容,而且关系到所画内容的形式,涉及艺术美。竹子是由一节节组成的,"节节而为之,叶叶而累之"不是画不出竹的形象来,

---

① 苏轼:《南行前集叙》。
② 皎然在《诗式》中说:"有时意静神王,佳句纵横,若不可遏,宛如神助。"

而是画不出竹的精神来,画不出竹子的美来。竹子从外在形象来看,它是由一节节、一叶叶组成的,但它是一个有机的整体,有生命的整体。竹子的神韵、它的美就在这整体之中。所谓"成竹于胸中",这"成竹"不能简单地理解成整株竹子的形象,而是竹子的整体生命。画面上的竹子尽管只取一枝数叶,但它透出来的却是整体的生命,应该说它是"成竹"的体现。

把握"成竹",让竹子在胸中活起来,这是要下功夫的,没有对竹子长期的观察,熟识竹子的形象与精神,没有长期画竹的艺术实践是不能做到这一步的。

(宋)文与可:《墨竹图》

苏轼在《书李伯时山庄图后》评论北宋画家李龙眠的《山庄图》，其中有一段文字堪与上面所说的"成竹于胸"相参照：

> 或曰："龙眠居士作《山庄图》，使后来入山者，信足而行，自得道路，如见所梦，如悟前世，见山中泉石草木，不问而知其名，遇山中渔樵隐逸，不名而识其人。此岂强记不忘者乎？"曰："非也。画日者常疑饼，非忘日也。"醉中不以鼻饮，梦中不以趾捉，天机之所合，不强而自记也。居士之在山也，不留于一物，故其神与万物交，其智与百工通。

这段文字可用来解释什么叫对所描写对象熟透了。李龙眠的《山庄图》不是地图，但取了地图的某种效果。是李龙眠的记忆力特别好，故而照记忆作画否？苏轼认为不是。这种对所描写对象的熟悉，不是靠强记，而是"天机之所合，不强而自记也"。所谓"天机之所合"，那是感知、情感、理解，总之，全身心地与对象的交流。不须特别留意于一物，而"神与万物变"。如此深入地熟识被描写对象，对象在笔下怎么能不活起来呢？

苏轼是以一个全新的角度论述了作家、艺术家熟悉生活的问题。这种熟悉不只是理智的，还是情感的；不是某一部分的，而是整体的。它与科学考察不同。科学考察，主体对客体总是保持一个距离，以便保证观照的客观性、准确性，而这种熟悉生活，它是全身心地投入，是消除主客体的界限，以便对客体持一种情感性的审美态度。

苏轼认为，这种对生活的高度熟识与审美把握是艺术创作灵感的基础。

三、关于创作中的思维活动："其身与竹化，无穷出清新"

苏轼对艺术创作中的思维活动有极深刻的见解。他认为在创作中，进入巅峰状态的艺术家会把自己忘掉，以致化我为物，化物为我。他说文与可创作时就是这样的：

> 与可画竹时，见竹不见人。岂独不见人，嗒然遗其身。其身与竹化，无穷出清新。庄周世无有，谁知此凝神。①

---

① 苏轼：《书晁补之所藏与可画竹二首》。

苏轼在这里借用《庄子》中南郭子綦悟道时"仰天而嘘、嗒焉似丧其耦"[1]的故事,说明在创作中经常会出现类似的忘我现象。文与可不只是忘我,而且在情感上将自己与竹子融为一体了,竹就是文与可,文与可就是竹。当然这样画出来的竹子就不仅是竹子形象的写照,而且也是文与可精神风貌的象征。

苏轼在这里谈的主客互化的精神现象是艺术想象的重要特点,是以艺术想象为主体的艺术思维的本质。

四、关于艺术的法度与创造的自由:"出新意于法度之中,寄妙理于豪放之外"

苏轼重视艺术的法度,但苏轼又不主张做法度的奴隶。他在谈吴道子的画时说:

> 道子画人物,如以灯取影,逆来顺往,旁见侧出,横斜平直,各相乘除,得自然之数,不差毫末。出新意于法度之中,寄妙理于豪放之外,所谓游刃有余,运斤成风,盖古今一人而已。[2]

苏轼肯定吴道子画人物是有法度的,"得自然之数,不差毫末",但吴道子又不恪守法度,而出了新意。值得我们特别注意的是,这"新意"亦即创造性不是来自法度之外,而是来自法度之中。它既是对法度的否定,又是对法度的肯定。

法度给艺术创作既带来了束缚,又带来了自由。从严格地遵守法度来说,法度是创作的束缚,从创造性运用法度来说,法度是创作中"自由"的保证。"所谓游刃余地,运斤成风"就在于对法度创造性的运用。

苏轼认为艺术创作有"道"有"艺"。他说的"道"就是艺术创作的一般规律,由"道"指导的技能,就叫作"艺"。苏轼认为,"有道有艺",道艺合一,创作就必然得心应手;如果"有道而不艺,则物虽形于心,不形于手",[3] 则

---

① 《庄子·齐物论》。
② 苏轼:《书吴道子画后》。
③ 苏轼:《书李伯时山庄图后》。

创作举步维艰。由此可见,光懂得一般的创作规律还不行,还必须有熟练的技艺。苏轼将它叫作"其智与百工通"①。

对于"艺"(技),苏轼认为应该熟练到"忘"的地步才好。他在《虔州崇庆禅院新经藏记》中说:

> 口必至于忘声而后能言,手必至于忘笔而后能书,此吾之所知也。口不能忘声,则语言难于属文;手不能忘笔,则字书难于刻雕。及其相忘之至也,则形容心术酬酢万物之变,忽然不自知也。自不能者而观之,其神智妙达,不既超然与如来同乎? 故《金刚经》曰:一切贤圣皆以无为法而有差别。以是为技,则技疑神,以是为道,则道疑圣。古之人与人皆学,而独至于是。(着重号为引者所加)

苏轼强调"忘",这"忘"不是丢。"忘"意味着"技"已经熟练到化成作者的本能,由"自觉性"转化成"非自觉性"了。这里的"非自觉性",实质是自由,高度的创造的自由。苏轼将这种"忘"与佛禅的"无为法"联系起来,并且指出达到"忘"的境界的"技"实已通向"神"了。

苏轼以上所论述的艺术创作中的美学规律有一个共同的突出特点,就是追求自然而又自由的境界。"自然"即顺应并高度地驾驭规律,"自由"则是"自然"的必然产物。用他的话来说:"大略如行云流水,初无定质,但常行于所当行,常止于不可不止"②;"非能为之为工,乃不能不为之为工也"③。

第五节　审美情趣论:"诗中有画"与"画中有诗"

诗与画的共同性与差异性是中西美学史上共同感兴趣的话题。古希腊学者西蒙尼德斯说过:"画为不语诗,诗是能言画。"托名于西塞罗的一部修辞学里,论互换句法所举的第四例就是:"正如诗是说话的画,画是静默的

---

① 苏轼:《书李伯时山庄图后》。
② 苏轼:《与谢民师推官书》。
③ 苏轼:《南行前集叙》。

诗"。达·芬奇说画是"嘴巴哑的诗",而诗是"眼睛瞎的画"。①

无独有偶,中国也有类似的看法,其中最著名的是苏轼的说法:

> 味摩诘之诗,诗中有画;观摩诘之画,画中有诗。诗曰:"荆溪白石
> 出,天寒红叶稀。山路元无雨,空翠湿人衣。"此摩诘之诗。或曰:"非也,
> 好事者以补摩诘之遗。"②

认为诗画具有相通性,在宋代,除苏轼外,还有许多人。比如黄庭坚云:
"李侯有句不肯吐,淡墨写出无声诗。"③ 钱鏊云:"终朝诵公有声画,却来看
此无声诗。"④ 周孚云:"东坡戏作有声画,叹息何人为赏音。"⑤

诗画一律宋代以后谈得最好的是清代的叶燮,他说:"故画者,天地无
声之诗;诗者,天地无色之画。"⑥

艺术有共同的审美本质,由于自身的原因,又有种种差异。优秀的艺
术家既能充分展露本门艺术固有的魅力,又能尽量打通它与其他艺术的界
限,使其兼有其他艺术的审美特长。这样,艺术的审美范围就大大扩大了,
人们从艺术中获得的审美感受就丰富了。

诗与画,是两种不同门类的艺术。诗是语言的艺术,长于抒情言志,长
于表现时间过程,长于表现事物的动态,它的缺点是语言符号所带来的抽
象性。绘画是造型艺术,它拙于表现事物的过程、动态,而长于表现事物的
空间位置、静态;它不便于直接抒情言志,但长于摹写物态,具有很强的直
观性。莱辛的美学名著《拉奥孔》详细深入地探讨了这两门艺术的长处与
短处以及弥补短处的办法。

中国古代的艺术家在这方面也同样做了许多可贵的探索。就诗来说,

---

① 以上引文均转引自钱钟书:《中国诗与中国画》,见《旧文四篇》,上海古籍出版社 1979
年版,第 6 页。

② 苏轼:《书摩诘蓝田烟雨图》。

③ 黄庭坚:《次韵子瞻、子由〈憩寂图〉》。

④ 钱鏊:《次袁尚书巫山诗》,见《宋诗纪事》卷五十九引《全蜀艺文志》。

⑤ 周孚:《题所画梅竹》。

⑥ 叶燮:《赤露楼诗集序》,见《己畦文集》卷八。

强调逼真，刘勰说："文贵形似，窥情风景之上，钻貌草木之中。"① 钟嵘云："巧构形似之言。"② 王昌龄云："欲为山水诗，则张泉石云峰之境，极丽绝秀者，神之于心，处身于境，视境于心，莹然掌中，然后用思，了然境象，故得形似。"③ 欧阳修说："余尝爱唐人诗云：'鸡声茅店月，人迹板桥霜。'则天寒岁暮，风凄木落，羁旅之愁，如身履之。至其曰：'野塘春水慢，花坞夕阳迟。'则风酣日煦，万物骀荡，天人之意，相与融怡，读之便觉欣然感发。谓此四句可以坐变寒暑。诗之为巧，犹画工小笔尔，以此知文章与造化争巧可也。"④ 苏轼所激赏的王维的《山中》："荆溪白石出，天寒红叶稀。山路元无雨，空翠湿人衣。"就是以鲜明的形象见长的，读之如观画。

就画来说，中国画家强调，不惟"画形"，还要"画意"。宗炳说："山水以形媚道。"⑤ 要求山水画画出"道"的意味来，让人"应会感神，神超理得"。张彦远则认为画与诗文具有相同的教化功能，"丹青之兴，比雅颂之述作"⑥，故而希望画作能见出忠孝善恶观念。元代的倪瓒则既不管道家之道，也不管儒家之理，只说："余之竹聊以写胸中逸气耳。"⑦

苏轼的"诗中有画，画中有诗"可以说是中国艺术家在这方面辛勤探索的一个理论概括，它虽立足于总结中国诗人、画家的艺术创造的经验，却具有世界文化的普遍意义，是古今中外艺术创作皆可适用的一条美学原理。

不过，苏轼这一美学命题的提出并不是没有具体所指的，他谈的是王维的诗与画。这里就包含有对中国美学独特传统的某种认识。

首先要提出来的是王维的画是什么样的画？董其昌说："禅家有南北二宗，唐时始分，画之南北二宗，亦唐时分也；但其人非南北耳。北宗则李思训父子著色山水，流传而为宋之赵幹、赵伯驹、伯骕以至马、夏辈。南宗则

---

① 刘勰：《文心雕龙·物色》。
② 钟嵘：《诗品》。
③ 王昌龄：《诗格》。
④ 欧阳修：《温庭筠严维诗》。
⑤ 宗炳：《画山水序》。
⑥ 张彦远：《历代名画记》。
⑦ 倪瓒：《跋画竹》。

王摩诘始用渲淡，一变钩斫之法。其传为张璪、荆、关、董、巨、郭忠恕、米家父子以至元之四大家，亦如六祖之后，有马驹、云门、临济儿孙之盛，而北宗微矣。要之摩诘所谓'云峰石迹，迥出天机，笔意纵横，参乎造化'者。东坡赞吴道子、王维画壁云：'吾于维也无间然。'知言哉！"① 董其昌将发展到唐代的画分成南北二宗，这个分法虽然也有些异议，但大家都还承认：王维的确开创了中国画的新时代。王维是中国水墨画的始祖，水墨画与青绿山水不同，根本的还不在作画的工具和画面的直观效果不同，而在于两种不同的文化观念。王维笃好道禅，他的山水画实是他道禅思想的物态化，这种画以萧条淡泊的意境与简约清通的画风为特色。由于道禅思想在社会上的广泛流行，不少知识分子以之为难，很自然地，王维首创的这种南宗画也就获得了独领风骚的地位，青绿山水虽也努力有所作为，终于败北，最后濒至绝迹。

苏轼说的"诗中有画"，有的就是这种画。那么，王维的"画中有诗"，其诗又是什么诗呢？王维早年的诗尚表现出积极进取的精神，中年之后，思想消极，由于道禅思想的影响，他的诗充满道风禅机。就内容来说，多为描绘大自然的美，而且主要是大自然的静态美；就风格来说，冲淡含蓄，语极尚而韵极深。殷璠谓："维诗，词秀调雅，意新理惬，在泉成珠，著壁成绘。"② 说王维"画中有诗"有的就是这种诗，这种禅意盎然的诗。

因而就审美情趣言之，苏轼推崇王维"诗中有画，画中有诗"就是推崇王维从他的诗画中所体现出来的禅风道骨，是那种清新静谧之境、古朴淡逸之意、空灵蕴藉之美。

这种审美情趣不独苏轼具有，在宋代许多知识分子也具有，这是一种带有普遍性的社会审美风气。张戒《岁寒堂诗话》云："摩诘心淡泊，本学佛而善画，出则陪岐、薛诸王及贵主游，归则屐饮辋川山水，故其诗于富贵山林，两得其趣。"这种"富贵山林，两得其趣"是典型的封建士大夫的审美

① 董其昌：《画禅室随笔》。
② 殷璠：《河岳英灵集》。

理想,它之获得士大夫阶层的青睐是完全可以理解的。

当然,苏轼推崇王维"诗中有画,画中有诗"也包含有对王维熔诗画艺术技巧于一炉的高度赞赏。就诗画艺术美的创造来说,王维有其独特的贡献,历代对此均有很高的评价。

"诗中有画,画中有诗",虽然这一命题苏轼是就王维的诗画创作提出来的,是对王维诗画艺术的评论,但实际上,做到"诗中有画,画中有诗"的不只是王维,因而这一命题的意义绝不止于对王维诗画创作的美学评价,从中国诗与中国画的传统来看,"诗中有画,画中有诗",它包含有更深刻、更丰富的意义。

中国诗的传统,儒、道、禅三者均有,儒家无可争议地是主干。孔子的"兴观群怨"说、《尚书》的"诗言志"说、由先秦与两汉儒家阐释的风教传统,所有这一切构成完整的儒家诗歌美学。它的基本立场是强调诗歌的社会教化价值和正确反映社会现实。尽管由于道家学说、禅宗学说的影响,产生了以崇尚超越现实、风格恬淡、意蕴空灵为主要特点的神韵派诗歌美学,但仍未能动摇儒家美学的主干地位,因而历代的诗歌评论中,虽然个人的喜好有许多不一致之处,但大体上或者说大多数人还是把杜甫排在第一的位置①,因为杜甫的诗最好地实践了儒家美学的原则。

中国画的情况与之不同。儒家画论甚少,在中国文学艺术中,画的地位一直低于诗。真正比较有理论深度地论画,还是晋代的顾恺之和六朝的宗炳、王微等。顾恺之擅长人物画,画论偏于人物画方面;宗炳、王微擅长山水画,画论偏于山水画方面。中国画虽然在早期人物画优于山水画,但

---

① 清代赵翼在《瓯北诗话》中说:"李、杜诗垂名千古,至今无人不知;然其当时,则未也。……元微之序所谓'时人称为李、杜'者也。同时已有任华者,推奉二公,特作两长篇,一寄李,一寄杜,而不寄他人。是可见二公之同时齐名矣。……至元、白,渐申杜而抑李。微之序杜集云,是时李白亦以能诗名;然至于'铺陈终始,排比声韵,大或千言,少犹数百,词气豪迈而风调清深,属对律切而脱弃凡近,则李尚不能窥其藩篱,况堂奥乎!'香山亦云:李白诗,才矣,奇矣,然不如杜诗'可传千余首。贯穿今古,缕缕格律,尽善尽工,又过于李焉。'自此以后,北宋诸公皆奉杜为正宗,而杜之名遂独有千古。然杜诗虽有千古,而李之名终不因此稍减。"

魏晋六朝后山水画超过人物画。而在山水画理论方面，道家思想占主导地位，后来又渗入佛教的思想。宗炳、王微论画，道、佛意味很浓。发展到唐代，王维创水墨山水画法，道、佛所崇尚的"虚无""飘逸""静寂"种种超越尘俗的思想在水墨山水中找到了最好的表现形式，故而神韵派美学倒是在绘画中占据了主导地位。钱钟书说："中国传统文艺批评对诗和画有不同标准：论画时赏识王士禛所谓'虚'以及相联系的风格，而论诗时却赏识'实'以及相联系的风格。"[1] 在诗歌领域，杜甫坐第一把交椅；而在绘画领域，王维的地位却是公认的至高无上，因为他的画是神韵派美学的最好体现。钱钟书说："据中国文艺批评史看来，用杜甫的诗风来作画，只能达到品位低于王维的吴道子，而用吴道子的画风来作诗，就能达到高于王维的杜甫。"[2]

这情况在宋代已经表现得很明显了。苏轼的"诗中有画，画中有诗"，就其深层内涵来说就包含有将儒家的社会派美学与道禅的神韵派美学统一的意味。就这一点来说，苏轼的诗画创作实践倒是比王维要高出一筹。放在中国文化这个大背景来看"诗中有画，画中有诗"，这一命题深刻地反映出中华美学崇尚中和的特色，它是儒道互补这一中华文化特色在美学上的突出体现。

① 钱钟书：《旧文四篇》，上海古籍出版社 1979 年版，第 20 页。
② 钱钟书：《旧文四篇》，上海古籍出版社 1979 年版，第 25 页。

第 六 章

宋朝绘画美学

宋代皇帝几乎都爱好书画，其御用的画院规模大大超过唐代，亦超过西蜀、南唐的翰林图画院。画院拥有一批高水平的画家，其中一些系西蜀、南唐的绘画高手，如黄居寀、高文进、董羽等。宋代绘画以山水画成就最为突出，据不完全统计，两宋山水画家约招180余人。北宋最负盛名的山水画家为李成，其次是范宽、董源，号称"北宋三大家"。李成、范宽都是北方人，其画风雄健劲拔，人称北派山水；董源则为江南画家，善以平淡幽雅之笔，写江南秀丽之景，人称南派山水。善画南派山水的还有和尚巨然。巨然"笔墨秀润，善为烟岚气象"①，名气甚大，画史多董、巨连称。由唐代开其端的文人画在宋代亦得到很大发展。文人画仅用水墨为色，画面清淡、高雅，透出浓郁的文学趣味，禅风的影响又使不少文人画禅意盎然。这种画深得士大夫喜爱，逐渐占据画坛主流的地位。

宋代的书法亦有辉煌成就，出现了苏轼、黄庭坚、米芾、蔡襄（有人疑为蔡京）四大书法名家。这四家书法，苏书超逸、黄书雄健、米书豪爽、蔡书姿媚，可说各有特色。但他们的书法有一个共同倾向，那就是"尚意"，这与唐代书法"尚法"是不同的，甚至可以说，这种"尚意"正是对唐代"尚

---

① 郭若虚：《图画见闻志》。

法"的反拨。

宋代书画美学有着鲜明的时代特点，禅宗的影响在书画理论建构上有着明显的影响。绘画美学方面，山水画和文人画理论最为重要，可以说，中国山水画和文人画理论的建构主要是在宋代完成的。书法美学方面，苏轼的崇尚自由创造的个性主义美学，黄庭坚的以禅喻书、援禅入书的主张，在中国书法美学史上都占有重要地位。

第一节　郭熙："三远"法

郭熙（生卒年不详），字淳夫，河阳温县（今河南孟州东）人。神宗时任画院待诏，哲宗时去世。郭熙善画山水、寒林，其画深为神宗喜爱，哲宗常用它来赏赐臣下。郭熙的儿子郭思富贵后，不惜金帛收买父亲的作品，深藏于家，故郭熙作品传世甚少。郭熙的山水画宗法李成，画风雄壮峭拔，气象森严，基本上是北派山水风格，但郭熙又善画"云烟变灭"，注重水墨晕染，又兼有南派山水某些风味，故有人将他视之为北派向南派过渡的一位画家。

（宋）郭熙：《窠石平远图轴》

　　郭熙虽然在山水画创作上有很大成就，但他对后代影响最大的还不是画，而是画论。郭熙有绘画理论著作《林泉高致》，此书由《山水训》《画意》《画诀》《画题》《画格拾遗》《画记》等六部分组成，通常署名为"宋郭熙撰子思纂"。《四库全书提要》称，这部书是郭熙的儿子郭思对父亲观点及事迹的追述。前四篇均是郭熙的话，郭思为之记录并做注，后两篇记录郭熙生平事迹当应是郭思所作。

　　《林泉高致》是中国绘画理论史上第一部体系最为完善的关于山水画的理论专著。它不仅比较系统地总结了山水画的技法，而且提出了比较完整的有关山水画的美学思想。比之宗炳的《画山水序》、王微的《叙画》、荆浩的《山水诀》，不论是理论的完善还是理论的深度都要胜出一筹。

　　首先，郭熙真正从人的审美需要这一角度论述了山水画产生的原因：

　　　　君子之所以爱夫山水者，其旨安在？丘园养素，所常处也；泉石啸傲，所常乐也；渔樵隐逸，所常适也；猿鹤飞鸣，所常观也。尘嚣缰锁，此人情所常厌也；烟霞仙圣，此人情所常愿而不得见也。直以太平盛日，君亲之心两隆，苟洁一身，出处节义斯系，岂仁人高蹈远引，为离世绝俗之行，而必与箕、颍埒素，黄、绮同芳哉？《白驹》之诗、《紫芝》之咏，皆不得已而长往者也。然则林泉之志，烟霞之侣，梦寐在焉，耳目断绝。今得妙手，郁然出之，不下堂筵，坐穷泉壑；猿声鸟啼，依约在耳；山光水色，滉漾夺目。此岂不快人意，实获我心哉？此世之所以贵夫画山之本意也。①

　　郭熙从人与自然的天然关系及人对自然的审美需求去谈山水画产生的原因。他认为人的本性是爱好山水的，希望与山水"常处"，但由于人要担负一定的社会责任，要忠君，要孝亲，不能"高蹈远引"，"离世绝俗"，与"泉石""烟霞"为侣，于是，"林泉之志，烟霞之侣，梦寐在焉"。山水画的作用就是"林泉之志"的替代性满足。它让人"不下堂筵，坐穷泉壑"，也能获得

――――――――――

① 郭熙、郭思：《林泉高致·山川训》。

一种美的享受。

郭熙在这里的论述虽仍未脱离仙道隐逸的思想，但显然注重的是世俗的审美需求。这与宋代封建士大夫的审美情趣是一致的。宋代封建士大夫对自然山水的审美需求与魏晋六朝时代封建士大夫对自然山水的审美需求有所不同，正如李泽厚先生所指出的："六朝门阀时代的'隐逸'基本上是一种政治性的退避，宋元时代的'隐逸'则是一种社会性的退避，它们的内容和意义有广狭的不同（前者狭而后者广），从而与他们的'隐逸'生活直接相关的山水诗画的艺术趣味和审美观念也有深浅的区别（前者浅而后者深）。不同于少数门阀贵族，经由考试出身的大批士大夫常常由朝而野，由农（富农、地主）而仕，由地方而京城，由乡村而城市。这样，丘山溪壑、野店村居倒成了他们的荣华富贵、楼台亭阁的一种心理需要的补充和替换为一种情感上的回忆和追求，从而对这个阶级具有某种普遍的意义。"① 宋代的山水画既不是含道应物的图录，仙道隐者的秘笈，也不是门阀贵族的艺术，而是世俗的地主的艺术，入世的艺术。它是欧阳修所向往的"山林者之乐"的替补。

中国人对山水美与山水画的欣赏虽然也含有道家出世思想的一面，但这一面是次要的，或者只是一种形式点缀，实质还是世俗生活的反映。郭熙也谈到了这一点：

> 世之笃论，谓山水有可行者，有可望者，有可游者，有可居者。画凡至此，皆入妙品。但可行可望不如可居可游之为得。何者？观今山川，地占数百里，可游可居之处十无三四，而必取可居可游之品，君子之所以渴慕林泉者，正谓此佳处故也。②

"可行可望"不如"可居可游"，这是中国传统山水审美意识的又一个重要特点。

关于山水画的创作，郭熙提出一个很重要的观点："身即山川而取之"。

---

① 李泽厚：《美的历程》，广西师范大学出版社 2001 年版，第 225 页。
② 郭熙、郭思：《林泉高致·山川训》。

所谓"身即山川而取之",即移真情实感于山水,化主体为客体,化客体为主体,以此种态度画山水,则"山水之意度见矣",本来无生命的山水,在画家的眼中皆成为活物:

> 真山水之云气,四时不同:春融怡,夏翁郁,秋疏薄,冬黯淡。尽见其大象而不为斩刻之形,则云气之态度活矣。真山水之烟岚,四时不同:春山淡冶而如笑,夏山苍翠而如滴,秋山明净而如妆,冬山惨淡而如睡。①

这就是西方美学所说的"移情",它产生于心理学家对审美的研究中。在中国传统美学中,这种移情首先产生在艺术创作中。它与传统绘画美学中的"气韵生动"的理论有着血缘关系。

一方面,人将自己的情感移于景,使景著人之色彩;另一方面,人在游山玩水中受自然景物的影响,情感与景物相一致。郭熙说:"春山烟云连绵人欣欣,夏山嘉木繁荫人坦坦,秋山明净摇落人肃肃,冬山昏霾翳塞人寂寂。……见青烟白道而思行,见平川落照而思望,见幽人山客而思居,见岩扃泉石而思游。"②

这两方面结合正是移情说的全部,与西方移情说不同,中国的移情说更注重"行""望""居""游"等世俗的日常生活。郭熙认为,要画出好的山水,首先是"莫神于好",即在精神上特别爱好山水;其次是"饱游饫看",使天下山水"历历罗列于胸中";再次是"取之精粹",因"千里之山,不能尽奇;万里之水,岂能尽秀",所以应选取最美好的山水来画,"一概画之,版图何异"③。这牵涉到艺术的典型化问题。艺术典型化首先在选择,然后才是提炼、集中、概括。

在此基础上,郭熙具体谈到艺术形象的结构问题,这是艺术典型化中的关键。他在《林泉高致·山水训》中说:

> 山以水为血脉,以草木为毛发,以烟云为神采,故山得水而活,得

---

① 郭熙、郭思:《林泉高致·山川训》。
② 郭熙、郭思:《林泉高致·山川训》。
③ 郭熙、郭思:《林泉高致·山川训》。

草木而华,得烟云而秀媚。水以山为面,以亭榭为眉目,以渔钓为精神,故水得山而媚,得亭榭而明快,得渔钓而旷落。此山水之布置也。

山欲高,尽出之则不高,烟霞锁其腰则高矣。水欲远,尽出之则不远,掩映断其脉则远矣。

郭熙最早提出中国传统的散点透视法:

山有三远,自山下而仰山巅,谓之高远。自山前而窥山后,谓之深远。自近山而望远山,谓之平远。高远之色清明,深远之色重晦,平远之色,有明有晦。高远之势突兀,深远之意重叠,平远之意冲融而缥缥缈缈。其人物之在三远也,高远者明了,深远者细碎,平远者冲淡。明了者不短,细碎者不长,冲淡者不大,此三远也。①

(宋) 郭熙:《树色平远图》

中国传统的散点透视法,是郭熙首先从理论上予以概括的。这种透视法充分体现出中国人的审美特点,这是一种立体的、环道的、流动的审美视角,回环往复,可深可近,可上可下,变化多端。这与西方焦点透视迥异其趣。

———————

① 郭熙、郭思:《林泉高致·山川训》。

宗白华先生曾对这两种透视做过精辟的分析：

> 由这"三远法"所构的空间不复是几何学的科学性的透视空间，而是诗意的创造性的艺术空间。趋向着音乐境界，渗透了时间节奏。它的构成不依据算学，而依据动力学。清代画论家华琳名之曰"推"。……华琳提出"推"字以说明中国画面上"远"之表出。"远"不是以堆叠穿矻的几何学的机械式的透视法表出。而是由"似离而合"的方法视空间如一有机统一的生命境界。由动的节奏引起我们跃入空间感觉。直观之如决流之推波，睨视之如行云之推月。全以波动力引起吾人游于一个"静而与阴同德，动而与阳同波"（庄子语）的宇宙。空间意识油然而生，不待堆叠穿矻，测量推度，而自然涌现了！这种空间的体验有如鸟之拍翅，鱼之泳水，在一开一阖的节奏中完成。所以中国山水的布局以三四大开阖表现之。①

宋代绘画受诗影响甚大，苏轼论王维诗画说是"诗中有画，画中有诗"。"诗中有画"多为诗人提倡，"画中有诗"则受画家普遍注意，这亦成为宋代封建士大夫的一种审美情趣。郭熙及其子郭思在《林泉高致》亦突出地谈到这一点：

> 更如前人言："诗是无形画，画是有形诗。"哲人多理之谈，此言吾之所师。余因暇日阅晋唐古今诗什，其中佳句，有道尽人腹中之事，有装出人目前之景，然不因静居燕坐，明窗净几，一炷炉香，万虑消沉，则佳句好意亦看不出，幽情美趣亦想不成。即画之生意，亦岂易有。及乎境界已熟，心手已应，方始纵横中度，左右逢源，世人将率意触情，草草便得。②

郭思录下 16 首诗的全篇或部分诗句，认为均可入画。追求诗意入画是中国文人画的重要特点。由于诗之入画，画的内涵丰富了，境界深邃了，画的品位也随之提高。与之相应，题画诗也得到很大的发展。题画诗的开

---

① 宗白华：《中国诗画中所表现的空间意识》，见《美学与意境》，人民出版社 1987 年版，第 257—258 页。文中华琳的话略，可参看宗文，或华琳所著《南宗抉秘》。

② 郭熙、郭思：《林泉高致·画意》。

始可上溯到六朝，但那时的题画诗并不题在画面上，如果专指题在画面上的题画诗，从现有资料看，开始于唐代，唐代题画诗据现有资料统计共220题，232首①，其中写得最多的是杜甫和李白。宋代题画诗数量上大大超过唐代，其中绝大多数是题咏山水画的，仅苏轼一人就写了一百余首。这种情况颇能反映宋代以诗入画的审美风尚。

第二节 韩拙："画格"说

韩拙（生卒年不详），字纯全，号琴堂，南阳人，北宋画家。宋徽宗时初为画院祗候，后升为待诏。官至忠训郎。韩拙善画山水，著有山水画理论专著《山水纯全集》。全书由《论山》《论水》《论林木》《论石》《论云霞烟霭岚光风雨雪雾》《论人物桥彴关城寺观山居舟车四时之景》《论用笔墨格法气韵之病》《论观画别识》《论古今学者》几篇组成，前面有作者的序，书末有宋代张怀邦做的"后序"。

这部论画著作通常不为人重视。《四库全书提要》说是"其持论多主规矩，所谓逸情远致、超然于笔墨之外者，殊未之及"。也许这是它不受重视的缘故吧！不过，正因为此书谈了许多山水画的规矩，对于我们认识中国山水画某些重要特点很有帮助。

这部著作受郭熙《林泉高致》影响十分明显，书中征引了郭熙的一些重要言论并加以发挥。大体理论格局亦同于郭熙。其中值得重视的有这样几个观点。

一、"笔补造化"说

韩拙在此书序中说：

> 画者成教化，助人伦，穷神变，测幽微，与六籍同功，四时并运，发于天然，非由述作。书画同体而未分，故知文能叙其事，不能载其状。

---

① 孔寿山：《唐朝题画诗注》，四川美术出版社1988年版，"前言"第2页。

有书无以见其形,有画不能见其言。存形莫善于画,载言莫善于书。
书画异名,而一揆也。古云:画者画也。盖以穷天地之不至,显日月之
不照。挥纤毫之笔,则万类由心,展方寸之能,则千里在掌,岂不为笔
补造化者哉! ①

这是韩拙关于画的基本观点。前面讲画的功能与书画异名同体来自唐
朝张彦远的《叙画之源流》,属于韩拙的是"笔补造化"说。笔何以能补造
化? 韩拙认为:这是因为画是画家创造的产物,"万类由心"。"心"的力量
是伟大的,它能"穷天地之不至,显日月之不照",也就是说,自然界有的,
它可以模仿;自然界没有的,它可以创造。画不只是担当再现的功能,还要
担当表现的功能,它是再现与表现的统一。韩拙强调画能"补造化",就是
说,山水画是山水不可替代的,它完全可以比山水更美。韩拙这一观点是
对郭熙的"不下堂筵,坐穷泉壑"说的重要补充。郭熙强调的是山水画模仿
山水的一面,着眼点是二者之同,故而认为欣赏山水画也可以实现"林泉之
志";韩拙则强调山水画"笔补造化"这一面,着眼点是二者之异,实际上是
认为艺术美比自然美更美。

二、新"三远"法

郭熙提出"山有三远"即"高远""平远""深远"。韩拙予以补充。他说:

郭氏曰:山有三远。自山下而仰山上,背后有淡山者,谓之高远;
自山前而窥山后者,谓之深远;自近山边低坦之山,谓之平远。愚又论
三远者:有近岸广水旷阔遥山者,谓之阔远;有烟雾溟漠野水隔而仿佛
不见者,谓之迷远;景物至绝而微茫缥缈者,谓之幽远。以上山之名状,
当备画中用也。②

韩拙说的"三远"与郭熙说的"三远"意义是不同的。郭熙说的"三远"
是观察山水的三种角度,韩拙说的"三远"是山水的三种境界。尽管韩拙于

---

① 韩拙:《山水纯全集·序》。
② 韩拙:《山水纯全集·论山》。

(宋) 范宽:《溪山行旅图》

中国画的空间意识方面没有提供新的贡献,但他提出的三种境界倒颇能反映宋代山水画的审美情趣。宋代山水画气势雄阔,画面丰富,多全景之作。李成、范宽是宋代山水画的两位最有成就的代表人物。李成居住于山东齐鲁平原,其山水画以萧疏见长。峰峦重叠、云遮雾嶂之景显示出旷远、缥缈之境界;范宽长年居关陕之地,其山水画以峻厚取胜,赵孟頫《题范宽烟岚秋晓图》云:"宽所画山,皆写秦陇峻拔之势,大图阔幅,山势逼人,真古今绝笔也。"韩拙非常推崇李成、范宽的作品。就在《山水纯全集·论观画别识》中,他这样写道:"偶一日于赐书堂,东挂李成,西挂范宽。先观李公之迹,云:李公家法,墨润而笔精,烟岚轻动,如对面千里,秀气可掬。次观范宽之作,如面前真列峰峦,浑厚气壮雄逸,笔力老健,此二画之迹,真一文一武也。"

三、"画格"说

韩拙论画很重视"格"。"格"在他的《山水纯全集》中是一个用得比较宽泛的概念,有时与"法"联系起来,指法度;有时单独使用,则又似指品格,在《论观画别识》一篇中他说:"凡阅诸画,先看风势气韵,次究格法高低者,为前贤家法规矩用度也。傥生意纯而物理顺,用度备而格法高,固得其格者也。"这里就用了"格法"与"格"两个概念。就"格"这个全称概念讲,它包括"风势气韵""格法"两者,"风势气韵"是讲"生意""物理","格法"即为"规矩""用度""家法"等。总起来说,是指品格。韩拙显然是将品评人物之标准用到论画了。他说:

> 画譬犹君子欤?显其迹而如金石,著乎行而守规矩,观之而温厚,望之而俨然。易事而难悦,难进而易退。动作周旋,无不合于理者,此上格之体,有若是而已。画犹小人欤?以浮言相胥,以矫行相尚,近之而无取,远之则有怨,苟诡媚以自合,劳诈伪以相蔽,旋为交构,无有狗乎理者,此卑格之体。①

韩拙这种将画看作人,以论人之标准来论画的批评观是很能见出中国山水画的美学特点的。中国的山水画不独为自然写真,而且也是为画家自己写意。中国山水画既讲究形似,更讲究神似,而神似之神既为"物理",又为"人意","人意"与"物理"的统一就是"气韵"。韩拙非常强调画家作为主体的能动作用。他说:"夫画者笔也,斯乃心运也";"凡未操笔,当凝神著思,豫在目前,所以意在笔先,然后以格法推之,可谓得之于心"②。"意在笔先"的"意"就是画家试图要融进画中去的"神",或者说"格",它是画中气韵之源头。韩拙说:"凡用笔先求气韵","以气韵求其画,则形似自得于其间矣"。③

韩拙这种观点在中国古代绘画美学中是很有代表性的。中国的山水

---

① 韩拙:《山水纯全集·论观画别识》。
② 韩拙:《山水纯全集·论用笔墨格法气韵之病》。
③ 韩拙:《山水纯全集·论用笔墨格法气韵之病》。

(宋) 范宽:《雪景寒林图》

画（不独山水画）既强调再现，又强调表现，但总是把表现当作再现的灵魂的。不是自然地不加选择地去再现，而是主动地有目的有选择地去再现，是为了更好地表达某种情感、某种意念去再现。因而中国山水画的确能见出画家之人格来，说它是取自然山水之形，见画家心胸之神，是不过分的。

四、"规矩"说

韩拙的《山水纯全集》谈了很多山水画的规矩，包括山、水、林木、石、云霞、烟霭、风雨、雪雾、人物、桥梁、城门、寺观、山居、舟船、牛马等画法。

这些画法有这样几个特点：第一，要充分考虑到事物的代表性。如

"画石者,贵要磊落雄壮,苍硬顽涩。"① 画水,"宜画盘曲掩映,断续伏而复见,以远至近,仍宜烟霞锁隐为佳"②。画山,要"重叠覆压,咫尺重深,以近次深。或由下层叠,分布相辅,以卑次尊"③。画人物"不可粗俗,所贵纯雅而幽闲"④。第二,要注意时令的区别。如"山有四时之色,春山艳冶而如笑,夏山苍翠而如滴,秋山明净而如洗,冬山惨淡而如睡"⑤;"木有四时,春英夏荫,秋毛冬骨"⑥。云亦分四时,"春云如白鹤","夏云如奇峰","秋云如轻浪","冬云澄墨惨翳"⑦。第三,要注意种类的不同。如雨,"有急雨,有骤雨,有夜雨,有欲雨,有雨雾";"雪者有风雪,有江雪,有夜雪,有春雪,有暮雪,有欲雪,有雪霁。"⑧ 第四,要"明乎物理,度乎人事"。如"画僧道寺观者,宜掩抱幽谷深岩峭壁之处。惟酒旂旅店,方可当途。"⑨ 春夏秋冬四季都可画人物,但人物的神情、活动都应不同,韩拙一一都做了具体说明。

从以上介绍来看,韩拙的规矩实际上是一种类型的画法。它是具体的,但又是概括的;它有细节的真实,但这种真实又是一般性的真实,韩拙谈的这些规矩历代画家都谈,韩拙之前,郭熙、荆浩、张彦远、王维等都谈过,但韩拙谈得比前人系统。韩拙之后还有画家在谈。

这很能反映中国山水画的美学特点。中国山水画以一种类型化的方式描绘自然现象和社会现象。它的部件和组合方式都是程式化的。这不仅是山水画的美学特点,中国的一切艺术甚至包括诗歌也都带有不同程度的程式化的特点。

---

① 韩拙:《山水纯全集·论石》。
② 韩拙:《山水纯全集·论水》。
③ 韩拙:《山水纯全集·论山》。
④ 韩拙:《山水纯全集·论人物桥彴关城寺观山居舟车四时之景》。
⑤ 韩拙:《山水纯全集·论山》。
⑥ 韩拙:《山水纯全集·论林木》。
⑦ 韩拙:《山水纯全集·论云雾烟霭岚光风雨雪雾》。
⑧ 韩拙:《山水纯全集·论云雾烟霭岚光风雨雪雾》。
⑨ 韩拙:《山水纯全集·论人物桥彴关城寺观山居舟车四时之景》。

古希腊的贺拉斯曾提出一种类型化、定型化的反映生活的方式,贺拉斯主要是就刻画人物而言的。中国的类型化、定型化反映生活的方式,则首先比较突出地体现在山水画的创作之中,而最后在戏剧这一综合性艺术中集大成。

第三节　董逌:"无相"说

董逌(生卒年不详),字彦远,东平(今属山东)人,活动于北宋靖康年间,官司业。董逌是北宋重要的文艺批评家,著有《广川藏书志》《广川诗故》《广川书跋》《广川画跋》。董逌的美学思想十分深刻,非同一般。

他提出一种观物法:

> 一牛百形,形不重出,非形生有异,所以使形者异也。画者于此,殆劳于智矣。岂不知以人相见者,知牛为一形。若以牛相观者,其形状差别更为异相,亦如人面,岂止百邪?[①]

的确,以人的立场观牛,牛都差不多,但若以牛观牛,则牛千姿百态,无一相同。董逌要求用以牛观牛的立场去画牛,就可以画出牛的个性来。董逌此说,显然是强调艺术要表现个性。共性与个性本是一物兼而有之的,但重在表现共性还是重在表现个性在西方美学史上长达100余年才得以解决。古希腊时期重在表现共性,以亚里士多德、贺拉斯为代表,直到近代十八九世纪,随着浪漫主义兴起,才转到重在表现个性来。黑格尔是一个代表。

从美学角度言之,无疑应重在表现个性。美是最富有个性的。董逌早在宋代就提出了此问题,难能可贵。

中国的绘画美学,虽然重共性、重个性二说均有,但占主导地位的是重共性。这种共性,中国画家理解成一种类型或者说一种常型。上一节我们介绍的韩拙就持此种观点,董逌的观点比韩拙显然要进了一步。

---

① 董逌:《书百牛图后》,见《广川画跋》卷一。

　　董逌认为："百牛盖一性尔"，然"于动静中观种种相，随见得形"，"为形者特未尽也"。① 这种对共性与个性关系的理解也很深刻。董逌看来，共性为"一"，个性为"多"；共性为有限，个性为无限。"多"为"一"生，无限寓于有限之中。画家掌握了这个共性与个性的辩证法就可画出姿态不一的各种各样的牛来。

　　董逌在形与神的关系问题上也有不同一般的深刻的看法。他对《韩非子》中提出的画犬马最难画鬼魅最易的命题予以重新审视。他首先批驳所谓"狗马人所知也……故难；鬼魅无形……故易"的说法："岂以人易知故画难，人难知故画易邪？"继而提出画画不徒画其形，重要的是画其理。从"尽其理"这个立场来说："犬马之状，虽得形似而不尽其理者，亦未可谓工也"。鬼魅，人未见过其形，故谈不上形似，但它仍有理在。画鬼魅重要的是"索于理不索于形似"。这与画犬马不同，"为犬马则既索于形似，复求于理"。鬼魅既然无固定之形，它的"理"就不那么容易表现了。高明的画家画鬼魅之"理""不必求于形似之中，而可在形似之外"②。

(宋) 李迪:《猎犬图》

---

①　董逌:《书百牛图后》，见《广川画跋》卷一。

②　引文见董逌:《书犬戏图》，见《广川画跋》卷二。

我们注意到董逌谈形神关系，不用"神"这个概念而用"理"，这是有深意的。"理"指"物理"，即"自然""造化""真"。董逌有意识不用"神"这一概念，可能认为"神"易理解成画家的主观精神。董逌看来是客观派。董逌这一立场从其《书李元本花木图》《书徐熙画牡丹图》两篇文章中得到突出表现。

在《书李元本花木图》中，他先是批评白居易的"画无常工，以似为工"的观点，说："画之贵似，岂其形似之贵耶？要必期于所以似者贵也。"所谓"所以似者"，即是成其为"似"的原因，那就是"理"，物之理。董逌继而指出：那种按照花木之形去"圈墨设色"的作品，"岂徒曰似之为贵？"那么，要怎样作画才称得上"贵"呢？他说："则知无心于画者，求于造化之先，凡赋形出象，发于生意，得之自然，待其见于胸中者，若花若叶分布而出矣。""无心于画"，并非真的不用心思去作画，而是不以成见去作画，以便于求取"造化之先"，即产生自然事物的那个理。在进入作画之时，那事物之形象不是画家苦思冥想、挖空心思构造的，而是"发于生意，得之自然"的。画家若能如此作画，就自然形神兼备了。

董逌很强调表现事物的"生意"，认为这是较形似更为重要的东西。在《书徐熙画牡丹图》中，他说：

> 世之评画者曰："妙于生意，能不失真，如此矣，是为能尽其技。"尝问如何是当处生意？曰："殆谓自然。"其问自然，则曰："能不异真者，斯得之矣。"且观天地生物，特一气运化尔，其功用妙移，与物有宜，莫知为之者，故能成于自然。

董逌这段话说得很清楚，"生意"即"自然"，"自然"即真。董逌的形神观可谓自成一派，他将"神"用"理"来代替，"理"又指的是事物的"生意"，这"生意"来自于"自然"。这种观点在中国美学史上相当有势力；另一派则将"神"主要理解成作者的思想情感。苏轼说文与可画竹往往是"意有所不适，而无所遣之，故一发于墨竹"[①]。由宋入元的画家倪瓒说他作画是

---

① 苏轼：《跋文与可墨竹李通叔篆》。

"聊以写胸中之逸气耳"①,徐渭说:"送君不可俗,为君写风竹,君听竹梢声,是风还是哭? 若个能描风竹哭,古云画虎难画骨。"②风竹何尝能哭? 将风竹哭画出来,这"神"自然不是风竹之神而是画家之神了。在中国美学史上更多的学者主张将二者结合起来:既表现客观事物之"生意",又表现作者之感受,既见"物理",又见情志,将理与情、客观与主观合为一体。这正如王夫之所说:"含情而能达,会景而生心,体物而得神,则自有灵通之句,参化工之妙。"③

董逌对艺术的典型化也有深刻的见解,典型化关系到在艺术构思中形象的具象化与抽象化如何结合的问题。一方面,在构思中形象应是越来越鲜明,越来越生动;另一方面,形象的内涵越来越丰富,意义越来越深刻。这同一过程中的两翼是同时运转的。董逌用"得马于无相"的命题将这一规律论述得相当有深度,他说:

> 曹霸于马,诚神乎伎也,然不能无见马之累。故马见于前而谨具百体,此不能进于道者乎? 夫寒风相口,史朝相颊,子女厉相目……皆天下之良工也,能各见一体而不得相通,足以称世。而伯乐能兼之也,于马无相,曰:若灭若没,若亡其一。此得马于倏忽变灭间而不留也,相者诚知止矣。而神视者独未尝得全马也。噫! 岂非真得马者邪? 伯时于马盖得相于十百者,未必能得其无相者也。余将问曰:夫子于马果能得其亡马者哉? 若诚亡类,不留相也。苟未能入于两亡,自有正心者求之,至于无所求而自得者,吾知真马出矣。④

董逌认为画马有"伎"(即"技")与"道"的区别,"伎"只见马的形体,不见马的精神,只得具象,未进入抽象。好比相马,寒风、史朝等人只相马的具体部位,而对马的整体素质毫无所知,而伯乐则能兼之。这种得马的整体形象特别是得马的内在精神、素质的相马法,其结果必然是对马的具

---

① 倪瓒:《跋画竹》,见《清闷阁全集》卷九。
② 徐渭:《附画风竹于箑送子甘题此》。
③ 王夫之:《姜斋诗话》卷二。
④ 董逌:《书伯时马图》,见《广川画跋》卷五。

体部位的忽视,因为具体已融为整体,没有单独存在的意义了。这种相马法,董逌说是"于马无相"。只有这种"无相"才算是得"全马"。董逌批评伯时画马,只是"得相于十百",而未达"无相"的境界。

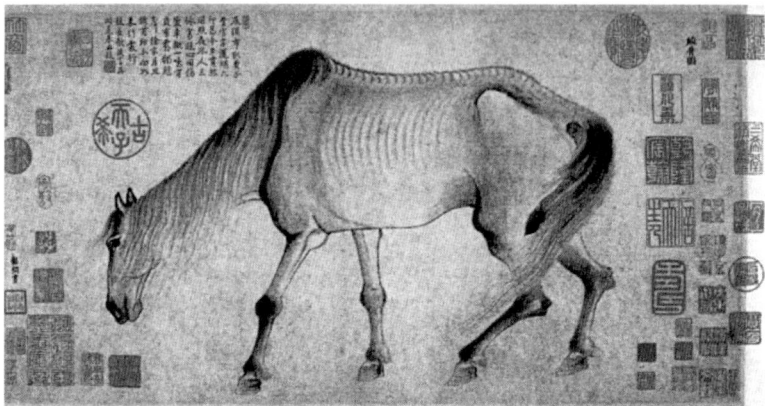

(宋) 龚开:《骏骨图》

董逌实际上是说,相马有三个阶段:一是"有相",二是"无相",三是"有相"。"无相"这个阶段是最重要的,它是对第一阶段"有相"的否定,而它又被第三阶段的"有相"所否定。这一个过程,完全符合否定之否定的规律。

艺术创作亦如相马。贯穿在艺术典型化过程中的具象与抽象、个别与一般的关系均可作如是观。

第四节 黄休复:"逸格"说

"神"这一概念虽然早在《周易》中就提出来了,但比较明确地用在文艺批评上,还应自顾恺之始。顾恺之提出"以形写神"说,这"神"是指所画对象的精神。《世说新语》用"神"作为品评人物的标准,"神"的使用范围扩大了。到南齐王僧虔提出:"书之妙道,神采为上,形质次之。"[1] "神"就

---

[1] 王僧虔:《王僧虔笔意赞》,据《王氏书画苑·书法钩玄》本。

成为文艺批评的标准了。至此,"神"在美学中的主要用法已经确定。

不过,唐以前,在文艺领域,使用"神"这一概念主要还在"以形写神"这个理论体系之内,"神"作为文艺批评标准这一用法不怎么普遍。直到唐代,张怀瓘在评定书法品级时提出"神、妙、能"三品,"神"才从作为表示事物(人物)内在精神的概念,明确地移到作为表示一种美的等级的概念。后于张怀瓘的朱景玄在"神、妙、能"三品之外,又增加了"逸品"这一个等级。他说:"古今画品,论之者多矣。隋梁以前,不可得而言,自国朝以来,惟李嗣真《画品录》空录人名,而不论其善恶,无品格高下,俾后之观者,何所考焉? 景玄窃好斯艺,寻其踪迹,不见者不录,见者必书,推之至心,不愧拙目。以张怀瓘《画品断》神、妙、能三品,定其等格,上、中、下又分为三,其格外有不拘常法,又有逸品,以表其优劣也。"[①] 朱景玄提出"逸品"这个新概念是个很大的贡献,但他没有明确"逸品"的地位,对"逸品"的解释仅止于"不拘常法"。俞剑华先生评论朱景玄的画论时说:"以逸品另置神、妙、能之外,已为注重文人画之先河。"[②] 这种评价是恰当的。

到宋代,黄休复(约 1001 年前后在世)则明确地将"逸品"列于三品之上。这是很值得注意的美学观点,它反映了唐末以来绘画发展中的一个重大变化,文人画显然受到了画家的重视,其地位已跃居其他画种之上。我们且看黄休复对画之逸、神、妙、能四格的具体论述:

逸　格

画之逸格,最难其俦,拙规矩于方圆,鄙精研于彩绘,笔简形具,得之自然,莫可楷模,出于意表,故目之曰逸格尔。

神　格

大凡画艺,应物象形,其天机迥高,思与神合。创意立体,妙合化权,非谓开厨已走,拔壁而飞,故目之曰神格尔。

① 朱景玄:《唐朝名画录》,见《王氏书画苑·王氏画苑》卷六。
② 俞剑华:《中国绘画史》上册,商务印书馆 1954 年版,第 126—127 页。

妙 格

画之于人，各有本性，笔精墨妙，不知所然。若投刃于解牛，类运斤于斫鼻，自心付手，曲尽玄微，故目之曰妙格尔。

能 格

画有性周动植，学侔天功，乃至结岳融川，潜鳞翔羽，形象生动者，故目之曰能格尔。①

黄休复认为逸格"最难其俦"。可见逸格最多主观性、最多画家审美个性。它与"神格"不同，"神格"注重"应物象形"，显然是将客观真实性摆在第一位，而"逸格"则将主观情趣性摆在第一位。这在宋元文人画大家的言论中也得到证实。元代画家倪瓒说："仆之所谓画者，不过逸笔草草，不求形似，聊以自娱耳。"② 吴镇也说："墨戏之作，盖士大夫词翰之余，适一时之兴趣。"③ 郭若虚用"画乃心印"概括画的本质。他说："本自心源，想成形迹；迹与心合，是之谓印。爰及万法，缘虑施为；随心所合，皆得名印，矧乎书画，发之于情思，契之于缣楮，则非印而何？"④

"逸格"除了重主观情趣这一根本性特点外，还有这样几个特点：

一是"拙规矩于方圆"。可见"逸格"是最强调创造性的。伍蠡甫先生用"纵悠"作为文人画的一个特点⑤，"纵悠"也就是"拙规矩于方圆"，石涛可算是"纵悠"的典型，他说，他作画"腕受变，则陆离谲怪，腕受奇，则神工鬼斧"。⑥ 又说："吾写松柏古槐古桧之法，如三五株，其势似英雄起舞，俯仰蹲立，蹁跹排宕，或硬或软，运笔运腕，大都多以写石之法写之"。⑦ 石涛对画之规矩也有很深刻的见解，他说："规矩者，方圆之极则也；天地者，

---

① 黄休复：《益州名画录》，见《王氏书画苑》。
② 倪瓒：《答张藻仲书》，见《清閟阁全集》卷十。
③ 吴镇：《画论》。
④ 郭若虚：《图画见闻志·论气韵非师》。
⑤ 参见伍蠡甫：《宋元以来文人画的审美范畴和艺术风格》，见《伍蠡甫艺术美学文集》，复旦大学出版社 1986 年版。
⑥ 石涛：《画语录·运腕章第六》。
⑦ 石涛：《画语录·林木章第十二》。

规矩之运行也。世知有规矩,而不知夫乾旋坤转之义,此天地之缚人于法,人之役法于蒙……所以有是法不能了者,反为法障之也。"① 他主张效法天地而不为规矩所限。石涛是中国美术史上最具创造精神的画家。

　　二是"鄙精研于彩绘"。这是说崇尚平淡。崇尚平淡虽不自宋始,但宋代比较蔚成风气,成为一种时代的审美理想。崇尚平淡是文人画的重要特点之一。米芾《画史》指出:"董源平淡天真多,唐无此品,近世神品,格高无与比也。""平淡"含义很丰富,文人画作为水墨画,其色彩惟墨一色,当然是"平淡",但"平淡"最重要的含义还是意趣高古,自然天成。文人画最讲究这一点。

(宋) 法常:《渔村夕照图》

　　三是"笔简形具"。逸格尚简,这与文人画的特点又相一致。"简"主要是指笔墨的简,而不是内含的简。反过来,其意蕴倒是非常丰富深邃的。文人画所崇尚的"简"体现在绘画的题材上,喜欢画萧疏荒寒之景,而展示的意境又多为简远、清冷。石涛说,倪瓒的画"一股空灵清润之气,冷冷逼

① 　石涛:《画语录·了法章第二》。

人"①。赵孟頫说:"吾所作画,似乎简率,然识者知其近古,故以为佳。"②

四是"得之自然,莫可楷模,出于意表"。这可说是"逸格"美学特点的总体概括了。"逸格"既"得之自然",说明它追求"造化为工"的境界,然而它又"出于意表",说明它又重主观创造。逸格就是这样一种主观与客观相统一,自然性与创造性相统一,人与天合一的境界。"逸"可与宋代崇尚的审美理想——"韵""平淡""清空""天然"等是相通的。

黄休复"逸格"这一审美范畴的提出,是对宋代文人画美学品格的高度总结。"逸"虽然在黄休复之前已见之于论画,但并没有成为一个美学范畴,由于黄休复的理论概括,"逸格"作为中国美学重要范畴的地位遂得以确定。

---

① 石涛:《大涤子题画诗跋》卷一。
② 张丑:《清河书画舫》,转引自《伍蠡甫艺术美学文集》,复旦大学出版社1986年版,第344页。

第七章
宋朝书法美学

中国的书法,肇始于商代甲骨文,至汉代,已成气候,行草楷隶四大书法品种基本面目已具,写字不只是因为记录思想情感需要,而且还因为审美需要,于是,书法艺术宣告正式诞生。魏、晋期间,产生了以王羲之为代表的书法大家。书法视野让人俯首;书法之美让人仰看。社会上对于写手的要求,不只是能写字,而是要写好字。至唐朝,书法跃进到新的发展阶段,突出体现是,书法界不只产生诸多大家,而且产生了诸多流派。书法地位之高,堪与诗歌相比,以至于一代雄主唐太宗自告奋勇操刀为书圣王羲之作传。到宋,书法的步伐似乎放慢,原因是它已趋于成熟。写好字,于读书界已不再是高要求,知识分子人人能写好字,书法已不再神秘。书法名家不是寥若晨星,而是灿若星空。此时,书法建设,已经不重在实践上如何写好字,而是重在理论上有新发展,新建树。于是,就有了苏轼的"书如生命"说、黄庭坚的"以禅喻书"说、米芾的"得趣"说、姜夔的"风神"说等。可以说,宋朝是中国书法建设的巅峰期,此后的元、明、清书法建设,无论在实践上还是在理论上均没有超过宋朝。

第一节　苏轼:书如生命说

宋代的书法美学思想以苏轼的观点最为重要。苏轼说:"吾虽不善书,晓书莫如我。"① 这话前一句是谦虚,后一句是实情。

苏轼认为:"书必有神、气、骨、肉、血,五者阙一,不为成书也。"② 这是对书法美一个相当完善的表述。五者之中,"神""气"属精神,可统称为"神";"骨""肉""血"属形体,可统称为"形"。苏轼要求书法形神兼备,体现出类似人的生命意味来。"神""气""骨""肉""血"五者的有机统一就是生命。

苏轼喜欢用生命活动比喻书法的本质。在《书唐氏六家书后》中,他说:"真如立,行如行,草如走。"这"立""行""走"就是人的生命活动,苏轼用它们准确地揭示真书、行书、草书的本质特点。

苏轼认为书法各体之美还在于克服自体的弱点、难点。他说:

> 凡世之所贵,必贵其难。真书难于飘扬,草书难于严重,大字难于结密而无间,小字难于宽绰而有余。③

这似乎谈的是结字技巧,实则是一个深刻的美学思想,它包含有辩证法。任何一种字体都有它的长处以及由长处所带来的短处。如何在发挥它长处的同时又克服它的短处,这是求得高层次书法美的关键。的确,"真书难于飘扬,草书难于严重",但真书和草书的美不都在端正与飞动的统一之中么? 只是在真书,是飞动融进端正之中;在草书,是端正融进飞动之中。大字小字结字的"密""疏"关系亦如此。

说"世之所贵,必贵其难",隐含着美在困难的克服,这个观点具有普遍的意义。英国美学家鲍桑葵曾提出"浅易的美"与"艰奥的美"。"艰奥的美"不论在创造还是在欣赏方面都需要克服困难。当然,鲍桑葵谈的"艰奥的美"将"丑"纳进来了,艰奥的造成与丑的存在有很大关系。苏轼谈的美在困难的克服,不存在丑的问题。他所谓的困难,是指深厚的艺术功底与精湛的艺术技巧,这些宝贵财富的获得是要付出巨大努力的。

在书法创作上,苏轼主张自由挥洒,不拘成法。他说:"兴来一挥百纸尽,

---

① 苏轼:《次韵和子由论书》。

② 苏轼:《东坡题跋·论书》。

③ 苏轼:《跋王晋卿所藏莲华经》。

苏轼书法墨迹

骏马倏忽踏九州。我书意造本无法，点画信手烦推求。"[1] 他称赞王安石的书法："得无法之法，然不可学，无法故。"[2] 为什么不可学？因为这是一种最具个性、最具个人创造性的书法，别人是无法学习的。《苏轼文集》还记载有这样一个故事，颇能见出苏轼反成法、重个性的书法美学观：

　　　　昙秀来海上，见东坡，出黔安居士草书一轴，问："此书如何？"坡曰："张融有言：'不恨臣无二王法，恨二王无臣法。'吾于黔安亦云，他日黔安当捧腹轩渠也。"[3]

反成法不等于不要法，事实上，任何人学书开始总要遵循一定的法，总要或多或少地模仿某些法帖。黄庭坚说苏轼早年学书也经历过这一阶段："东坡道人少日学《兰亭》，故其书姿媚似徐季海……中岁喜学颜鲁公、杨风

① 苏轼：《石苍舒醉墨堂》。
② 苏轼：《跋王荆公书》。
③ 苏轼：《跋山谷草书》。

子书,其合处不减李北海。"①

在苏轼看来,书法创作中"点画信手"的自由正是刻苦学习书法的种种不自由换来的,是"积学而成",而非一蹴即就。

苏轼不相信笔法因受客观物象激发而迅即得到提高的种种神话。他的朋友文与可说:"余学草书凡十年,终未得古人用笔相传之法。后因见道上斗蛇,遂得其妙,乃知颠、素之各有所悟。"苏轼不同意此说,予以反诘:

> 留意于物,往往成趣。昔人有好草书,夜梦,则见蛟蛇纠结。数年,或昼日见之,草书则工矣。而所见亦可患。与可之所见,岂真蛇耶?抑草书之精也? 予平生好与与可剧谈大噱,此语恨不令与可闻之,令其捧腹绝倒也。②

在《书张少公判状》中,他又说:"古人得笔法有所自,张以剑器,容有是理;雷太简乃云闻江声而笔法尽,文与可亦言见蛇斗而草书长,此殆谬矣。"苏轼对传统的"灵通感物"故事的质疑虽不是很能服人,但他强调"笔

(宋) 苏轼:《中山松醪赋》(局部)

---

① 黄庭坚:《跋东坡墨迹》。
② 苏轼:《跋文与可论草书后》。

法有所自"还是有道理的。所谓"笔法有所自",是讲书法的基本功,也可以说是讲书法的"有法",既大谈"无法",又肯定"有法","无法"正来自"有法",苏轼的书法美学与他的诗歌美学是一致的。

苏轼主张作书以意为之,"初无意于佳",然"纵手而成",又"无不如意",正因为苏轼将书法看成是书家意之产物,所以他认为书如其人,观书能识人。他说,欧阳率更(欧阳询)"貌寒寝,敏悟绝人。今观其书,劲险刻厉,正称其貌耳";"柳少师(柳公权)书,本出于颜,而能自出新意,一字百金,非虚语也。其言'心正则笔正'者,非独讽谏,理固然也。世之小人,书字虽工,而其神情终有睢盱侧媚之态。"由此,他得出结论:"古之论书者,兼论其平生,苟非其人,虽工不贵也。"①

苏轼对书法艺术持论比较宽厚,不偏执,他主张杂取百家,自成一家。他认为:

> 物一理也,通其意则无适而不可。分科而医,医之衰也;占色而画,画之陋也。和缓之医,不别老、少;曹、吴之画,不择人物。谓彼长于是则可也,曰能是不能是则不可。世之书,篆不兼隶,行不及草,殆未能通其意者也。如君谟,真、行、草、隶,无不如意,其遗力余意,变为飞白,可爱而不可学,非通其意能如是乎?②

苏轼这里评论的是北宋著名书法家蔡襄的书法。他认为,蔡襄之所以能成为大家,并在"飞白"笔法的运用上有新的创造,重要原因是蔡襄广为学习,真、行、草、隶,无所不能。在苏轼看来,"物一理也",世上许多事物的内在规律是相通的。真、行、草、隶虽书体不同,其理是一样的,学书者要善于"通其意",达其理。

苏轼的书法美学思想具有前人无可比的开放性。苏轼对于书法不主张恪守成法,他赞赏颜真卿的书法"雄秀独出,一变古法"③。他不偏爱某一种风格,主张百花齐放。对于"杜陵评书贵瘦硬",他颇有微词,认为"此论未

---

① 苏轼:《书唐氏六家书后》。
② 苏轼:《跋君谟飞白》。
③ 苏轼:《书唐氏六家书后》。

公",而认为:"短长肥瘦各有态,玉环飞燕谁敢憎?"①

从总体来看,苏轼书法美学兼取晋之尚韵、汉之崇力、唐之尚法的美学思想而以崇尚创造、崇尚个性为特色。

第二节 黄庭坚:以禅喻书,援禅入书

黄庭坚(1045—1105),字鲁直,号山谷,又号涪翁,洪州分宁(今江西修水)人。英宗治平四年(1067)进士,官校书郎、著作郎。黄庭坚受知于苏轼,与秦观、张耒、晁补之,并称为"苏门四学士"。黄庭坚在北宋诗坛、书坛都居重要地位。他的书法以侧险取势,纵横奇崛,长笔多肆意展伸,豪宕而有韵味。黄庭坚的书法在宋代就享有很高声誉,宋徽宗赵佶与宋高宗赵构都非常推崇黄书,因而宋代朝野上下均学黄书,风靡一时。杨万里云:"高宗初作黄字,天下翕然学黄字。"② 黄庭坚书法对后世影响亦很大,不少书法家都学过黄书,并给予很高评价。康有为甚至认为"宋人书以山谷为最"③。

客观来说,无论在书法实践上还是书法理论上,黄庭坚当得上宋朝书法第一人。

黄庭坚的书法美学主要是以禅喻书,援禅入书。

黄庭坚早年曾拜黄龙宗祖心禅师为师,深受禅宗影响。在好些诗文中,黄庭坚明确地表达出自己对禅的痴迷、追求,比如《又答斌老病愈遣闷二首》之一云:

> 百疴从中来,悟罢本谁病。西风将小雨,凉入居士径。
>
> 苦竹绕莲塘,自悦鱼鸟性。红妆绮翠盖,不点禅心净。

宋代以禅喻诗已是比较时髦的了,以禅喻书则不很多,黄庭坚是其中最重要的一位。他说:"余尝评近世三家书:杨少师如散僧入圣,李西台如

---

① 苏轼:《孙莘老求墨妙亭诗》。

② 杨万里:《诚斋诗话》。

③ 康有为:《广艺舟双楫·论书绝句第二十七》。

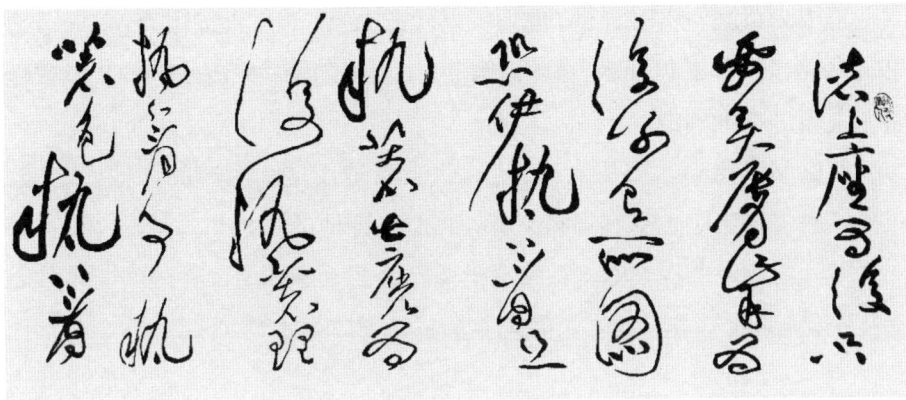

(宋) 黄庭坚:《草书诸上座帖》(局部)

法师参禅, 王著如小僧缚律……"① 这是以禅喻书的风格。

黄庭坚也用禅喻笔法:"字中有笔, 如禅家句中有眼, 至如右军书, 如《涅槃经》说'伊字具三眼'也。此事要须人自体会得, 不可见立论便兴诤也。"② "字中有笔, 如禅家句中有眼, 非深解宗趣者, 岂易言哉!"③

黄庭坚不仅以禅喻书, 而且还援禅入书, 以禅心作书, 书中体现出禅意。他说:"老夫之书, 本无法也, 但观世间万缘, 如蚊蚋聚散, 未尝一事横于心中, 故不择笔墨, 遇纸则书, 纸尽则已, 亦不计较工拙与人之品藻讥弹。譬如木人, 舞中节拍, 人叹其工, 舞罢, 则又萧然矣。"④ 这种"但观世间万缘, 如蚊蚋聚散"的心态正是佛教所标榜的"随缘";"无所从来, 亦无所去","无起无灭, 无来无去"⑤,"内外不住, 来去自由, 能除执心, 通达无碍"⑥, 正因为对世事取任其自然的态度,"未尝一事横于心中", 所以心手相应, 了无障碍。就作书来说是"无法", 就禅理来说是"禅悟"。

---

① 黄庭坚:《题杨凝式诗碑》。

② 黄庭坚:《题绛本法帖》。

③ 黄庭坚:《自评元祐间字》。

④ 黄庭坚:《书家弟幼安作草后》。

⑤ 《金刚经》。

⑥ 《坛经》。

正因为黄庭坚贪爱禅学，他不仅以禅意入书，还喜直接用禅句、偈语为书写内容，如"牵驴饮江水，鼻吹波浪起，岸上蹄踏踏，水中嘴对嘴"[1]。黄庭坚一生写过不少佛经。

黄庭坚自己追求书中有禅，也就很自然地用这个标准品评他人之书。王安石的书法当时也享有很高声誉。黄庭坚评他的书，云：

> 荆公暮年深悟佛理，故特于是经提出而亲书之，所以深警禅学之士，岂复有心较世间之荣辱是非及字画之工拙也哉。[2]

(宋) 黄庭坚：《松风阁诗帖》(局部)

---

[1] 黄庭坚：《禅句二首》。

[2] 转引自汪砢玉：《珊瑚网》。

本书《宋诗的审美理想》章中谈到黄庭坚尚韵。黄尚韵不仅体现在诗中，也体现在书中。刘熙载《艺概·书概》云："黄山谷论书最重一韵字。"的确如此，在《跋周子发帖》中，黄庭坚说：

> 王著临《兰亭序》、《乐毅论》、补永禅师、周散骑千字，皆绝妙，同时极善用笔。若使胸中有书数千卷，不随世碌碌，则书不病韵，自胜李西台、林和靖矣。盖美而病韵者，王著；劲而病韵者，周越。皆渠侬胸次之罪，非学者不尽功也。

黄庭坚认为王著的书法"美而病韵"，周越的书法"劲而病韵"，可见"韵"高于"美"与"劲"，这是一个很重要的观点。那么，什么是"韵"？黄庭坚未作明确的理论概括，但我们可以从他涉及"韵"的许多言论中去做一些推测。

在《题绛本法帖》一文中，黄庭坚说到"韵"：

> 观魏、晋间人论事，皆语少而意密，大都有古人风泽，略可想见。论人物要是韵胜，为尤难得，蓄书者能以韵观之，当得仿佛。

这里，黄庭坚用"语少意密"论"韵"，可见"韵"即是含蓄。范温在论韵的文章中引用过黄庭坚论王著、周越书的文字，用以证明他所说的"韵"

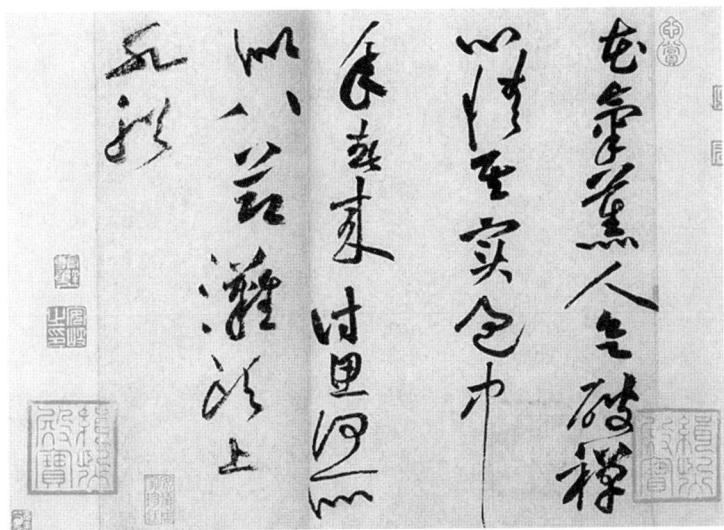

(宋) 黄庭坚：《花气薰人帖》

就是"有深远无穷之味",这与黄庭坚说的"语少意密"是一致的。

在《题摹燕郭尚父图》中,黄庭坚将"韵"的实现落实为一种以虚写实的艺术手法。他说:

> 凡书画当观其韵,往时李伯时为余作李广夺胡儿马,挟儿南驰,取胡儿弓引满,以拟追骑,观箭锋所直,发之,人马皆应弦也。伯时笑曰:"使俗子为之,当作中箭追骑矣。"余因此深悟画格。此与文章同一关纽,但难得人人神会耳。

两种构思,基本相似,但关键性细节不同。李伯时的构思是追骑仅观箭弦就应弦坠地了,"俗子"的构思则是明白地画出追骑中箭坠地。前画,射手只是张弓,尚未发箭;后画,射手已经将箭射出去了。两种不同构思体现为两种不同的艺术表现手法,前者以虚写实,后者以实写实。它们的艺术效果也因此而异:前者余味无穷,后者索然寡味。前者有韵,后者乏韵。

黄庭坚关于"韵"的这些论述,与范温大体上一样,但黄庭坚也有一些深刻的见解是范温所没有涉及的。比如在《书缯卷后》,黄庭坚提出"学书要须胸中有道义"的观点。他说:

> 学书要须胸中有道义,又广之以圣哲之学,书乃可贵。若其灵府无程政,使笔墨不减元常、逸少,只是俗人耳。

黄庭坚这里没有提出"韵"字,但明确提出反"俗"。"俗",在宋代颇为一些学者看作是"韵"的对立面。王偁说:"不俗之谓韵。"[1] 因而我们也可将上段话看作是黄庭坚对"韵"的理解。

认为"学书要须胸中有道义",这"道义"自然是儒家的伦理;又须"广之以圣哲之学",这"圣哲之学"主要是指儒学。黄庭坚的思想本兼有儒、道、释三者,儒家是主干,这在他的书论中也体现出来了。

黄庭坚论诗文很强调读书,在《答洪驹父书》中,他就谆谆告诫他的外甥"加意读书",说是"老杜作诗,退之作文,无一字无来处"。论书,他亦强调多读书,在《跋周子发帖》中说是"若使胸中有书数千卷,不随世碌碌,

---

[1] 范温:《潜溪诗眼·论韵》。

则书不病韵"。看来,多读书是"不病韵"的重要保证。黄庭坚很推崇苏轼书,说"本朝善书,自当推第一"①。而苏轼的书为什么能取得如此大的成就?黄庭坚又将之归于苏轼的学问才气了。他说:"东坡书随大小真行,皆有妩媚可喜处,今俗子喜讥评东坡,彼盖用翰林侍书之绳墨尺度,是岂知法之意哉,余谓东坡书学问文章之气,郁郁芊芊,发于笔墨之间,此所以他人终莫能及尔。"②

黄庭坚书法美学核心的东西是以禅喻书、援禅入书和尚韵,其他在书法风格、体裁、技法诸多方面,黄庭坚亦有一些精彩的言论。比如关于笔法和体裁,他说:

> 笔法尚圆,过圆则弱而无骨;体裁尚方,过方则刚而无韵。笔圆而用方,谓之道;体方而用圆,谓之逸。逸近于媚,道近于疏。媚则俗,疏则野。③

这些言论都很精彩,充满辩证法,与苏轼的"端庄杂流丽,刚健含婀娜"④异曲同工。他们在书法美学方面,观点是很相近的。

第三节　米芾:"得趣"说

米芾(1051—1107),字元章,号海岳外史、襄阳漫士、鹿门居士,又称"米南宫"。世居太原,后迁至襄阳(今湖北襄阳),晚定居润州(今江苏镇江)。历官秘书省校书郎、广西临桂尉、长沙椽、杭州从事、知雍邱县、知涟水县、太常博士等,徽宗时召为书画两学博士,官至礼部员外郎。

米芾是北宋著名的画家,他好用泼墨画江南云山,自创"米点山水"。他的儿子米友仁,字元晖,小字虎儿,与乃父齐名,画史上有"大米、小米""二米"美誉。米芾在书法上的成就不让绘画,他的书法奇险、俊逸,其

---

① 黄庭坚:《书缯卷后》。
② 黄庭坚:《跋东坡书远景楼赋后》。
③ 黄庭坚:《寒山帚谈》。
④ 苏轼:《次韵和子由论书》。

行草,深得王子敬笔意,刚健端庄之中,有婀娜流丽之态。南宋皇帝赵构非常喜爱米芾的书法,说米芾的书法"沉着痛快如乘骏马,进退裕如,不烦鞭勒,无不当人意"①。

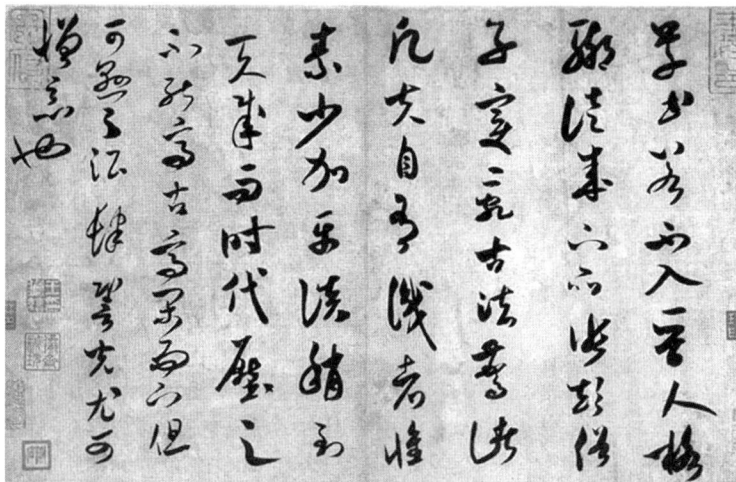

(宋) 米芾:《论草书帖》

米芾关于绘画理论,有《宝章待访录》一书,而于书法,则有《海岳名言》。此书纵论唐代诸位名家的书法,兼谈自己的书法创作体会,颇多新意,在一定程度上反映出书法创作自唐代"尚法"到宋代"尚韵"的转变。

一、"集古"与创新

古人学书,多从学习前人入手,米芾也不例外,但米芾学古而不拘泥于古,注重创新。他说:

> 心既贮之,随意落笔,皆得自然,备其古雅。壮岁未能立家,人谓吾书为集古字,盖取诸长处,总而成之。既老始自成家,人见之,不知以何为祖也。②

---

① 赵构:《翰墨志》。
② 米芾:《海岳名言》。

"集古字"，意谓擅长模仿古人的字，但是，这种模仿，是为了得其神，得古字之神的，可以称为"古雅"或者说"古意"，他赞扬"登州王子韶大隶题榜古意盎然"，说他的儿子尹仁"大隶题榜与之等"①，也同样达到了古意盎然。

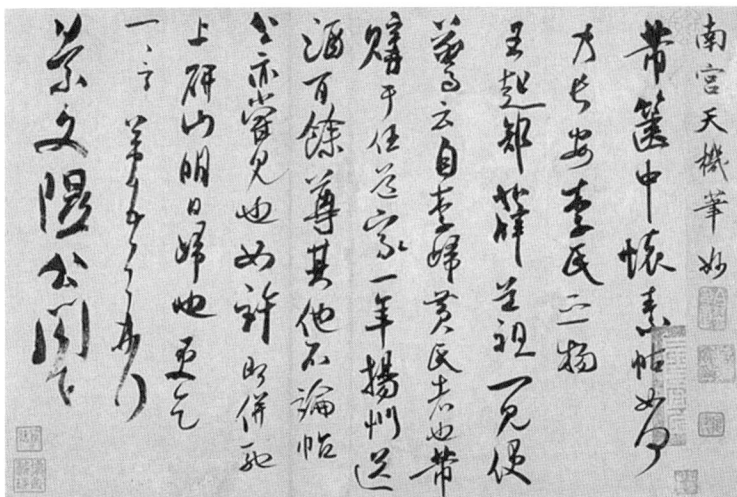

(宋) 米芾:《致景文隰公尺牍》

虽然，米芾重视学习古人，但更重视创新，学习的目的，不是成为古人，而是为了"取诸长处"，"自成家"。正是因为米芾以创新、立己为目的，能做到化古为今，化他为我，所以，他的字，虽然人们感觉到古雅，有古意，但无法断定它以哪家为宗祖。这说明他的融古以立新，取得了成功。

二、"率意"与"真趣"

米芾对于书法，很讲究率意，讲究真趣，他将这两者联系在一起。他说：

> 葛洪"天台之观"飞白，为大字之冠，古今第一。欧阳询"道林之寺"，寒俭无精神。柳公权"国清寺"，大小不相称，费尽筋骨。裴休率意写碑，乃有真趣，不陷丑怪。真字甚易，唯有体势难，谓不如画算，匀，共势活也。

---

① 米芾:《海岳名言》。

古法亡矣。柳公权师欧，不及远甚，而为丑怪恶札之祖。自柳世始有俗书。

开元以来，缘明皇字体肥俗，始有徐浩，以合时君所好，经生字亦自此肥。开元以前古气，无复有矣。

柳与欧为丑怪恶札祖，其弟公绰乃不俗于兄。筋骨之说出于柳，世人但以怒张为筋骨，不知不怒张，自有筋骨焉。

颜鲁公行字可教，真便入俗品。①

米芾这几段话曾引起许多人不满，因为他批评了欧阳询、颜真卿、柳公权、徐浩，还不止这些，《海岳名言》还批评了苏轼、黄庭坚、蔡襄等许多名人的书法，而且这些批评都是非常尖刻的，所以，清代的纪昀在拟将此书收入"四库全书"时，特奏明乾隆《海岳名言》"于古人多所讥贬"，但也不忘特意指出，虽然米芾的言论"不免放诞矜炫"，"然其心得既深，所言运笔布格之法，实能脱落蹊径，独凑单微，为书家之圭臬"②。

怎样看待米芾对这么多著名书法家的批评，是一个比较复杂的问题，这可能与米芾个性有关。米芾这个人是比较狂的，甚至于有些癫。他崇尚艺术个性，反对偶像。他批评的欧阳询、颜真卿、柳公权、徐浩等人的书法作品，都被社会上看成是法帖。米芾主张书法要表现每个人的个性，要率意而为，不能一味地模仿。模仿作为学习的一个阶段是必需的，但在学习阶段基本完成之后，就不能一味模仿了。也许对于这种一味模仿的学习方法不满③，使得他迁怪这些书法名家。

不过，也许更重要的，是他不喜欢这些书法家的作品。那么，他为什么不喜欢呢？我们可以试作分析。比如，颜真卿，米芾并没有全部否定他。米芾推崇颜真卿的行书，说是"颜鲁公行字可教"。他不喜欢的是颜真卿的真书，说它俗。这种说法是不是有一些道理呢？也许，仁者见仁，智者见智。

---

① 以上引文均见米芾：《海岳名言》。
② 《钦定四库全书·子部八·提要·海岳名言》。
③ 米芾对模仿不满，从他说"石刻不可学"亦可见出。他说，颜真卿的字，刻成碑后，"致大失真"（米芾《海岳名言》）。

不过,应该肯定的是,颜真卿的行书比之他的真书,表达情感要自由得多,这从他的《祭侄稿》可以充分看出。无须看文字,仅从墨迹上,就分明见出颜真卿愤激,痛苦,悲壮。也就是说,颜真卿的行书,不是在写字,是在抒写情感,率意为之。而其真书,一笔一画,谨严端方,分明见出那是在有意写字,而且是写"好字"了,也就是说,是刻意为之。

米芾是反对刻意写字的。米芾说:"要须如小字,锋势备全,都无刻意做作乃佳。"[①] 字有筋骨,一般都认为好。米芾说"筋骨一说出于柳",是合乎事实的。字有筋骨诚然不错,但是,也还有一个是率意为之还是刻意为之的问题。笔画怒张,刻意表现筋骨,未必好;笔画不怒张,却是率意为之,自有筋骨。柳公权的字,在米芾看来,也许有些"以怒张为筋骨",做作了,故而他批评柳公权的字。欧、柳,还有些区别,米芾说欧字"寒俭无精神",是气韵不够的问题,但欧不做作。柳师欧,模仿欧,笔画有些怒张,做作,米芾特别不喜欢,说他的字是"丑怪恶札之祖",批评也许是过头了,但也不是没有一点道理。

受米芾表扬的晚唐书家裴休,并不有名,但他"率意写碑,乃有真趣"。米芾对于写字注重"趣"不只表现在对裴休的评论里。他在谈"石刻不可学"时,也谈到趣,他说,"自书使人刻之,已非己书也,故必须真迹观之,乃得趣"[②]。上面说率意写字,可得真趣,这里说,欣赏书法,观看真迹,乃得趣。反正趣不离真,真是趣之本。

在诗论中,我们见到许多关于趣的言论,论书,谈趣的比较少。米芾则十分重视趣,他说:

> 学书须得趣,他好俱忘,乃入妙,别为一好萦之,便不工也。[③]

这里,米芾提出,创造趣,不仅需以真为本,还要"他好俱忘"。何谓"他好"?各种功名利禄之类,在米芾看来,只是将所有这一切全然忘却,才能进入妙境,也才能得趣。这种理论,让我们想起了《庄子》中的"心斋""坐

---

① 米芾:《海岳名言》。

② 米芾:《海岳名言》。

③ 米芾:《海岳名言》。

忘",想起了那个"解衣般礴赢"的真画师。《庄子》只是说到"心斋""坐忘"之后的自由与愉快,没有说到"趣",其实,"心斋""坐忘"之后的"趣"也是非常让人向往的。

三、"刷字"与写字

与率意写字相关,米芾提出"刷字"说:

> 海岳以书学博士召对,上问本朝以书名世者凡数人,海岳各以其人对曰:"蔡京不得笔,蔡卞得笔而乏逸韵,蔡襄勒字,沈辽排字,黄庭坚描字,苏轼画字。"上复问:"卿书如何?"对曰:"臣以书刷字。"[1]

这是米芾被召为书学博士后,与宋徽宗的一段对话。徽宗问米芾,本朝以书闻名于世者共几人。米芾相当放开地评价了几位书家,他说:蔡京"不得笔",根本不会写字,评价最低;蔡卞"得笔然笔端乏韵",字还是能写的,然内涵不深,不耐品读;蔡襄"勒字",这字写得有些拘谨了;沈辽"排字",则过于匀称了;黄庭坚"描字",用笔显得轻了点;苏轼"画字",用笔则显得重了点。描字、画字都很注重笔画。以上这些,有个共同的特点,就是追求书法的形式美,或为笔画,或为结体,或为章法。

米芾说他写字是刷字。与以上提到的"勒字""排字""描字""画字"比较起来,刷字的特点有二:一是简单,无须用心;二是快速,一气呵成。表面上看,"刷字"最不讲究技巧,然而这里有最高的技巧,只是技巧融于简单的动作中,不见其痕。刷字似是无意于书法形式,也无意于书法的意蕴,然而就在这无意中创造了最美的境界。

我们不必去计较他对蔡京等人的评价合适与否,因为在这里,米芾不过是借这些人来烘托他自己的写字方法罢了。

四、字的"骨""肉""筋"

米芾批评了很多书家的字,涉及两个方面的问题,一是书家作书的心

---

[1] 米芾:《海岳名言》。

态和方法,米芾主张"率意","他好俱忘","刷字";二是字应怎样才算美。关于第二个问题,米芾在《海岳名言》中提出了很多重要的意见,诸如:

一要注重结字和谐,"大字要如小字,小字要如大字"。这涉及结字的疏密问题,晚清书学家刘熙载说:"结字疏密,须彼此互相乘除,故疏而不嫌疏,密而不嫌密也。"① 另外也涉及字的气概,大字易雄健而显粗疏,小字易精致而显拘谨,如能做到"小字展令大,大字促令小",则字的气概就能取刚健与婀娜、雄健与精致兼得之妙。

二要注重章法匀称,如写"太一之殿","作四窠分,岂可将'一'字肥满一窠,以对'殿'字乎!"刘熙载也谈到这个问题,他说:"笔画少处,力量要足以当多;瘦处,力量要足以当肥。"②

三要注重体势飞动。他说的"体势"指字的气韵。一般来说,行书、草书得气韵不难,难的是真书,所以,他特别强调真书要有"体势"。他说:"真字须有体势乃佳尔。"③ 他说颜真卿"行字可教,真便入俗品",可能是指颜的真书"体势"还不够。体势怎样才算好,米芾没有说,不过,他说到他曾书写"天庆之观"四字,注意到了四字"皆如大小一般,虽真有飞动之势也",也许,"体势"是指这种体现出飞动之势的字的体态吧。

以上的意见当然是重要的,但米芾谈字之美最重要的观点见于如下一段文字:

> 字要骨格,肉须裹筋,筋须藏肉,帖乃秀润生,布置稳,不俗。险不怪,老不枯,润不肥。变态贵形不贵苦,苦生怒,怒生怪;贵形不贵作,作入画,画入俗:皆字病也。④

用人体来谈书法,不是从米芾开始的,汉代的蔡邕、赵壹,北宋的苏轼都谈过,但是,数米芾谈得深透。米芾说,"字要骨格",这骨格指字的构架,它需稳、直、向上,让字坚定地立起来。字还要有"肉",这肉指字的体态,

---

① 刘熙载:《艺概·书概》。
② 刘熙载:《艺概·书概》。
③ 米芾:《海岳名言》。
④ 米芾:《海岳名言》。

它需丰盈、饱满、有生气,喷发青春的气息。看来,米芾不太喜欢那种偏瘦的字,他认为欧的字"寒俭",可能与欧字太瘦有关。米芾的行草偏于饱满,显得比较健康,让人联想到富贵。米芾还认为字还需有"筋",筋既指字的内在的结构力,这力要内敛、紧凑、守静,将字的各部分紧紧地抱在一起,成为一有机的稳健的结构,又指字的外在的拓展力,让字现出扩张、飞动姿势,似要跳出纸面。

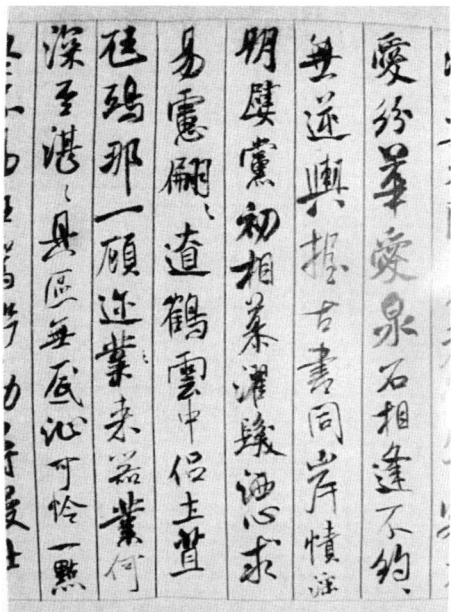

(宋)蔡襄:《蜀素帖》(局部)

骨、肉、筋三者联成一体,相互作用,又共同作用。字之美也就是生命之美。

米芾还谈到字之病,字之病在于三:

一是在俗,米芾说的俗似不同于通常说的俗,但包括通常说的俗,从他说"布置稳,不俗",似俗与布置不稳有关。何谓布置不稳?恐不只是说的字的结构安排,也许还包括字的内在气质。刘熙载说:"高韵深情,坚质浩气,缺一不可以为书。"① 也许这"高韵深情,坚质浩气"就是"稳"。

---

① 刘熙载:《艺概·书概》。

二是在"怪""枯""肥""苦"。怪，指整体外形，不给人亲和感、美感，而给人恐惧感、丑感；枯、肥，指体态，不是过瘦就是过胖，非健康之态；苦，指生存状态，艰辛，痛苦，在挣扎，在沉沦，非幸福的生活状态。显然，米芾是以人的形象，作为字的比喻。字像人，和善、好看、健康、幸福的人是美的人，而能体现出和善、好看、健康、幸福意味的字是美的字。

三是在"作"，这就是上面我们分析过的"刻意"了。可见，字要好，在很大程度上取决于写字人写字的态度。"贵形不贵作"，要重视字的形象，但又不可做作，是写字，不是去画字，描字。字无病，自然是美字了。

米芾的书法创作及其书法理论，核心的东西是自由，而自由在于写真正的自己，自己就是真实的心。字显现为形式（笔迹），但字的形式其实是不难学的。字能否写好，写出特色，写出高品位、高境界来，决定性的东西不是书写的技巧，而是书家的心，这心一则见之于先天气质、资禀，另则见之于后天修养、性情。字如其人。如果不将人偏执地理解为政治立场、道德品质等，而能理解成人的气质、修养、性情，则这话是完全正确的。

第四节　姜夔："风神"说

姜夔（约1155—约1221），字尧章，别号白石道人，饶州鄱阳人，南宋著名的词人、学者。姜夔一生布衣，流浪江湖，多次应试，均落第。40余岁时，曾向朝廷献《圣宋铙歌鼓吹曲歌词十四首》，朝廷特许他直接赴礼部应试，仍未第。科举屡次落第，对姜夔精神上影响很大，他的词，高洁脱俗，几无人间烟火气，境界深远、飘逸，体现出一种清雅绝尘之美，让人心向往之。故而，他被誉为"清雅"词派的代表人物。姜夔于艺术几无不精通，他善乐，工书，能画，所到之处，颇受当地名流礼遇，当时的著名诗人、学者，如杨万里、陆游、辛弃疾、叶适、朱熹等均与他有过往来，诗词唱和。

姜夔书学理论著作有《续书谱》，顾名思义，此书有续唐代孙过庭书学专著《书谱》之意，另外，他有诗学著作《白石道人诗说》，两本关于艺术的专著，在观点上可互相申发。关于《续书谱》，收入《四库全书》时，有谢采伯为之写的序。序云:"其所著《续书谱》一卷,议论精到,三读三叹,真击书学之蒙者也。"此书分"总论""真书""草书""用笔""用墨""行书""临摹""书丹""情性""血脉""方圆""向背""位置""疏密""风神""迟速""笔势"等部分,基本上涉及书法理论、书法技巧的所有方面。姜夔是艺术品位很高、很有思想的艺术型的学者,或者说学者型的诗人、书法家,他谈书法,能切中肯綮,处处见出思想的闪光。

一、论"风神"

姜夔《续书谱》最为精彩的一段文字为论书之"风神"。

> 风神者,一须人品高,二须师法古,三须纸笔佳,四须险劲,五须高明,六须润泽,七须向背得宜,八须时出新意,则自然长者如秀整之士,短者如精悍之徒,瘦者如山泽之癯,肥者如贵游之子,劲者如武夫,媚者如美女,敧斜如醉仙,端楷如贤士。[①]

这段文字几乎概括了书法美的全部,而归结到一点,则是:字须有生命,如人一样的生命。观书如观人,有各种各样的人,也就有各种各样的风度,各种各样的美:"劲者如武夫,媚者如美女,敧斜如醉仙,端楷如贤士。"然不论是"武夫""美女",抑或是"醉仙""贤士",均需见出蓬勃的生机。生机是书法美之灵魂。

书法如人,从根本上来讲,因为书法是人做的,不同的书法家决定了不同的书法。刘熙载说:"书,如也,如其学,如其才,如其志。"[②]姜夔早已注意到了这一问题,他论字的风神,将"人品高"列为第一条,这就将问题导向深处了。什么叫"人品高",姜夔没有深论,但从姜夔为人处世的原则来看,他说的人品高,至少包括两点:一是要有儒家人格,节操凛然;二是要有道家仙骨,潇洒出尘。

姜夔的"风神"含义较宽,它不只涉及书家的人品,还涉及其他诸多

---

① 姜夔:《续书谱》。
② 刘熙载:《艺概·书概》。

关系。

第一，写字与师法古的关系。这是讲写字的基本功问题，姜夔认为，写字要有功底，要有传承，这就需向古人学习。为此，他重临摹，临摹主要是品味古人书法的运笔之理，而不是简单地模仿用笔。他说："皆须古人名笔，置之几案，悬之座右，朝夕谛观，思其用笔之理，然后可以摹临，其次双钩蜡本，须精意摹揭，乃不失位置之美耳。"① 当然，师法古，还不只是为了打下写字功底，有了写字的基础，还须师法古，即寻求书法中体现出古味。

第二，写字与工具材料的关系。再好的书法不能只存在书法家的心灵里，它要写出来，写出来就需要工具材料——纸笔之类。这用于传达的纸笔，虽然只是工具，却在一定程度上影响着字。尽管这是常识，但是很少有书法理论家将它作为重要的一条予以强调。姜夔则将它列为"风神"说的第三条，足见其重视。

第三，写字与技巧的关系。对于书法来说，诚然，人品高很重要，学习古人写法很重要，纸笔等工具材料很重要，但是，所有这些，不能代替写字的技巧，而且"人品""法古""纸笔"等的重要性都要借技巧来实现。姜夔说的"高明""润泽""向背"都属于技巧。"高明"还涉及运用技巧的创造性。

第四，写字的创造性。写字写到一定的水平，就要考虑新意的问题了。新意，一是涉及书家个人的风格问题，每一个有成就的书家均有自己的风格。师法古，不能代替创造。学习古人，不是为将自己变成古人，而是为了成就自己。二是涉及不断地创造问题，即使书家已经形成了自己的风格，也不能死守这风格，还是要不断地创造。求新，求变，是有作为的书家最高追求。这就涉及个人的素质、修养、创新能力了。

姜夔很看重"时出新意"，将它列为"风神"说的最后一条，作为最高标准。这让我们联想到他在论诗中说的"高妙"。姜夔说：

---

① 姜夔：《续书谱》。

诗有四种高妙:一曰理高妙,二曰意高妙,三曰想高妙,四曰自然高妙。凝而实通,曰理高妙,出自意外,曰意高妙,写出幽微,如清潭见底,曰想高妙,非奇而怪,剥落文采,知其妙而不知其所以妙,曰自然高妙。①

这"高妙"论与他的"风神"论是相通的。

"风神"用在书法中最早应是姜夔,后来,这一概念也用在诗论中,明代的胡应麟说:"作诗大要不过二端,体格声调,兴象风神而已。"②"初唐七言古诗以才藻胜,盛唐以风神胜,李杜以气概胜,而才藻风神称之,加以变化灵异,遂为大家。"③由此可见诗与书法也是相通的。

二、论"情性"

姜夔作为诗人,常用诗学来论书,"情性"说是表现之一。我们先看姜夔如何说:

艺之至,未始不与精神通,其说见于昌黎《送高闲序》。孙过庭云:"一时而书,有乖有合,合则流媚,乖则凋疏。神怡务闲,一合也;感惠徇知,二合也;时和气润,三合也;纸墨相发,四合也;偶然欲书,五合也;心遽体留,一乖也;意违势屈,二乖也;风燥日炎,三乖也;纸墨不称,四乖也;情怠手阑,五乖也;乖合之际,优劣互差。"④

姜夔认为,"艺之至,未始不与精神通",这个观点非常重要,它无异说,艺就是精神的物化。姜夔说的"精神",以情为体,情中有理,情理合一。姜夔说,关于艺与精神通的观点来自于韩愈的《送高闲上人序》。这的确是一篇十分精彩的论艺术特别是论书法的文字。我们在谈唐代的美学思想时,没有能够征引,这里不妨全文引下,亦可补论唐代美学思想之不足:

① 姜夔:《白石道人诗说》。
② 胡应麟:《诗薮》内编卷五。
③ 胡应麟:《诗薮》内编卷三。
④ 姜夔:《续书谱》。

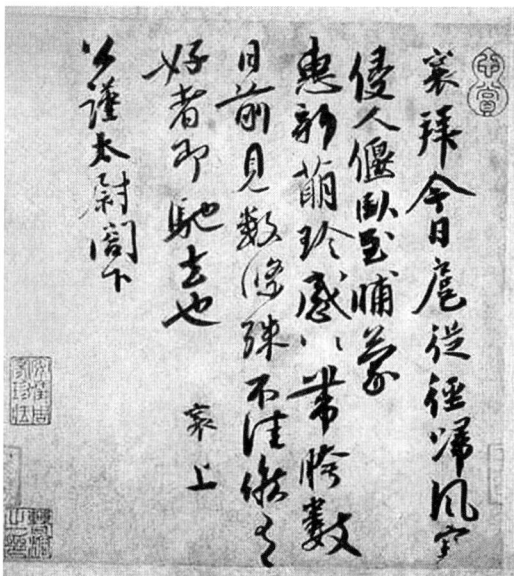

(宋) 蔡襄:《扈从帖》(局部)

　　苟可以寓其巧智,使机应于心,不挫于气,则神完而守固,虽外物至,不胶于心。尧、舜、禹、汤治天下,养叔治射,庖丁治牛,师旷治音声,扁鹊治病,僚之于丸,秋之于弈,伯伦之于酒,乐之终身不厌,奚暇外慕! 夫外慕徒业者,皆不造其堂,不哜其胾者也。

　　往时张旭善草书,不治他伎,喜怒、窘穷、忧悲、愉佚、怨恨、思慕、酣醉、无聊、不平,有动于心,必于草书焉发之。观于物,见山水、崖谷、鸟兽、虫鱼、草木之花实,日月、列星、风雨、水火、雷霆、霹雳、歌舞、战斗,天地事物之变,可喜可愕,一寓于书,故旭之书,变动犹鬼神,不可端倪,以此终其身,而名后世。

　　今闲之于草书,有旭之心哉! 不得其心,而逐其迹,未见其能旭也。为旭有道,利害必明,无遗锱铢,情炎于中,利欲斗进,有得有丧,勃然不释,然后一决于书,而后旭可几也。

　　今闲师浮屠氏,一死生,解外胶。是其为心,必泊然无所起,其于世,必淡然无所嗜,泊与淡相遭,颓堕、萎靡、溃败不可收拾。则其于书,得无象之然乎!

　　然吾闻浮屠人善幻,多技能,闲如通其术,则吾不能知矣。

韩愈在这篇文章里表达了反佛的思想,他对于作为佛徒的高闲上人以佛教的"一死生""解外胶""泊然""淡然"的态度作草书,表示出怀疑。但是,他肯定张旭治草书的态度。张旭治草书,其所以取得最大的成功,就在于他将自己的"喜怒、窘穷、忧悲、愉佚、怨恨、思慕、酣醉、无聊、不平"等全部情感,发之于草书,不仅如此,他还将天地自然的种种变化,借书法的形式表现之。一句话,草书对于张旭来说,就是他抒发情性的形式,草书就是物态化、艺术化了的情性。这个观点是姜夔赞同的。

赵佶书法

姜夔还引用孙过庭的"乖合"说,来表达他对情性的理解。孙过庭说的"五合""五乖"其根本点是讲,对于书法来说,营造一种良好的心境是十分重要的。"五合"涉及多种关系的处理:

"神怡务闲",是讲写字与功利的关系,孙过庭提出要"务闲",就是要超脱各种功利的束缚,使心无旁骛,心无杂念。

"感惠徇知",是讲写字者与受字者的关系,要有感人惠爱之心,要懂得受字者的心意。

"时和气润",是讲写字与时令的关系,时和气润,则心旷神怡,腕灵手活,当然,就易于写出好字来。

"纸墨相发",是讲写字与工具材料的关系,纸好,墨好,笔好,不仅给书写者好心情,而且也有助于创造字的神采。

"偶然欲书",是讲写字与灵感的关系,写字最好的状态是进入灵感的状态,而灵感的到来是偶然的。

"五乖"是与"五合"相反的。要写好字,要力求进入五合,而避免

"五乖"。

姜夔的"情性"说,不只是肯定字是书家情性的产物,而且还进一步指出:"情性不一,乍刚柔以合体,忽劳逸而分驱,或恬淡雍容,内涵筋骨,或折挫槎枿,外曜光芒。"① 肯定书法是书家情性的外在显现,是中国书法美学中的基本理论之一,但各人论述侧重点不同,姜夔将这一问题展得比较开,不只是注重诗人个性与书的关系,而且注意书家在具体书写时各种内外因素对书写的影响。这是他的贡献。

三、论字美

关于什么样的字才是美的字,姜夔的看法,与其他书法理论家的看法是差不多的,大体上,都要讲究骨气、气韵、神采。如他说:

> 众妙攸归,务存骨气矣。骨气存矣,遒润加之,亦犹枝干扶疏,凌霜雪而弥劲,花叶鲜茂与云日相辉。②

但他似不只是讲这些,他比较强调字的各种构成因素的和谐,即使是"骨气",也不能偏多。他说:"如其骨力偏多,遒丽盖少,则枯槎架险,巨石当路,虽妍媚云阙,而体质存焉。"同样,遒丽也不能过多,"若遒丽居优,骨气将劣"。③

姜夔关于字的美,总体上来说,比较强调中和,书法中各种对立的因素能够实现和谐。这种总体的指导思想,体现在书法创作的各个环节,比如用墨,他说:"凡作楷,墨欲干,然不可太燥。行草则燥润相杂,以润取妍,以燥取险。墨浓则笔滞,燥则笔枯,亦不可不知也。笔欲锋长劲而圆;长则含墨,可以运动;劲则有力,圆则妍美。"④ 这里,润与燥的关系要处理得恰到好处。

再比如,用笔,"用笔不欲太肥,肥则形浊;又不欲太瘦,瘦则形枯;不

---

① 姜夔:《续书谱》。

② 姜夔:《续书谱》。

③ 姜夔:《续书谱》。

④ 姜夔:《续书谱》。

欲多露锋,露则意不持重;不欲深藏圭角,藏则体不精神;不欲上大下小;不欲左高右低;不欲前多后少"①;"方者参之以圆,圆者参之以方,斯为妙矣,然而方圆曲直,不可显露,直须涵泳,一出于自然。"②

姜夔谈了王羲之、谢安石、颜真卿、柳公权、苏轼、米芾诸帖,一方面认为"大要以笔老为贵,少有失误,亦可辉映";另一方面又说,"所贵乎秋纤间出,血脉相连,筋骨老健,风神洒落,姿态备具"③。也就是说,书法,还是以刚柔相济、阴阳和谐为美。这种刚柔相济、阴阳和谐也不是刻意为之,它仍然出之于自然。

这一点也正是中国书法美学的传统。晚清的刘熙载在总结中国书法理论时说:"书要兼备阴阳二气,大凡沈著屈郁,阴也;奇拔豪达,阳也。"④

四、论"法"与"韵"

姜夔的书法美学思想表现出崇尚魏晋书法而贬唐代书法倾向。这个倾向是很值得注意的。他说:

> 真书以平正为善,此世俗之论,唐人之失也。古今真书之神妙,无出钟元常,其次则王逸少。今观二家之书,皆潇洒纵横,何拘平正?良由唐人以书判取士,而士大夫字书,类有科举习气。颜鲁公作《干禄字书》,是其证也。斜欧、虞、颜、柳前后相望,故唐人下笔应规入矩,无复魏晋飘逸之气。⑤

这段话说得再清楚不过了。我们知道,唐人书法重"法度",真书讲"平正"。唐代科举取士,书法是考试的内容之一,颜真卿作《干禄字书》就是为举子提供一个书法考试的章程,也就是书法的法。整个唐代书法都受到影响,欧、虞、颜、柳的书法在唐代声望很高,就是因为他们的书法是范本。

---

① 姜夔:《续书谱》。
② 姜夔:《续书谱》。
③ 姜夔:《续书谱》。
④ 刘熙载:《艺概·书概》。
⑤ 姜夔:《续书谱》。

姜夔对这种风气不满，他推崇魏晋书法，认为魏晋书法有"飘逸之气"，而唐人书法"应规入矩"，缺乏生气。这让我们想到北宋的米芾对唐代书法的非难，原因可能就在这里。

在书法上，晋人尚韵，唐人尚法，这是书法的发展。中国的书法虽肇端于先秦的甲骨文、金文，但真正成为一门艺术，得到肯定，是在汉代。造纸术的发明为书法的发展作了重大贡献。汉代主要流行的是隶书，虽然也有了行书、真书、草书，但没有得到足够的发展，魏晋时期是行书、草书大发展的时期，特别是行书，成为这个时代最具代表性的书法艺术品种。王羲之的《兰亭序》的艺术成就之所以空前绝后，就因为它不仅成为这个时代书法艺术的最高代表，而且是行书这一门艺术的最高代表，这正如李白的诗一样，它不仅是唐代精神文明一面最鲜亮的旗帜，也是中国古典诗歌最具代表性的旗帜。魏晋的书法的品格与盛行于这个时期的玄学密切相关，玄学是讲意蕴的，它所讨论的"三玄"，无一不是含义深邃、耐人寻味的，不仅如此，玄风大畅中，玄学家们那种无视礼教、放浪形骸的自由精神，也深深影响着书法。

唐代就不同了，大一统的政权，需要各个方面都有一定的法则可循；儒家道统经韩愈等人宣扬，得以重振；"诗言志"传统随着经学的兴起，再次受到重视。特别是唐朝皇帝李世民于书法有特殊的爱好，指令重要的书法家，去制作有关书法的种种法度，唐代书法重法就这样奠定了。书法的法主要体现在真书中，所以，唐代书法的代表性品种是真书，代表性书家是颜真卿、欧阳询、柳公权。书法有法，是好事，它有助于书法的发展，但过于拘法，则又影响书法自由抒写心灵，阻碍书法的发展。

唐代书法尚法的弊病逐渐显露出来了，到宋代就自然引起一些书法家的反思、批评。北宋书论中，苏轼尚"气"尚"意"尚"神"，黄庭坚尚"禅意"，米芾尚"真趣"，到南宋，姜夔尚"风神"、赵构尚"真味"①，都反映出这种时

---

① 赵构在《翰墨志》中说："余每得右军或数行，或数字，手之不置。初若食口，喉间少甘则已，末则如食橄榄，真味久愈在也，故尤不忘于心手。"

代性的变化，这也是一种发展，一种进步。书法的发展如其他任何事物的发展一样，它不会是直线的，总是否定之否定地前进着。

书法的本质是书写思想与情感，承载视觉形式的语言。这一本质应该什么时候都不应丢弃，如果丢弃了，书法就成为绘画，而成为绘画，书法也就终结了。书法发展到宋，可谓灿烂至极，各种书体争妍斗鲜，堪与春天媲美。但是，我们要注意，它没有与绘画混淆，它是书法，不是绘画。按笔者的看法，宋朝书法的审美达到了历史的最高峰，前无古人，后无来者。后于宋朝的明、清，书法虽然也有骄人的成就，但还是不能与宋朝匹敌。艺术就是这样，它不一定随着时间的推移而进步，它会在某个最合适它发展的时代，将芳华尽情绽放，以至于后世怎么努力也望尘莫及。诗之于唐，书之于宋就是这样！

第 八 章

《营造法式》中的建筑美学思想

    中国的建筑在世界建筑中自成体系,但其建筑法则,殊少留下重要的文字材料,其丰富的美学思想,只能体现在物态的建筑之中,而历史建筑又由于战火及各种原因,毁灭殆尽。人们通常只能从一些文学作品中得以想象它的雄伟与华丽。

    中国的建筑体制至宋代基本上定型,它在理论上的总结主要见之于《营造法式》一书。《营造法式》是北宋时期将作监李诫主持编撰而由官方颁行的一部关于建筑法则的书,这部书首次刊行于崇宁二年(1103)。全书有“总释”二卷、“制度”十三卷、“功限”十卷、“料例”三卷、“图样”六卷,“目录”和“看详”(补遗)各一卷。共计三十六卷。另有“劄子”和“序”。

    此书作者李诫,字明仲,郑州管城人。出生年月不详,卒于宋大观四年(1110)。李诫出身官宦世家,曾祖惟寅为尚书虞部员外郎,祖父惇裕为尚书员外郎秘阁校理赠司徒,父南公进士及第,官至龙图阁直学士。李诫因家学渊源,精于书法,擅长绘画,博览古籍,其所绘《五马图》进呈宋徽宗,受到徽宗赏识。李诫因祖荫致仕,初为太庙斋郎,后升为通直郎,元祐七年(1092)历任将作监主簿、丞、少监等,官至将作监。他在将作监十余年,主持许多国家的重大建筑工程,是中国历史上非常著名的建筑学家。

关于此书编撰的由来，书前的"劄子"有所说明：

编修《营造法式》所准崇宁二年正月十九日

敕：通直郎试将作少监、提举修置外学等李诫劄子奏：契勘熙宁中敕，令将作监编修《营造法式》，至元祐六年（1091）方成书。准绍圣四年（1097）十一月二日。

敕：以元祐《营造法式》只是料状，别无变造用材制度；其间工料太宽，关防无术。三省同奉圣旨，着臣重别编修。臣考究经史群书，并勒人匠逐一讲说，编修海行《营造法式》，元符三年内成书。送所属看详，别无未尽未便，遂具进呈，奉圣旨，依续准都省指挥，只录送在京官司。窃缘上件《法式》，系营造制度、工限等，关防功料，最为要切，内外皆合通行。臣今欲乞用小字镂版，依海行敕令颁降，取进止。正月十八日，三省同奉圣旨，依奏。

从这个"劄子"可以知道，此书编纂可分为两个阶段，北宋熙宁年间开始纂修，至元祐六年，已完成此书，但是，这部书"只是料状，别无变造用材制度，其间工料太宽，关防无术"，会造成巨大浪费，因而未能刊行。宋绍圣四年，李诫奉旨重新编修《营造法式》。李诫等"考究经史群书，并勒人匠逐一讲说"，于元符三年完成此书。

这一部书，原只是给官方用的，由于它"系营造制度、工限等，关防功料，最为要切，内外皆合通行"，李诫特奏请允许后民间印刷，海内发行。清代中期，纪昀等奉乾隆皇帝命，编辑整理《四库全书》时，将此书收入，并做《提要》，提要云："盖其书所言，虽止艺事，而能考证经传，参会众说，以合于古者，饬材庀事之义"①。纪昀等赞同陈振孙在《书录解题》中所言，此书远出于喻皓的《木经》之上。这种看法是公正的。

这样一部主要是作为建筑标准法式的书，由于作者在写作过程中"考究经史群书"，有意识地渗入与建筑相关的文化思想，加上各种具体的制度也透现出某些观念意识，因而它具有重要的美学价值。

---

① 《营造法式·文渊阁本四库全书营造法式提要》。

第一节 建筑与功用

建筑在人类的生活中具有仅次于衣食的地位，人类由动物变成人，物质性的标识，主要是建筑。动物也要为自己营造一个栖身之所，人也一样，但人为自己营造的栖身之所，其意义远远超过动物为自己生存所营造的巢穴。这点在《营造法式》中有所说明，比如"总释上"：

《易·系辞下》："上古穴居而野处，后世圣人易之以宫室，上栋下宇，以待风雨。"

《墨子》："子墨子曰：古之民，未知为宫室时，就陵阜而居，穴而处，下润湿伤民。故圣王作为宫室之法，曰：宫高足以辟润湿，旁足以围风寒，上足以待霜雪雨露，宫墙之高足以别男女之礼。"

《说文》："宅，所托也。"

《释名》："宫，穹也。屋见于垣上，穹崇然也。""室，实也，言人物实满其中也。""寝，侵（寝）也，所寝息也。""舍，于中舍息也。""屋，奥也；其中温奥也。""宅，择也；择吉处而营之也。"

《风俗通义》："自古宫室，一也，汉来尊者以为号，下乃避之也。"①

《营造法式》摘引这些文献，试图说明由穴居到建宫室，是人类文明的开端。穴居野处，人与动物是没有本质性的区别的，而造宫室，意义则不同。就"避风雨"而言，穴与宫室的功能是一样的，但是，仅就避风雨而言，穴无法与宫室相比，墨子说得很清楚，"宫高足以辟润湿，旁足以围风寒，上足以待霜雪雨露"，宫室足以抵御自然对人体的伤害。人的生存质量大大提高，自然也就有助于人类其他各项活动的发展，其中特别重要的是意识形态性的活动和精神性的活动，包括政治活动、文艺活动、宗教活动等。

宫室不仅作为人的栖身之所，在保障人的肉体生存上起到极其重要的作用，为人类各类活动特别是意识形态性的活动和精神性的活动提供了一

---

① 《营造法式·总释上》。

个物质性的空间，而且它自身也意识形态化了，精神化了。这就是说，宫室的建造不仅受到物质性的肉体生存需要的影响，而且受到政治、道德、宗教各种制度的影响，或者说受到礼制的限制。礼的本质是分，根据社会上各种人的身份、地位，在生活待遇和行为方式上做出种种分别。墨子说圣王规定的宫室之法，"宫墙之高足以别男女之礼"，虽然男女之别还不能简单地说成是礼仪之别，但男女之别却是礼仪之别的基础。与"以待风雨"的物质性功用相比，中国建筑这种体现社会制度的功用也许显得更为重要。上引《风俗通义》云："自古宫室，一也，汉来尊者以为号，下乃避之也。"说明对于尊者来说，它是地位身份的象征，只有对下人而言，才是避风遮雨的场所。建筑所具有的这种功用，使得它在人类的一切物质生活资料中处于特殊的地位，如果将建筑看作是一种艺术，这是一种特殊的艺术，与绘画、音乐等艺术形式相比，它具有更强烈的意识形态性。

第二节　建筑与礼制

中国的建筑，尤其是王家建筑是礼制的显现，各种建筑门类，各种建筑部件，它的体量、它的形制、它的色彩，都有严格的规定，这种规定，不是出于实用，而是出于礼制。

《营造法式》所讨论的建筑的方方面面，几乎都涉及礼制。比如：

阙：

《春秋公羊传》："天子诸侯台门，天子外阙两观，诸侯内阙一观。"

……

《白虎通义》："门必有阙者何？阙者，所以释门，别尊卑也。"[1]

殿：

《礼记》："天子之堂九尺，诸侯七尺，大夫五尺，士三尺。"

《墨子》："尧舜堂高三尺。"

---

[1]　《营造法式·总释上》。

《说文》："堂，殿也。"

《释名》："堂，犹堂堂，高显貌也；殿，殿鄂也。"

《尚书·大传》："天子之堂高九雉，公侯七雉，子男五雉。"雉长三丈。

《义训》："汉曰殿，周曰寝。"①

像这样一种规定，与青铜礼器的规定相一致。据《仪礼·聘礼》载，祭祀的规格是天子九鼎，称之为太牢；诸侯七鼎，也称之为太牢；大夫五鼎，称之为少牢；士在特定场合用三鼎，在一般场合用一鼎。鼎与簋相配合，鼎用奇数，簋用偶数，一般是比鼎的数目少一，九鼎八簋，七鼎六簋，五鼎四簋，三鼎二簋。豆的使用也有礼制，据《礼记·礼器》："天子之豆二十有六，诸公十有六，诸侯十有二，上大夫八，下大夫六。"

礼制滥觞于商，定制于周，其后走向大备。在发展中有变化，但更多承袭。成为中国封建社会生活方式的标尺，普遍体现在建筑、祭器、服饰、家具等各种物质形态的生活器具上，也普遍体现在行为方式上。礼的实质是等级区分，体现为形式则为仪。美学欣赏中，形式有相对的独对性。虽然，礼的实质是严格的封建等级制，按今日之观点，也许不能称为善，但这并不妨碍人们专从形式上去欣赏它的美。

中国古建筑特别看重门，门最为突出地显现出房屋主人的地位、身份。《营造法式》专门谈到一种"乌头门"，说：

《唐六典》："六品以上，仍通用乌头大门。"

唐上官仪《投壶经》："第一箭入谓之初箭，再入谓之乌头，取门双表之义。"②

与门相关的是台阶，台阶也能见出屋宇主人的地位，一般来说，地位高的人家，台阶高。不同的等级，台阶的高度、级数不同。《营造法式》释"阶"，云：

---

① 《营造法式·总释上》。

② 《营造法式·总释下》。

《说文》:"除,殿阶也。""阶,陛也。""阼,主阶也。""升,升高阶
也。""陔,阶次也。"

《释名》:"阶,陛也。陛,卑也,有高卑也。天子殿谓之纳陛,以纳
人之言也。阶,梯也,如梯有等差也。"①

这里说到"天子殿谓之纳陛,以纳人之言也",原来,"陛"的本义是
"卑",陛下,作为天子的代称,它含有天子应虚心听取臣下意见的意思,含
有民主性的精华,当然,实际上从来没有这样。反过来,它倒成为一种天子
居高临下的标志,与臣下有着不可逾越的差别。

中国古建筑中,屏风也是重要部件。中国贵族之家多有屏风,不是随
意设置的,也必须符合礼制。《营造法式》云:

《周官》:"掌次设皇邸。"邸,后版也,谓后版屏风与染羽,象凤凰
羽色以为之。

《礼记》:"天子当扆而立。"又:"天子负扆南向而立。"扆,屏风也,
斧扆为斧文屏风,于户牖之间。

《尔雅》:"牖户之间谓之扆,其内谓之家。"今人称家,义出于此。②

这里指出,屏风的主要作用,是屏蔽。有多种意义的屏蔽,其中之一,
是将家与外面隔离开来,以保持家的相对的独立性、封闭性。众所周知,家
是中国礼制之本。中国的礼制始于男女之别,而初备于家,然后才推之于
社会。

中国古建筑的"取正"制,明显地与礼制相关。《营造法式》的序说"臣
闻'上栋下宇',《易》为'大壮'之时;'正位辨方',《礼》实太平之典。"③这
两句话前一句引《易》说明建筑重实用;后一句出自《周礼·天官》:"惟王
建国,辨方正位。"方位,在中国礼制中十分重要,每一方位都有一定的社
会含义,上面的引文中说到"天子负扆南向而立"。这朝南的方位,意味着
君临天下,这个方位是给统治者的。

---

① 《营造法式·总释下》。

② 《营造法式·总释下》。

③ 《营造法式·进新修营造法式序》。

合礼制是中国建筑的重要特点。《营造法式》中所谈的建筑体量、造型、尺寸无一不考虑到礼制。

中国古建筑的有些建筑形式，最初是实用的，后来，实用功能淡去，成为一种礼制，再后来成为一种装饰。如华表，《营造法式》说明它的来历：

《说文》："桓，亭邮表也。"

《前汉书注》："旧亭传于四角，面百步，筑土四方：上有屋，屋上有柱，出高丈余，有大版，贯柱四出，名曰'桓表'。县所治，夹两边各一桓。陈宋之俗，言桓声如'和'，今犹谓之和表。颜师古云，即华表也。"

崔豹《古今注》："程雅问曰：'尧设诽谤之木，何也？'答曰：'今之华表，以横木交柱头，状如华，形似桔槔；大路交衢悉施焉。'或谓之'表木'，以表王者纳谏，亦以表识衢路。秦乃除之，汉始复焉。今西京谓之'交午柱'。"①

这一例子很有代表性，这说明，实用与礼制在中国古代的建筑中并不是对立的，而是可能统一的，其发展过程是由实用到礼制。而在漫长的岁月中，礼制其本身的意义也可能为人们所忘却，最后成为一种装饰、一种艺术。华表，原来是用来"表王者纳谏"的，亦用来标识道路，后来，这些功能都没有了，但历代的统治者在建造宫殿时，仍然要建华表，华表形式很美，它的审美功能，掩盖了它的礼制功能和曾经有过的实用功能。

第三节　建筑与神祇

世界上各民族都有自己的神灵崇拜，这种神灵崇拜有些发展为宗教，有些则发展成为一种民俗。神灵崇拜，也有多种形态，大量的是自然神灵崇拜，包括动物崇拜、植物崇拜，也有社会神灵崇拜。动物崇拜中，既有现实的动物崇拜，也有想象的动物崇拜。于是，每个民族都创造出自己的神灵体系，这些神灵都图之于形，艺术化了，其中最为重要的，供奉在专门的

---

① 《营造法式·总释下》。

殿堂内,而其余则描画或雕塑在建筑、器具的部件上。从巫术的意义上理解,通过图形的再现,意味着此种神灵现实地与人在精神上相沟通,它的具体功能或为驱邪,或为赐福。它当然是美的,但这种美之中有一种特别的庄严、神秘,故而让人在赏心悦目之中产生敬畏感。

中华民族在自己的文化生成过程中,不仅形成了自己神灵体系,而且这些神灵的图像在建筑上如何运用,也形成了整套规范。大体来说,建筑中的运用,有的表现为整个部件,类似于雕塑,它与一般雕塑之不同,是因为它同时又是建筑的一个部件,如鸱尾,这是古建筑最常见的部件,通常用于屋顶。

《营造法式》谈到鸱尾的来历:

《汉记》:"柏梁殿灾后,越巫言海中有鱼虬,尾似鸱,激浪即降雨,遂作其象于屋,以厌火祥。时人或谓之鸱吻,非也。"

《谭宾录》:"东海有鱼虬,尾似鸱,鼓浪即降雨,遂设象于屋脊。"①

这显然是借助鱼虬的象征性形象鸱尾,起到鱼虬的作用——降雨。鸱尾是一种建筑部件,置于屋脊,其功能是启动动物神灵——鱼虬降雨火。这是一种巫术,属于模仿巫术。鸱尾的派生功能是装饰。

中国古建筑的屋脊上常用走兽,《营造法式·瓦作制度》说:"其走兽九品:一曰行龙;二曰飞凤;三曰行师;四曰天马;五曰海马;六曰飞鱼;七曰牙鱼;八曰狻猊,九曰獬豸。"具体用法是"相间用之,每隔三瓦或五瓦安兽一枚。"中国古建筑的屋脊也常用兽头,兽头尺寸、位置均有具体的说明。这些走兽,它们的作用都属于巫术,但也具有装饰性。

古建筑的彩画题材主要是神灵形象,而且主要是动物神灵、植物神灵形象。

《营造法式》在"彩画"一节,征引古籍,比较详细地说明了彩画的意义:

《周官》:"以猷鬼神祇。"猷,谓图画也。

《世本》:"史皇作图。"宋衷曰:史皇,黄帝臣。图,谓图画形象也。

---

① 《营造法式·总释下》。

鸱　尾

《尔雅》："猷，图也，画形也。"

《西京赋》："绣栭云楣，镂槛文楶。五臣曰：画为绣云之饰，楶，连櫋也。皆饰为文彩，故其馆室次舍，彩饰纤缛，邑以藻绣，文以朱绿。"馆室之上，缠饰藻绣朱绿之文。

《吴都赋》："青琐丹楹，图以云气，画以仙灵。"青琐，画为琐文，染以青色，及画云气神仙灵奇之物。

谢赫《画品》："夫图者，画之权舆；缋者，画之末迹。总而名之为画。苍颉造文字，其体有六：一曰鸟书，书端象鸟头，此即图画之类，尚标书称，未受画名。逮史皇作图，犹略体物，有虞作缋，始备象形。今画之法，盖兴于重华之世也。穷神测幽，于用甚博。"今之施之于缣素之类者，谓之"画"；布彩于梁栋科棋或素象什物之类者，俗谓之"装銮"；以粉朱丹三色为屋宇门窗之饰者，谓之"刷染"。①

这些文字将建筑中的彩画理论说得清清楚楚。建筑中的彩画，来自于

---

① 《营造法式·总释下》。

绘画,它最初的功能还是巫术,所画的是神灵的形象,借这种形象与神灵沟通。后来的发展,先是"体物",后是"象形"。"体物""象形"的目的,不再是与神灵沟通了,而是用于现实的各种功能包括审美。用于建筑,它兼有巫术与审美两种功能。在称呼上,它也变了,不叫着"画",而叫着"装銮""刷染"。

建筑上的彩画画什么?怎么画?《营造法式》也有种种说明,如:关于门阙上的画,《营造法式》说:

> 崔豹《古今注》:"阙,观也,古者每门树两观于前,所以摽表宫门也。其上可居,登之可远观。人臣将朝,至此则思其所阙,故谓之阙。其上皆丹垩,其下皆画云气、仙灵、奇禽、怪兽,以示四方:苍龙、白虎、元武、朱雀,并画其形。"[①]

"云气""仙灵""奇禽""怪兽"是中国古建筑最常用的神灵形象,具体含义又各有不同。这里,特别有意思的是,它提出中国建筑经常以"苍龙""白虎""元武""朱雀"来表示方向。众所周知,苍龙、白虎、元武、朱雀这四种形象,在中国风水学上用得最多,它们不只是表示方位,还表示其他的社会含义,寓有中国人特有的吉凶祸福观念。

中国古建筑讲风水,《营造法式》没有在这方面展开,但也涉及了,比如讲"辨方正位"。风水理论比较复杂,不只是一种来源,它有科学的成分,也有礼制的成分,还有宗教神话的成分、巫术的成分。

几乎一切民族都有自己的宗教、神话,而且所有的宗教、神话都表现崇拜,崇拜的对象或是自然物,或是祖先,或是神仙、上帝,等等。所有的崇拜对象都要借助形象表现出来,这些形象不是自然形象,就是人的形象,或是自然形象与人的形象共同体。所有这些形象的功能均是象征——神灵的象征。中国建筑与西方建筑均运用形象以象征神灵,不同的是,西方建筑用的形象以人的形象为多,而中国建筑用的形象以自然物为多。这种区别也能见出中西文化的不同。

---

① 《营造法式·总释上》。

第四节　建筑与法则

建筑不只是艺术,也是技术,对于建筑来说,法度显得更为重要。《营造法式》从理论上讨论了建筑中个人的创造性与技术法则的关系,强调"规矩准绳之先治"①,具体来说,讨论了五种关系:

(一)"巧"与"法"的关系

《营造法式》说:

> 而斫轮之手,巧或失真;董役之官,才非兼技,不知以"材"而定"分",乃或倍斗而取长。②

> ……

> 《墨子》:"子墨子言曰:天下从事者,不可以无法仪,虽至百工从事者,亦皆有法。百工为方以矩,为圆以规,直以绳,衡以水,正以垂。无巧工不巧工,皆以此五者为法。巧者能中之,不巧者虽不能中,依放以从事,犹愈于已。"③

对于建筑师、工匠来说,"巧"固然是重要的,但即使巧,如果没有规矩来约束,也会失真。比如砌一堵墙,仅凭目测,难免将墙砌歪。巧是一种很高的本领,它能创造美,但是,这种本领,它的实现是有限的。《庄子》中的庖丁解牛,毕竟只是一种哲学理论的说明,在实际上,完全不凭借规则,只凭经验,是难以保证每次操作都达到从心所欲不逾矩的地步的。

实际上,《营造法式》是在强调法的重要性。"有法"与"无法",在中国美学史上有过许多论述,大多在神化"无法",这也不是没有道理的,但"无法"必须建立在"有法"的基础上。巧可以说是创造,而真(规则)却是创造的支柱。过于迷信巧,以至于失真,此巧也就不是巧了。

---

① 《营造法式·进新修营造法式序》。
② 《营造法式·进新修营造法式序》。
③ 《营造法式·补遗(看详)》。

(二)"才"与"技"的关系

才是才能、才干,这对工匠而言,是很重要的素质,但是,才必须要兼技,技是技术,技术具有很强的规则性、操作性,不是才可以代替的。《营造法式》强调"董役之官",才要兼技。

整个《营造法式》都在谈技法。技大体上分为三类:第一类技法,主要关涉科学,它决定屋宇能不能建起来,这类技法属于科学主义;第二类技法,主要关涉民族传统文化,技法是用来表现民族风格的;第三类技法,主要关涉美学,只有如此技法,才能创造出美来。

(三)"技"与"美"的关系

《营造法式》虽然没有单独提出技与美的关系,但实际上谈到了。科技与审美在《营造法式》所谈的各种建筑法则中,是统一得非常好的。这种统一,是审美统一于科技,"真"产生"美"。就是说,做法是科学的,这是根本,而按此种科学的做法做出来的产品,既具有最大的功用性,且省料,省人力,又具有审美性,简洁,美观。如果将功用性理解成善,那么,《营造法式》的基本观点就是:"真"是"善"与"美"共同的来源。

众所周知,中国古建筑的藻井非常美丽,关于它的做法,《营造法式》分为"斗八藻井""小斗八藻井"两种类型,详细地说明它的尺寸。无疑,这种尺寸是最为科学的,也是最美的,在这里,真与美实现了完美的统一。

值得指出的是,中国古人对建筑实用功能的认识,有许多独特的地方,比如窗,《营造法式》引《释名》曰:"窗,聪也,于内窥见外为聪明也。"[①] 中国人设窗除了采光透气外,还有观察的功能、赏景的功能,而这,只是由内窥外的。这里,也隐约见出中华文化的某些特殊性。基于这种特殊的要求,窗户的设置、大小、高低、形状就有许多特殊的讲究。

(四)"材"与"匠"的关系

《营造法式》也讨论过"材"与"匠"的关系:

> 《周官》:"任工以饬材事。"

---

① 《营造法式·总释下》。

……

又《西都赋》:"因瑰材而究奇。"

……

《傅子》:"构大厦者,先择匠而后简材。"①

这里,强调"匠"是决定性,先择匠,后简材。材为匠用,不同的匠对材有不同的处理方式,从这点来看,它突出的是人的作用。但是,材也不是没有意义的,在另外的意义下,材却又决定着建筑成败、风格。《营造法式·大木作制度》说:"凡构屋之制,皆以材为祖,材有八等,度屋之大小,因而用之。"俗话说,巧妇难为无米之炊。因此,匠与材是相互影响、制约的。

(五)"法"与"宜"的关系

《营造法式》重法则,但不把法则僵化,在许多地方,它指出要根据实际情况变通处理。如谈"平棋",不忘说"其捏量所宜减之","长皆随其所用"。谈"藻井",也指出"其大小广厚,并随高下量宜用之"。

第五节 建筑的体势

中国的古建筑体势上有其突出的特点,《营造法式》并没有专门谈体势问题,但是,有很多地方涉及了。从大量的有关建筑尺寸、体量的说明中,我们可以看出,中国的古建筑体势具有这样一些特点:

(一)飞升

所谓飞升,就是中国古建筑在外形上有一种向上升腾的气势,这种气势,明显地表示与天相接的意味,这主要体现在宫殿建筑、宗教建筑中。这种飞升的气势,是通过各种建筑部件体现出来的,《营造法式》在谈到某些建筑部件时,强调了飞升的审美的意味。如:

飞昂:

《说文》:"櫼,楔也。"

---

① 《营造法式·总释上》。

......

又："欂栌各落以相承。"李善曰："飞昂之形，类鸟之飞。"今人名屋四阿栱曰："欂昂"，欂即昂也。

刘梁《七举》："双覆井菱，荷垂英昂。"

《义训》："斜角谓之飞昂。"今谓之下昂者，以昂尖下指故也。

平坐：

张衡《西京赋》："阁道穹隆"（阁道，飞陛也）。

《鲁灵光殿赋》："飞陛揭孽，缘云上征；中坐垂景，俯视流星。"

《义训》："阁道谓之飞陛，飞陛谓之墱。"今俗谓之"平坐"，亦曰"鼓坐"。①

飞昂、檐、阁道都是建筑的部件，《营造法式》强调它们的飞升之感，就是要让建筑在总体审美上，创造出与上天神灵相通的意味，同时，也显示出主人的高贵、尊严。

（二）重叠

这主要体现在檐上，中国古建筑非常重视屋檐，比较尊贵的屋宇，多是重檐。这一方面是与礼制相关，另一方面也是为了创造一种繁复的美。《营造法式》谈"檐"：

《礼记·明堂位》："复庙重檐，天子之庙饰也。"②

除此以外，中国古建筑的科栱也是重叠得非常繁复，《营造法式》谈到了科栱：

《景福殿赋》："桁梧复叠，势合形离。"桁梧，科栱也，皆重叠而施，其势或合或离。又，"欂栌各落以相承，栾栱夭矫而交结。"

徐陵《太极殿铭》："千栌赫奕，万栱崚层。"

李白《明堂赋》："走栱夤缘。"

李华《含元殿赋》："云薄万栱。"③

① 《营造法式·总释上》。
② 《营造法式·总释下》。
③ 《营造法式·总释上》。

（三）翼展

翼展就是建筑的体势从两旁展开，就像鸟的双翼。这是中国古建筑的一个重要特点，主要体现在宫殿建筑和宗教建筑中，这与西方的哥特式教堂主要向高空伸展恰好相反。《营造法式》多处谈到了这种体势。如：

阳马：

张景阳《七命》：阴虬负檐，阳马翼阿。①

搏风：

《仪礼》："直于东荣。"荣，屋翼也。②

檐：

《诗》："如跂斯翼，如矢斯棘，如鸟斯革，如翚斯飞。"③

中国建筑这种平向展开的体势，与那种向上飞升的体势恰好构成一种和谐。因此，中国的古建筑比较亲和，不像西方的哥特式建筑给人威压感，而同时又具有飞动的意味，时间与空间合为一体。

（四）稳定

中国建筑平实、坚定，给人一种稳定感，这主要通过"栋""宇"来体现。

《营造法式》多次引用《易·系辞》中"上栋下宇，以待风雨。"栋和宇是屋子构成的主要因素，栋的作用是支撑，宇的作用是遮盖。有了这二者，就不怕风雨了。关于"栋"，《营造法式》说：

《易》："栋隆吉。"

《尔雅》："栋为之桴。"屋檼也。

《仪礼》："序则物当栋，堂则物当楣。"是制五架之屋也。

……

《说文》："极，栋也。""栋，屋极也。""檼，棼也。""甍，屋栋也。"

《释名》："檼，隐也；所以隐桷也。或谓之望，言高可望也。或谓之

---

① 《营造法式·总释上》。
② 《营造法式·总释下》。
③ 《营造法式·总释下》。

栋，栋，中也，居室之中也。屋脊曰甍；甍，蒙也，在上蒙覆屋也。"①

关于"宇"，《营造法式》引《释名》曰："宇，羽也，如鸟羽自蔽覆者也。"又引《义训》"屋垂谓之宇"。屋檐、屋脊均有宇的功能。这样一种上栋下宇的结构，给人的感觉就是稳定，安全，可待风雨。

中国建筑的这种体势上的特点，极易见出中华民族的文化性格。中华民族非常看重与大地的关系，认为只有坚实地立在大地上，才是最放心的，最可靠的。《周易》中的坤卦就反映出中华民族的这种心理。坤卦第二爻辞云："直方大，不习无不利。"又六五爻辞云："黄裳，元吉。"黄，是大地的颜色，《象传》解释此爻，云："黄裳，元吉，文在中也。"因此，中国建筑一般体量较大，两翼展开，与大地融为一体。但是，中华民族又是具有想象力的民族，渴望与天沟通，渴望得到上天的赐福，因此，又通过飞檐，创造出飞升的意味。从审美上讲，中国古建筑的沉重感与轻灵感结合得恰到好处，它没有使这两种审美感受消融，却让两者构成和谐。

第六节　建筑的装饰

在人类的一切具有实用性物质性的生活资料中，建筑具有最为长久的耐用性，因此，建筑在所有的器具中最易受到人们的重视，这种重视，就是在充分实现它的实用功能、礼制功能以后，尽可能地展示它的审美功能，为此，必要的装饰是不可免的。

中国古建筑的装饰均结合实用与审美两种功能，只是这功能有些是实际的，有些是虚幻的，这指的是巫术。巫术也有功能，只是它的功能是象征性的，心理暗示的，未必有实际作用。

中国古建筑中的藻井装饰很多。关于它的装饰，《营造法式》引典籍曰：

　　《鲁灵光殿赋》："圜渊方井，反植荷蕖。"为方井，图以圜渊及芙蓉，华叶向下，故云反植。

---

① 《营造法式·总释下》。

《风俗通义》:"殿堂象东井形,刻作荷菱。菱,水物也,所以厌火。"

沈约《宋书》:"殿屋之为圜泉方井兼荷华者,以厌火祥。今以四方造者谓之斗四。"①

藻井的造型为井形,又绘上荷花、荷菱的图案,绘上这样的图案,原为了厌火,因为荷花、荷菱是水物。这种厌火的方式明显地属于一种巫术。这类结合实用的装饰部件大多具有神秘巫术或神话色彩,如兽头、鸱尾等。

《营造法式》的"雕作制度"中谈到"混作"有八品,多为神仙、动物之类,"凡混作雕刻成形之物,令四周皆备,其人物及凤凰之类,或立或坐,并于仰覆莲花或覆瓣莲花坐上用之。"②又如"雕插",它说,"雕插写生花之制有五品,一曰牡丹华;二曰芍药华;三曰黄葵华;四曰芙蓉华;五曰莲荷华。以上并施之于栱眼壁之内。凡雕插写生花,先约栱眼壁之高广,量宜分布画样,随其卷舒,雕成花叶,于宝山之上,以花盆安插之"③。

这些神仙、动物、花卉的雕塑,无疑大大地美化了建筑。当然,之所以选用这些动物、花卉而不选别的,是有多种原因的,其中有巫术的成分,但是,巫术的意味后来越来越淡,留下的主要就是审美了。

彩画是中国古建筑装饰的主要手段。如果说,西方建筑的装饰主要表现为雕塑,特别是人物雕塑的话,那么中国建筑的装饰则主要表现为彩画。《营造法式》非常详细地介绍了各种彩画的方式,特别是色彩的调配,它说:

五色之中,唯青、绿、红三色为主,余色隔间品合而已。其为用亦各不同。且如用青,自大青至青华,外晕用白;朱、绿同。大青之内,用墨或矿汁压深,此只可以施之于装饰等用。但取其轮奂鲜丽,如组绣华锦之文尔。至于穷要妙夺生意,则谓之画。其用色之制,随其所写,或浅或深,或轻或重,千变万化,任其自然,虽不可以立言,其色之所相,亦不出于此。④

---

① 《营造法式·总释下》。
② 《营造法式·雕作制度》。
③ 《营造法式·雕作制度》。
④ 《营造法式·彩画作制度》。

这里有两点值得注意：

其一，它强调要"轮奂鲜丽，如组绣华锦之文尔"。我们知道，中华民族审美理想有两种，一是简约、恬淡，二是繁复、华丽。这种区分，始见之于南北朝时钟嵘的《诗品》，在谈到颜延之的诗歌时，钟嵘将其与谢灵运诗比较，引汤惠休的话，说是"谢诗如芙蓉出水，颜诗如错彩镂金"。"芙蓉出水"属于前一类的美，"错彩镂金"属于后一类的美。一般来说，前一类的美比较崇尚自然，后一类的美比较崇尚人工。这种区分在中国文学艺术中是鲜明的，但在不同的艺术品种中，它的体现是不一样的。中国画，唐以前和唐代一直是金碧山水的天下，可以说是"错彩镂金"，唐始至元，则崇尚水墨山水，审美风尚转为"芙蓉出水"。中国建筑的情况恰恰相反，唐代和唐以前，审美风格比较简朴，宋代就追求华丽了。明代似稍有收敛，清代则又追求华丽，且达到登峰造极的地步。两类审美理想，在士大夫和普通百姓那里又有所不同，一般来说，士大夫比较看重简约、恬淡的美，以示其清高、潇洒出尘；而普通百姓则看重繁复、华丽的美，因为它体现为富贵、吉祥。凡此种种，须做具体的分析，不能笼统地说，中华民族就只追求芙蓉出水这一种美。尽管钟嵘在谈颜延之和谢灵运时，表现出对错彩镂金这种美的批评，但他对这种美的批评其实不在形式上的繁复、华丽，而在它的"镂刻太甚，伤其真气"。真气与繁复、华丽不是对立的，一切从物自身的本性出发，芙蓉出水是物之本性所然，杂花生树也是物之本性所然，黄莺天然一副亮嗓，乌鸦本能发声暗哑，其间岂有什么高下？中华民族审美理想强调的是"真气"，是自然，其实并不在外部形象繁与简、丽与淡。

其二，它强调一定要"妙夺生意""千变万化，任其自然"。"妙夺生意"则强调形象内在的生命意味；"千变万化，任其自然"则提出最为根本的美学法则，这就是"道法自然"。

从这可以看出，《营造法式》的美学思想与宋代流行的美学主潮是一致的。

《营造法式》不仅是中国古建筑技术的集大成者，从某种意义上看，它也是中国古建筑美学的集大成者。《营造法式》所涉及的美大致上有三类：

一类为艺术美,主要表现为雕塑与彩画。二类为社会生活美,它涉及礼制、宗教习俗,这些精神性的东西在建筑上物态化了。三类为科学技术美,这是本书所讨论的最主要的美。建筑首先是技术,技术的基础是科学。相关的先进的科学技术用之于建筑实践,才有了稳固、坚实并具有观赏性的屋子。建筑的体式、构件无一不是科学的体现,无一不是真,然而,它们又具有观赏性,无一不是美。本书谈得比较多的斗拱可以视为真美合一的范例。斗拱是最具有中国建筑特点的建筑部件,它的实用功能是承重,中国的建筑师将它的承重功能巧妙地分散为各个更小的部件,制作成一种特别的形态,既实现了承重的功能,又创造了美。

中国古代的工匠不太重视著述,所留下的古建筑类的书太少,《营造法式》不仅体系完整,极具条理,而且整合了中国古建筑的全部经验,代表了当时的最高水平,这种最高水平一直维持到清代。

第 九 章
宋朝城市和园林美学

　　宋朝虽然不是中国历史上最强大的时代,却是中国历史上政治相对比较开明,经济、文化相对最为发达的时代。不仅人才辈出,在学术、文学、艺术等方面创造了不输唐朝的诸多辉煌;而且在国家建设方面取得了巨大的成绩,最突出的体现是城市繁荣,开封是宋朝的首都,是当时天下最繁华的都市。与之相关,园林也较唐朝有更大的发展。虽然它们最终毁于战乱,但其风采仍记之于文献。前者主要有孟元老的《东京梦华录》;后者主要有李格非的《洛阳名园记》、徽宗御制《艮岳记略》、僧祖秀的《阳华宫记》、张淏的《艮岳记》、《宋史笔断》的《论花石纲之害》、洪迈的《容斋续笔》、周密的《癸辛杂识》、和维的《愚见纪忘》、岳珂的《桯史》等。这些文献不仅翔实地记载了北宋城市和园林的繁华,也揭示了宋人关于城市、园林的美学观念。

第一节 《东京梦华录》

　　《东京梦华录》问世于南宋绍兴十七年(1147),作者为孟元老,生平事迹不详。关于此人的考证,学术界有诸多说法,其实是谁不是太重要,重要的是此书详尽地叙述了他在东京居住 24 年间(宋徽宗崇宁二年至宋钦宗靖康二年) 的所见所闻。虽然是回忆,却是可靠的,因为他无须掩饰什么。另外,孟元老著此书,不是什么都写,而是有所考虑的,全书有一个完善的框架体系,基本上按都城的主要构成部分,一部分一部分地写,其内容主要是市民的生活,市民包括皇家,因此,皇家的生活也写了。生活,主要是世俗生活,而且是公共空间的生活。政治生活,基本不写;文人雅士的生活,也基本不写。

从美学角度言,《东京梦华录》全方位地展现宋代都市生活场景之美。公共空间意识是《东京梦华录》指导意识,这一意识是宋人视界、心胸的反映,实际上它反映了宋人的开放性,这种开放性既是唐人视界、胸怀的继承,更是唐人视界、胸怀的发展。

一、因水建都

中国古代都城选址主要考虑的因素:其一,政治中心,便于控制天下;其二,形势险要,便于守住都城;其三,交通便利,便于城内外人与物的通行。三点因素中,往往第二点显得最为突出。中国古代,地势险要莫过于山,因此,依山建城,成为都城选址的通例。汉唐建都于长安,依靠的是险峻的龙首山。

然而,宋朝都城的选址却不是这样。最后选定的东京,原名汴州,亦名梁,为战国时魏国的都城。东京是平原城市,无山可靠。北宋诗人秦观对宋皇帝说:“臣闻世之议者,皆以谓天下之形势莫如雍,其次莫如周;至于梁,则天下之冲而已,非形势之地也。”① 汴州的好处只有一条“天下之冲也”。

宋朝将首都选在这里,看中的就是这“天下之冲”的地位。宋人张方平向朝廷进言:“臣窃惟今之京师,古谓陈留,天下四冲八达之地者也。”② 这说明,宋朝的君臣,其立国的指导思想,不是固守,而是开拓,发展。事实上,

---

① 秦观著,徐培钧笺注:《淮海集笺注》,上海古籍出版社 1994 年版,第 522 页。

② 李濂著,周宝珠、程民生点校:《汴京遗迹志卷之六河渠二》,中华书局 1999 年版,第 86 页。

也正是汴州处"天下之冲"的地位,它交通方便,以至于商业繁荣,也正因为它处天下之冲的地位,它号令天下,众望所归。

对于国都来说,自然险要固然重要,但是否有充足的粮食供应也很重要。张方平也看到了自然险要这方面,汴州"非如函秦天府百二之固,洛宅九州之中,表里山河,形胜足恃",但是,他强调"今日之势,国依兵而立,以食为命,食以漕运为本,漕运以河渠为主"①。

汴州的另外三条河也有它们各自的优势,像蔡河,《汴京遗迹志》说,"蔡河贯京师,为都人所仰,兼闵水、洧水、潩水以通舟楫"②。权衡利弊,宋朝选定汴州为都。

孟元老对于四河穿东京的格局特别赏褒,他在《东京梦华录》的开篇《东都外城》中,就详细地介绍东京的这四条河:汴河、蔡河(惠民河)、五丈河(广济河)、金水河。因为有河,就必然有桥,于是就出现"桥城"的壮观:

> 穿城河道有四,南壁曰蔡河,……河上有桥十一……中曰汴河……凡东南方物,自此入京城……自东水门外七里,至西水门外,河上有桥十三(实记十四桥——引者),从东水门外七里,曰虹桥,其桥无柱,皆以巨木虚架,饰以丹艧,宛如飞虹,其上、下土桥亦如之。次曰顺成仓桥,入水门里曰便桥,次曰下土桥,次曰上土桥,投西角子门曰相国寺桥。次曰州桥,正名天汉桥。正对于大内御街,其桥与相国寺桥,皆低平不通舟船,唯西河平船可过,其柱皆青石为之,石梁石笋楯栏,近桥两岸,皆石壁,雕镌海马水兽飞云之状,桥下密排石柱,盖车驾御路也。州桥之北岸御路,东西两阙,楼观对耸……③

这段文字生动地描绘了东京"桥城"的景象。其中有三点值得注意:

第一,河道是重要的物质交流通道。其中说到汴河,"东南方物,自此

---

① 李濂著,周宝珠、程民生点校:《汴京遗迹志卷之六河渠二》,中华书局 1999 年版,第 86 页。

② 李濂著,周宝珠、程民生点校:《汴京遗迹志卷之七河渠三》,中华书局 1999 年版,第 92 页。

③ 孟元老著,伊永文笺注:《东京梦华录笺注卷之一河道》,中华书局 2006 年版,第 24 页。

入京城"。据朱长文《吴郡图经续纪》卷上"物产"所记,中国东南一带所有的佳美的物产几乎都囊括在内,甚至"太湖之怪石、包山之珍茗,千里之紫莼"① 也在其内。从这也可以理解,宋朝的君臣为什么要将都城建在汴河边了。当然,东南方物之进京,有些是朝贡,有些是交易。

尽管后世的人们对于宋朝君臣最后未能选择洛阳建都如何叹息,但不能不认为,选取东京建都的确给宋朝带来了经济、文化上的繁荣。其实,皇朝的灭亡也未必决定于首都的安全系数。汉唐建都于堪称龙盘虎踞的长安,最后不也灭亡了吗?

也许因为东京在经济上的特殊重要性,金朝灭北宋后,也迁都于东京。

第二,虹桥。虹桥即无脚桥,应是石桥。宋朝画家张择端画的《清明上河图》,其虹桥即此处。此虹桥的结构,是当时世界造桥技术的最高水平,唯中国有。从清明上河图看,此桥美轮美奂。桥上车马如织,人群涌动,也可见桥之坚固。

第三,州桥。州桥位于东京城的闹市处,是东京重要地标。宋孝宗乾道六年(1170),范成大出使金朝,来到州桥。州桥百姓,拦马相问宋的军队何时可以收复东京,范成大感慨系之,著《州桥》一诗以记之。诗云:"州桥南北是天街,父老年年等驾回。忍泪失声询使者,几时真有六军来!"此诗还有一个小序:"南望朱雀门,北望宣德楼,皆旧御路也。"朱雀门、宣德楼均在御街上,离皇宫很近,是当年皇家出行必经之地。州桥有海马水兽等装饰,可见其精美绝伦。

由此可见,东京的"桥城"意象内涵丰富,它不只是地理意象,还有建筑意象、商业意象、皇家意象,总起来是宋朝的繁华意象,壮美之至!

以水建都,是近代国家第一选择。之所以这样,是因为时代发生变化了。近代之前的中世纪,科技落后,军事上是冷兵器的世界。为了保护城市,只能以高山为屏障。而在近代,火器出现,高山这样的屏障根本保护不了城市。

---

① 见孟元老著,伊永文笺注:《东京梦华录笺注卷之一·河道》注[三]"东南方物",中华书局 2006 年版,第 28 页。

此时的城市，它不只是政治上的首都，而且还是商业和文化的中心，在这种背景下，交通问题显得比任何时代都重要。水，作为最廉价的交通线，其地位立马凸显了。由于城市人口的扩大，市民用水也不是靠打水井能解决的。

因此，近代城市一般都临水而建，更不要说首都这样的城市了。宋朝所处的时代，在欧洲是中世纪，在中国是封建社会，军事上也是冷兵器的天下，商业虽然有，但不是社会的基础产业。可就在这样的社会，宋朝的统治者们突破传统的依山建都的模式，而做临水建都的新探索，其超前性、开放性无疑值得称道。也许，有人认为，宋朝的灭亡就是因为临水建都、平原建都，事实完全不是这样，宋朝的灭亡另有原因在，与临水建都、平原建都完全没有关系。

二、以商立市

汉唐首都长安，其城市布局为里坊制。所谓里坊制，即将城市划成若干个居住区，各个居住区用墙围起来。居民不得随便外出。唐长安城的里坊形制如棋盘，除宫城外，市民的居住区共有 108 坊。坊内没有店铺。商业活动只能在指定的地点进行，长安城的商业区有西市、东市，东西两市各占两坊地面，有围墙，商业活动有时间限制，"以日午击鼓三百声而众以会，日入前七刻击钲三百声而众以散"①。这样一种居住模式为的是治安，虽然对维持社会安定有好处，但给市民生活、人际交往带来诸多不便，商业活动得不到发展。

这种居住方式只能在高压下维持，事实上，市民"侵街"现象不断发生。朝廷多次下诏严惩，但屡禁不绝。这种现象到宋代出现了根本性的变化。由于商业的发展，一个城市仅只能在一两处地方交易，完全不行了。市民们自发地推倒院墙，让家门直接面对街道，挂起招牌，迎接顾客，做起生意来。逐渐地，东京的城市格局发生了变化：城市出现了纵横的几条大街，这些大街又向两旁伸展出小街，小街又生出小巷，于是一个近似叶脉状的城

---

① 李林甫等撰，陈仲夫点校：《唐六典卷二十之太府寺》，中华书局 1992 年版，第 657 页。

(宋) 张择端：《清明上河图》（局部）

市格局形成了。更重要的是，街道两旁的房子成了店铺，前面开店，后面住家。这种城市格局与近代城市无异，这说明，早在一千年前中国的宋朝已经出现了近现代的城市格局。

东京的商业区也存在功能分区，比如，从蔡河运来的猪，进城地点是南薰门："唯民间所宰猪，须从此入京，每日至晚，每群万数"①。于是，在南薰门形成大型屠宰场与肉类批发市场。鱼则多自城西的汴河入京，于是，在

---

① 孟元老著，伊永文笺注：《东京梦华录笺注卷之二朱雀门外街巷》，中华书局2006年版，第100页。

外城西墙新郑门、西水门及万胜门三处形成鱼行。水果则多从京西、河北一带通过汴河运来，于是，在州桥西，设立了果子行。这种功能区也直逼近代城市。

街市纵横，必然是商业繁荣。以宣德楼前的街市为例：

> ……过州桥，两边皆居民，街东车家炭，张家酒店，次则王楼山洞梅花包子、李家香铺、曹婆婆肉饼、李四分茶。①

生活用品均可以在此购得，特别是各种美食，这在一定程度上反映了宋朝东京人较高的生活质量。

三、有限民主

东京城官民的居住空间有分有杂。分，主要体现为皇宫位于城中央，并有围墙。皇室的出行有御街，御街位于东京中心，起点是皇宫正南的宣德门。御街是皇家出行的道路，但百姓也能进入，只是局限于道路两旁，设杈子标示。皇室出行，当然要戒严，百姓不得自由进入御街，但在平日、节假日，百姓是可以自由地进入御街参加各种活动的。

皇宫以后的市区，官与民的活动空间没有隔开。官府衙门、达官贵人宅第与民间店铺比邻而居。比如，宣德楼前的街：

> 宣德楼前，左南廊对左掖门，为明堂颁朔布政府。秘书省，右南廊对右掖门。近东则两府八位，西则尚书省。御街大内前南去，左则景灵东宫，右侧西宫。近南大晟府，次曰太常寺。州桥曲转，大街面南曰左藏库。近东郑太宰宅、青鱼市、内（疑为"肉"）行，景灵东宫南门大街以东，南则唐家金银铺、温州漆器、什物铺、大相国寺，直至十三间楼、旧宋门。②

这种现象在长安是看不到的。

一般情况，皇帝是不能随便出宫的，但是节假日，他也会去娱乐场所，

---

① 孟元老著，伊永文笺注：《东京梦华录笺注卷之二宣德楼前省府宫宇》，中华书局 2006 年版，第 82 页。

② 孟元老著，伊永文笺注：《东京梦华录笺注卷之二宣德楼前省府宫宇》，中华书局 2006 年版，第 81 页。

与民同乐。比如，传统的节庆，皇家会去一些场所娱乐，这些场所即便是皇家苑囿，此时也会对百姓开放。《东京梦华录》详细描写了三月一日开金明池、琼林苑的情景：

> 三月一日，州西顺天门外，开金明池、琼林苑，每日教习车驾上池仪范。虽禁从士庶许纵赏，御史台有榜不得弹劾。……车驾临幸观争标，锡宴于此。……又西去数百步乃仙桥，……桥尽处，五殿正在池之中心……大殿中坐，各设御幄，朱漆明金龙床，河间云水戏龙屏风，不禁游人。……桥上两边，用瓦盆内掷头钱，关扑钱物、衣服、动使、游人还往，荷盖相望。①

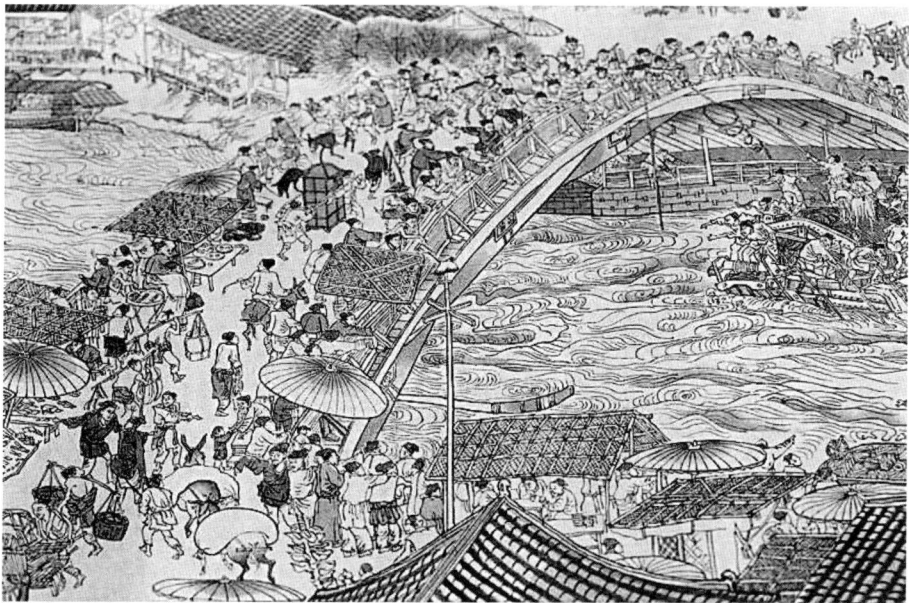

(宋) 张择端：《清明上河图》(局部)

这段文章说金明池、琼林苑这样的地方，"虽禁从士庶许纵赏，御史台有榜不得弹劾"。意思是金明池、琼林苑本为皇家园林，平常是百姓不能去

---

① 孟元老著，伊永文笺注：《东京梦华录笺注卷之七三月一日开金明池、琼林苑》，中华书局 2006 年版，第 643 页。

游赏的，但是在规定的时间内，百姓还是可以去游赏的，御史台不能约束百姓。关于此，清人徐松的《宋会要》刑法二《禁约》云："（大中祥符二年）四月二日，诏金明池每岁为竞船之戏，纵民游观者一月，仍许官游赏，御史台、皇城司不得察举。"

本来，儒家一直倡导"以民为本""与民同乐"，但实际做到极难，特别是在生活上。东京的街市中官民能比邻而居，御路让民有限地分享，节庆期间也能进入皇家园林与皇家同乐，这至少见出了宋朝统治者在"以民为本""与民同乐"的问题上的开放性，称之为有限民主或民主初阶也许还可以。

宋朝存在的时间为公元960年至1279年，欧洲正处于黑暗的中世纪。等级制度极为森严，神权至高无上，百姓毫无民主自由可言。兼之，各种战争不断，西方社会混乱不堪。与宋朝，根本无法相比。不要说，商业繁荣，西方社会疑若天市，叹为观止，就是市民初步的民主与自由，西方社会也望尘莫及。

四、杂色生活

东京城市的格局是东京城市形象的硬件，而市民生活怎样，则是东京形象的软件。《东京梦华录》做了全方位的描述：市民各色人等均在此书有所展现，就皇家来说，有节庆日皇帝驾幸各种园林、皇太子纳妃、皇后出乘舆，风光无限；就百姓来说，有交易、民俗、娶妻、育子、饮食、庙会、伎艺、杂耍、郊游等，应有尽有。如"京瓦伎艺"：

> 崇、观以来，在京瓦肆伎艺，张廷叟、孟子书主张。小唱李师师、徐婆惜、封宜奴、孙三四等，诚其角者。……般杂剧，枝头傀儡任小三……孔三传、耍秀才诸宫调……霍四究说《三分》，尹常卖《五代史》……教坊内勾集弟子小儿，习队舞作乐，杂剧节次。①

---

① 孟元老著，伊永文笺注：《东京梦华录笺注卷之五京瓦伎艺》，中华书局2006年版，第461—462页。

节引只是举例，这段文字，几乎囊括了全部当时比较有名的游乐生活，其中有些现在可能失传了，而更多地后世继续流传，如杂剧、诸宫调、乔影戏、说诨话、掉刀、说书、舞旋、悬丝傀儡、毬杖、踢弄、散乐等。从这里的介绍，我们可以看到元曲、元杂剧、说书、小说等文艺的由来，更可以看出当时宋人的生活是如何丰富多彩。

五、"梦华"主题

在中国历史上，宋朝是怎样的一个社会，一直为人们所关注。宋朝曾经有过两次亡国，一次是在建国 168 年后亡于女贞；一次是南渡后偏安 153 年亡于蒙古。两次都亡于少数民族政权。正因为如此，人们认为宋朝是衰弱的、悲哀的，但其实并不是这样，宋朝，无论是北宋还是南宋，都还是相当强大的，文化上的强大就不需说了，经济上、军事上其实也很强大。《东京梦华录》的重要意义之一，就是形象而又生动地展现了东京的繁荣，通过这种繁荣显示宋朝的强大。《东京梦华录》的作者孟元老在《序》中说：

> 举目则青楼画阁，绣户珠帘，雕车竞驻于天街，宝马争驰于御路，金翠耀目，罗绮飘香。新声巧笑于柳陌花衢，按管调弦于茶坊酒肆。八荒争凑，万国咸通。集四海之珍奇，皆归市易；会寰区之异味，悉在庖厨。花光满路，何限春游，箫鼓喧空，几家夜宴。伎巧则惊人耳目，侈奢则长人精神。[1]

虽然说，宋朝君臣陶醉于这种繁荣而不加强军备，可以说是宋朝亡国原因之一，但不是根本的原因。孟元老写这本书，目的之一也许是寻找宋亡国的原因，但绝对不是主要的。他说："暗想当年，节物风流，人情和美，但成怅恨。……仆恐浸久，论其风俗者，失于事实，诚为可惜，谨省记编次成集，庶几开卷得睹当时之盛。"[2] 应该说为历史留下真实可感的记录才是

---

[1]　孟元老著，伊永文笺注：《东京梦华录序》，中华书局 2006 年版，第 1 页。

[2]　孟元老著，伊永文笺注：《东京梦华录序》，中华书局 2006 年版，第 1 页。

主要的目的。至于要将东京的回忆与"梦华"①联系起来,倒是可能含有对宋朝亡国的伤感以及对于中华文明的无限爱恋。

南宋时期,基于靖康之变、徽钦之辱、亡国之恨、兴国之望,在社会上形成了一种广泛而持久的家国思潮。此种思潮与先秦的"黍离之悲"相连接,产生了一种新的美学,这种美学的核心是"江山",江山即家国。无数诗人画家以此为主题创作了诸多作品,从而形成了一种新的美学——"江山"美学。南宋"江山"美学的最重要成果应该就是《东京梦华录》。

第二节　《洛阳名园记》

诸多人知道北宋学者李格非②的《洛阳名园记》是因为《古文观止》收入《书洛阳名园记后》,然而此文是《洛阳名园记》的结语。只读结语,人们以为《洛阳名园记》只是一篇思想性文学性兼具的散文,其实,《洛阳名园记》是一部园林科学的著作,首先,它是北宋洛阳园林的重要记述,但是,如果仅将其看成史料,是不合适的,这篇3000多字的散文,其实是一部以文学手法表现的园林美学著作。

一、洛阳园林体制沿革

洛阳的园林由来已久,涉及洛阳城在历史上的地位。自周公营造洛邑始,它作为帝都和陪都的历史达2000余年。关于它究竟为哪些朝代的都城,学术界也有种种说法,有九朝说、十朝说、十一朝说、十二朝说、十三朝说、十五朝说、十八朝说。按十八朝说,在洛阳建都的朝代有:黄帝、帝喾、夏、商、西周、东周、西汉、东汉、曹魏、西晋、北魏、隋、郑、唐、武周、后梁、后

---

① "梦华"即梦游华胥国。《列子·黄帝》:"(黄帝)昼寝而梦,游于华胥氏之国。华胥氏之国在弇州之西,台州之北,不知斯齐国几千万里。盖非舟车足力之所及,神游而已。"

② 关于《洛阳名园记》的作者,有李格非、李廌两说。比较普遍的看法是李格非。李格非(1059—1109),宋代著名学者、文学家,为苏轼器重,有"苏门六君子"之誉,著名女词人李清照是他的女儿。《宋史》有传。

唐、后晋等①。既然为国都,必然有帝王园林。只是不少朝代,缺乏这方面的记载。

(南宋) 吴炳:《枇杷山鸟图》

　　明确有记载的主要是北魏园林和唐朝园林。北魏园林主要见之于杨衒之的《洛阳伽蓝记》。此书说当时的公卿贵族"擅山海之富,居山林之饶,争修园宅,相互夸竞。崇门丰室,洞户连房,飞馆生风,重楼起雾。高台芳榭,家家而筑;花林曲池,园园而有。莫不桃李夏绿,竹柏冬青"②。这些记载虽然不乏夸大词,但基本上是合乎事实的。

　　北魏的园林上承汉代,这些在《洛阳伽蓝记》中也有记载。北魏时期正是中国南北分裂的时期,战乱频仍,洛阳城遭受严重破坏,园林自然也在其

---

①　参见李振刚、郑贞富:《洛阳通史》,中州古籍出版社 2001 年版。

②　杨衒之著,周祖谟校释:《洛阳伽蓝记》,中华书局 2015 年版,第 52 页。

内。至唐朝,中国迎来了又一个统一且相对稳定繁荣的王朝,洛阳遇上了一个发展的好时机。随着洛阳城市的发展,园林也再次兴盛。李格非在《洛阳名园记》中说:"唐贞观开元之间,公卿贵戚,开馆列第于东都者,号千有余邸。"①

李格非说:"洛阳园池,多因隋唐之旧。"② 这里包含两层意思:

第一,园林所在的位置及园中的某些景观格局,是唐朝原有的。

如《洛阳名园记》所载湖园的前身是唐朝宰相裴度的园林;归仁园是唐宰相牛僧孺的原址,园中的七里桧是牛园的故木;松岛在唐为袁象先的园子,园东南的双松也是唐时固有;大字寺园原为唐朝诗人白居易所有,本名会隐园。白居易曾云:"吾有第在履道坊,五亩之宅,十亩之园,有水一池,有竹千竿。"③ 现在,园子基本上保存原有格局,仍以水竹风景为主,并且称得上"甲洛阳"。

第二,园林虽然是新辟的,但有唐朝的风格,如富弼的富郑公园。

二、洛阳的环境审美价值

宋朝时,洛阳园林很多,主要是达官贵人喜欢在洛阳建园林,范仲淹说:"西都(指洛阳)士大夫园林相望。"④ 又,苏辙说:"贵家巨室园囿亭观之盛,实甲天下。"⑤ 为什么达官贵人喜欢在洛阳建园林?原因可能有二:

第一,洛阳自然条件好,风景佳美,气候温润,是乐居、乐游之地。

1. 洛阳的气候:洛阳位于东经 112 度,北纬 34 度,属于北温带向亚热带过渡带,气候温润。一方面,宜于人居,另一方面,也宜于草木生长。李格非在《洛阳名园记》中说,诸多花木在洛阳可以生长,仅李卫公的园子,就有"桃李梅杏莲菊各数十种,牡丹芍药至百余种,而又远方奇卉如紫兰茉

① 《洛阳名园记 桂海虞衡志》,文学古籍刊行社 1955 年版,第 13 页。
② 《洛阳名园记 桂海虞衡志》,文学古籍刊行社 1955 年版,第 1 页。
③ 《洛阳名园记 桂海虞衡志》,文学古籍刊行社 1955 年版,第 10 页。
④ 《范仲淹全集范文正公年谱》,四川大学出版社 2007 年版,第 907 页。
⑤ 《苏辙集第二册之洛阳李氏园池记》,中华书局 2004 年版,第 412 页。

莉琼花山茶之俦，号为难植，独植之洛阳，辄与其上产无异。故洛中园圃花木有至千种者。"①

由于诸多花木宜于洛阳生长，因此，洛阳的园林各以自己的特色花木取胜。这其中，有以牡丹取胜者，如天王院花园子，有以牡丹兼芍药取胜者，如归仁园、李氏仁丰园；有以松树取胜者，如松岛；有以乔木主要是桐梓桧柏取胜者，如丛春园；还有以翠竹取胜者，如大字寺园、富郑公园等。

种种植物景观中，花成为洛阳宜游的最大亮点。事实上，洛阳牡丹早在唐朝就闻名天下。

2.洛阳的山水格局：洛阳有山有水。山有嵩山、少室山、太室山、熊耳山，均为名山，这些山环峙于城市周围，不仅以其险峻护卫着洛阳的安全，而且以其峰峦隐秀、树木森森、风景优美为洛阳市民及诸多游客提供了最佳的游览之地。洛阳水有洛、伊、瀍、涧四水，水质清亮，蜿蜒有致，或穿流于街市，或徜徉于郊野，成为洛阳乐居及乐游的重要原因。这水为洛阳市民生活、生产提供丰富的水源，最大程度上扮靓了洛阳的城市风貌，提升了洛阳的审美品位。

第二，洛阳社会条件好，历史遗存丰富，是具有无限魅力的历史文化名城。

洛阳作为十几个朝代的故都，留下诸多的历史名胜，最为有名的为龙门石窟、唐僧取经归来用以藏经的白马寺以及与三国名将关羽相关的关林。悠久的历史、丰富的遗存，让洛阳具有无限的文化魅力，这种魅力是诸多虽然富裕但少文化遗存的城市所远远不及的。

洛阳作为环境的优势，如《洛阳名园记序》所言：

> 夫洛阳，帝王东西宅，为天下之中。土圭日影、得阴阳之和。嵩少瀍涧，钟山水之秀。名公大人，为冠冕之望。天匠地孕，为花卉之奇。②

---

① 《洛阳名园记　桂海虞衡志》，文学古籍刊行社1955年版，第8页。
② 《洛阳名园记　桂海虞衡志》，文学古籍刊行社1955年版，第1页。

洛阳的园林就建立在这样的自然与社会环境之中。凭借着天造地设的地理优势，"加以富贵利达、优游闲暇之士，配造物而相妩媚，争妍竞巧于鼎新革故之际，馆榭池台、风俗之习、岁时嬉游，声诗之播扬、图画之传写，古今华夏莫比"[①]。

三、洛阳园林的审美情趣

洛阳园林的审美情趣与园主的身份有很大关系。《洛阳名园记》中的园主，绝大部分为公卿贵戚。如：赵韩王园园主赵普，为开国宰相。富郑公园园主富弼，两度为相。东园园主文彦博，四度为相。松岛园园主李迪，两度为相。吕文穆园主吕蒙正，三度为相。苗帅园园主苗授，为节度使。归仁园园主李清臣，为门下侍郎。独乐园园主司马光，王安石变法的主要反对者，神宗皇帝去世后，一度获得太后的重用，为哲宗朝宰相，是宋朝政坛的重要风云人物。司马光还是著名的历史学家，他所著述的《资治通鉴》，常与司马迁的《史记》并提，司马光在中国历史上的影响远不只是宋朝。

值得指出的是，这些达官贵人在洛阳购置园林均不是在朝为官的时候，而是赋闲的时候。赋闲也可以说是隐士，但他们并不是真隐士。虽然没有官位、没有权力，但仍然关心朝廷、关心政治，时刻等待着皇帝召回。事实上，诸多园主在洛阳待了一段时间之后，又回到朝廷供职了。司马光就是这样。

值得指出的是，居住在洛阳的还有一些官阶不高，但在文化上很有地位的人物，如邵雍。他是宋代理学的代表人物之一，他在洛阳的园林，自称为"安乐窝"。富弼、司马光等在洛阳退居后，与他交游甚多，《宋史》说"富弼、司马光、吕公著诸贤退居洛中，雅敬雍（邵雍），恒相从游"[②]。

所以，洛阳园林的园主就有如下三种身份：达官、隐士、文化人。他们

① 《洛阳名园记　桂海虞衡志》，文学古籍刊行社1955年版，第1页。
② 《宋史卷四百二十七列传一百八十六》第36册，中华书局1977年版，第12727页。

的审美情趣在园林景观设计及园墅的命名中体现出来：

（一）崇宏丽——贵族气息

洛阳园林中，有一些园林具有浓厚的贵族气息，建筑众多、华丽、耸崇，布局对称、秩序、大气。这可以环溪为代表。环溪是王开府宅园，为水园，此园视界开阔，面积甚大，"凉榭锦厅，其下可坐数百人。宏大壮丽，洛中无逾者"[①]。

（二）崇自然——隐士风度

富弼的宅园富郑公园就是如此，园中建筑均为观景而设：四景堂，"一园之景胜可顾览而得"。五座亭：丛玉、披风、漪岚、夹竹、兼山，主要用于观竹林。另，还有梅台、天光台、卧云台，从命名可以看出全是为了欣赏自然风光而建。李格非《洛阳名园记》评论说："郑公自还政事归第，一切谢宾客，燕息此园几二十年。亭台花木，皆出其目营心匠，故逶迤衡直、闿爽深密，皆曲有奥思。"[②]这"奥思"是什么呢？——自然。在与自然相对、相接、相语、相和之中悟出人生的意义。

隐士的态度在《洛阳名园记》也直接说出来。在《赵韩王园》中结尾，李格非说："盖人之于宴闲，每自吝惜，宜甚于声名爵位。"[③]

（三）崇幽静——道家意味

《董氏西园》云："幽禽静鸣，各夸得意"。虽然未必每座园林都提出静字，但境界都为静。静不只是景静，还有境静。境为心境。境静不是死灭，而是生意盎然，此生意为自然生意，万物自然地活动，欣欣而荣，这就是静。此种审美情趣，源于道家，但亦为儒家所认同。《洛阳名园记》所记的名园无一例外，崇尚的是道家的审美情趣。

（四）崇水景——智者品位

《洛阳名园记》中所记园林，多有水景。其中《丛春园》一节对于水景的描写很有力度："盖洛水自西汹涌奔激而东。天津桥者，垒石为之，直力

①　《洛阳名园记　桂海虞衡志》，文学古籍刊行社1955年版，第4页。
②　《洛阳名园记　桂海虞衡志》，文学古籍刊行社1955年版，第2页。
③　《洛阳名园记　桂海虞衡志》，文学古籍刊行社1955年版，第7页。

溢其怒,而纳之于洪下。洪下皆大石,底与水争,喷薄成霜雪,声闻数十里,予尝穷冬月夜,登是亭听洛水声,久之,觉清洌侵人肌骨,不可留,乃去。"①这里,对于水景的欣赏审美情趣很丰富,有儒家的"智者乐水"之意味,也有道家的以柔克刚之哲理,还有观景不如听景之奥妙。

(五)崇苍古——历史深度

《洛阳名园记》所记的诸多园林都透出一股浓重的崇古气息。有沿革的,必追溯它的历史,无沿革的,必看重景观的厚重与深度:树要高大,建筑要旧制,意味要深长。

《苗帅园》一节这方面最为突出。它首先强调园主苗帅"欲极天下佳处卜居",然后说觅到了这处园子。这处园子的好处,在于它是唐朝开宝年间宰相王溥的园子,更在于它还保留了一些古老的景物:"园既古,景物皆苍老。"②《归仁园》其佳也在于它是唐朝宰相牛僧孺的宅子,其中有"牛僧孺园七里桧,其故木也"③。大字寺园作为白居易的旧园,其园的自然景观不仅保留白居易在时的特色,而且它还保留了诸多白居易的石刻。水北胡氏园其佳处之一也是古味,李格非说"有庵在松桧藤葛之中",此庵"名之曰学古庵"。

(六)崇个性——景观特色

崇尚个性,这是园林艺术自觉的体现,是园林特色形成的根本原因。《洛阳名园记》所记的园林虽然均为官宦人家、学者文人的园林,有文化,有品位,这是共有的特征,但即使这样,它们还因为园主个人审美情趣的差异,在园林景观的创造上仍然见出特色。司马光的独乐园,"园卑小不可与它园班",但此园独有它的乐趣,乐趣之一是以读书为主题,其主题建筑名曰"读书堂";之二是野趣盎然:有池,可钓鱼,池旁建钓鱼庵;有野草,可采药,园中建采药圃。大字寺园是白居易的旧园,此园为竹园,园中有池,水竹相映,虽然也以隐为主题,但与司马光的独乐园,完全不是一个情调。

① 《洛阳名园记 桂海虞衡志》,文学古籍刊行社1955年版,第5页。
② 《洛阳名园记 桂海虞衡志》,文学古籍刊行社1955年版,第6页。
③ 《洛阳名园记 桂海虞衡志》,文学古籍刊行社1955年版,第6页。

四、洛阳园林的造园美学

《洛阳名园记》不是一本造园的著作,它主要是一篇历史文献,因为文辞优美,也看作文学作品。虽然如此,字里行间也表达了一些造园的美学思想:

（一）原态自然——"天授地设,不待人力而巧"

李格非说"天授地设,不待人力而巧"[①],他认为自然至美。园林虽然是人工作品,但园林还是要凭借自然而作,一是凭借自然形势。自然形势决定园的基本品格。李格非说东园:"地薄东城,水渺弥甚广"。于是,就凭借这水建成水园,"泛舟游者,如在江湖间也"[②]。而像归仁园,它原本是里坊,是居民居住的地方,也就只能将它建成花木园了。造园,讲究相地,明朝《园冶》强调"相地合宜,构园得体"[③]。二是凭借自然景观。自然本有极美的景观,要善于将它纳入园林之中。李格非对水北胡氏园的景评价很高,就是因为"凡登览徜徉,俯瞰而峭绝,天授地设,不待人力而巧者,洛阳独有此园耳"[④]。

（二）人造自然——"与造化争妙"

虽然自然至美,但自然的美不一定都能为人所用,做园林,绝不只是将自然美笼入园中就够了。园林,从本质上来看,它是人工美。作为万物之灵的人,在构建适于人居住的环境的时候,必须充分地考虑到人的需要,也在这问题上见出人工美的可贵。自然诚然很美,而且至美,但它有自己的独立性,只有小部分适于人的需要,而且只有极少的自然美可以纳入园林之中。园艺师的重要,一是恰当地纳入自然美,二是努力创造人工美。人工美,就其本质来说,是道法自然的产物,道法自然包括两个方面:一是模仿自然;二是运用科技手段遵循自然规律、结合人的需要创造新的自

---

① 《洛阳名园记　桂海虞衡志》,文学古籍刊行社 1955 年版,第 9 页。
② 《洛阳名园记　桂海虞衡志》,文学古籍刊行社 1955 年版,第 9 页。
③ 计成原著,陈植注释:《园冶注释》,中国建筑工业出版社 1988 年版,第 56 页。
④ 《洛阳名园记　桂海虞衡志》,文学古籍刊行社 1955 年版,第 9 页。

然——人造自然。前者可以创造出类似自然美的美；后者则可以创造出自然所没有的美。

李格非在《李氏仁丰园》中提出"与造化争妙"的观点。此观点的提出，针对的是种植花木这一事件。李格非记李氏仁丰园云：

> 李卫公有平泉花木记，百余种耳。今洛阳良工巧匠批红判白，接以它木，与造化争妙，故岁岁益奇且广。①

这说的是嫁接花木。花木嫁接，所创造的新品种，的确可与造化争妙。嫁接花木，这是运用科技的手段，创造人工自然美。一方面，这是人工所为；另一方面，它遵循的仍然是自然规律，因而是人工与自然的统一。这种行为，仍然是道法自然，只不过它属于高层次的道法自然。园林构建中，以这种高层次的道法自然创造自然美，不只有嫁接花木这一手法，还有很多，它充分显示出人的智慧、人的创造性。

（三）建筑点题

园林不可没有建筑，建筑如何建，往往是园主审美情趣的直接体现，而且它对于园林意蕴起着画龙点睛的作用。司马光的独乐园，主要建筑为读书堂、钓鱼庵、采药圃，它们综合起来，体现着园名——"独乐"的意义。富郑公园有建筑四景堂、梅台、天光台、卧云堂。虽然园主富弼与司马光都为北宋显宦，园林也都见出崇尚自然的特色，在此居住也都为赋闲，但就这园林建筑及命名上可以看出一个低调、一个高调。两人的情怀、气质、风采完全不同。

刘氏园中的凉堂，则另有一种意义在，虽然此园只是别业，不是府第，建筑格式与规模可以自由一些，不必过分拘泥于法度，而"此堂正与法合"。另，此园"西南有台一区尤工致，方十许丈地，而楼横堂列、廊庑回缭、栏楯周接，木映花承，无不妍稳"②。这"妍稳"一语措辞极妙：妍者，美也；稳者，合法度也。

---

① 《洛阳名园记　桂海虞衡志》，文学古籍刊行社 1955 年版，第 8 页。
② 《洛阳名园记　桂海虞衡志》，文学古籍刊行社 1955 年版，第 4 页。

　　丛春园自然景观以乔木森森为特色，与这样的自然景观相配合，得高亭，不然就不足以鸟瞰园林风景。于是，此园就建了诸多亭，高亭有先春亭、大亭有丛春亭。"丛春亭出荼蘼架上，北可望洛水。盖洛水自西汹涌奔激而东"。

　　刘氏园以尊法度做建筑，可以见出人文在园中的地位；丛春园尊自然做建筑，可以见出自然在园中的地位。虽然，尊人文也好，尊自然也好，都是人的意识，但它们从根本上决定着园林的主题。

　　(四) 借景

　　中国园林讲究借景，到底什么时候，借景形成，目前还有待更多的研究。仅从《洛阳名园记》来看，借景手法已经很自觉了。

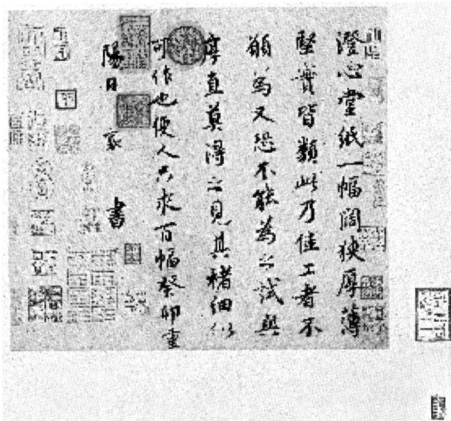

(宋) 蔡襄书法

　　……榭南有多景楼，以南望，则嵩高少室、龙门大谷、层峰翠巘，毕效奇于前；榭北有风月台，以北望，则隋唐宫阙楼殿，千门万户。岧峣璀璨，延亘十余里。[1]

　　这里说的是环溪的景观。园中建有多景楼、风月台。顾名思义，建这样的台，就是为了观景，观的不是园中之景，而是园外之景，正是因为有了这样的高台，远处的嵩山、少室山、龙门大谷，以及隋唐的宫阙都纳入眼底，

① 《洛阳名园记　桂海虞衡志》，文学古籍刊行社 1955 年版，第 4 页。

实际上也纳入了园。这种借景手法在中国园林中运用得非常纯熟。像颐和园中的佛香阁,建在园中的最高处——万寿山上,因有此阁吸引游客登临,而登临此阁,则一览天下,心胸顿为之开,风云间,飘飘欲仙,与天地融合。

《洛阳名园记》中的借景也有很多为园内景物互借。因为这互借,园内景物就构成一个有机生命体,互相呼应,生意盎然。

(五)相兼

在造园理念上,《洛阳名园记》提出"相兼"说。相兼集中体现在湖园中。

> 洛人云:园圃之胜,不能相兼者六:务宏大者少幽邃,人力胜者少苍古,多水泉者艰眺望。兼此六者,惟湖园而已。予尝游之,信然。①

这里提出六种园林风格。六种风格各有其适宜的审美视角,相兼的确很难。要做到相兼,一是园林要大、景区品类要多;二是构思特别,手法新奇。湖园两者兼有。湖园为水园,园中有湖,湖中有堂。湖边有亭,有台,所有建筑及景点借曲径联通,借助建筑变更视角,又借湖面整合视角,于是就巧妙地实现了六种风格的统一。

《洛阳名园记》的后记是说"园圃之废兴,洛阳盛衰之候也",批评宋朝的达官显贵"忘天下之治忽",退享园林之乐,说这是"唐之末路"。历来对此后记评价甚高,因为它的思想性而收入《古文观止》。其实,此后记与正文不贴。正文为历史兼文学文献,它客观地、审美地记述了洛阳的19处(另提及3处)园林的沿革景观特色,并没有写到园主的奢华及腐败。笔者认为,完全忽略后记,只存下正文,丝毫不损害它的科学价值、历史价值和文学价值。这里,我们正是从这一角度来看待它对于园林美学的贡献的。

---

① 《洛阳名园记　桂海虞衡志》,文学古籍刊行社1955年版,第11页。

第三节　《艮岳寿山》

艮岳是中国历史上最著名的园林,宋徽宗时代开始建筑,已经建成,毁于金兵破城。关于艮岳形象,目前只能凭借有限的文字资料予以想象,有关文献,见之于元朝陶宗仪的《南村辍耕录》中,收录在明人李濂著作《汴京遗迹志》中的有徽宗御制《艮岳记略》、僧祖秀的《阳华宫记》、张淏的《艮岳记》、《宋史笔断》的《论花石纲之害》、洪迈的《容斋续笔》、周密的《癸辛杂识》、和维的《愚见纪忘》、岳珂的《桯史》。另,李濂的《艮岳寿山》也做了介绍。

现据以上文献,做一个简单介绍。

一、事始

宋徽宗登位之初,皇嗣不多,有方士进言,说是"京城东北隅,地协堪舆,倘形势加以少高,当有多男之祥"①。徽宗按方士的进言做了,果然又生了几个儿子。然后来,徽宗不再以子嗣为念,看到此地风景不错,有意建造一所大型园林,号"寿山艮岳"。具体承担建园工程的是户部侍郎孟揆。负责从东南搜取花木奇石的为大臣朱勔,宦官梁师成监督全部工程。

二、地点

元朝陶宗仪的《南村辍耕录》中有"万岁山"一条,写的就是艮岳。此条云:"万岁山在大内西北太液池之阳,金人名琼花岛。"②

三、构架

艮岳为山园,以一座人工筑成的大山为主的景观。此山像杭州的凤凰山,原号万岁山,后更名为艮岳,因为山在都城的艮位。

---

① 李濂著,周宝珠、程民生点校:《汴京遗迹志卷之四山岳》,中华书局1999年版,第54页。

② 陶宗仪:《南村辍耕录》,中华书局1959年版,第15页。

关于此园构架,陶宗仪的《南村辍耕录》有详细记载:

其山皆以玲珑石迭垒,峰峦隐映,松桧隆郁,秀若天成。引金水河至其后,转机运斗,汲水至山顶,出石龙口,注方池。伏流至仁智殿后,有石刻蟠龙,昂首喷水仰出,然后东西流入于太液池。山上有广寒殿七间。仁智殿则在山半,为屋三间,山前白玉石桥,长二百尺。直仪天殿后,殿在太液池中之圆坻上,十一楹,正对万岁山。山之东为灵囿,奇兽珍禽在焉。[1]

(宋)赵佶:《文会图》

---

[1] 陶宗仪:《南村辍耕录》,中华书局1959年版,第16页。

从这个介绍来看,这是一个山园。用人工的办法,将金水河水汲至山顶,经过渠道,婉转流下,进入仁智殿,从石刻蟠龙口中喷出,然后东西分流,最后流入太液池。于此看来,这又是一个水园。太液池中,有一圆坻,坻上建有宫殿。万岁山与太液池相对,构成艮岳的骨架。

其他景观依山而建:山之东有蓂绿山堂、八仙馆、紫石岩等建筑;山之南,寿山两峰并峙,有雁池、噰噰亭等建筑;山之西有药寮、西庄、巢云亭等建筑;山之北俯瞰景龙江,江之北有诸多景观。这只是主构架,散布在十余里地面上还有诸多景观。

主题建筑:最重要的是正门,名曰华阳宫;其次有龙德宫、茂德帝姬宅,为皇帝的行宫。

四、特色

(一)叠石

艮岳系平地累土而成,土需要石为筋骨,石多从江南运来,主要为太湖石,灵璧石。石之美,诚如蜀僧祖秀《阳华宫记》所言:

> 雄拔峭峙,功夺天造。石皆激怒觝触,若蹳若齧,牙角口鼻,首尾爪距,千态万状,殚奇尽怪。辅以磻木瘿藤,杂以黄杨对青竹荫其上。又随其斡旋之势,斩石开径,凭险则设磴道,飞空则架栈阁,仍于绝顶增高树以冠之。①

怪石之美在这里尽展无遗。中国园林造园技艺中突出的一项是叠石,其中,又以善用太湖石、灵璧石而著名,于是形成中国园林独有的叠石美学。

叠石美学的主要内涵是充分利用石的丑怪,以创造出不羁的生命。正如清代画家郑板桥所说:"米元章论石,曰瘦,曰皱,曰漏,曰透,可谓尽石之妙矣。东坡又曰:'石文而丑。'一'丑'字则石之千态万状,皆从此出。彼元章但知好之为好,而不知陋劣之中有至好也。东坡胸次,其造化之炉

---

① 李濂著,周宝珠、程民生点校:《汴京遗迹志卷之四山岳》,中华书局1999年版,第58页。

冶乎！爕画此石，丑石也。丑而雄，丑而秀。"①

《阳华宫记》介绍了诸多艮岳中的立石，它们或耸立于峰顶，"飘然有云姿鹤态"；或依飞瀑而卓立，故名之曰"瀑布屏"；或琢石为梯，"石皆温润净滑，曰朝真磴"；或林立于驰道两侧，凛然如乔木参天。其中，最让人心旌摇动的是神运峰前的巨石，上有刻字，"以金饰其字"。"其余石，或若群臣入侍，帷幄正容，凛若不可犯；或战栗若敬天威，或奋然而趋，又若伛偻趋进，其怪状余态，娱人者多矣"②。这"娱人"二字准确地道出它的审美效果。宋徽宗喜欢这些怪石，一一为之赐名，其名也极富诗意，如朝日升龙、望云坐龙、矫首玉龙、万寿老松、吐月、排云、月窟、喷玉、蕴玉、丛秀等。

叠石，一是讲究石形，二是讲究环境。好石必须与环境相配，方能尽显魅力。《阳华宫记》说："又有大石二枚配神运峰，异其居以压众石，作亭庇之。"同时，还需要有合适的名字，以画龙点睛，"置于环春堂者，曰玉京独秀太平岩；置于萼绿华堂者，曰庆云万态奇峰"③。

从这些介绍中，可以发现，宋朝的叠石技艺已达顶峰，难怪蜀僧祖秀说："括天下之美，藏古今之胜，于斯尽矣。"④

（二）荟萃

作为园林，艮岳没有自然基础，完全是人工建造的园林。山是人工筑的；石是从江南运过来的；植物是从别的地方移植的；动物同样是从各地驱遣而来的。可以说，艮岳荟萃了天下之奇珍。

（三）理水

艮岳不只是一座山园，还是一座水园。水在景观构制上起到重要作用。水源自金水河，经过巧妙的机关，被引至山顶，再由山顶流下，最后流入太液池，这是一个完善的水系，水的上上下下，创造了不少奇特的景观，足以见出当时理水技术之高超。

---

① 《郑板桥全集五题画》，中州古籍出版社 1992 年版，第 24 页。
② 李濂著，周宝珠、程民生点校：《汴京遗迹志卷之四山岳》，中华书局 1999 年版，第 60 页。
③ 李濂著，周宝珠、程民生点校：《汴京遗迹志卷之四山岳》，中华书局 1999 年版，第 60 页。
④ 李濂著，周宝珠、程民生点校：《汴京遗迹志卷之四山岳》，中华书局 1999 年版，第 60 页。

第 十 章

宋朝理学与心学：人生境界

　　理学的兴起是宋代文化的一个重要现象。它与先秦子学、两汉经学、魏晋玄学、隋唐佛学、明代心学、清代朴学一起构成了中国思想文化发展历程中最具时代特征的重要环节。

　　理学的突出特点之一是融佛、道入儒，"三教合一"，这一方面是佛、道尤其是佛学发展的结果；另一方面也是儒学自身发展的需要。过去区别儒、佛，常说"儒以治身""佛以治心"，到宋代理学，"治身"与"治心"融而为一。当时的大学者如苏轼、黄庭坚、程颢、程颐、朱熹等虽说仍坚持以儒学为本，但对佛、道亦不采取排斥的态度，还以谈佛论道为雅。苏轼就说："暂借好诗消永夜，每逢佳处辄参禅。"① 程颐也特别推崇佛学，甚至说："佛说直有高妙处，庄周气象大，故浅近。"②

　　理学的第二个主要特征是将伦理提高到本体地位，以重建人的哲学。对人的安身立命问题的关注本是儒家学说的主旨，而人的安身立命在儒家看来又主要是道德修养问题。理学将伦理提到本体的地位，并上升到天理的高度，使儒家的伦理学说哲学化了、思辨化了。值得注意的是，这种伦理

①　苏轼：《夜直玉堂携李之仪端叔诗百余首读至夜半书其后》。
②　程颢、程颐：《河南程氏外书》卷十二。

哲学又落实到心性层面,因而理学实又融哲学、伦理学、心理学为一体,这实在是一种相当庞大又相当精致的思想文化学说。

理学按它的理论基础一般分为四派:"气学"(以张载为代表)、"数学"(以邵雍为代表)、"理学"(以程颐、朱熹为代表)、"心学"(以陆九渊、王阳明为代表)。四派中"理学"与"心学"占主导地位。宋代主要为"理学",明代则主要为"心学"。理学四派均创立于宋朝,各派代表人物均以教育、著书为其主要职业,他们通过教育与著述集中表达了他们理想的人生境界,这理想的人生境界既是真的,又是善的,更是美的。正是在构建理想的人生境界中,他们表达了诸多极为可贵的美学思想。四派人物中,在宋代,无疑以"理学"派代表朱熹、"心学"派代表陆九渊最为重要,我们拟作专章评述,其他重要人物周敦颐、邵雍、张载、程颢、程颐的人生境界说将在本章做简略的介绍。

第一节　周敦颐：予独爱莲

周敦颐(1016—1073),字茂叔,道州(今湖南道县)人。早年做过州县小官,晚年任广南东路刑狱。56 岁时以多病为由,请求解职,获准后他归隐九江,筑书堂于庐山之麓,过着"隐几看云岑""酒罢鸣幽琴"[①] 的隐居生活。

周敦颐是北宋理学大师,程颢、程颐兄弟均出于他的门下,后人推之为理学宗师。

周敦颐在美学上的贡献主要有:

一、"阴阳动静"说

周敦颐一生精研《周易》,著《太极图说》,借阐发易理建立了自己的理学体系。

---

① 周敦颐:《濂溪书堂诗》。

　　周敦颐认为世界本体是"太极"，"太极"即为"理"。"太极动而生阳，动极而静，静而生阴，静极复动，一动一静，互为其根。"①

　　周敦颐不仅认为动静互生，而且认为动静互含，动中有静，静中有动。"动而无静，静而无动，物也；动而无动，静而无静，神也。"② 这里，周敦颐提出"物"与"神"这一相对的概念。"物"是动静分离的概念，"神"是动静互含的概念。"物"显然是非生命，"神"是生命。

　　周敦颐关于动静的看法无疑是深刻的。

　　关于阴阳的看法，他基本上沿袭《易传》，只是附会上"仁义"等封建礼教。他说："天以阳生万物，以阴成万物。生，仁也；成，义也。"③

　　关于阴阳对美学的影响，我们在谈《周易》的美学思想时已经谈过。这里，专就动静说之。

　　动静是艺术辩证法的重要内容。我国古代的文学家、艺术家一直很注重动静交错的辩证关系。苏轼谈书法，认为"真生行，行生草，真如立，行

(宋) 扬无咎：《四梅图》(局部)

①　周敦颐：《太极图说》。
②　周敦颐：《通书·动静第十六》。
③　周敦颐：《通书·顺化第十一》。

如行,草如走"①。这是用动静来比喻书法的美学意味。沈括赏析前人诗词,激赏"风定花犹落,鸟鸣山更幽",认为它好就好在"上句乃静中有动,下句乃动中有静"②。清代画家笪重光谈山水美:"山本静,水流则动;石本顽,树活则灵。"③ 吴雷发用动静谈诗也很精彩:"真中有幻,动中有静,寂处有音,冷处有神。句中有句,味外有味,诗之绝类离群者也。"④ 刘熙载说书法:"正书居静以治动,草书居动以治静。"⑤ 略举以上数例就可见动静在艺术中的妙处了。

二、"孔颜乐处"说

周敦颐的人生理想用他自己的话来说,就是"志伊尹之所志,学颜子之所学"⑥。"伊尹之所志"就是治国安邦之志,"颜子之所学"就是颜渊所奉行的仁义之学。前者说的是外王,后者说的是内圣。

周敦颐特别欣赏颜渊处贫困之中而自得其乐的精神境界,他说:

颜子"一箪食,一瓢饮,在陋巷,人不堪其忧,而不改其乐"。夫富贵,人所爱也,颜子不爱不求,而乐乎贫者,独何心哉?天地间有至贵至富可爱可求而异乎彼者,见其大而忘其小焉尔,见其大则心泰,心泰则无不足。⑦

周敦颐在这里实际上提出了两种人生追求:一种是普通人的人生追求——荣华富贵;另一种是圣贤的人生追求——超越荣华富贵。荣华富贵是物欲;超越荣华富贵则为精神享受。一为"肉",一为"灵",这"肉"与"灵"的区别即俗与圣的区别。周敦颐认为,颜渊所追求的就是这种超凡入圣的精神境界。颜渊处极端贫穷之中而"不改其乐",就是因为他已经进入

---

① 苏轼:《书唐氏六家书后》。

② 沈括:《梦溪笔谈·艺文一》。

③ 笪重光:《画筌》。

④ 吴雷发:《说诗管蒯》。

⑤ 刘熙载:《艺概·书概》。

⑥ 周敦颐:《通书·志学第十》。

⑦ 周敦颐:《通书·颜子第二十三》。

这种精神世界了。

值得我们研究的是，颜渊这种"乐"是什么性质的"乐"。首先应该肯定的，这是一种道德之乐，是自我欣赏、自我肯定之乐。这种乐同时又是审美之乐。这是因为颜子所追求的境界，既是道德的境界，又是审美的境界，它是对感性物欲的超越，是一种精神自由徜徉的境界。低级的审美快乐是与物欲相联系的，而高级的审美快乐则是对物欲的超越。颜子所自我陶醉的乐不是悦耳悦目，而是悦志悦神。悦耳悦目固然是美感的一个层次，但它是最低层次的，高层次的美感必然是对它的超越。

超越是实现高层次审美快乐的必然途径。超越是美学的主要话语之一，康德说审美判断是没有任何利害关系的，"一个关于美的判断，只要夹杂着极少的利害感在里面，就会有偏爱而不是纯粹的欣赏判断了"①。这说的就是对物欲的超越。周敦颐所欣赏的"孔颜乐处"差可近之。关于"孔颜乐处"所达到的境界，周敦颐的学生程颐后来与人讨论过：

> 鲜于侁问伊川曰："颜子何以能不改其乐？"正叔曰："颜子所乐者何事？"侁对曰："乐道而已。"伊川曰："使颜子而乐道，不为颜子矣。"②

这话初看令人不解：颜子所乐的难道不是"道"吗？然而仔细一想，实在是妙。原来颜子已经泯灭乐的对象与乐者的界限了，也就是说"道"已经不是他的对象，他与道合而为一了。这种主客高度统一的境界自然是无比美妙的境界。

三、君子人格美

周敦颐作了一篇文情并茂、思想深刻的哲理小品——《爱莲说》。全文仅 119 字，录之如下：

> 水陆草木之花，可爱者甚蕃。晋陶渊明独爱菊。自李唐来，世人甚爱牡丹。予独爱莲之出淤泥而不染，濯清涟而不妖，中通外直，不蔓

① 康德：《判断力批判》上，商务印书馆 1987 年版，第 41 页。
② 程颢、程颐：《二程外书》卷七。

不枝,香远益清,亭亭净植,可远观而不可亵玩焉。予谓:菊,花之隐逸者也;牡丹,花之富贵者也;莲,花之君子者也。噫!菊之爱,陶后鲜有闻;莲之爱,同予者何人?牡丹之爱,宜乎众矣。

《爱莲说》的主题非常明确,它歌颂的是莲所象征的君子人格美。这是很有代表性的理学家们心目中的理想人格美。

(宋) 吴炳:《出水芙蓉图》

这种理想人格与菊所象征的隐逸人格、牡丹所象征的世俗人格是不同的。它入世(这点似同于牡丹),但不为"红尘"所污,而是"出淤泥而不染",具有出世之节操(这点又类同于菊),"濯清涟而不妖",换句话说,它以出世的精神干入世的事业。

周敦颐在入世、出世问题上有过思想斗争,但最后还是入世思想占了上风。《石塘桥晚钓》一诗真实地反映了这一过程,诗云:"濂溪溪上钓,思归复思归。钓鱼船好睡,宠辱不相随。肯为爵禄重,白发犹羁縻。"深受儒家思想影响、恪守儒家传统的周敦颐虽鄙薄荣华富贵,但"伊尹之志"是没日少忘的。他对隐逸的否定主要出自儒家传统固有的对国家、对社会的责任感。"菊之爱,陶后鲜有闻",一方面说明真正的隐者确实不多,像孔稚珪《北山移文》中所批判的假隐士素为士人所鄙视;另一方面也可看作周敦颐的内心表白。在周看来，真正的君子不应是避居山林，对国家、对社会不负责任的隐士，而应是志在邦国的志士仁人。

周敦颐执着于红尘，但执着的是为国为民的事，而不是大富大贵；周敦颐志存高洁，但又不愿遁居山林、放弃君子应负的社会责任。因此，周敦颐所推崇的君子人格既是对牡丹所象征的世俗人格的超越，又是对菊花所象征的隐逸人格的超越。

这种君子人格说继承了孔孟的人格理论：重道德，重气节，重社会责任感；然而又加进了道家特别是佛家的关于人格修养的某些内涵。佛教喜用莲花象征佛性，华严宗三祖法藏的《华严经探玄记》云："大莲华者，梁摄论中有四义：其一，如世莲华，在泥不染，譬法界真如，在世不为世法所污。其二，如莲华自性开发，譬真如自性开悟，众生若证，则自性开发。其三，如莲华为群蜂所采，譬真如为众圣所用。其四，如莲华有四德：一香，二净，三柔软，四可爱，譬真如四德，谓常乐我净。"

《爱莲说》自其诞生之日起，一直有着广泛而又深刻的影响，这篇文章所描绘的君子人格美是中华美学中的重要组成部分。

四、"乐声淡则听心平"

周敦颐的乐论是他的艺术论的重要组成部分。在《通书》中，他以三章的篇幅连续论乐，可见他对乐的重视。

周敦颐的音乐美学思想基本上继承了《乐记》关于音乐与政治教化的关系的看法。对音乐作用的推崇较之《乐记》有过之而无不及，比如说"古者圣王制礼法，修教化，三纲正，九畴叙，百姓太和，万物咸若，乃作乐，以宣八风之气，以平天下之情"[①]。这些说法夸大了音乐的作用，没有什么太大的价值。周敦颐的音乐美学中较有价值的是对"淡"与"和"这种音乐风格的推崇。他说：

> 乐声淡而不伤，和而不淫。入其耳，感其心，莫不淡且和焉。淡则

---

① 周敦颐：《通书·乐上第十七》。

欲心平,和则躁心释。优柔平中,德之盛也……乐者,古以平心,今以助欲;古以宣化,今以长怨。不复古礼,不变今乐,而欲至治者,远矣! ①

　　乐声淡则听心平,乐辞善则歌者慕,故风移而俗易矣。妖声艳辞之化也,亦然。②

周敦颐对音乐艺术的要求,一是"淡",二是"和"。"淡"可以从两个角度来理解:从道家学说的角度看,"淡"是"道"的性质,故《老子》说"淡乎其无味"。周敦颐用"淡"来要求音乐,含有此音乐应具有如"天籁"那样自然天成的意味,通向天地境界。从音乐本身来理解,"淡乐"应是与"隆乐"相对的音乐。何谓"隆乐"? 《礼记·乐记》云:"是故乐之隆,非极音也;食飨之礼,非致味也。"看来那种宏大隆重极尽华美的音乐并不是具有"致味"的"极音"。周敦颐所推崇的音乐应是淡而有味、淡而有致的音乐。以上两个角度也可合起来,反映出周敦颐崇尚恬淡的审美理想,这在宋代亦是具有代表性的。

关于"和",这是儒家音乐美学的传统观点,没有多少新意。然而周敦颐将道家所推崇的"淡"与儒家所推崇的"和"结合起来,就形成了一种新的音乐美学观。

"淡"的功能是"欲心平",可以克服物欲之心、贪鄙之心;"和"的功能是"躁心释",可以克服急躁之心、好斗之心。二者的结合正是造就君子人格的重要手段。周敦颐将它提升到实现天下大治的重要途径的高度,这当然亦是言过其辞了。

五、"文以载道"说

周敦颐在文论上最重要的贡献是提出了"文以载道"说。此观点见之于《通书·文辞第二十八》:

　　文所以载道也。轮辕饰而人弗庸,徒饰也,况虚车乎! 文辞,艺也;道德,实也。笃其实而艺者书之,美则爱,爱则传焉。贤者得以学而至之,

---

① 周敦颐:《通书·乐上第十七》。
② 周敦颐:《通书·乐下第十九》。

是为教。故曰：言之无文，行之不远。然不贤者，虽父兄临之，师保勉之，不学也；强之，不从也。不知务道德而第以文辞为能者，艺焉而已。噫，弊也久矣！

柳宗元提出"文以明道"，周敦颐则提出"文以载道"，其影响远远超过柳说，周的"文以载道"说以车载物为喻，"文"只是"道"的运载工具，较之"文以明道"说中的"文"，地位是大大下降了。因为"文以明道"中的"文"对"道"有彰明的作用，而"文以载道"中的"文"没有这种作用。不过，也不能据此认定周敦颐就不重视文。周敦颐认为"文"含有"文辞""道德"两方面，"文辞"为"艺"，属于技巧；"道德"为"实"，是内容，好似做一盘菜，购置的原料诸如猪肉、食盐、作料等是"道德"，而这盘菜做得好吃不好吃，色香味如何，那是"文辞"，属于烹调的技术。周敦颐不是不看重文辞，而是很看重。但这种看重立足于传道，因为"美则爱，爱则传焉"。周敦颐将文辞美的价值仅限于传道，是对文辞美独立价值的忽视或者说取消。就文道关系来谈，周敦颐的美学相比于韩愈、柳宗元是后退了。

因周敦颐在宋代理学中处于宗师的地位，他的观点影响很大。虽然宋代理学美学的集大成者是南宋的朱熹，但周敦颐作为开山祖师的地位不容忽视。

第二节　邵雍：以物观物

邵雍（1011—1077），字尧夫，死后宋哲宗赐号康节，故后人称康节先生，共城（今河南辉县）人。邵雍受道家思想影响较深，与周敦颐提倡的"孔颜乐处"相呼应，他提倡"安乐逍遥"的精神境界。他曾几次被荐举授官，终不赴。

邵雍精研《周易》象数之学，并以之解释宇宙历史，建立了一套庞大的"包括宇宙，始终古今"[①] 的象数学体系，其历史观基本上为循环论与宿

---

① 黄宗羲：《宋元学案·百源学案上》。

命论。邵雍的美学思想主要见之于他的"观物"说与"诗史"说。现分别论述之。

邵雍像

一、"以物观物"说

"观",通常理解成目观,属认识的感性阶段,邵雍则有不同的解释。他说:

> 夫所以谓之观物者,非以目观之也,非观之以目而观之以心也,非观之以心而观之以理也。①

为什么要"观之以理"呢?邵雍说:"天下之物莫不有理焉,莫不有性焉,莫不有命焉。"②"理""性""命"就是事物的本质,只有这"三知者",才称得上"天下之真知也"③。邵雍认为要认识事物的本质,凭感官——"目"是不行的,需要凭"心",而且要凭"心"中的"理"(理智)才行。邵雍这一看法无疑是正确的。

但"观"明明是感性的,为何不用"识"这一通常用来表示理性认识的

① 邵雍:《皇极经世·观物内篇》。
② 邵雍:《皇极经世·观物内篇》。
③ 邵雍:《皇极经世·观物内篇》。

词呢？邵雍是有深意的。他是否认为，人之认识事物虽说仅凭"目观"不行，但离开"目观"亦不行？他说的"观之以理"，即为理性直观。

理性直观的特点是不离直观，但又不是直观。它的形式是感性的，但实质为理性，也就是说，在感性直观中达到了理性认识的高度。这种认识事物的方式是审美的。邵雍当然无意于谈审美，但他的"观之以理"倒是揭示了审美认识的本质。

邵雍在肯定"观物"需"观之以理"的基础上提出了两种观法："以物观物"与"以我观物"。他说：

> 水之能一万物之形，又未若圣人之能一万物之情也。圣人之所以能一万物之情者，谓其圣人之能反观也。所以谓之反观者，不以我观物也。不以我观物者，以物观物之谓也。①

> 以物观物，性也；以我观物，情也。性公而明，情偏而暗。②

邵雍强调"以物观物，性也"。"性"，事物的本性。怎样才能见出物之本性？邵雍说："以理观物，见物之性。"③ 可见"以物观物"就是"以理观物"。"以我观物，情也"，就是说以我观物掺杂观物者的情感态度。按邵雍的看法，前一种观物可以见出事物之真，它是客观的；后一种看法不能见出事物之真，它是主观的。这种说法如果用于科学认识不无道理，但如果用于审美认识就有问题了。审美认识是情感性的认识，能不能正确地认识事物呢？邵雍的看法是这样的：

> 近世诗人，穷戚则职于怨憝，荣达则专于淫佚。身之休戚，发于喜怒，时之否泰，出于爱恶，殊不以天下大义而为言者，故其诗大率溺于情好也。噫！情之溺人甚于水。古者谓"水能载舟，亦能覆舟"，是覆载在水也，不在人也。载则为利，覆则为害，是利害在人也，不在水也。不知覆载能使人有利害耶？利害能使水有覆载耶？二者之间，必有处焉。就如人能蹈水，非水能蹈人也。然而有称善蹈者，未始不为水之

① 邵雍：《皇极经世·观物内篇》。
② 邵雍：《皇极经世·观物外篇》。
③ 邵雍：《皇极经世·观物内篇》。

所害也。①

邵雍对"近世诗人""溺于情好"是反对的。但邵雍并非全然否定情，只是否定"溺于情"。他用了一个比喻：水能载舟，亦能覆舟，情的功能亦如水，既可托人，亦可溺人。邵雍既然用水喻情，可见，并不是要排除情感在艺术创造中的重要作用。邵雍特别强调虽载覆在水，而利害在人，关键是人能否"善蹈"。所谓"善蹈"，就是善于驾驭水、控制水。用作比喻，则是说善于驾驭情、控制情。

邵雍虽然不否定情，但并不主情，这也是很明显的。

邵雍对待情的基本态度是：

> 其或经道之余，因闲观时，因静照物，因时起志，因物寓言，因志发咏，因言成诗，因咏成声，因诗成音。是故哀而未尝伤，乐而未尝淫，虽曰吟咏情性，曾何累于性情哉！ ②

邵雍一连用了八个"因"，概而言之，就是说，诗人的感兴、情志均不是主观自生的，而是外物触动的结果。写诗免不了要"起志"，要"发咏"，这一切要有所依托、凭借才行，要讲究自然天成。这是邵雍对于诗之抒情的第一个观点。其次，他要求这情要适当节制，"哀而未尝伤，乐而未尝淫"。这是儒家中和思想的传统，邵雍予以重申。总起来说，就是既要"吟咏情性"，又不能"累于性情"。

邵雍对于诗的抒情功能有所保留，但绝不是否定。

邵雍的"以物观物"与董逌的"以牛观牛"是不同的。邵雍的观点是重在以理观物，以见出事物之本质；董逌的"以牛观牛"是重在更细致地观察事物，以见出事物的差别。

二、"诗史""诗画"说

邵雍对"诗史""诗画"有很重要的观点。他在《诗史吟》中说：

---

① 邵雍：《伊川击壤集序》。
② 邵雍：《伊川击壤集序》。

　　　　史笔善记事，长于炫其文；文胜则实丧，徒憎口云云。诗史善记事，
　　　长于造其真；真胜则华去，非如目纷纷。①

　　诗与史的关系是中国美学史一个比较重要的问题，中国古代的诗有记
事的功能，"诗言志"的"志"就包含有记载史实的意义，但中国古代诗这种
记事的功能其后为史所取代。孟子就说过："《诗》亡然后《春秋》作。"② 尽
管如此，按儒家诗学传统，诗虽不必要求如史那样记录实事，但亦希望能以
艺术的手法反映民情习俗，反映社会的真实面貌。杜甫的诗一直为后世儒
家所看重，誉为"诗史"，道理就在这里。邵雍在这个问题上的深刻之处是：
他不去重复孔子"多识于鸟兽草木之名"的古训，也不去大谈"以诗代史"
的传统，而是强调"诗史"与"史笔"的区别。固然，"诗史"亦如"史笔"也
能记事，但"诗史"的记事不是实录，而是"造其真"，即创造出一个真实。
它不必记录实事，但应反映出实情，它所创造的这个真实应最能见出事物
之"理""性""命"，即本质的真实。亚里士多德对诗与史的区别有类似的
看法，他说："两者的差别在于一叙述已发生的事，一描述可能发生的事。
因此，写诗这种活动比写历史更寓于哲学意味，更被严肃的对待；因为诗所
描述的事带有普遍性，历史则叙述个别的事。"③

　　邵雍强调诗史"造其真"的功能，重在内容，形式方面就忽视了。他认
为"真胜则华去，非如目纷纷"。"真胜""华"会"去"吗？ 如果将"华"理
解成"真"的存在方式，它即是"真"，"华"当然就不引人注意了，邵雍欣赏
的是这一种形式消解于内容的朴质美。如果这"华"与"真"不相干或徒然
只是"真"的外在修饰，不影响内容本身，那么这"华"，邵雍主张坚决地去
掉，他是反对脱离内容的形式美的。打个比方说，少女红润的脸色是生命
力充沛的体现，它本就是真，不叫华；病妇或中老年妇女脸色不好，为掩饰，
涂上胭脂，那就是华，这华是应该去掉的，因为它是虚饰。

　　邵雍的观点虽有忽视形式美独立价值（就是非虚饰的形式也有其独立

────────

①　邵雍：《伊川击壤集·诗史吟》。

②　《孟子·离娄章句下》。

③　亚里士多德：《诗学》，见《诗学·诗艺》，人民文学出版社 1982 年版，第 28—29 页。

的美的价值) 的缺点,但总的来说是正确的。

邵雍对"诗画"亦有深刻的见解。他说:

> 史笔善记事,画笔善状物;状物与记事,二者各得一。诗史善记意,诗画善状情;状情与记意,二者皆能精。状情不状物,记意不记事,形容出造化,想象成天地。体用自此分,鬼神无敢异。诗者岂于此,史画而已矣。①

邵雍在这里比较了四者——"史笔""画笔""诗史""诗画"。他说:"史笔善记事,画笔善状物。"这是成对的比较。"记事"重在过程的陈述,表现为时间;"状物"重在场面的刻画,表现为空间。邵雍的概括是准确的。"诗史善记意,诗画善状情",这又是一对比较。这里,邵雍用"善记意"来概括"诗史"的功能,这一说法与他在《诗史吟》中说"诗史善记事"不同。不是观点发生了变化,而是因为比较的对象不一样了。邵雍说:"诗史善记意,诗画善状情。""诗画"是指含有诗味的画,即苏轼说的"画中有诗"。这种画善于用可视的景物形象、人物形象来抒发情感。相对于"诗画","诗史"则善于记意,即善于表达某种思想了。邵雍这种说法是符合艺术分类学的。

邵雍说:"状情不状物,记意不记事。"这"不"字不能理解成"不要",而应理解成"不同"。这就是说:"状情"不同于"状物"。"状物"是"画笔"的功能,"状情"是"诗画"的功能。"记意"不同于"记事","记事"是"史笔"的功能,"记意"才是"诗史"的功能。邵雍突出"情"的作用,因为情的渗入,"史笔"成为了"诗史","画笔"成为了"诗画"。

"形容出造化,想象成天地。"这是对艺术创造的概括。"形容"是模拟,"想象"是创造,这二者都能构制一个"第二自然"。在具体的艺术创作中这二者总是结合在一起的。

"体用自此分,鬼神无敢异。""体"可能是指"状物""记事","用"可能是指"状情""记意"。邵雍这一说法体现出他对艺术有相当深刻的见解,

---

① 邵雍:《伊川击壤集·史画吟》。

虽然这一说法未见得为所有的人所接受。

三、"炼意得余味"

邵雍对诗歌的艺术创作规律及诗美也有很好的见解。他说："兴来如宿构，未始用雕镌。"①他重视灵感，重视自然天成，但是他又主张炼辞、炼意。他说：

> 何故谓之诗，诗者言其志。既用言成章，遂道心中事。不止炼其辞，抑亦炼其意。炼辞得奇句，炼意得余味。②

邵雍重视诗的锤炼，并提出"炼辞"可得"奇句"，"炼意"可得"余味"。可见他认为诗需要"奇句""余味"，诗之美也就在有奇句、有余味。在《善赏花吟》一诗中，他提出"花貌在颜色，颜色人可效。花妙在精神，精神人莫造。"这实际上也是在谈艺术美。艺术作品犹如花一样，也有它的"颜色""精神"，而它的美，最重要的是精神。

第三节　张载：凡气清则通

张载（1020—1077），字子厚，长安人，因家住陕西凤翔府郿县（今陕西眉县）横渠镇，故人又称之为"横渠先生"。张载是"北宋五子"之一（其他为周敦颐、邵雍、程颢、程颐），他所创立的学派被称为"关学"。

《宋史》载：张载年轻时喜谈兵，有军功之志，21岁时上书时任陕西招讨副使的范仲淹，范仲淹"知其远器"，乃警之曰："儒者自有名教可乐，何事于兵！"鼓励他读《中庸》，钻研儒学。张载按照范仲淹的教导，潜心学术，终于有成。

张载的理论体系中，直接涉及美学及文学艺术的内容不多，但他的元气本体论对美学的影响是非常深远的。

---

① 邵雍：《伊川击壤集·谈诗吟》。

② 邵雍：《伊川击壤集·论诗吟》。

张载像

张载提出"太虚"这一范畴,"太虚"就是"气",亦即宇宙本体,他说:

太虚无形,气之本体,其聚其散,变化之客形尔。①

气之为物,散入无形,适得吾体,聚为有象,不失吾常。太虚不能无气,气不能不聚而为万物,万物不能不散而为太虚。②

按张载的看法,"气"是宇宙本体,气散则为"太虚",这是"气"的本然状态,"气"聚则为万物。太虚"无形",万物有形。它们都是"气"的存在方式。

张载的元气本体论,大量吸收了《易传》哲学并予以发挥,构成了一个庞大的内在逻辑严密的理论体系。这一理论体系中直接通向美学的有如下几个方面。

一、"气"与"象"

张载说:"气本之虚则湛一无形,感而生则聚而有象。"③ 这是认为,"象"是气聚的产物。气本为虚,为无形;象则是实,为有形。虚与实、有形与无形并不是不通的,而是统一的,实即虚,虚即实,有形是无形的存在方式,

---

① 张载:《正蒙·太和篇》。
② 张载:《正蒙·太和篇》。
③ 张载:《正蒙·太和篇》。

无形借有形而显现。虚与实、无与有，其本应是虚，应是无。

张载认为事物的静止状态是"象"，事物的运动状态也是"象"，它们都是"气"的存在方式：

> 所谓气也者，非特其蒸郁凝聚、接于目而后知之；苟健顺、动止、浩然、湛然之得言，皆可名之象尔。然则象若非气，指何为象？①

张载关于"气"与"象"关系的论述对于艺术意境理论的建构有着积极意义。意境理论中，"虚"与"实"的关系十分重要。唐代皎然说："夫境象非一，虚实难明。有可睹而不可取，景也；可闻而不可见，风也。虽系乎我形，而妙用无体，心也；义贯众象，而无定质，色也。凡此等，可以偶虚，亦可以偶实。"②明代谢榛论诗："贯休曰：'庭花蒙蒙水泠泠，小儿啼索树上莺。'景实而无趣。太白曰：'燕山雪花大如席，片片吹落轩辕台。'景虚而有味。"③皎然与谢榛都凭艺术家的直觉感到艺术境界应是虚与实的统一，而且"虚"尤显得重要，但是他们并没有从哲学上说清楚虚与实的关系。张载关于"气"虚"象"实的论述对后世艺术家探讨艺术境界中的虚实关系无疑有很大帮助，或者说它为艺术境界理论提供了一种哲学基础。清代王夫之谈诗的情景关系就显然比皎然、谢榛等人深刻多了，情景关系也是虚实关系。王夫之不把情景看作两回事，而是说："从空实写，情在景中。"④"情景名为二，而实不可离。神于诗者，妙合无垠。巧者则有情中景，景中情。"⑤"'天际识归舟，云间辨江树'，隐然一含情凝眺之人，呼之欲出。以此写景，乃为活景。"⑥王夫之这些论述是否受到张载的影响不好说，不过，王夫之是深研过《正蒙》并写过《张子正蒙注》这一重要著作的。在这一著作中他注"凡象皆气也"说："使之各成其象者，皆气所聚也，故有阴有阳，有柔有刚，

---

① 　张载：《正蒙·神化篇》。
② 　皎然：《诗议》。
③ 　谢榛：《四溟诗话》。
④ 　王夫之：《明诗评选》卷八。
⑤ 　王夫之：《薑斋诗话·夕堂永日绪论内编》。
⑥ 　王夫之：《古诗评选》卷五。

而声色、臭味、性情、功效之象著焉。"① 又注"气之聚散于太虚,犹冰凝释于水,知太虚即气即无",说:"人之所见为太虚者,气也,非虚也。虚涵气,气充虚,无有所谓无者。"② 可见王夫之对张载的虚实、无有关系有深刻的理解。他的"景中生情,情中含景"③ 说何尝不可追溯到张载的"气"生"象"、"象"含"气"的理论上。

二、"神"与"形"

"神"与"形"原是先秦哲学中的重要概念,《易传》中论"神"甚多,但并不与"形"构成一对概念。《荀子·天论》云:"形具而神生。""形"与"神"就构成一对概念。自晋开始,"形"与"神"开始用于艺术批评,先是画论,后是诗论、书论。"形"与"神"就成为一对重要的美学概念。美学上的"形""神"概念比较多地与"似"联系起来使用。"形似""神似"问题一直是艺术家们十分感兴趣的话题。宋代苏轼提出"论画以形似,见与儿童邻"④,在当时就引起许多议论,后世多有称引,赞成者、反对者均有之。

张载是哲学家,他对形神问题的看法纯然是从哲学立场出发的,无意于美学。在他看来,形神问题只是元气本体论的一个方面。尽管如此,张载关于形神问题的论述对美学仍然有着重要的影响。

出现在《正蒙》中的"神"的含义比较丰富,不同的语境,"神"的含义不一样。我们且只挑与"形"构成一对的"神"来做一些分析。在《正蒙·太和篇》中,张载说:

> 太虚为清,清则无碍,无碍故神;反清为浊,浊则碍,碍则形。凡气,清则通,昏则壅,清极则神。
>
> 万物形色,神之糟粕。

张载在这里提出"神"与"形"的概念,二者构成矛盾的一对。他将"神"

---

① 王夫之:《张子正蒙注·可状篇》。
② 王夫之:《张子正蒙注·太和篇》。
③ 王夫之:《唐诗评选》卷四。
④ 苏轼:《书鄢陵王主簿所画折枝二首》。

看作"无碍"，即自由；将"形"看作"有碍"，为物质。"形"与"神"的关系，他说是："万物形色，神之糟粕。"关于这一句，王夫之的注释是："生而荣，如糟粕之含酒醴；死而槁，如酒醴尽而糟粕存；其究糟粕亦有所归，归于神化。"① 这说明神在形中，因有神，故形与神的结合充满生命；如神亡，形虽存，但此"形"就如"酒醴尽"而所余下的"糟粕"，也就没有了生命，可见"神"是生命之本源。

在《正蒙·参两篇》中，张载又说：

> 神与形，天与地之道与！

王夫之的注释是："形则限于其材，故耳目虽灵，而目不能听，耳不能视。且见闻之知，止于已见已闻，而穷于所以然之理。神则内周贯于五官，外泛应于万物，不可见闻之理无不烛焉，天以神施，地以形应，道如是也。地顺乎天，则行无疆；耳目从心，则大而能化；施者为主，受者为役，明乎此，则穷神合天之学得其要矣。"② 王夫之的注释是对张载这句话的最好分析。按王夫之的理解，张载将"神"派属为天道，"形"派属为地道，那就是说，"神"是施者，"形"是受者。王夫之的注释还认为，"神"不仅"内周贯于五官，外泛应于万物"，而且"不可见闻之理无不烛焉"，可见"神"还具有超感知性。

张载也谈到了"神"与"辞"的关系。他说：

> 形而上者，得辞斯得象矣。神为不测，故缓辞不足以尽神；化为难知，故急辞不足以体化。③

"形而上者"即"神"，神是无形的，当它用文辞来表达时，它就获得了"象"。然而，神又是不测的，变化无穷，难以用语言表达，王夫之的注释是："不测者，有其象，无其形，非可以比类广引而拟之。"④ 用朱熹的解释："神自是急底物事，缓辞如何形容之？"另外，神的变化又是"渐渐而化，若急辞

---

① 王夫之：《张子正蒙注·太和篇》。
② 王夫之：《张子正蒙注·参两篇》。
③ 张载：《正蒙·神化篇》。
④ 王夫之：《张子正蒙注·神化篇》。

以形容之,则不可也"①。总之,不论是"缓辞""急辞",都难以描述神的"不测"与"难知"。"神"大于"辞",超出"辞"。这里,张载用哲学的语言揭示了一条重要的美学规律,那就是"意在言外""神在象外"。宋代司马光说:"古人为诗,贵于意在言外,使人思而得之。"② 明代彭辂亦云:"盖诗之所以为诗者,其神在象外,其象在言外,其言在意外。"③

张载的元气本体论充满了辩证法。"阴阳""虚实""刚柔""清浊"这些用以揭示"气"之功能的概念成对地出现,它们的冲突与统一构成了生气勃勃的宇宙。这些论述对美学的影响亦是不可低估的。

值得指出的是,谈到张载的元气本体论的美学意义时,人们总是很自然地将它与曹丕的"文以气为主"联系起来。其实,这二者是不同的。曹丕的"文以气为主",说的"气"是精神,是文学家的思想境界。张载的"气"则是自然元气,是构成宇宙的基本物质,它包括精神之气,却不是精神之气。

第四节 程颢、程颐:温润含蓄气象

程颢(1032—1085),字伯淳,后人称明道先生。程颐(1033—1107),字正叔,后人称伊川先生。程颢、程颐为亲兄弟,曾受业于周敦颐。他们所建立的理学学派被称为"洛学",与周敦颐的"濂学"、张载的"关学"、朱熹的"闽学"相提并论,为两宋正统理学的四大学派。

二程的学说虽有些区别,主要是程颢更多地偏向"心",程颐更多地偏向"理",但基本思想二人还是一致的。

二程的哲学主要是理本体论。他们认为构成这个世界的根本是"理"。天道、人道均如此:"有道有理,天人一也,更不分别。"④ 因此,这个"理"又

---

① 《张子全书·正蒙·神化篇》,朱熹注。
② 司马光:《温公续诗话》。
③ 彭辂:《诗集自序》,味芥堂本《明文授读》卷三十六。
④ 程颢、程颐:《河南程氏遗书》卷二上。

程颢像

称为"天理"。程颢说："天下善恶皆天理，谓之恶者非本恶。"① 实际上，二程所说的"天理"就是儒家的仁义礼智之类的政治伦理体系。将它们赋予天理的地位自然就更有权威性了。在认识论上，二程主张"格物致知"。"格物致知"出自《大学》，二程将它发挥，成为有系统的认识理论。何谓"格物"？程颐说："格犹穷也，物犹理也，犹曰穷其理而已也。"② "眼前无非是物。物物皆有理，如火之所以热，水之所以寒。至于君臣父子间，皆是理。"③二程的"格物致知"，强调深研"实有是物"，探索"实有是理"。应该说是很有价值的认识理论。南宋理学家朱熹继续阐述了这一认识事物的方法。

　　二程在美学方面积极的贡献主要在于构建天人合一的人生境界上，这一点我们以后再谈。在文艺学方面，他们的"作文害道""学诗妨事"说，将周敦颐的"文以载道"说推至极端，学界通常认为这一思想压抑、排斥诗文的审美价值，充分显示了理学反美学的一面。不过，事实本身也许不这么简单，需要细加辨析。

　　《河南程氏遗书》卷十八有程颐的这样一段话：

---

① 　程颢、程颐：《河南程氏遗书》卷二上。

② 　程颢、程颐：《河南程氏遗书》卷二十五。

③ 　程颢、程颐：《河南程氏遗书》卷十九。

程颐像

问："作文害道否？"

曰："害也。凡为文，不专意则不工，若专意，则志局于此，又安能与天地同其大也。《书》云：'玩物丧志'，为文亦玩物也。吕与叔有诗云：'学如元凯方成癖，文似相如始类俳，独立孔门无一事，只输颜氏得心斋。'此诗甚好。古之学者，惟务养性情，其他则不学。今为文者，专务章句，悦人耳目，既务悦人，非俳优而何？"曰："古者学为文否？"曰："人见六经，便以为圣人亦作文，不知圣人亦（一作'只'）摅发胸中所蕴，自成文耳。所谓有德者必有言也。"曰："游、夏称文学，何也？"曰："游、夏亦何尝秉笔学为词章也。且如'观乎天文以察时变，观乎人文以化成天下'，此岂词章之文也。"

程颐认为"为文亦玩物"，必"丧志"，此说似乎很粗暴。人们自然会问：诗可以不做，但文怎么能不写呢？圣贤的思想不都是用文章记载下来的，而且你程颐不也作文么？对此，程颐有他的回答。他说：人们看见六经，以为圣人也作文，殊不知圣人是为了表达心中所蕴蓄的思想观点，自然成文。程颐在这里意欲强调的是，要区别为作文而作文与为传道而作文。为作文而作文，在程颐看来是"玩物"。当然，为作文而作文是不好的，但是，将作文的功能削减到只有一个：传道，这显然是对文的其他功能特别是审美功能的排斥。

值得指出的是，程颐说这话是有所指的。他的批判锋芒指向"今为文者，专务章句，悦人耳目"。就批判唯形式主义或者说唯美主义这一点而言，程颐的批判有其合理性。

程颐也谈到写诗：

或问："诗可学否？"

曰："既学诗，须是用功，方合诗人格，既用功，甚妨事。古人诗云：'吟成五个字，用破一生心。'又谓：'可惜一生心，用在五字上。'此言甚当。"先生尝说："王子真曾寄药来，某无以答他，某素不作诗，亦非是禁止不作，但不欲为此闲言语。且如今言能诗无如杜甫，如云：'穿花蛱蝶深深见，点水蜻蜓款款飞。'如此闲言语，道出做甚！某所以不常作诗。今寄谢王子真诗云：'至诚通化药通神，远寄衰翁济病身，我亦有丹君信否？用时还解寿斯民。'子真所学，只是独善，虽至诚洁行，然大抵只是为长生久视之术，止济一身。因有是句。"①

(宋) 赵昌：《写生蛱蝶图》(局部)

这段话更充分地表现出程颐对艺术的轻视，为什么把心用在诗上就是"可惜一生心"，程颐没有深论。不过，他说"既学诗，须是用功，方合诗人格"，可见，他认为要写好诗是不容易的。他不主张把心思过多地用在诗上，

---

①　程颢、程颐：《河南程氏遗书》卷十八。

是因为学诗"既用功,甚妨事"。妨什么事? 当然是道德修养的事了。

程颐说他"素不作诗",是因为诗是"闲言语",既然是"闲言语",当然无补于世,说不定还会败坏社会风气。程颐对诗的轻视达到极点了。

从他粗暴地攻击杜甫的名句"穿花蛱蝶深深见,点水蜻蜓款款飞"来看,程颐于诗是存有相当深的偏见的。首先,他将杜甫描绘自然风景的诗句说成是"闲言语",实际上,连儒家老祖宗孔子的诗教也抛弃了。孔子尽管十分强调诗的教化功能,但也承认诗可以"多识于鸟兽草木之名"①。再者,他对杜甫这两句诗所体现出来的艺术美是毫无所知的,说他是美盲也许并不过分。这只要将他写的寄谢王子真的诗与杜甫的诗比较一下,就一目了然。程颐的这首诗除了记事达意外,别无可取,艺术上是无法望杜诗之项背的。

程颐对文艺的态度,颇有点类似于古希腊的柏拉图。但他们有一个根本的不同:柏拉图是充分看到了艺术审美的巨大作用,为了"理想国"的利益而要放逐那些散布不利于城邦言论的诗人的。程颐则根本忽略、否定了文艺的审美作用,包括美对善的积极作用。他把审美与修身对立起来,错误地认为"学诗妨事""作文害道"。这种观点对文艺的发展是很不利的。

韩愈提倡古文运动,虽也大谈"根之茂者其实遂,膏之沃者其光晔"②,十分强调坚持自尧舜至孟轲的道统,但落脚点仍是文,学道是为了作好文。他的写作实践比之理论主张更能说明问题。柳宗元提出"文以明道",韩愈的学生李汉提出"文以贯道","明"也好,"贯"也好,文的重要作用还是得到肯定的,而且韩愈、柳宗元、李汉他们的文章也写得很漂亮。到宋代,情况就有些变化,周敦颐提出"文以载道",文的作用降低为"载道"的工具,既不能起到"明道"的作用,也不能起到"贯道"的作用。尽管如此,周敦颐还是认为文辞有必要作适当的修饰,因为经过修饰的文辞"美则爱,爱则

---

① 《论语·阳货》。
② 韩愈:《答李翊书》。

传焉"①,有利于载道。而到程颐那里,则完全抹杀了文辞的审美作用②,甚至提出"作文害道"这样极端的观点。理学对审美、对文艺的压抑于此得到充分的体现。

程颐不仅认为"学诗妨事""作文害道",还认为"英气甚害事"。他说:

问:"横渠之书有迫切处否?"曰:"子厚谨严,才谨严便有迫切气象,无宽舒之气。孟子却宽舒,只是中间有些英气。才有英气,便有圭角。英气甚害事。如颜子便浑厚不同。颜子去圣人只毫发之间。孟子大贤,亚圣之次也。"或问:"气象于甚处见?"曰:"但以孔子之言比之便见。如冰与水精,非不光,比之玉,自是有温润含蓄气象,无许多光耀也。"③

程颐比较了孟子、颜回、孔子三个人。他极力赞扬孔子,认为孔子"有温润含蓄气象",也就是有中和之美,颜回有"浑厚之气",只比孔子差一点,也很值得赞美。那么,孟子呢? 他认为虽也宽舒,但"中间有些英气",而英气是甚为害事的,当然也就不美。张载就更差了,连"宽舒之气"也没有。程颐这种衡量人的标准显然是儒家的中庸、中和、温柔敦厚之类。这种中庸、中和、温柔敦厚虽然也有值得肯定的一面,但也有消极的一面,它抹杀冲突,淡化矛盾,和稀泥,往往制造虚假的温暾水式的大团圆的结局,未能从根本上解决问题。

用这种观点去衡量人,自然是反对那种富有斗争性的人物性格,孟子、张载都是有锋芒、有棱角的人物,故程颐评价不高。儒家的中庸观虽然也造就了一些贤者、德者,但也造就了更多的乡愿、庸人。

---

① 周敦颐:《通书·文辞第二十八》。

② 程颐这方面的言论还有一些,如《颜子所好何学论》云:"不求诸己而求诸外,以博闻强记,巧文丽辞为工,荣华其言,鲜有至于道者。"

③ 程颢、程颐:《河南程氏遗书》卷十八。

第十一章
宋朝理学与美学：天人合一

　　理学在美学上的最大贡献是由它所完成的"天人合一"论为中国美学奠定了一块坚实的哲学基础，而且它的"天人合一"论就其精神实质来说是通向审美的。张世英教授将人与世界的关系或者说精神活动的发展分为三个阶段：第一阶段是原始的天人合一，它指无主客区分、无自我意识的阶段。这个阶段名之曰"感受"。第二阶段是主客二分，它可细分为"意识""认识""实践"三个小阶段，"认识"分"直觉"与"思维"；"实践"分"自然科学的实践""经济的、政治的实践"和"道德的实践"。第三阶段是高级的天人合一，它就是审美意识。① 笔者赞成这一说法。

　　"天人合一"是人类共有的思想，但中国的"天人合一"与西方的"天人合一"有所不同。西方的天人合一是在区分主客的基础上进行的，由主客两分再到主客合一即由天人对立再到天人相合，其目的是认识世界、改造世界，其理论大抵上属于认识论的范围。中国的天人合一则不以主客两分为前提。中国人讲天人合一，常用"本末"这一对概念。本末虽是二物，实为一体，因而天人合一表现为自身与自身的合、"本"与"末"的合。中国哲学构制天人合一说不是为了认识世界，而是为了更好地在世界上生存，企

---

① 　张世英：《天人之际》，人民出版社 1995 年版，第 232—241 页。

图为人找一块安身立命的基地。这种哲学，张世英教授说是生存哲学。当然，这只是大体上言之，不同的特例是可以找到的。

中国的天人合一说由来已久，其天命观念有史可据，可推至夏商，而比较成型的天人合一说形成于春秋战国。春秋战国时期百家争鸣，可以说各家有各家的天人合一说，最重要的是儒家具道德意义的天人合一说与道家的无道德意义的天人合一说。到秦汉，则有董仲舒的具神秘色彩的天人感应说。魏晋玄学的天人合一说主要是道家学说的发展，其"天"主要是指自然。佛教传入中国，与庄学相结合，建立了以"心"为本体的天人合一说，这种天人合一说强调"自心见性"，认为"一念修行，自身是佛""一念悟时，众生是佛"[1]。

种种天人合一说，到宋代则呈现出合流综合的趋势，大体上以儒家的有道德意义的天人合一说为基础，而又吸取了道、佛的天人观，理论体系更严密了，哲学思辨更强了。

宋代的天人合一说，大致可以归属成三派：第一派以张载为代表，认为"太虚即气"[2]，持以"气"为本体的天人合一说；第二派以朱熹、程颐、周敦颐、邵雍为代表，认为"宇宙之间一理而已"[3]，持以"理"或者说以"天理""道""太极"为本体的天人合一说；第三派以陆九渊为代表，到明代还有王阳明为代表，认为"吾心即是宇宙"[4]，持以"人心"为本体的天人合一说。这三派，第一派具唯物主义色彩，第二派具客观唯心主义色彩，第三派具主观唯心主义色彩。

这三派天人合一说，尽管在以什么为本体的问题上有明显的分歧，但基本精神却是相通的，它们都在构制一种以道德为基础而又超越道德的精神境界。这种精神境界又以差不多共同的途径通向审美，从而使这种境界又成为准审美、超审美的精神境界。

---

① 《坛经·般若品第二》。

② 张载：《正蒙·太和篇》。

③ 朱熹：《读大纪》。

④ 《陆九渊集·杂说》。

综合来看,理学的天人合一说通向审美主要体现在如下几个方面。

第一节 "合一"论

主客两分的思想模式是将主体与客体看作彼此外在、相互独立的实体,这种模式属于认识的,因为要认识就要有认识的对象,对象只有外在于主体,认识才能进行。而审美却不能这样。审美也有主、客体,但这是从逻辑意义上讲的,进入审美的实际过程中,主体客体不可分。许多艺术家在进入创作的最佳状态时总是忘却自己的存在,甚至把自己化作创作的对象。这种物我合一、化我为物、化物为我的现象是审美的重要特点。

理学家们构制的天人合一就是这样一种互化为一的境界。

朱熹说:"夫天下无性外之物而性无不在,此无极所以混融而无间者,所谓妙合者也"[1];"天下无性外之物,而性无不在者"[2]。"性"与"物"就是这样妙合无间。张载认为,"乾称父,坤称母;予兹藐焉,乃混然中处。故天地之塞,吾其体;天地之帅,吾其性。民,吾同胞,物,吾与也。"[3] 这种天人之合犹如灵肉之合,当然也称得上"妙合"了。邵雍表述得抽象一点,也更哲学化一点:"我亦人也,人亦我也,我与人皆物也。"[4] 他还说这种"合"就是"一","水之能一万物之形","圣人之能一万物之情"。[5]

程颢用"忘"来表述在"合"的过程中主体的心理:"与其非外而是内,不若内外之两忘也。两忘则澄然无事矣。"[6]

几乎所有的理学家都用"化"来概括天人合一过程的性质与所达到的境界。"化"当然不是简单的一加一,它不是量的变化,而是质的变化。量

① 朱熹:《太极图说解》。
② 朱熹:《太极图说解》。
③ 张载:《正蒙·乾称篇》。
④ 邵雍:《皇极经世·观物内篇》。
⑤ 邵雍:《皇极经世·观物内篇》。
⑥ 《二程全书·明道文集》卷三。

(宋) 王诜:《瀛山图》(局部)

的变化：一加一等于二；质的变化：一加一等于"一"。当然，这"一"与原来的"一"有质的不同。

邵雍说了许多"化"，如"雨化物之走，风化物之飞，露化物之草，雷化物之木……性应雨而化者，走之性也；应风而化者，飞之性也；应露而化者，草之性也；应雷而化者，木之性也。"① 程颐说"赞天地之化育"，将天地产生万物包括人的过程，用"化"来表示；张载、朱熹讲"气化"。

既然人是天地"化"出来的，本为一体，因而人就可以"以心代天意，口代天言，手代天工，身代天事"②。当然，这样的境界不是普通人所能达到的，但作为人生理想，应该是："上顺天时，下应地理，中徇物情，通尽人事"，"弥纶天地，出入造化"③。这就是理学家们最喜欢讲的"与天地参"。

合一，是精神上的，这种精神上的合一，在艺术创作中经常会出现，宋朝罗大经的《鹤林玉露》记载了这样一个故事：

> 曾云巢无疑工画草虫，年迈愈精。余尝问其有所传乎？无疑笑曰："是岂有法可传哉？某自少时取草虫笼而观之，穷昼夜不厌。又恐其神之不完也，复就草地之间观之，于是始得其天。方其落笔之际，不知我之为草虫耶，草虫之为我耶，此与造化生物之机缄，盖无以异，岂有

① 邵雍:《皇极经世·观物内篇》。

② 邵雍:《皇极经世·观物内篇》。

③ 邵雍:《皇极经世·观物内篇》。

可传之法哉?"

这个故事简直就是庄子化蝶之翻版,但这不是抄袭。曾云巢(无疑)作为画家,他的画草虫的体会就是如此。这是艺术创作中的一条规律,凡全身心地投入创作的作家、艺术家均有此体会,法国作家福楼拜是《包法利夫人》的作者,他自述创作的体会时说,当进入创作的巅峰状态时,他全然忘记了自己,他就是包法利夫人,包法利夫人就是他,以至于写到包法利夫人服毒时,他竟然也感受到了砒霜的味道。

中国人将创作中的主客观关系也看作天人关系,天人合一的合一在这里的表现就是主客不分。清代石涛说:

> 天有是权,能变山川之精灵;地有是衡,能运山川之气脉;我有一画,能贯山川之形神。……山川使予代山川而言也,山川脱胎于予也,予脱胎于山川也。搜尽奇峰打草稿也。山川与予神遇而迹化也,所以终归之于大涤也。①

石涛并没有在物质层面上将山川与我混淆起来,他说的是在精神层面上,山川脱胎于他,他脱胎于山川。这种脱胎即是互化,互化实为合一。互化的关键是"神遇",神遇的结果是"迹化"。迹化即为合一。石涛作为画家,强调这个过程,他作为创作主体的作用,因而说"终归之于大涤(石涛的别号)"。

在中国美学中,艺术创作所达到这种主客合一的境界称之为"化境",而实现此种境界的工作称之为"化工"。化工,也称为天工,天工的本质是自然,是无为。明代学者李贽说:"天之所生,地之所长,百卉具在,人见而爱之矣,至觅其工,了不可得,岂其智固不能得之欤?要知造化无工,虽有神圣,亦不能识化工之所在。"② 是的,自然所为,可以说是无工。自然创造了最高的美,然而它并没有费心思,没有费力,一切均为自然,自然而然。于是,就有一个问题提出来了,作家、艺术家要创造艺

---

① 石涛:《苦瓜和尚画语录·山川章第八》。
② 李贽:《焚书·杂说·杂述》。

术美,这艺术美以何为楷模呢? 以自然为楷模。那就要追求无工的境界。然则艺术是需要作家、艺术家动心智的,有时,还很艰苦。这会在艺术作品中留下痕迹,然而,最好的作品不应该这样,它似是作家、艺术家无心之作。李贽在提出"化工"这一概念时,还提出"画工"这一概念。"画工"已经是很高的境界了,它甚至能"夺天地之化工",但它毕竟不是最高境界,因为它留下了用心的痕迹。所以,在中国美学中,一方面将自然美定为最高的美,另一方面又认为人也可以达到与自然美同样高度的美,而达到这一高度的关键是认识到"造化无工",以"有工"之力创"无工"之美。

第二节　"交感"论

交感是天与人合一的动态过程,也是万物包括生命的发生过程。周敦颐说:"二气交感,化生万物。"[①] 张载说:"气交为春。"[②] 这"春"即为生命。

交感重在感,理学家都特别注重"感"。张载说:"感者性之神,性者感之体。"[③] 关于这一句话,张载还加了一个自注:"在天在人,其究一也。"可见,"感"是贯穿天人的不可或缺的通道,因而"感即合"[④],"以万物本一,故一能合异;以其能合异,故谓之感;若非有异则无合。天性,乾坤、阴阳也,二端故有感,本一故能合"[⑤]。程颐说:"言开合已是感,既二则便有感。所以开合者道,开合便是阴阳。"[⑥]

"感"是感性的活动,理学家很重视"感",这是很值得研究的。理学,顾名思义,不能不讲"理",但这"理"并不抽象神秘、不可捉摸,它就体现

---

① 周敦颐:《太极图说》。
② 张载:《正蒙·太和篇》。
③ 张载:《正蒙·太和篇》。
④ 张载:《正蒙·太和篇》。
⑤ 张载:《正蒙·太和篇》。
⑥ 程颢、程颐:《河南程氏遗书》卷十五。

在各种日常的感性活动中。邵雍的《皇极经世》就大谈目、耳、鼻、口等感官的功能。他说："声色气味者，万物之体也；目、耳、鼻、口者，万人之用也。体无定用，惟变是用，用无定体，惟化是体，体用交而人物之道于是乎备矣。"① 天地万物的各种变化都是作用于人的各种感官而得以为人所体认的；同样，人的各种内在的精神变化又都体现于感官的活动。"性之走善色，情之走善声，形之走善气，体之走善味。性之飞善色，情之飞善声，形之飞善气，体之飞善味……"② 在邵雍的非常艰深的谈象数的著作中，竟也有大片的非常丰富生动的感性世界。

(宋) 王诜:《瀛山图》(局部)

有感就有应。感的是感官，应的则是"神"。周敦颐说："寂然不动者，诚也，感而遂通者，神也；动而未形、有无之间者，几也；诚精故明，神应故妙，几微故幽。"③

---

① 邵雍:《皇极经世·观物内篇》。
② 邵雍:《皇极经世·观物内篇》。
③ 周敦颐:《通书·圣第四》。

以上这些关于交感的论述几乎完全适用于审美。审美就是人与物的一种建立在感性基础之上不离感性又超越感性的精神活动。没有交感就没有审美。中华美学在审美发生这一问题上特别重交感,不仅美感产生于交感,艺术创作动机的萌发亦来自于交感。在中国有关文学、艺术的典籍中,有关艺术活动发生的言论到处可以见到交感的运用。刘勰《文心雕龙》说:"春秋代序,阴阳惨舒,物色之动,心亦摇焉。盖阳气萌而玄驹步,阴律凝而丹鸟羞,微虫犹或入感,四时之动物深矣。"[1] 钟嵘《诗品序》云:"气之动物,物之感人,故摇荡性情,形诸舞咏。"王夫之亦云:"含情而能达,会景而生心,体物而得神,则自有灵通之句,参化工之妙。"[2] 刘勰、钟嵘、王夫之这样的言论几乎可以原封不动地移入理学。

交感理论创建于《周易》,《周易》中有一个咸卦,专论阴阳交感。重交感是中华美学一大特色。西方美学比较多地讲反映、讲体验,反映论与体验论是两种不同的理论;中华美学则讲交感。交感不是反映但含有反映,不是体验但含有体验。交感论重在物我之间的情感交流,它是中华美学对世界美学的一大贡献。

第三节　"心性"论

理学就其实质来说是伦理学。理学的伦理学不怎么谈具体的道德规范,而比较多地谈道德心理。理学的道德心理学比较集中谈的一个是"性",另一个是"心"。朱熹、程颐的"理学"派比较多地谈"性",陆九渊、王阳明的"心学"派比较多地谈"心"。

程颐说:"在天为命,在义为理,在人为性,主于身为心,其实一也。"[3] 既然"命""理""性"都是一个东西,所以"尽性"也就可以知"理"、知"命"了。他说得很清楚:"自人而言之,从尽其性至尽物之性,然后可以

---

① 刘勰:《文心雕龙·物色》。
② 王夫之:《薑斋诗话》卷二。
③ 程颢、程颐:《河南程氏遗书》卷十五。

赞天地之化育,可以与天地参矣。"① 这样,宇宙论落实到伦理学,伦理学又落实到心理学。这个过程可简化为:天理性。张载也有类似的看法,他说:"尽性,然后知生无所得,则死无所丧"②,"知死之不亡者,可与言性矣"③。

朱熹将"性"分成"天命之性"与"气质之性"。他认为人是禀天地之气而产生的,人所禀受的天地之气,有清浊之别。如果禀受的是清气,则为"天命之性"。这种"性"与"天理"相通,尽"天命之性"就可达天人合一的境界。如果禀受的是浊气,则为"气质之性"。这"气质之性"是"恶"的根源,它是不能通"天理"的。对于这种"气质之性",唯一的办法就是通过教育、自我修养来改造。朱熹的这些看法来自孟子。孟子云:"尽其心者,知其性也;知其性,则知天矣。"④

陆九渊、王阳明的看法有些不同,他们强调"心"的本体地位。心即是理,因此,识天理的途径不是尽性,而是尽心。陆九渊说:

> 天之所以与我者,即此心也。人皆有是心,心皆具是理,心即理也。故曰:"理义之悦我心,犹刍豢之悦我口。"所贵乎学者,为其欲穷此理,尽此心也。⑤

> 学者问:"荆门之政何先?"对曰:"必也正人心乎。"⑥

王阳明是"心学"派的主要代表人物,他认为心外无物,连自然景物的存在与否,在他看来也决定于人是否注意到。《传习录》中载有这样一个很有名的故事:

> 先生游南镇,一友指岩中花树问曰:"天下无心外之物,如此花树在深山中自开自落,于我心亦何相关?"先生曰:"你未看此花时,此花

---

① 程颢、程颐:《河南程氏遗书》卷十五。
② 张载:《正蒙·诚明篇》。
③ 张载:《正蒙·太和篇》。
④ 《孟子·尽心章句上》。
⑤ 《陆九渊集·与李宰》。
⑥ 《陆九渊集·语录》。

与汝心同归于寂；你来看此花时，则此花颜色一时明白起来，便知此花不在你的心外。"①

关于这个故事的美学意义，我们在本书"明代心学与美学"一章还要加以分析。这里只强调一点，就是心学特别突出心的力量、精神的力量。他们这样做，其实并不否定物质世界的存在，只是认为那种不与人发生关系，特别是不与人的精神发生关系的世界对于人没有意义，也不具价值，包括审美价值。

朱熹、程颐、张载说的"性"其实也是"心"，朱熹也说过"一心具万理，能存心而后可以穷理"②。不管是朱熹他们的"尽性"说，还是王阳明、陆九渊的"尽心"说，都是人性论。理学家们就是企图用人性去充当沟通、连接"天""人"的枢纽。李泽厚说，"不是宇宙观、认识论而是人性论才是宋明理学的体系核心"；"宋明理学的'天人合一'则是'心性之学'"③。这是很正确的。

宋明理学这一特点为它向美学开放打开了一扇大门。道理是不言而喻的。美学的领域正是心性的领域。

第四节　"重生"论

理学家们所构制的天人合一的模式，不管是何为本体，无一例外，都是生命的模式。重生是理学的一个本质性的特点。

周敦颐说："天以阳生万物，以阴成万物。"④邵雍说："生者性，天也，成者形，地也，生而成，成而生，易之道也。"⑤程颐说："生之谓性。"⑥程颐说：

---

① 王阳明：《传习录》下。

② 朱熹：《朱子性理语类·学三》卷九。

③ 李泽厚：《中国古代思想史论》，人民出版社1985年版，第225页。

④ 周敦颐：《通书·顺化第十一》。

⑤ 邵雍：《皇极经世·观物内篇》。

⑥ 程颢、程颐：《河南程氏遗书》卷二。

"赞天地之化育。"① 朱熹说:"理也者,形而上之道也,生物之本也。"②

(宋)赵佶:《柳鸦芦雁图》(局部)

不需一一列举,理学之重生命,随处可见。而众所周知,生命、生气正是美学的主题。曹丕说:"文以气为主。"这"气"是生命之气。顾恺之论画讲形神兼备,以形写神,也正是为了画出人物的生命来。谢赫的"六法",第一法即为"气韵生动是也"。所谓"气韵生动"就是生意盎然。不仅是画人物,就是画没有生命的山水,按美学的要求也应画出类似人的生命意味来。

第五节 "重乐"论

宋明理学既然重生命,就必然重生命的快乐。周敦颐大谈"孔颜乐处",并以之教育二程兄弟。他门前的青草特意不除,以见其生意,被理学家们

---

① 程颢、程颐:《河南程氏遗书》卷十五。
② 朱熹:《答黄道夫》。

传为佳话。二程中的程颢是乐天派，他的《秋日偶成》"万物静观皆自得，
四时佳兴与人同"，充满"天人合一"的乐趣；他的《春日偶成》咏闲居之趣，
脍炙人口，千古传颂。诗云："时人不识余心乐，将谓偷闲学少年。"是的，
他的乐是一般人难以理解的，以为他是"偷闲学少年"。其实只要将诗的另
两句"云淡风轻近午天，傍花随柳过前川"联系起来看，就可知晓，程颢这
种乐正是"与万物为春"之乐，"天人合一"之乐。大理学家朱熹亦有表达
这种快乐的名篇——《春日》：

> 胜日寻芳泗水滨，
>
> 无边光景一时新。
>
> 等闲识得东风面，
>
> 万紫千红总是春。

对于这种乐，程颢还有论述。他说：

> 天地之用，皆为我之用。孟子言万物皆备于我，须反身而诚，乃为
> 大乐。①

(宋) 赵佶：《柳鸦芦雁图》(局部)

---

① 程颢、程颐：《河南程氏遗书》卷二。

"天地之用，皆为我之用"，我与天地浑然一体，物我两忘，恰如庄周之梦蝶，不知蝶之化周，还是周之化蝶，怎么能不快乐呢？

明代前期的理学家曹端讨论过孔颜之乐的问题，他说：

> 孔颜之乐者，仁也。非是乐这仁，仁中自有其乐耳。且孔子安仁而乐在其中，颜子不违仁而不改其乐。安仁者，天然自有之仁；而乐在其中者，天然自有之乐也。不违仁者，守之之仁，而不改其乐者，守之之乐也。①

这话说得非常好，原来孔颜之乐不是"乐这仁"，而是"仁中自有其乐"。"乐这仁"，"仁"是乐的对象，主客是两分的；"仁中自有其乐"，"仁"就不是对象，而是"乐"自身了，主客合二为一。

王阳明把"乐"提到心之本体的高度，这是空前的。他说：

> 乐是心之本体，虽不同于七情之乐，而亦不外于七情之乐。虽则圣贤别有真乐，而亦常人之所同有……②

这段论述特别重要，它揭示了这种由天人合一而产生的乐既不同于七情之乐，又不外于七情之乐，这是很深刻的。说"不同"，是因为这种快乐超越了一般的物欲之乐；说"不外于"，是因为它仍是感性的快乐。就前一点而言，它是圣贤之乐，有别于常人；就后一点而言，它与常人并无区别。

宋明理学所津津乐道的这种"乐"是"与天地参"的快乐，它是伦理的，又是超伦理的。说它是伦理的，是因为它毕竟落实在道德的意义上，不离儒家的伦理规范：仁义礼智信之类。说它是超伦理的，是因为它将这种快乐赋予了美学的意义。这是一种在主体与客体合一、物我两忘的审美情境中的快乐。它是超越了狭隘的功利，也超越一般的认知的快乐，是一种与天地精神相往来的自由的快乐。

理学所构制的天人合一的境界，是人生的最高境界，它是真的、善的，

---

① 周敦颐：《通书·颜子》曹端注。
② 王阳明：《传习录》中。

更是美的，抑或说，它是化真为善，又化善为美的境界。这种境界作为人生理想，它不是出世的，而是入世的；它不是宗教的，而是红尘的；它是可望的，亦是可及的。

构制这种境界是宋明理学最重要的贡献。

第十二章

陆九渊"心学"的境界

宋代理学中争辩最为激烈、意义也最为重大的莫过于朱熹与陆九渊的较量。也许因为更符合维护封建正统的需要，朱熹自元代以后一直受到最高统治者的重视，他的学说逻辑似乎也更为周密，因而一直奉为理学的正统，而陆九渊则有些被冷落。其实，朱熹的理本体与陆九渊的心本体论均存在一定合理性，也均存在一定的片面性。它们存在着既对立又相补的关系。至于在什么时候，谁发展得更好一些，在很大程度上，取决于时代的需要。明代中期以王阳明为代表的心学，其发展势头就远远超过了朱熹。让人不无遗憾的是，人们在高度评价王阳明的时候，却忘记了心学的前驱——陆九渊。其实，无论个人品质还是学说，陆九渊均有值得人们更多关注的理由。就其于美学的影响来说，他的心学境界直通审美的境界。

第一节　生　平

陆九渊（1139—1193），字子静，号存斋，人称象山先生。江西抚州金溪人。其祖在唐朝先后有六人为相，可谓世代簪缨。陆九渊父陆贺，虽是饱学之士，倒是没有做过官，死后，因陆九渊的盛名，被皇帝追赠为宣教郎，系典型的父以子贵。

陆九渊在家中排行第六,兄长均为读书人,其中致力于学术的有四兄陆九韶、五兄陆九龄。父子七人,九韶、九龄、九渊三人宋史中均有传。六人收入《宋元学案》。唯独二兄因没有功名,致力于家业没有入传。一家中同时代如此显赫者,在中国历史上,极为罕见。

陆九渊生于南宋绍兴九年二月乙亥日(1139年3月26日),正是宋王朝灾难深重的年代,几年前的靖康之变,清晰如昨,逃到江南称帝的赵构日日惊魂。陆九渊出生这年正月,南宋与金和议签订,虽然南宋须对金称臣,且每年贡纳币银、丝绢等,但终于换来了暂时太平的日子。中华民族的深重灾难自小就沉重地压在陆九渊心里。

陆九渊自小好思考,三四岁时就向父亲提出"天地间何所穷际"这样的问题。少年时,就胸襟不凡,赋诗曰:

> 从来胆大胸膈宽,
>
> 虎豹亿万虬龙千。
>
> 从头收拾一口吞。
>
> 有时此辈未妥帖,
>
> 哮吼大嚼无毫全。
>
> 朝饮渤澥水,
>
> 暮宿昆仑巅。
>
> 连山以为琴,
>
> 长河为之弦。
>
> 万古不传音,
>
> 吾当为君宣。

绍兴三十二年(1162),陆九渊参加解试,随后又参加秋试。据说,考官在他的试卷上批道:"毫发无遗恨,波澜独老成。"[1]放榜日,陆九渊在梭山弹琴,信至,他不视不听,仍然弹琴,直到一曲终了,方才问中了第几名。过后,又弹了一曲,才收拾琴具回家。

---

[1] 《陆九渊集·年谱》。

乾道七年(1171),33 岁的陆九渊参加乡举,考官的批语是"如端人正士,衣冠佩玉"。第二年参加春试,惊动考场。考官为著名学者尤袤、吕祖谦。读到他的《易》卷中"狎海上之鸥,游吕梁之水,可以谓之无心,不可以谓之道心"等精彩的议论时,"击节叹赏"。又读《天地之性人为贵》时"愈加叹赏","至策,文意俱高",这个时候,吕祖谦内难出院,特嘱尤公曰"此卷超绝有学问者,必是江西陆子静之文,此人断不可失也。"①

陆九渊进士及第后开始了他的仕宦和教学生涯:

淳熙元年(1174),36 岁的陆九渊被授迪功郎官衔,任隆安县主簿。1175 年参加鹅湖之会。1179 年任建宁府崇安县主簿。1181 年,应朱熹邀请,在白鹿洞书院讲学。1182 年任国子正,在国子监讲学。1183 年在敕局为敕令所删定官。1187 年,陆九渊回家乡,应家乡父老之请,开办象山书院讲学。1191 年 6 月,陆九渊赴荆门任知军,1193 年 1 月 18 日殁于任所。终年 54 岁。

陆九渊在荆门成就了他的最后的辉煌。在学术上达于巅峰,而在行政上也卓有成就。至今,荆门仍有他的纪念物。

第二节 朱陆之争

陆九渊一生事业中,最著名的他与南宋大儒朱熹的学术之争。

这段争论的背景大体上是这样的:中国儒学发展到北宋蔚为大观。最重要的特征:一是充分吸取了易学、道家、佛家的营养,实现哲学本体论、伦理学、美学的统一。其中,哲学本体论成为整个学说的基础。二是以哲学本体论之区别,形成诸多学派,这诸多学派均以先秦儒学为本,然而各自的解释有异,在不同中有同,在同中有不同,犹如百川走东海,时分时合,殊途同归。

宋代理学开山祖师为周敦颐,他主要研究《易》学。继后有程颢、程颐

_____

① 以上俱见《陆九渊集·年谱》。

兄弟，他们青年时均向周敦颐学习过，后来形成的学术思想为理本体。北宋除了周、程两派外，还有以张载为代表的气本体派与以邵雍为代表的数本体派。所谓本体，就是他们所认定的宇宙、人生之本。到南宋，出了大儒朱熹。朱熹之学本于二程，持的也是理本体。朱熹认为，"天地之间，有理有气，理也者，形而上之道也，生物之本也。气也者，形而下之器也，生物之具也。"①　就是说，世界上有两个基本的东西：一是理，它是根本，不仅是世界之本，也是人之本。理是看不见的、抽象的，但它存在着。用今天的话来说，就是规律、道理。这个世界之所以存在，之所以有序，就是因为有规律、道理存在。另一个东西，是气，气是理的具体显示，它可以化而为人，也可以化而为物。理是人之本，气是人之具。

朱熹讲的理主指儒家的天地观、人伦观，不能等于今天讲的自然科学。朱熹认为，天地只有一个理，由于气的作用，化为万物，好比天上只有一轮月，然映在不同的水中，就成为千千万万不同的月，这就是儒学史上著名的命题"月印万川"。朱熹认为，人要修养成为君子，必须明理。明理的途径主要为"格物，致知"。在具体的生活实践上，一物一物地认识，学习，以提高自己。这种方法强调积累涵养，反对走捷径。

陆九渊的看法则不同。第一，他认为，虽然，这个世界上确有理存在，但这个理却不在人心之外，离开心的理没有意义，因此他的基本观点是"宇宙便是吾心，吾心即是宇宙"②。

第二，他认为，人的修养宜主要从"明心"入手，用《大学》的话来说，就是"尊德性"，朱熹的修养法侧重于格物致知，也就是《大学》中说的"道问学"。两种方法，前者简易，后者烦琐。朱陆两家学术形成理本体与心本体两派，两派之间分歧逐渐明显。

两派的交战始于对周敦颐学说的认识上。乾道五年（1169），朱熹编辑周敦颐的著作《通书》，将附于《通书》后的《太极图说》从《通书》中抽

---

① 朱熹：《答黄道夫》。

② 《陆九渊集·杂说》。

(宋) 李公麟:《维摩演教图卷》

出,使之与《通书》并列。淳熙六年(1179),朱熹再次厘定,将《太极图说》中的《图》从《说》分出。淳熙十四年(1187),朱熹又为此书做注。朱熹的做法引起学界关注。这其中关键是对《太极图说》中"无极"的概念的理解。按朱熹的说法,"太极"之后还有"无极"。陆九渊的四兄陆九韶对朱熹的说法不予同意。1186年陆九韶给朱熹发出第一封信,与朱熹商榷,认为"无极"即"太极",在"太极"后添加"无极",恐怕不是周敦颐的思想,因为周的《通书》中没有此说,如果《太极图说》确是周氏所作,那也只能说是周氏年轻时所作。朱熹接信后马上应战。两人书来信往,谁也没有说服谁。陆九韶感于"晦翁好胜",主动休兵;朱熹对于陆的"遽断来章"①,表示遗憾。

此时陆九渊回家乡办象山书院,继其兄未竟之业,与朱熹论战。1188年4月陆九渊向朱熹发出第一封信,重开战局。朱熹11月复信,接受挑战。陆九渊12月发出第二封信,再次论战。1189年正月,朱熹复信作辩。信末

---

① 见黄宗羲:《宋元学案》卷五十八。

表示各自保留意见,不要论争了。然陆九渊不让,7月再次发信,明确表示对朱熹休战的不满。8月6日,朱熹回信,检讨自己的信"词气粗率",说"既发即知悔之,然已不及矣"①。至此关于周敦颐学术的论战方才告休。

第三节　鹅 湖 之 会

时间又过了几年,双方各自的学术影响也在扩大,学界对于朱陆之争也渐起关注。这时,一个重要人物出场了,他就是吕祖谦。吕祖谦是陆九渊当年春试的考官,对陆的才华极为欣赏。不过在学术思想上,他并不偏于陆。在朱陆两者中,他较为折中。出于调和朱陆两派的目的,他出面邀请朱熹、陆九渊同来江西铅山县鹅湖寺聚会。是年为淳熙六年(1179)。此年的农历五月末,吕祖谦、朱熹先期到达鹅湖寺。陆九渊偕其兄陆九龄六月三、四日才到。参加此次会议还有江西、浙江、福建的一些学者,有名有姓的17人。实际人数要超过此数。

会议大约开了三四天。

六月五日,互道寒暄。吕祖谦主持会议,首先问陆九龄最近可有新的研究心得,陆九龄则将自己早已准备的后命名为《鹅湖诗》的诗作拿了出来,此诗云:

> 孩提知爱长知钦,古圣相传只此心。
>
> 大抵有基方筑室,未闻无址忽成岑。
>
> 留情传注翻榛塞,着意精微转陆沉。
>
> 珍重友朋相切琢,须知至乐在于今。

此诗强调发扬孩提就有的"仁爱"之心,认为这才是修养的根本。对于朱熹的"格物致知"的烦琐哲学进行了批评,认为是"着意精微转陆沉"。

朱熹听了此诗,对吕祖谦说"子寿早已上子静舡了也"②,对诗中的批

---

① 《陆九渊集·年谱》。

② 《陆九渊集·语录》。

评予以反驳，内容不详。接着，陆九渊又献出自己的一首和诗。诗云：

> 墟墓兴哀宗庙钦，斯人千古不磨心。
>
> 涓流积至沧溟水，拳石崇成泰华岑。
>
> 易简工夫终久大，支离事业竟浮沉。
>
> 欲知自下升高处，真伪先须辩只今。

陆九渊的诗批评朱熹的学术为"支离事业"，这批评比较重，朱熹听罢"失色"，最后"大不怿"[1]，当天讨论没有深入，彼此间有不欢了。

六月六日，朱熹经与吕祖谦商量，提出数十折论题来，陆氏兄弟均一一答辩，说"莫不悉破其说"[2]，当然，真实情况应是互有驳难，不可能一方全被驳倒。

六月七日，辩论继续。据陆氏兄弟的说法，"伯恭甚有虚心相听之意，竟为元晦所尼"[3]。意思是，吕祖谦对陆氏兄弟的观点很有兴趣，但朱熹有些不耐烦了。陆氏还说"其说随屈"[4]，意思是朱熹屈服了，可能不是这样，朱熹只是不愿意再辩罢了。

六月八日，会议结束。

整个辩论的过程，陆氏兄弟的气势一直咄咄逼人，而朱熹的态度则较为平和，"始听莹于胸次，卒纷缴于谈端"。然有记载说他是"失色""大不怿"，可能两者均有。

鹅湖之会虽然没有达到吕祖谦的目的，但其积极效果是不言而喻的，一是双方将观点展开了，二是虽然谁也没有说服谁，但过后双方冷静下来后，还是在一定程度上互相吸收对方观点的。

三年后，陆九龄在铅山观音寺会见朱熹，这次会见，气氛就相当友善。回忆当年的论战，朱熹依陆九龄诗原韵，也做了一首诗。诗云：

> 德义风流夙所钦，别离三载更关心。

---

① 《陆九渊集·语录》。
② 《陆九渊集·语录》。
③ 《陆九渊集·语录》。
④ 《陆九渊集·语录》。

偶扶藜杖出寒谷，又杆蓝舆度远岑。

旧学商量加邃密，新知培养转深沉。

只愁说到无言处，不信人间有古今。

此诗的内涵比较丰富，一方面表示仍坚持自己的旧学，另一方面又表示要吸收新的见解。"不信人间有古今"一句强调学术的继承与发展，应该说是很有胸怀，也很有见地的。

从哲学观点上来说，陆九渊与朱熹都认为"理"是世界之本，这一点是一样的。但朱熹认为"理"在"天"；陆九渊则认为"理"在"心"，他说："人皆有是心，心皆具是理，心即理也。"① 所以，实际上，"心"才是本。强调"心"的能量，将它看作广大无垠、无所不包又无所不能的本体，这是陆九渊"心学"的重要特点。"宇宙便是吾心，吾心即是宇宙"②，是他的名言。

陆九渊的学生杨简对陆的思想又加以发展，他说："天地，我之天地；变化，我之变化，非他物也。"又说："吾性澄然清明而非物，吾性洞然天际而非量。天者，吾性中之象；地者，吾性中之形，故曰在天成象，在地成形，皆我之所为也，混融无内外，贯通无异是殊，观一画，其旨昭昭矣。"③

既然"心"如此广大不包，所以要了解宇宙的真面目，不必向外追求，只需向内探索，认识本心就可以了。用一句今天的话来说，就是开发心灵的能量。

朱熹认为，陆九渊这种自存本心的观点，完全是从佛教禅宗脱胎而来的。禅宗主张"明心见性"，认为"一念愚即般若绝，一念智即般若生"，"若识自性，一悟即至佛地"④。陆九渊的修身方法基本上亦是如此。不过，陆九渊重视直求本心，并不意味着他对现实的完全忽略，只是他要强调先明本心的重要性而已。

鹅湖之会具有重要的学术意义：它是中国历史上具有现代学术会议意

---

① 《陆九渊集·与李宰》。

② 《陆九渊集·杂说》。

③ 杨简：《慈湖遗书》卷七。

④ 《坛经》。

义上的一次学术论辩。它亮出心学的旗号，为心学的发展开辟了道路。心学自此后，与理学分庭抗礼，得以发展壮大。到明代，王阳明出，将心学推向新的高潮。心学成为中国封建社会具有启蒙意义的学说，它不仅为明代的启蒙思潮提供了哲学依据，而且也为近代五四运动的出现提供了精神养分。

第四节　心灵的世界——价值世界

陆氏的思想被人误认为唯心主义，其实不是。陆九渊并没有否认客观世界的存在。客观世界之客观一在客观的物存在，二在客观的理存在。他说："天覆地载，春生夏长，秋敛冬肃，俱此理。"[①]

陆九渊不是自然科学家，他说的"理"侧重于社会之理，主要指由儒家所制定的典章制度和道德规范。这种理也是客观的。他说："此理在宇宙间，固不以人之明不明，行不行而加损。"[②]

问题不在承不承认有客观的物与客观的理存在，问题在这客观的物与客观的理与心是什么关系，陆九渊的心学的关键在这里。

陆九渊说："盖心，一心也，理，一理也。至当归一，精义无二。此心此理，实不容有二。"[③] 又说："人皆有是心，心皆有理，心即理也。"[④]

原来，这"理"那"理"，均在"心"中。自然规律在心中，社会规律也在心中。心与理合而为一，实际上这理是心所认识的理。不在心中，或者说不被心所认识的理就不是理。

唯心主义与唯物主义的区别在于，唯心主义认为，世界本源在心，物由心生；唯物主义认为世界本源在物，心由物生。

关于这个问题，恩格斯在《路德维希·费尔巴哈和德国古典哲学的终

---

① 《陆九渊集·语录》。

② 《陆九渊集·与朱元晦》。

③ 《陆九渊集·与曾宅之》。

④ 《陆九渊集·与李宰》。

结》中有精辟的阐述。恩格斯说：

> 思维对存在的地位问题，这个在中世纪的经院哲学中也起过巨大作用的问题：什么是本原的，是精神，还是自然界？——这个问题以尖锐的形式针对着教会提了出来：世界是神创造的呢，还是从来就有的？

> 哲学家依照他们如何回答这个问题而分成了两大阵营。凡是断定精神对自然界说来是本原的，从而归根到底承认某种创世说的人（而创世说在哲学家那里，例如在黑格尔那里，往往比在基督教那里还要繁杂和荒唐得多），组成唯心主义阵营，凡是认为自然界是本原的，则属于唯物主义的各种学派。

> 除此之外，唯心主义和唯物主义这两个用语本来没有任何别的意思，它们在这里也不是在别的意义上使用的。①

陆九渊说到世界本源这个意思了吗？没有，他只说，心与理"精义无二"，是一个东西，并没有说哪个生哪个。所以，他的思想既不属于唯物主义也不属于唯心主义。他只是表达了这样一个观点：我们说的世界是人的世界，人是有心的，因而人的世界实质是心的世界。与之相关，我们说的理（不管是自然之理还是社会之理）是人心所认识到的理。

按现代哲学，世界可以分为两类：一类为人的世界，另一类为非人的世界，人的世界为价值的世界，所谓价值，指对人的意义；非人的世界即是没有被人所认识的世界，它真实地存在着，因而是事实的世界，但对人没有意义，故不是价值的世界。按黑格尔哲学，事实的世界是"自在之物"，价值的世界方是"为我之物"。人要做的，就是为不断地将自在之物变成为我之物。而要将自在之物变为为我之物，关键是发动心灵的力量。

陆九渊的观点应该说具有一定的深刻性。他的这种观点为王阳明所继承。《传习录》记载有这样一个故事：

> 先生游南镇，一友指岩中花树问曰："天下无心外之物，如此花树

---

① 《马克思恩格斯选集》第4卷，人民出版社1995年版，第224—225页。

在深山中自开自落,于我心亦何相关?"先生曰:"你未看此花时,此花与汝同归于寂;你来看此花时,则此花颜色一时明白起来,便知此花不在你的心外。"①

王阳明说的花有两种:一种在深山自开自落的花,此花虽然早就存在,但它只是自在之物,与人心无关;不是人的对象,不是价值物;无所谓美。另一种是人们看的花。此花既然为人所看,它就成为人的对象,对人有意义,是为我之物。

花"一时明白起来",即花顿时变得美丽起来,"明白"就是花的审美价值的开显。

这里,"看"是关键。"看"是人的一种感性活动,但"看"通向精神,实际上,是人的心作用于花,是心的作用才使花"一时明白起来"。因"看",花进入了人的视界,继而进入了人的心灵,进入了人的价值世界,进入了人的审美领域。

将世界分成事实的世界与价值的世界两部分,着意于对人有意义的价值世界,是心学的基本点。值得指出的是,心学强调对人有意义的价值的世界是人的心灵把握着的世界,它或是见出道,或是见出理。这道与理虽然也包括自然的规律,如上面引文所说的"天覆地载,春生夏长,秋敛冬肃",然而更多的或者说更主要的是儒家所规定的道德规范,诸如仁义礼智之类。这些规范本植根于人心即所谓人皆有善性,又需靠人心来发扬,这就是《大学》中所说的"尊德性"。

儒家讲的天人合一,在不同的学派那里,其统一处是不同的,在心学,统一于心。

第五节 心灵的品位——天地境界

一是"心"与"理"一,二是"理"与"天"一,实际上是"心""理""天"

---

① 王阳明:《传习录》下。

三者一。陆九渊如此煞费苦心论证,试图达到什么目的呢?

我们先看他的论证过程:

在论证心、理、天统一的同时,陆九渊又论证天大,他说:"宇宙无际,天地开辟只此一家。"① "宇宙无际",又"只此一家",当然是大了。天地大这没有人怀疑,似乎不需要论证,陆九渊的目的当不在此,他的目的是在说道大,故他又说:"大哉,圣人之道,洋洋乎发育万物,峻极于天,优优大哉。天之所以为天者,是道也。故曰唯天为大。"② 圣人之道"发育万物",具有天的功能,而天之所以为天,其本在道,所以,道与天一,天大,道亦大。他还说"塞天地一理也","此理在天地间,未尝有所隐遁"③。理即道亦即天,所以理也是大的。

仅仅只是为了论证道与天同大、理与天同大吗? 也不是,陆九渊的关注点实际上不在道,也不在理,而在人,准确地说,在人心。

既然心通理,通道,而理与道均通天,那么,心也通天。天大,道大,理大,心亦大。

天的"大"在物理意义上,空间上无限,时间上无限。人的心也这样吗? 不是,"大"体现在人心上,既不是空间上无限,也不是时间上无限,而是"无私"。陆九渊说:"天地之所以为天地者,顺此理而无私焉,人与天地并立而为三极,安得自私而不顺此理乎?"④ 无私即公,陆九渊说:"理乃天下之公理,心乃天下之同心。"⑤

无私不只是一个伦理学的概念,更多的是哲学本体论上的概念,重在讲人格。北宋理学家张载说"民吾同胞,物吾与也"⑥。"民吾同胞"重在人道主义,"物吾与也"暗含生态主义。张载还说过一句非常有名的话——"为

① 《陆九渊集·与罗春伯》。
② 《陆九渊集·与冯传之》。
③ 《陆九渊集·与朱济端》。
④ 《陆九渊集·与朱济道》。
⑤ 《陆九渊集·与唐司法》。
⑥ 张载:《正蒙·西铭篇》。

天地立心,为生民立命,为往圣继绝学,为万世开太平"①。此两句话均是无私的最好注解。

陆九渊的思想多可从孟子找到源头。孟子曰:"先立乎其大者,则其小者弗能夺也。"② 陆九渊很欣赏这句话。孟子所谓"立乎大者",就是在《滕文公下》所说的"居天下之广居,立天下之正位,行天下之道"。陆九渊直接继承了这一观点,在《与冯传之》中明确地说:"居之谓之广居,立之谓之正位,行之谓之大道。非居广居,立正位,行大道,则何以为大丈夫!"原来,陆九渊的心与理一、理与天一,为的是培植心胸如天地那般广阔的君子。这种君子的本质特点就是以天下为己任。中华民族上万年的历史中,这样的优秀分子太多了,正是有了他们,中华民族这条大河才始终奔腾汹涌,直至今天。中华民族要复兴,从根本上说,靠的就是这种"居天下之广居,立天下之正位,行天下之道"的天地精神。

第六节 心灵的生发——复其本心

心灵的力量如何生发?主要靠外力,还是主要靠内力?陆九渊的观点是主要靠内力。用他的话来说就是"复其本心"。

何谓"复其本心"?这首先牵涉到对"本心"的理解。陆九渊关于人的本心的理解,也来自孟子。众所周知,孟子主张人性善,他的人性善是说人的本心中具有善之基础或即"善之端"。孟子说:"恻隐之心,仁之端也;羞恶之心,义之端也;辞让之心,礼之端也;是非之心,智之端也。"③ 他又说:"恻隐之心,人皆有之;羞恶之心,人皆有之;恭敬之心,人皆有之;是非之心,人皆有之。"④ 既然人皆有之,为何这世上有如此多的坏人呢?这是因为社会将这些人的善端污染了。只要通过修养,复其本心,即将人的善端恢

---

① 张载:《张子全集·近思录》。
② 《孟子·告子章句上》。
③ 《孟子·公孙丑章句上》。
④ 《孟子·告子章句上》。

复并弘扬，人皆可以成为尧舜。

陆九渊在孟子这一观点的基础上加以发挥。

他说："且如存诚持敬二语自有不同，岂可合说？存诚字于古有考，持敬字乃后人杜撰。"① 所谓"存诚"，就是孟子的"发明本心"。陆九渊说："只存一字，自可使人明得此理，此理本天所以与我，非由外铄，明得此理，即

(宋) 刘松年：《罗汉图》

---

① 《陆九渊集·与曾宅之》。

是主宰。"① 这种"复其本心"的做法,有几个突出的优点。

首先,它简易,不像"持敬",日日须格物,事事须当心,当然就比较地繁琐了。所以,陆九渊说"易简工夫终久大,支离事业竟浮沉"。

其次,它快乐。陆九渊引孟子的话说:"万物皆备于我,反身而诚,乐莫大焉。"②

再次,有助于培养自信。自信则自安,自安则更为努力,更为发愤。

陆九渊去世后,他的弟子严滋为其呈状请谥。文中曰:"盖其为学者大公以灭私,昭信以息伪。揭诸当世曰:'学问之要,得其本心而已。'学者与闻师训,向者视圣贤千万里之隔,乃今知与我同本,培之溉之,皆足以敷荣茂遂,如指迷途,如药久病,先生之功宏矣。"这份报告得到皇帝批准,皇帝在谥议中说:"夫理造而自得,政而本于躬行,则君子之所养可知矣。"赐谥曰为"文安"。这"安"就包含有自信自安的意思。

陆九渊的"复其本心"说充分提高了普通人修养的自信心,将本遥不及的君子之途铺设在每个人的面前,这对儒家的普及、对社会的长治久安无疑是一个重要的贡献。

如何评价陆九渊的心学,是一个严肃的、复杂的学术问题,决不是将其扣上"唯心主义"的帽子就可以了事的。他的心学其实也还有诸多值得我们吸取或参考的地方:

第一,陆九渊认为"道在天下,加之不可,损之不可,取之不可,舍之不可"③,人应当着力的是"收拾精神,自作主宰"④。可以说,陆九渊的心学弘扬了人的主体精神。

第二,陆九渊的心学强调心灵的力量,高扬价值理性,高扬道德本体,他强调"堂堂地做个人"⑤。而这堂堂地做个人,就是要像天地那样无私,可

① 《陆九渊集·与曾宅之》。
② 《孟子·尽心章句上》。
③ 《陆九渊集·语录》。
④ 《陆九渊集·语录》。
⑤ 《陆九渊集·语录》。

以说,陆九渊的心学确立了道德主体。

第三,陆九渊做学问不盲从,不唯上,他强调思考,提倡质疑。他说:"为学患无疑,疑则有进"①;"《春秋》之谬,尤甚于诸经"②;"《系辞》首篇二句可疑,盖近于推测之辞"③;"论语中多有无头柄的说话"④。他甚至说"学苟知本,六经皆我注脚。"⑤

陆九渊具有难能可贵的批判精神,他抨击司马光《资治通鉴》中的《名分论》为思想僵化的谬论,同时他又具有难能可贵的变革意识,他赞同王安石的"祖宗不可法"的观点,肯定王安石的变革。可以说,陆九渊的心学弘扬了一种质疑的变革精神。明代中期,王阳明继承并发展了陆九渊的心学。由于王阳明重要的政治地位和他卓有成效的教育活动,心学在中国的思想文化界乃至政治界影响巨大。心学难能可贵的变革意识,使之成为明代启蒙运动和近现代革命运动重要的精神武器之一。

总而言之,陆九渊的心学思想极大地提升了主体精神的地位,需要注意的是,这种过分夸大心灵作用的观点当然是不对的。心灵的作用诚然不可低估,但夸大到决定一切的地步则为荒谬。不过,陆九渊的这种理论在美学上不乏知音。这主要是因为艺术创作是主观性很强的活动。尽管艺术本身兼有再现与表现两重因素,但表现的因素容易为人所看重。就中国的艺术传统来说,一直是重在表现的。刘勰说:"登山则情满于山,观海则意溢于海。"⑥说的还只是观察生活时的心理活动,至于进入创作阶段,主观性就更强了,郭熙说:"身即山川而取之。"⑦苏轼说:"与可画竹时,见竹不见人。岂独不见人,嗒然遗其身。其身与竹化,无穷出清新。"⑧汤显祖说:"天

---

① 《陆九渊集·语录》。
② 《陆九渊集·语录》。
③ 《陆九渊集·语录》。
④ 《陆九渊集·语录》。
⑤ 《陆九渊集·语录》。
⑥ 《文心雕龙·神思》。
⑦ 郭熙、郭思:《林泉高致·山水训》。
⑧ 苏轼:《书晁补之所藏与可画竹三首》。

下文章所以有生气者,全在奇士,士奇则心灵,心灵则能飞动,能飞动则下上天地,来去古今,可以屈伸长短生灭如意,如意则可以无所不知。"① 明代的性灵派文论、诗论基本上以陆九渊和王阳明的心学为哲学基础,强调诗以发抒性灵为主,突出审美主体的作用。公正地说,陆九渊的心学对中国美学重表现的传统的形成和发展是起了积极作用的。

---

① 汤显祖:《玉茗堂文之五·序丘毛伯稿》。

第十三章

朱熹的"理"本体美学思想^①

从美学的角度研究朱熹的思想，要解决的第一个问题就是，朱熹的思想究竟是对中国美学思想的开拓，还是对中国美学思想的桎梏。这是一个长期引发争论的问题。之所以要继续探讨这个问题，是因为对朱熹的评价牵扯到一个基本的美学问题：美学能否兼容理性的问题。再深一层来说，这又是一个关乎中西美学差异的问题。

具体言之，中国古代的美学思想往往与作为本体的道相关，作为终极本体、终极价值与终极解释的道显然应该是一种理性思辨的成果，但在中国文化之中，文学、艺术、器物、自然万物等具体的物象均在最高层次上指向这个理性的本体。这就与西方美学将存在（being）的探索与审美分隔的传统截然不同。因此，借助对朱熹美学思想的阐释，既可以解决朱熹美学的评价问题，同时也可以窥见中西美学的差异。

第一节　美学还是反美学

关于朱熹的美学思想，有两种截然不同的评价：美学的和反美学的。

---

① 此文初稿由笔者的在站博士后张文执笔。

两种评价各有其根据：一方面，否定朱熹思想之美学价值的观点认为，理学乃是儒家伦理思想的哲学化成果，"理"作为宋儒对于终极价值的设定，根本上是道德的、伦理的，而非审美的。朱熹作为理学之集大成者，其思想谨严，立场坚定，处世严肃，与周敦颐、程颢相比，更少了一些审美风度，而"存天理，灭人欲"的道德信条进一步加深了人们对于朱熹理学之"反美学"特征的基本判断。但另一方面，肯定者则发现，朱熹曾深入研究《诗经》《楚辞》，自己亦作文赋诗、优游山水，不仅有精深的艺术素养，还自称"素耽山水之趣，凡有名山大川，无不悉至"①。此外，朱熹还常读历代诗人之作，并多有评点，文学史上的大家，朱熹多有涉及，并且尤其推崇陶渊明，对文学艺术有独到见解。可见，朱熹之美学思想同样丰富，且独具宋代特色。

如果将这两重论据及其结论放在一起，就可以得出一个基本的观点，那就是朱熹美学思想的矛盾性，即朱熹一方面否定美学，一方面又肯定美学。这似乎是一个很公允的结论，但也是一个勉力维持统一的结论。就朱熹本人而言，他的思想自成一体，内在圆融，力求理论上的统一与协调。他对理、气、性、心等哲学范畴做了长期而深入的探讨，化解了前人在理学思想中的矛盾与冲突；他本人在评价《诗经》《楚辞》以及李白、杜甫、苏轼等人作品时也言之凿凿，完全不是深陷矛盾的状态。因此，以矛盾性作为对朱熹美学的评价，只能是基于现代美学视角的产物，而非对朱熹自身美学思想的中肯评价。

长期以来，中国美学史研究一直以西方美学思想为理论基础，特别重视审美与人的感性自由之间的直接联系，认为美就是对人之感性自由的肯定。于是感性直观、情感体验成为美学的核心范畴，而以此为标准去衡量中国美学史，就会自觉地排斥理性精神在美学中的位置。其直接后果就是春秋战国时期、魏晋南北朝时期、明末思想解放时期成为美学史津津乐道的黄金时代，这是因为社会动荡时期，人们对个体命运的关心更加突出，这

---

① 朱熹：《晦庵先生朱文公文集·康塘三瑞堂记》。

种个体的感性追求则正好符合西方美学的要求。而两汉经学、宋明理学则似乎与美学关系不大，甚至有约束美学发展的趋势。

于是，中国美学史的研究就成为以西方美学剪裁后的美学史研究，而非真正具有民族特色的美学史研究。这种美学史观带来了诸多研究上的困难。譬如道家思想主张个体逃离文明社会的规训，是符合西方美学要求的，但道家又对人情展开了严格的约束，人必须摒弃世俗的七情六欲，回归大道，回归自然，于是有学者研究认为道家是反美学的。更严重的问题是，这种美学史观带来了美学史书写的困难。以哲学美学思想为主导的美学史，重视对个体感性自由的言论的发掘，于是先秦、魏晋、明末成了美学史之重心；以艺术为主导的艺术史研究则发现，汉唐艺术、两宋艺术、西夏辽金艺术各擅胜场；而以审美文化为主导的美学研究则尽量要避免前两者带来的思想与艺术实践的冲突，将每个时代的审美文化皆纳入美学史研究的范畴之中。

(宋) 马麟:《山水图》

这就出现了三种美学史书写的方式：美学思想史，艺术史和审美文化史。三种美学史的出现表明，中国美学史的研究是成问题的：越是具体的审美现象，可供研究的素材越是广泛；越是抽象的美学思想，可供研究的资料则越是局限。换句话说，就是美学思想无法有效面对审美现实。于是，研究者必须花费大量精力去弥合美学思想与审美现实之间的裂缝，以保证那些显然是"美的"却无法被理论容纳的"非艺术""非审美"现象得到一个不伦不类的"美学身份"。然而，作为同一文化体系的产物，美学思想与审美现实必然是统一的而非分裂的。① 因此，必须重新思考作为美学史书写之前提的美学观。

改变现状的出路在于，立足审美现实，反思美学史观。只有重新理解中国美学的总体特征，将中国美学与西方美学的差异厘清，才能真正将那些难以进入美学视野但又必须进入美学视野的审美现实纳入研究范围之中，并给予这些审美现实一个恰当的解释。

由此，阐释朱熹美学思想就必须从阐释美学基本问题开始。

一、西方理性主义美学：艺术与理本体的疏离

西方美学史以认识论为基础，而认识论有两个倾向：一是经验论，认为经验是知识的唯一来源；二是理性论，认为经过理性过滤的认识才是可靠的认识。两个倾向均与美学发生联系，经验论美学，重视感性，而理性论美学，重视理性。

西方美学史的两个潮流，不是势均力敌的，总的来说，理性论处于上风，源自古希腊柏拉图发展到近代的德国古典主义哲学，是理性主义的哲学，这一潮流显然占了上风，因此，西方美学发展的总体倾向是将审美与真理分离。审美是个体的、感性的、自由的；真理是普遍的、理性的、逻辑的。这种区分奠定了现代美学理论的基本格局。真理越是追求以普遍的、理性的、逻辑的形式解释世界，审美就越是回归个体的、感性的、自由的领域。

---

① 本书即力图做到美学思想史、艺术史和审美文化史的统一。

审美活动或者艺术与真理是两个领域的事件。简单地说,审美与艺术无法通达真理,只能作为一种情感的满足。

这种倾向是扎根于西方文化的基因之中的。自巴门尼德以来,being成为西方存在论哲学的终极指向。关于being的翻译,国内主要翻译为"存在"或者"是",无论何种翻译,being的提出标志着西方哲学开始了逻辑论证的阶段。在巴门尼德看来,真正的本源不是经验描述的结果,而是逻辑论证的结果。也就是说,真正的知识应该是符合逻辑论证的。

巴门尼德的逻辑论证直接决定了西方文化的走向。从此,诗性思维对世界的解释,譬如神话、艺术则被视为对世界之表象的模仿。在逻辑论证的面前,物象的描摹无法通达真理。柏拉图对"模仿说"的批判就是这种思想的集中体现。此后,逻辑论证成为认识真理的基本保障,就连信仰的产物——上帝,也在中世纪得到了严密的逻辑论证。

以逻辑论证为根基的西方思想,不断排斥以形象描摹为特征的艺术文化。这一点在黑格尔美学中得到了显著的呈现。黑格尔认为,美是理念的感性显现,这句话也可以理解为,美是理念的低级阶段。当思维尚未达到辩证逻辑的阶段,人类以形象的方式表达真理;当思维不断完善,人类以概念的方式表达真理。如此,黑格尔顺其自然地得出结论,当思维的"全体自由性"得到充分彰显,思维与存在的同一规律就得到了彻底的揭示,以形象表达真理就成为毫无意义的事情,艺术由此终结。

在黑格尔的体系中,绝对理念就是终极真理,艺术以形象追求真理,哲学以逻辑追求真理,艺术是表象思维,哲学是理性思维,艺术是最贫乏的真理,哲学才是最丰富的真理。当哲学完全把握存在的逻辑,艺术就成为可有可无的东西。黑格尔的思想是西方哲学基本思路的必然结果,即将美学视为对感性思维的研究,而感性思维及其产物——艺术则是真理的低级成果。

何谓艺术?在黑格尔的思想体系中,艺术就是形象,因为无论艺术表达着何种意义上的"理念",其"表达"功能只能通过"造型"的方式得以实现。在认识论传统中,以"形象"作为"符号"表达"真理",显然无法与以

"概念"作为"符号"表达"真理"相比。黑格尔对艺术之真理性的判定决定了"艺术终结论"的必然诞生,这不仅是黑格尔的思想,更是西方思想延伸的必然结果。

西方哲学自独立以来,就致力于认识世界和解释世界,可以说,以逻辑论证为基本展开方式的西方哲学根本上是认识论传统的产物。于是,艺术和真理的分离是西方文化的主流特征,真理是属于理性的,艺术是属于感性的,由此导致审美的领域不断缩减,最终只能指向尚未被理性入侵的个体情感世界。随着理性知识继续蔓延,个体情感世界也开始遭到理性的侵袭。最终导致认识论传统中的西方哲学不再为审美和艺术提供位置。

20世纪西方美学的首要问题就是重建艺术与真理的关系问题。换句话说,就是要证明形象也可以表达真理,逻辑和概念并不能霸占文化的全部领域。尼采以"酒神精神"解构的理性文化的生成机制。所谓真理,不过是一种"日神精神"的"建构"结果,而非"天经地义"的金科玉律。尼采认为,"世界是可以不同地解说的,它没有什么隐含的意义,而是具有无数的意义,此即'透视主义'。"① 尼采以此重新确立艺术与真理的关系。海德格尔紧随其后,否定符合论的真理观,肯定存在论的真理观,认为艺术就是真理自行置入作品之中。也就是说,当一物以形象去表达真理时,它就是美的。

肯定艺术与真理的关系,其关键点是肯定以形象表达真理的合法性。尼采之后的西方艺术始终在探索艺术的真理性,希望通过艺术的方式传达一种认识论之外的关于世界的真理性的理解。

二、中国古典主义美学: 指向理本体的美学观

与西方哲学不同,中国哲学从来没有否定形象与理本体的关联。《周易·系辞》讲"立象以尽意",这里的"意"既是主观之意,又是客观之理。作为探知宇宙、人生奥秘的"立象"不是一般的立象,它所立的象中藏有宇

---

① 尼采:《权力意志》,孙周兴译,商务印书馆2007年版,第363页。

宙、人生的奥秘，或者说，它就是宇宙人生奥秘的显示。这"意"，就其客观性一面而言，相当于西方哲学的真理，但又与西方哲学的真理观不同。西方对真理的理解，仅限于认识论，真理之本质就在于它的客观性、本质性；而中国人的真理观（"意"观）含认识论和价值论，意既是客观的，又是主观的，它具有对于人的价值。因此，中国人的真理观（意观）应该属于本体论。

中国哲学从根本上确立了"象"作为真理之表达的绝对性地位。"象"作为真理的显现，甚至比"言"更加重要。关于"象"之真理性，王弼在《周易略例·明象》中做出了总结性的说明："夫象者，出意者也；言者，明象者也。尽意莫若象，尽象莫若言。言生于象，故可寻言以观象；象生于意，故可寻象以观意。意以象尽，象以言著。故言者所以明象，得象而忘言；象者所以存意，得意而忘象。"王弼以言、象、意的关系继续确立了象对于真理言说的重要价值。

"立象以尽意"的思想从根本上奠定了中国美学的总体特征——以形象表达真理。中国哲学不断探索如何通过"法天象地"的方式表达真理。当西方美学不断退出真理的领域，专注于个体情感之表达的时候，中国美学则一方面通过艺术展示着情感的世界，另一方面则继续探索艺术与真理的关系。

中西美学的分歧带来的直接后果就是，西方美学对个体、感性的关注无法涵盖对全部文化领域的关注，美学是有限的。而在中国文化之中，一切观念皆可以由"形象"表达，美学绝不仅仅局限于个体、感性等狭小的范围，在中国文化中，美学是无限的。中国美学并非仅仅关乎孤立的个体情感领域，而是普遍涉及中国人的情感、人生、社会、哲学等方方面面，涉及人生，也涉及宇宙。

因此，中国美学研究的核心问题就成为：中国人如何以形象的方式表达自己对于自我和世界的理解。作为理解，它具有主观性，但中国人将这种理解视为真理。真理是具有时代性的，这种时代性构成了中国美学史的基本特征，即时代精神凝聚于各种各样的"物象"之中。一方面，政治观念、伦理思想、社会风尚、个人情感均可以借助形象传达；另一方面，自然物象、艺术作品、礼乐制度、日常器物皆可以作为形象表达某种观念。

所以，在中国美学之中，物之美就不仅仅是情感与形式的单一关系，而是形式与全部观念世界的关系。换句话说，一物以其形式表达出其想要表达的观念，那就是美的。美，作为一种判断，在西方美学中依据的主要是个体的情感愉悦；但在中国美学中，依据的更多的是其对宇宙人生的理解深度。西方美学对于审美的理解更具主观性、情感性；而中国美学对于审美的理解更具客观性、观念性。

理解了"真理"与"形象"的关系，就理解了中国美学的特质。只要确保了形象与真理的天然联系，就会导致一种直接的美学史结果："真理"的变迁推动着"形象"的变迁。一时代有一时代之思想，同样，一时代也会有一时代之形象。在这个前提下，任何思想都不会是美学的敌人，而只能是美学的契机。魏晋玄学作为人的自觉的思想，是美学的契机，宋明理学作为天理的深化，同样是美学的契机，因为它们都将在历史中造就属于自己的"形象"。

在此基础之上，朱熹之天理观作为宋代的"真理"，如何以形象的方式展示出来，就成为理解朱熹美学的关键切入点。

三、朱熹的美学：解锁中国美学的钥匙

根据上述分析，可以看出，中西美学的差异根本上是来自于两种言说方式的差异。西方文化对逻辑论证的重视使得形象欠缺周全地表达真理的资格；中国文化对形象的重视则使得中国文化的一切思想都可以呈现为一种具体的形象。因此，中国美学的范围是更加广泛的。

在此基础之上，朱熹美学思想的矛盾性就容易理解了。朱熹追求对天理的把握和认识，但朱熹并不否定以形象的方式言说天理。于是，朱熹的美学思想的主题就是，如何以形象的方式来言说天理。这种美学思想表达的对象乃是理性的成果——天理。

天理，其理就是《周易》"立象以尽意"所说的"意"，不说意而说理，只是为了更突出其规律性、本质性、本体性，而在理前加"天"为定语，是为了

强调这理的绝对性。理，虽然具有客观性，但它为人所认识、所肯定，它也
具有主观性。这主观性本质为理念，但并不排除其情感，只是对情感有所
约束。朱熹并不否定所有的个体情感，只是否定不符合儒家伦理的个体情
感。更重要的是，当天理这个时代精神的最高成果获得了普遍的认可，而
人们试图以各种各样的形象来表达天理的时候，天理不仅不是美学的否定
性力量，相反，它是美学的肯定性力量。因为新的观念必然激发新的形象
的诞生。宋代的绘画、书法、日常生活的文人化，其实都受到这种天理观的
影响。

　　从这个意义上来讲，朱熹美学的价值不仅仅在于朱熹本人对宋代理学
美学思想的推进，更在于朱熹美学思想之矛盾性背后所蕴含的中西美学差
异。朱熹一方面对审美有着极大的兴趣，另一方面又追求纯粹的天理，由
此引发的"美学与反美学"的争论并非只是朱熹个人的问题，更是中国美学
普遍的问题。如果继续以西方美学为理论根基来判断朱熹，这种矛盾性是
无法解释的。这种矛盾性不得到有效破解，就会导致中国美学史研究的混
乱。不仅是朱熹，孔、孟、老、庄皆被视为既有美学思想，又有反美学思想。
就连被徐复观视为"中国的纯艺术精神"之本源的 ① 老、庄思想，同样有学
者视之为"反美学"。可见，对中国美学的误解，在中国美学史研究中造成
了巨大的理论困境。

　　以朱熹为切入点探讨中国美学的特质，也有一定的优势。相比于孔、孟、
老、庄等思想家，朱熹美学思想的矛盾性其实更具典型性。一方面，宋代理
学对于终极本体、终极价值、终极解释的追求达到了思辨的高度，远远超越
了汉唐天人感应的理论模式。哲学化的思想必然是理性至上的，这才有了
"存天理，灭人欲"的口号，并且由此导致宋代理学的"美学缘"不好。但事
实上，宋代的审美文化极度繁荣，且很多审美文化、艺术作品都受到理学的
影响。这个矛盾就是一个重大的理论问题。朱熹作为理学的集大成者，其
理论中包含的这种美学与反美学的矛盾一体性，是宋代理学美学的缩影。

----

① 　徐复观:《中国艺术精神》，华东师范大学出版社 2001 年版，第 28 页。

因此,解决了朱熹美学的评价问题,就在很大程度上解决了宋代理学美学的评价问题。

另一方面,中国美学史中普遍存在的以形象表达真理的传统,与西方美学回避真理的传统截然不同,这就导致了中国美学一直具有一种形而上学的追求。这种形而上学的追求造成中国美学追求形象背后的意义,而非形象本身。因此,"言有尽而意无穷""此中有真意,欲辨已忘言""文以载道"等观念都既是美学观念,也是哲学观念。在这个传统中,朱熹的美学思想最多理性的形而上学意味,最少感性的情感自由意味,讲清楚了朱熹的美学思想,就基本讲清楚了中国的美学本体论思想。从本体论的层面肯定美学,是中国的传统,但在西方,却是尼采、海德格尔之后的事情。中西美学的差异可见一斑。

第二节 人生美学:天理与人欲的平衡

"人欲"与"审美"是有密切关系的,审美本就是一种人欲,只是审美不能归结为物欲,而是一种虽不离物欲却又高于物欲的精神性享受。朱熹是反对"人欲"的。他说:

> 圣贤千言万语,只是教人明天理。①
>
> 天理存,则人欲亡;人欲胜,则天理灭。②

朱熹将"天理""人欲"对立起来,那么他说的"天理""人欲"到底是什么呢? 朱熹与门人有一段对话:

> 问:"饮食之间,孰为天理,孰为人欲?"曰:"饮食者,天理也;要求美味,人欲也。"③

朱熹认为"饮食"是"天理",那就是说维持生命的感性欲求是天理;说"美味"是"人欲",那就是说超出维持生命之需的物质享受如美味之类

---

① 朱熹:《朱子性理语类·学六》卷十二。

② 朱熹:《朱子性理语类·学七》卷十三。

③ 朱熹:《朱子性理语类·学七》卷十三。

是人欲。朱熹此说，虽也有反奢侈、尚节俭的一面，但反审美的意味也是很明显的。审美虽说其实质是精神享受，但离不开物质享受，纯粹的精神享受不能叫审美享受。美味、美服之类虽不是高级的审美活动，但也属审美活动。如果仅根据朱熹反人欲就做出朱熹反审美的结论，那也是很武断的。

朱熹仅对奢侈性的物欲（其中也含有审美）给予反对。他对人的正常的感性需求还是给予了肯定。他说："若是饥而欲食，渴而欲饮，则此欲亦岂能无？"① 而且，"天理人欲，无硬定底界"②，"天理人欲几微之间"③。这实际上为"人欲"开了绿灯。因为既然"天理人欲，无硬定底界"，"人欲"也未尝不可以看成"天理"。

审美是人的感性活动，它通常以目观、耳听的活动方式进行。虽说审美的最高层次是悦志悦神，但都建立在最低层次的悦耳悦目的基础上。朱熹对人的感性需求的肯定应包含有对审美活动的肯定。

如果说朱熹对审美的感性层面的肯定有所保留，还不能说是全面、彻底的话，那么，他对审美的理性层面的肯定则是完全的、彻底的，没有任何保留。在《四书集注》中他注《论语》中孔子"吾与点也"一段时说：

> 曾点之学，盖有以见夫人欲尽处，天理流行，随处充满，无稍欠缺。故其动静之际，从容如此。而其言志，则又不过即其所居之位，乐其日用之常，初无舍己为人之意。而其胸次悠然，直与天地万物，上下同流，各得其所之妙，隐然见于言外。视三子之规矩于事为之末者，其气象不侔矣。故夫子叹息而深许之。④

朱熹认为曾点"浴乎沂，风乎舞雩，咏而归"的审美境界已达到"其胸次悠然，直与天地万物，上下同流"，其愉悦当是那种感性的耳目之娱不能相比的。

① 朱熹：《近思录集注》卷五。
② 朱熹：《朱子性理语类·学七》卷十三。
③ 朱熹：《朱子性理语类·学七》卷十三。
④ 朱熹：《四书集注》，岳麓书社 1985 年版，第 161 页。

朱熹一生酷爱山水又雅爱文艺,可谓风流倜傥。《福建通志》卷十二《朱熹传》载:

> (朱熹)自号紫阳,箪瓢屡空,然天机活泼,常寄情于山水文字,南康之庐山,潭州之石鼓、乌石,莫不流连题咏。相传每经行处,闻有佳深壑,虽迂途数里,必往游,携尊酒,时饮一杯,竟日不倦。并徒效泥塑人以为居敬者。

《朱子诸子语类》亦云:"先生每观一水一石一草一木,稍清阴处竟日目不瞬。饮酒不过两三行,又移一处,大醉则跌坐高拱。经史子集之余,虽记录杂说,举辄成诵,微醺则吟哦。古文,气调清壮。"[1]

朱熹亦爱好文学,"每爱诵屈原《楚骚》,孔明《出师表》,渊明《归去来》并诗,并杜子美数诗而已"[2]。从《朱子诸子语类》中的诗评来看,朱熹有精湛的文学修养,不少评论极为精当,如评陶渊明诗:"陶渊明诗,人皆说是平淡,据某看他自豪放,但豪放得来不觉耳。"[3] 又,评李白诗:"李太白诗不专是豪放,亦有雍容和缓底。"[4] 这些都说明朱熹对艺术美有着高度的鉴赏能力。

第三节　天人之乐:自然美的理学化

自然美是中国美学的重要课题。中国美学对于自然美的重视远远超出西方美学。自然和艺术的不同在于,自然是亘古如是的,自然没有风格上的变化,自然就是天生天养的万物。但在中国文化中,自然万物的意义却一直发生着变化。在天道观的视野中,万物与人皆是天道流行的产物,天道渺远,故理解天道只能通过万物来达成。这样,自然万物就具有了显现天道的功能。

---

[1] 朱熹:《朱子诸子语类》卷十五。
[2] 朱熹:《朱子诸子语类》卷十五。
[3] 朱熹:《朱子诸子语类》卷四十八。
[4] 朱熹:《朱子诸子语类》卷四十八。

可以说，在中国文化之中，自然万物总是与天道关联在一起的。当然，时代思想不同，这种关联的方式也是不同的。汉唐的天人感应学说使得灾异、祥瑞成为人们关注的对象，而宋代理学则赋予万物以均等的身份去通达天理，这才有周敦颐不除窗前草，程颢"仁者浑然与物同体"的说法。朱熹作为理学之集大成者，同样赋予自然万物以通达天理的地位，并试图由此获得一种天人之乐。

一、审美体验：鸢飞鱼跃的天人之乐

朱熹自然美学的最大贡献就是赋予自然万物以天理的意味。当然，这是中国美学的传统。在中国美学中，自然万物就是宇宙本体的显现，宇宙本体遥不可及，但自然万物触目可见，因此，由自然万物观天道流行，就成为自然而然的事。这就赋予了自然万物以极高的地位，也与西方美学有了重大的区别。

作为宇宙本体的自然万物之所以一直与美学关联，是因为凡物必有形，通由自然万物观天道流行，不是西方逻辑分析的路径，而是审美直观的路径。中国哲学中的自然万物是有机的、自发的、生命性的存在物，而不是科学研究视野下的解剖的、分析的、对象性的存在物。中国哲学在面对自然万物时，其介入方式是"观"，"观"意味着任自然运行，遵自然之道。可见，自然就是"逻辑"本身，而非"逻辑"主宰下的对象。

这种差异就决定了在朱熹体系中的本体——天理，不会因为其抽象性而失去美学的价值。由于西方哲学缺乏对形象之真理性的自信，就造成了以西方美学为视角去审视朱熹的天理观时，总会得出一种反美学的结论。因为天理是哲学本体论的根基，天理所指向的是宇宙万物的运行规则，同时亦是人类社会的伦理规范。在理学的体系中，天理是终极本体，是最抽象的价值根源。所以仅仅以思辨作为通往天理的唯一途径，那么天理和美学是没有关系的。问题就在于，中国文化不断尝试以形象作为终极本体的呈现方式，这就赋予天理以感性直观的可能。而由此构成的形象体系就成为中国美学的丰富资源。

朱熹对于天理之抽象性的认识是非常深刻的，天理必须极致抽象，才能成为宇宙本体，这是哲学家思维至上性的必然结果。同时，朱熹也特别强调天理与自然万物的关系。这就赋予了天理说以美学化的契机。朱熹说：

> 道不可见，因从那上流出来。若无许多物事，又如何见得道？便是许多物事与那道为体。水之流而不息，最易见者。如水之流而不息，便见得道体之自然。此等处，闲时好玩味。①

> 道无形体可见。只看日往月来，寒往暑来，水流不息，物生不穷，显显者乃是"与道为体"。②

在这里，天理就是道。朱熹认为，天理就是不可见的，是抽象的、思辨的结果。但朱熹又要使人"见得道（天理）"，这个"见"字，就埋下了理学美学化的伏笔，也深刻地体现了中西哲学、美学的差别。天理一方面必然是抽象的、不可见的，但另一方面又必须是可见的，可以直观得到的。见的现象是个体的、变化的、线性的，但思出的本体必然是全体的、稳定的、不变的。于是，朱熹反复强调日往月来、寒往暑来、水流不息的价值。对于思想家来说，体悟天道是思维不断抽象的结果，但言说天道还必须借助于自然万物。

朱熹在评价孔子"天何言哉"时透露了重要信息。他说：

> 曰："也只说得到这里，由人自看。且如孔子说：'天何言哉？四时行焉，百物生焉。'如今只看'天何言哉'一句耶？唯复是看'四时行焉，百物生焉'两句耶？"又曰："'天有四时，春夏秋冬；风雨霜露，无非教也。地载神气，神气风霆，风霆流形，庶物露生，无非教也。'圣人说得如是实。"③

在朱熹看来，"天何言哉"一句固然显示了天理的存在，但仅仅存在还不够，必须将天理显示出来。中国哲学不采取逻辑论证的方式来言说，因

---

① 黎靖德编：《朱子语类》卷三十六。
② 黎靖德编：《朱子语类》卷三十六。
③ 黎靖德编：《朱子语类》卷六十四。

为天道的言说只能由天道自己来完成，而四时、百物就是天道的言说方式。故而理解天理的方式就不会依靠逻辑论证，而是借助于对自然万物的直观。这样，天理就形象化为自然万物，自然美的意义就由此得到了极大的扩充。

当然，天理的形象化并非仅此一途。一般来说，天理的形象化表达有两种方式，一种是人造的象，即造物以象天地；另一种是自然的象，即自然万物。人造的象有两种基本形式，一种是文字性的象，另一种是造型类的象。后两节分别就这两种象来讲。这一节主要讨论自然万物作为天理之形象化表达的美学意义。

仅就自然万物而言，其物态万千，依时变化，和谐自处，动静相宜，这种状态本身就是宇宙和谐运行的理想状态，同时也是人类社会追求的理想状态。所以，在朱熹的思想中，自然万物之美已经不仅仅是自然万物的形、色、味、情之美，而是藏在自然万物里面的天道之美，并且不只是天道之美，还是人道之美。之所以也是人道之美，是因为天道与人道是相通的，它们都是天理，只是一个体现在自然界，一个体现在人世间。

朱熹讲万物之运行，说：

> 万物到秋冬时，各自收敛闭藏，忽然一下春来，各自发越条畅。这只是一气，一个消，一个息。只如人相似，方其默时，便是静；及其语时，便是动。那个满山青黄碧绿，无非是这太极。①

这里说得很清楚，自然界的"发越条畅"，"只如人相似"。这就是天人合一。所有这一切，包括自然界和人的消息、静动、青黄碧绿，都是"太极"使然。太极，在朱熹，也是天理。

既然万物之动与人之动都是天理之显现，这样，观物就不仅会获得认识论价值论意义上的启发，而且会获得审美论意义上的精神愉悦。这种精神愉悦，在宋明理学中被称为"乐"。

关于"乐"，人们更多地关注的是"乐"与人生境界的提升。当然，"乐"

---

① 黎靖德编：《朱子语类》卷九十四。

的获得需要人生境界的提升，没有对天理的深入理解，就无法体会天人之乐。但作为一种审美体验，"乐"的获得不仅仅是纯粹思辨的结果，而是思想与形象相接的结果。也就是说，仅仅有了对天理的体悟，还不足以获得"乐"的审美体验，只有当对天理的体悟与自然万物的状态契合之时，才能于自然万物之间，直观到天理流行。此时，对于天理的体悟就不仅仅是一种思维的结果，而成了一种直观的审美体验。

朱熹在谈论"曾点之乐"时就表达了这种观点。他说：

曾点之学，盖有以见人欲尽处，天理流行，随处充满，无少欠阙。故其动静之际，从容如此。而其言志，则又不过即其所处的地方，乐其日用之常，其胸次悠然，直与天地万物上下同流。①

曾点见得事事物物上皆是天理流行。良辰美景，与几个好朋友行乐。他看那几个说底功名事业，都不是了。他看见日用之间，莫非天理，在在处处，莫非可乐。他自见得那"春服既成，冠者五六人，童子六七人，浴乎沂，风乎舞雩，咏而归"处，此是可乐天理。②

在朱熹看来，曾点之乐不是寻常之乐，而是见得天理流行之乐。于何处见得？于事事物物上见得。"天理流行，随处充满，无少欠阙"，而且，它还体现在"日用之常"上。既如此，自然物的任何变化，人世间的日常生活，均能见出天理之乐。关键在于人的胸次，也就是认识与气度，能否做到"胸次悠然，直与天地万物上下同流"。

朱熹特别重视自然万物在显示天理中的作用。他在与门人讨论《中庸》中的"鸢飞鱼跃"一文时指出：

所以飞、所以跃者，理也。气便载得许多理出来。若不就鸢飞鱼跃上看，如何见得此理？③

可见，自然万物对于理解天理是至关重要的。而朱熹的观点恰恰凸显了中西哲学的不同。在朱熹这里，没有自然万物的象，天理是无法传达出

---

① 朱熹：《四书章句集注》。
② 黎靖德编：《朱子语类》卷四十。
③ 黎靖德编：《朱子语类》卷六十三。

来的；而在西方哲学中，形象是低级的，依靠形象无法通达本体。这种差异对中西美学的影响就是，西方美学追求的是以形象获得个体感性自由的实现，而中国美学在此基础上还追求本体之美的感性呈现，并由此形成了独具中国特色的美学本体论思想。

二、理一分殊：沟通天理与万物的逻辑

由万物而体会天人之乐，是中国美学的传统，并非理学家的原创。理学家的独特之处恰恰在于，他们以儒学的方式建构起了由万物通达天理的思想体系，而朱熹就是这种天人关系确立的集大成者。之所以要专门讨论天人沟通的问题，是因为，自老庄以来，中国哲学在探讨终极本体的时候，就已经确立了一种以自然万物体会天道流行的思路。如果朱熹的思想仅仅是对这一思想的复制，那么，天人之乐就无法与道家的天地之大美区分开来。现将朱熹沟通万物与天理的逻辑机制拆解如下：

第一，朱熹明确承认天理学说与道家天道学说有所关联。

《朱子语类》载：

> 问："老子之言，似有可取处？"曰："它做许多言语，如何无可取？如佛氏亦尽有可取，但归宿门户都错了。"

> 问"谷神不死"。曰："谷之虚也，声达焉，则响应之，乃神化之自然也。'是谓玄牝'。玄，妙也；牝，是有所受而能生物者也。至妙之理，有生生之意焉，程子所取老氏之说也。"①

在朱熹看来，道家的思想是有积极价值的，尤其是道家关于天道的讨论，对于理学家发掘天理有直接的帮助。一直以来，理学融合儒、释、道三家而自成一体，这是学术界共识。朱熹虽是儒家之卫道者，但对于道家思想的影响从不否认。

第二，朱熹认为道家思想亦有不足。

道家的天道说固然深刻，但有脱离实际的不足。道家思想中的天道说

---

① 黎靖德编：《朱子语类》卷一百二十五。

主要立足于认识论，而朱熹的天理论不仅有认识论，而且有价值论。重认识是道家学说的特点，重价值是儒家学说的特点，而且，道家的天道论，作为本体论，是自然本体；而儒家的天理论，作为本体论，是社会本体。

朱熹的天理论更多地具有价值论的色彩。他所追求的天人之乐，不是脱离现实的"逍遥"之乐，而是身在尘世之中的"孔颜"之乐。朱熹为此多次讨论佛教与道教的思想。他说：

> 释老称其有见，只是见得个空虚寂灭。真是虚，真是寂无处，不知他所谓见者见个甚底？莫亲于父子，却弃了父子；莫重于君臣，却绝了君臣；以至民生彝伦之间不可阙者，它一皆去之。所谓见者见个甚物？且如圣人"亲亲而仁民，仁民而爱物"；他却不亲亲，而划地要仁民爱物。爱物时，也则是食之有时，用之有节；见生不忍见死，闻声不忍食肉；如仲春之月，牺牲无用牝，不麛，不卵，不杀胎，不覆巢之类，如此而已。他则不食肉，不茹荤，以至投身施虎！此是何理！ ①

在朱熹看来，佛、道虽然也有对于宇宙本体的认识，但这个认识指向了空无。空无就会导致佛、道二家不关注现实问题，反而主张以取消现实问题的方式去解决现实问题。这样，自然万物、人伦道德的最终都走向了无意义的境地。这与理学家的理想是背离的。理学家主张的"乐"，是由万物通达天理和由万物体悟人伦的双重快乐，绝不是对现实的逃离。在这里，天理不是纯粹的与人无关之道，而是人伦与宇宙法则的统一体。在这个意义上，"乐"才真正有了儒家的味道。

第三，为与佛、道区别开来，朱熹必须建构起属于儒家思想特征的天理观。

这就要求，朱熹必须找到贯通天人的方法。天理是实的，而不是虚的，实的天理如何将万物与人伦囊括进来？就成为朱熹要完成的任务。

前文已述，道无形体，是抽象之物。无形体之道如何开出有形体的世界？为了解释这个问题，朱熹引入了"气"的思想。《朱子语类》载：

---

① 黎靖德编：《朱子语类》卷一百二十六。

问："昨谓未有天地之先，毕竟是先有理，如何？"曰："未有天地之先，毕竟也只是理。有此理，便有此天地；若无此理，便亦无天地，无人无物，都无该载了！有理，便有气流行，发育万物。"①

或问先有理后有气之说。曰："不消如此说。而今知得他合下是先有理，后有气邪；后有理，先有气邪？皆不可得而推究。然以意度之，则疑此气是依傍这理行。及此气之聚，则理亦在焉。盖气则能凝结造作，理却无情意，无计度，无造作。只此气凝聚处，理便在其中。且如天地间人物草木禽兽，其生也，莫不有种，定不会无种子白地生出一个物事，这个都是气。若理，则只是个净洁空阔底世界，无形迹，他却不会造作；气则能酝酿凝聚生物也。但有此气，则理便在其中。"②

理是恒常的法则，气是物质性的存在。在朱熹看来，理与气相结合而生成万物，理气虽然不同，但又未尝分离。朱熹的这个观点很好地弥补了佛、道二家的不足，即本体与现实的分离。这里就涉及了本体的"一"与现实的"多"的问题。朱熹以"理一分殊"来解决这个困境。需要说明的是，理一分殊原本就是程颐为了突出本体论之儒学特色而提出的。到了朱熹这里，他以气为中介阐释了理一和分殊之间的关系。

盖尝窃论之，天下之理，未尝不一，而语其分，则未尝不殊，此自然之势也。……故凡天下之事，虽若人之所为，而其所以为之者，莫非天地之所为也。又况圣人纯于义理，而无人欲之私，则其所以代天而理物者，乃以天地之心，而赞天地之化，尤不见其有彼此之间也。若以其分言之，则天之所为，固非人之所及，而人之所为，又有天地之所不及者，其事固不同也。但分殊之状，人莫不知，而理一之致，多或未察，故程子之言，发明理一之意多，而及于分殊者少，盖抑扬之势不得不然，然亦不无小失其平矣。惟其所谓止是一理，而天人所为，各自有分，乃为全备而不偏，而读者亦莫之省也。③

① 黎靖德编：《朱子语类》卷一。
② 黎靖德编：《朱子语类》卷一。
③ 朱熹：《中庸或问》。

在朱熹看来，万事万物虽然看似纷繁杂多，但根本上都是天理流行的结果。就普通人之所见，都是具体杂多的物，唯独圣人能于杂多中见"理一"。可见，理一是本体论层面的终极概念，但"理一"这个终极不是独立于"分殊"之外，而是在"分殊"之中。

在朱熹看来，如果脑子里先有了"天理"的概念，就容易忽略万物，空谈"理一"。只有从万物之分殊起步，逐渐体悟"理一"之存在，才能真正领悟"理一"，也才能获得天人之乐。

三、儒学底色：格物致知的工夫论根基

当朱熹以气弥合理与物之隔阂，又以理一分殊阐释理一与分殊之关系之后，由万物通达天人之乐的审美直观从逻辑上就完全解释得通了。但在现实的审美活动之中，天人之乐的获得却并非轻而易举之事。这是因为，天理一旦作为一个空疏的概念而被人们接受之后，就会导致人人谈论本体而忽略本体之来历。为此，朱熹认为，天人之乐的获得应该是经由一番功夫修养之后的结果，否则又堕入了佛、道的窠臼。

因此，在面对曾点之乐时，朱熹一方面激赏曾点，另一方面又特别担心曾点之乐引人误入歧途。他说：

> "曾点已见大意"，却做得有欠缺。漆雕开见得不如点透彻，而用工却密。点天资甚高，见得这物事透彻。如一个大屋，但见外面墙围周匝，里面间架却未见得，却又不肯做工夫。如邵康节见得恁地，只管作弄。又曰："曾子父子却相反。曾子初间却都不见得，只从小处做去。及至一下见得大处时，他小处却都曾做了。"[1]
>
> 恭甫问："曾点'咏而归'，意思如何？"曰："曾点见处极高，只是工夫疏略。他狂之病处易见，却要看他狂之好处是如何。缘他日用之间，见得天理流行，故他意思常恁地好。只如'莫春浴沂'数句，也只是略略地说将过。"又曰："曾点意思，与庄周相似，只不至如此跌荡。庄子

---

① 黎靖德编：《朱子语类》卷二十八。

见处亦高，只不合将来玩弄了。"①

在朱熹看来，曾点之乐固然是对天道之领悟，但这种领悟稍显空疏，即缺乏对分殊之理解而妄图直达天理。朱熹指出，曾点天赋极高，所以见得透彻，但只得天理的大概，没有细致理解天理之具体呈现。曾点实际情况如何，不得而知，但朱熹对曾点的评点非常值得重视。朱熹认为，如果只知道"天理"二字，就去谈天人之乐，那么这种"乐"就是一种无内容的"乐"，因而不是真"乐"。曾点在这里只是一个"工具"，借以表达朱熹对空谈天理的担忧。在朱熹看来，空谈天理，最终与老庄无异。儒家天人之乐的立足处就在现实世界之中，这个现实世界当然不仅包含自然万物，也包括人伦道德。

为了更好地说明问题，朱熹将曾点的儿子曾参搬出来做比较。

> 又问："曾晳似说得高远，不就事实?"曰："某尝说，曾晳不可学。他是偶然见得如此，夫子也是一时被他说得恁地也快活人，故与之。今人若要学他，便会狂妄了。他父子之学正相反。曾子是一步一步踏着实地去做，直到那'参乎! 吾道一以贯之'。曾子曰：'唯。'方是。"②

在朱熹看来，曾参比其父的高明之处就在于曾参工夫扎实。曾点之乐是偶然得到，工夫不到家，自然依赖机缘；曾参则不同，扎扎实实去做工夫，待到彻底理解天理与万物之关系，随处见物，皆可得天人之乐。这里朱熹表明了自己的态度，天人之乐的获得必须建立在扎实的工夫之上。这个工夫就是从分殊开始的。这一点在朱熹评点孔子时得到了进一步的彰显。

> 孔子"与点""与圣人之志同"者，盖都是自然底道理。安老、怀少、信朋友，自是天理流行。天理流行，触处皆是。暑往寒来，川流山峙，"父子有亲，君臣有义"之类，无非这理……圣人见得，只当闲事，曾点把作一件大事来说。他见得这天理随处发见，处处皆是天理，所以如

---

① 黎靖德编:《朱子语类》卷四十。
② 黎靖德编:《朱子语类》卷四十。

此乐。①

在朱熹看来，曾点与孔子差距甚大。孔子能于万事万物之中见得天理，而曾点却要将此作为一件"大事"来谈。朱熹的评论是否符合孔子与曾点之实际情况，很难找到确切的论据。但是朱熹的评论鲜明地表达了一种立场，那就是体会"天理"必须从"分殊"开始。这实际上是对具体的物的重视，这种对物之重视，决定了朱熹的理学思想必然从观物开始。这就为美学思想提供了良好的基础。凡物皆有形，观物首先就是观物之形，由物之形到物之象再到物之理，这个过程是思辨的，同时也是审美的。

(宋) 马远:《对月图》

---

① 黎靖德编:《朱子语类》卷四十。

朱熹对于物之重视集中体现在其"格物致知"的学说之中。在朱熹看来，格物就是为了穷理，而穷理又不能离开格物。他说："《大学》所以说格物却不说穷理。盖说穷理则似悬空无捉摸处。"① 朱熹努力要让格物与穷理统一起来。他认为，天理必落在实处，实处就是万物。没有对万物的把握、琢磨，对于天理的理解就是空疏的。朱熹对于"格物致知"的强调，从根本上区别了儒家与佛、道二家的立场不同。对此，朱熹反复申述：

> 所以未能真知者，缘于道理上只就外面理会得许多，里面却未理会得十分莹净，所以有此一点黑。这不是外面理会不得，只是里面骨子有些见未破。所以《大学》之教，使人即事即物，就外面看许多——教周遍；又须就自家里面理会体验，教十分精切也。②

> 今人凡事所以说得恁地支离者，只是见得不透。如释氏说空，空亦未是不是，但空里面须有道理始得。若只说道我见得个空，而不知他有个实底道理，却做甚用得！譬如一渊清水，清泠彻底，看来一如无水相似。他便道此渊只是空底，却不曾将手去探看，自冷而湿，终不知道有水在里面。此释氏之见正如此。今学者须贵于格物。格，至也，须要见得到底。今人只是知得一斑半点，见得些子，所以不到极处也。③

理学之理，是实理而非空理。朱熹强调对理的认识必须"就自家里面理会体验"。他反对释家只是从外面观理，他以观水为例，这水看起来清泠彻度，好似无水一样，其实，如果你不是从外面观水，而是用手去探水，就知道那是有水的。朱熹重视实践，不仅是亲身实践，而且是有深度的实践。

这个思想直接决定了理学家的天人之乐是入世之乐而非出世之乐。这样一来，自然万物就不独是宇宙本体的显现，也是价值本体的显现。这一点是朱熹自然美思想的独特之处。在这个思想体系中，自然万物作为本体的形象化显现，其所蕴含的意义是终极本体与终极价值的统一。当终极价值和终极本体都通过形象来显现的时候，审美直观就得到了保障。从这个

---

① 黎靖德编：《朱子语类》卷六十二。
② 黎靖德编：《朱子语类》卷四十六。
③ 黎靖德编：《朱子语类》卷六十七。

意义上来说,理学对儒家本体论的探索不仅没有削弱自然美的内涵,反而使得自然万物的意义更加丰富和深刻。

朱熹认为,天理作为本体不是先在的,而是与物一起存在的。天理也不是空洞的,它就实存在事物之中。在朱熹看来,天理与万物在观念中可以分而论之,而在实践中,它们是不可分的。没有对天理的体悟,万物就零散而无所归一;而没有对万物的格致,天理是悬空而不落实际。这就是朱熹格物致知学说的关键。

朱熹的格物致知说为自然万物赋予了全新的、理学的意义,自然万物作为天理之流行的形象化载体,从此具备了宇宙本体与价值本体的双重意义。自然万物借助这种本体论的加持,拥有了更加丰富的思想意义,从而也具有更高的审美价值。中华民族传统的自然审美观中的"比德"说就建立在这种哲学思想的基础上。

第四节 文从道出:文学艺术的理学化

朱熹对自然美学的最大贡献就是确立了自然万物与天理的关联,朱熹对文艺美学的最大贡献同样是确立了文学艺术与天理的关联。但这一点一直没有得到应有的重视,原因在第一节已经详论,此处不赘。站在朱熹的立场,文道关系是个难题,文学艺术表达个体情感当然毫无问题,但文学艺术能否表达宇宙本体和价值本体,确实值得讨论。朱熹的贡献就在于,他以哲学的方式建立了文学艺术与天理之间的关联,从而为中国文学艺术的发展开拓了新的境界。

一、文道关系的理论建构

"文"在朱熹的思想体系中有多重意义,可以概括为两大类,一是自然万物,即天地之文;二是人类文明,即人文成果,其中包括一切文化、学术、技艺、制度、文字、文学、艺术等。这里主要以文学艺术为研究对象展开。

要理解朱熹的文学艺术思想,其关键是理解朱熹对文道关系的论述。

自然万物作为天道流行的产物,以之言说天道是合乎逻辑的;文学艺术缘情言志,更多个体感性的色彩,能否言说天道确实值得讨论。一般认为,朱熹的思想严重束缚了文学艺术在表情达意方面的功能,但站在哲学本体论的立场上,承认文学艺术可以言说理本体,并且以学术的方式论证文学艺术的本体诠释功能,本身就是对文学艺术的极大肯定。在中西美学对比的情形下,这种贡献更为突出。柏拉图哲学将文学艺术视为"模仿的模仿",基本断绝了文学艺术与哲学本体之间的关联。朱熹在论证天理的同时积极探索文学艺术传达天理的途径,实际上是对文学艺术价值的深化。

(一) 朱熹的文学艺术思想是有其根源的

中国文化传统中,以文学艺术言说天道本体的思想源远流长。刘勰在《文心雕龙·原道》中将文学与天道并称,极大地承认了文学艺术在文化体系中的地位。这种文学传统是中国独有的。刘勰说:

> 文之为德也大矣,与天地并生者何哉?夫玄黄色杂,方圆体分,日月叠璧,以垂丽天之象;山川焕绮,以铺理地之形,此盖道之文也。仰观吐曜,俯察含章,高卑定位,故两仪既生矣。惟人参之,性灵所钟,是谓三才。为五行之秀,实天地之心,心生而言立,言立而文明,自然之道也。傍及万品,动植皆文;龙凤以藻绘呈瑞,虎豹以炳蔚凝姿;云霞雕色,有逾画工之妙;草木贲华,无待锦匠之奇。夫岂外饰,盖自然耳。至于林籁结响,调如竽瑟;泉石激韵,和若球锽;故形立则章成矣,声发则文生矣。夫以无识之物,郁然有采,有心之器,其无文欤? ①

刘勰这里的"文"是广义的文。刘勰认为自然万物是天地之文,人言文章也是天地之文,文学艺术包含其中,当然是天地之文。刘勰的《原道》赋予文学艺术以极高的地位,奠定了中国文道关系的基础。

到唐代,韩愈与柳宗元均为唐宋八大家之列,二人共同支持以文言道、以文明道的观点。

> 夫所谓文者,必有诸其中,是故君子慎其实。实之美恶,其发也不

---

① 刘勰:《文心雕龙·原道》。

掩。本深而末茂，形大而声宏。行峻而言厉，心醇而气和。①

始吾幼且少，为文章，以辞为工。及长，乃知文者以明道，是固不苟为炳炳烺烺，务采色，夸声音而以为能也。凡吾所陈，皆自谓近道，而不知道之果近乎？远乎？吾子好道而可吾文，或者其於道不远矣。故吾每为文章，未尝敢以轻心掉之，惧其剽而不留也；未尝敢以怠心易之，惧其弛而不严也；未尝敢以昏气出之，惧其昧没而杂也；未尝敢以矜气作之，惧其偃蹇而骄也。②

韩愈认为，文章必须有内容、有思想，这个思想就是儒家之道；柳宗元直接表达出了"文以明道"的观点。韩、柳认为，文章的根本是其思想，思想高明精深，文章自然宏大，所以好的文章一定与作者的思想境界相关，境界高深，则文章高深，境界醇和，则文章醇和。于是，作文的前提是提升思想境界，这个思想境界就是对道的体悟与理解。

到了宋代，周敦颐明确提出了"文以载道"的观点。周敦颐说：

文，所以载道也。轮辕饰而人弗庸，徒饰也，况虚车乎？文辞，艺也；道德，实也。笃其实，而艺者书之，美则爱，爱则传焉。贤者得以学而至之，是为教。故曰："言之无文，行之不远。"然不贤者，虽父兄临之，师保勉之，不学也，强之不从也。不知务道德，而第以文辞为能者，艺焉而已。噫！弊也久矣！③

周敦颐是理学家，但周敦颐并没有从逻辑论证的角度否定文学艺术传达天道的资格。相反，他认为文学艺术因其美感而为人所爱，所以更应以文学艺术传达天道。这显然将文学艺术与伦理教化、宇宙本体连接了起来。

关于"道"与"文"的关系，朱熹有独特的见解。他的基本观点是道文一贯、文从道出，而不同意李汉的"文以贯道"说、苏轼的"文与道俱"说、周敦颐的"文以载道"说。他认为这些说法有一个共同的毛病，就是将"道"与"文"视为二物。

---

① 韩愈：《昌黎集·答尉迟生书》。
② 柳宗元：《柳河东集·答韦中立论师道书》。
③ 周敦颐：《通书·文辞》。

我们先看他对"文以贯道"说的批评:

> 才卿问:"韩文李汉序,头一句甚好。"曰:"公道好,某看来有病。"
> 陈曰:"'文者,贯道之器'。且如六经是文,其中所道,皆是这道理,如
> 何有病?"曰:"不然。这文皆是从道中流出,岂有文反能贯道之理?文
> 是文,道是道,文只如吃饭时下饭耳!若以文贯道,却是把本为末,以
> 末为本,可乎?其后作文者皆是如此。"①

朱熹认为"文以贯道",是将文道分开了,"文是文,道是道",而且将
"文"的地位抬高了,"文"倒成了"本","道"倒成了"末",所以"文以贯道"
是将本末倒置了。

对苏东坡的"俱道"说,朱熹也予以批评:

> 道者,文之根本;文者,道之枝叶。惟其根本乎道,所以发之于文,
> 皆道也。三代圣贤文章皆从此心写出,文便是道。今东坡之言曰:"吾
> 所谓文,必与道俱",则是文自文,而道自道,待作文时旋去讨个道来,
> 入放里面,此是他大病处。②

"文必与道俱"也同样割裂了文道本为一体的关系。再者"作文时旋去
讨个道来,入放里面","道"之讨来是为作文而用,"道"的地位同样降低了。

朱熹站在"道"的立场,将"文"归之于"道",让"道"包举"文",从哲
学角度言之,是维护了理(即"道")的本体地位。但"文"与"道"明明是
两个东西,又怎么能说是一回事呢?朱熹又只能将"文"与"道"都归之于
"心"。"三代圣贤文章皆从此心写出,文便是道"。道之本体又让位于心之
本体,这在理论上是个漏洞。

从美学角度言之,"文从道出"说,既有轻视"文"的一面,又有重视
"文"的一面。因为"文"既从"道"出,实质也是"道","文"就不应说成是
外物。用朱熹的比喻,"道"为树根,"文"为枝叶。尽管枝叶只是"末",树
根才是"本",但总不能说枝叶损害了树根吧!因此,程颐的"作文害道"说

---

① 朱熹:《朱子诸子语类·论文上》卷四十七。
② 朱熹:《朱子诸子语类·论文上》卷四十七。

实无根据。有树根就必有枝叶,"文"之产生是必然的,它的存在也是合理的。而且正如树根不能不借枝叶来显示自己的生命力一样,"道"也不能不借"文"来发挥自己的作用。"文"于"道",不仅是必然的存在,而且是必要的存在。因而朱熹的"文从道出""道文一贯"说实际上大大提高了"文"的地位。

如果把"道"理解成文艺的内容,"文"理解成文艺的形式,那么朱熹的"文从道出"说有其正确的一面。文艺的形式,通常分为内形式、外形式。外形式对内容的性质不产生影响,相对地独立于内容。内形式则不同了,它是内容的结构方式,或者说内容的存在方式,它的状况完全决定于内容。内容的任何变化都会导致它的改变,反之亦然。另外,形式又可分成具体作品中的形式与抽象的形式法则,诸如诗歌做法之类。就具体作品来说,它是有机体,内容与形式是紧密结合、融为一体的。观念上可以分出内容与形式两个方面,而实际上是不可分的。王安石的诗句"春风又绿江南岸",其"绿"字的用法脍炙人口。它到底是属于内容,还是属于形式呢?应该说都是。当然,从具体作品抽象出来的形式法则,它是相对独立于内容的。

从以上的情况来看,朱熹的"文从道出"相当深刻地揭示了内容与形式关系的一个重要方面,本质性的方面,对艺术美学是一个重要贡献。

一直以来,文以载道的观念被视为对文学艺术的戕害。现在看来,文以载道实际上是对文学艺术的拓展。文以载道之所以饱受诟病,是因为理学家将文以载道看作是唯一合法的作文之道,这就使得他们抵制缘情言志的文学创作,反对个体情绪的表达,客观上约束了文学的多样化发展。但事实上,宋词言情,要眇宜修,是中国文学史上的奇葩,并未因理学而黯然失色。因此,换一个角度来看,就会发现,文以载道创造出了"载道之文","载道之文"与"缘情之文""言志之文"共同构成中国文学史中的精华。

(二) 朱熹维护了文学与天理的关系

从哲学思辨的角度来说,天理是终极本体、终极价值和终极解释,具有极大的抽象性。对天理的言说必须慎之又慎。宋代儒学的哲学性全方位提升,抛弃了汉唐以来的天人感性学说,更加重视以逻辑思维建构本体论哲学。在这种情形下，文学艺术被逻辑思维排斥就成为一种必然的倾向。这种倾向在程颐的思想中达到了极端，形成了"作文害道"的观点。

> 问：作文害道否？曰：害也。凡为文，不专意则不工。若专意，则志局于此，又安能与天地同其大也？《书》曰："玩物丧志。"为文亦玩物也。

> 曰：古者学为文否？曰：人见六经，便以谓圣人亦作文，不知圣人亦摅发胸中所蕴，自成文耳。所谓"有德者必有言"也。曰：游、夏称文学，何也？曰：游、夏亦何尝秉笔学为词章也？且如："观乎天文以察时变，观乎人文以化成天下。"此岂词章之文也？①

"作文害道"的观点一直受到历代文学家的批判。不过，站在哲学本体论的立场上，就会发现，本体的论证需要逻辑理性的支持，天理作为终极本体是"理一"，而文学艺术则涉及现实世界的方方面面，尤其是重视对个体感情的抒发。从言道的功能上来说，文学艺术自然很难承担论证本体的角色。这一点在西方美学的传统中展示得淋漓尽致。所以，换一个角度会发现，程颐提出的"作文害道"并非出于对文学艺术的仇视，而是出于本体言说之客观性的追求。可以说，"作文害道"是理性思维发展的必然结果。情与理的矛盾是天然的，当客观性的知识追求成为唯一目标时，理性自然会占据优势。

在此基础之上，就更容易理解朱熹在文道关系中做出的贡献。朱熹一方面要捍卫天理的客观性；另一方面还要保障文学的言道功能，就必须在哲学论证和文学表达之间找到一种平衡。朱熹没有直接针对程颐的言论回应，但他确实在维护文学艺术言道的资格，他说：

> 盖艺虽末节，然亦事理之当然，莫不各有自然之则焉。曰"游于艺"者，特欲其随事应物，各不悖于理而已。不悖于理，则吾之德性固得其养，然初非期于为是以养之也。②

---

① 程颐：《二程遗书》卷十八。
② 朱熹：《晦庵先生朱文公文集·与张敬夫论癸巳论语说》。

朱熹一方面承认文学艺术是末节而非大本,但另一方面也认为末节未必就是对天理的违背。文学艺术可以抒情言志,只要这种情志是符合天理的,那么,文学艺术同样是对天理的显现。

(三) 朱熹确立了文道关系:文从道出

在朱熹看来,文道合一的观点虽然源远流长,但都没有理顺文道之间的关系。他认为"古文之与时文为害,其使学者弃本逐末",也就是过去的文道关系论颠倒了文与道的关系。在朱熹看来,道是万物之本,亦是为文之本,但古文家将文提高到与道并行的位置,这就导致了"文自文而道自道"的局面。文的地位过高,就无法承担载道的功能,而是自成一个"天理"。这显然是对道的危害。

欧阳修提出"吾所谓文,必与道俱"的观点,朱熹故意将之安在苏轼的头上,对这种文道并行的观点进行了批判:

> 道者,文之根本;文者,道之枝叶。惟其根本乎道,所以发之于文,皆道也。三代圣贤文章,皆从此心写出,文便是道。今东坡之言曰:"吾所谓文,必与道俱。"则是文自文而道自道,待作文时,旋去讨个道来入放里面,此是它大病处。只是它每常文字华妙,包笼将去,到此不觉漏逗。说出他本根病痛所以然处,缘他都是因作文,却渐渐说上道理来;不是先理会得道理了,方作文,所以大本都差。欧公之文则稍近于道,不为空言。如唐礼乐志云:"三代而上,治出于一;三代而下,治出于二。"此等议论极好,盖犹知得只是一本。如东坡之说,则是二本,非一本矣。①

朱熹对文道并重的观点非常不满,认为这样一来就有了"二本"。本体自然只能有一个,二本就是对天理的戕害。这里,朱熹提出了自己的观点,天理是根本,文章是枝叶,文章只有从天理中流出,才是合乎天理的文章。于是,作文时就不能随性而为,"讨个道来",而必须先理会道理,再去作文。只有依此为文,才不会作文害道。

---

① 黎靖德编:《朱子语类》卷一百三十九。

在此基础之上，朱熹提出了"文从道出"的观点。韩愈的弟子李汉在编纂韩愈文集时，在文集的序言中提炼了韩愈的文章观："文者，贯道之器"。朱熹对此表达了不满并提出了自己的文道关系论。

> 才卿问："韩文李汉序头一句甚好。"曰："公道好，某看来有病。"陈曰："'文者，贯道之器。'且如六经是文，其中所道皆是这道理，如何有病？"曰："不然。这文皆是从道中流出，岂有文反能贯道之理？文是文，道是道，文只如吃饭时下饭耳。若以文贯道，却是把本为末。以末为本，可乎？其后作文者皆是如此。"①

朱熹认为，"文以贯道"说，颠倒了文与道的关系。道是本，文是末。是道生文，而不是文生道，"文以贯道"，其"贯"，为条贯，为整理，相当于文生道，这当然是错误的。

文与道，在朱熹看来，是母与子的关系，母生子，道生文。文以载道、文以明道、文以贯道等诸种理论，尽管其文的作用不一样，但都把文看成道之外的事。朱熹看来，没有道外之文，凡文，均是道的产物。正如从儿子身上可以分析出母亲的诸多因素一样，从文身上可以认识出道的诸多性质。所以，读文即是读道，明文就是明道。文之美，其源为道。

相比于周敦颐的"文以载道"，朱熹的"文从道出"是一个了不起的进步。"文以载道"，仍然"道""文"两分。"文"贬低到仅作为"载道"之车的地位，本身无审美价值可言，也无需美化。周敦颐说："轮辕饰而人弗庸，徒饰也。"② 朱熹对周敦颐的"文以载道"说也做过一点批评：

> 此犹车不载物，而徒美其饰也。或疑有德者必有言，则不待艺而后其文可传矣，周子此章，似犹别以文辞为一事而用力焉。何也？人之才德，偏有长短，其或意中了了，而言不足以发之，则亦不能传于远矣。故孔子曰："辞达而已矣。"程子亦言："《西铭》吾得其意，但无子厚笔力，不能作耳。"正谓此也。③

---

① 黎靖德编：《朱子语类》卷一百三十九。
② 周敦颐：《通书·文辞》。
③ 《通书·文辞》朱熹注，见《周敦颐集》卷二。

"不知务道德，而第以文辞为能者，艺焉而已"，这是周敦颐在《通书·文辞第二十八》中所说的。朱熹认为此话的毛病是轻视了文辞，因为"意中了了，而言不足以发之，则亦不能传于远矣"。为了证明自己的主张，朱熹还援引了孔子与程子的话为据。

朱熹的"文从道出"尽管有其正确的一面，但这一提法亦存在严重的毛病。"文"如果不作形式来理解，而作文学艺术来理解，那么，就不太好讲"文从道出"。朱熹的"道"即"理"，"理"虽被朱熹看作是宇宙本体，但它实是儒家的道德规范，"三纲""五常"之类。道德是意识形态，文艺也是意识形态，它们互相影响，但不能互生。说文艺是道德生出来的，那是荒唐。

一方面，朱熹以天理作为宇宙本体和价值本体，这种哲学本体论的树立提升了中国哲学的思辨高度；另一方面，以文学艺术作为天理之分殊，又赋予了文学艺术言说天理的资格，没有将文学艺术排除出天理言说的范围之外，这就为中国文学艺术开辟了通往本体的途径。这就与西方文学艺术专注感性个体的传统不同，中国文学艺术同样可以探索本体的世界。可以说，以文学艺术言说真理，是中国的传统，却是 20 世纪以来西方的新潮。

二、文学艺术理论的体系化建构

（一）"以诗说《诗》"与"以《序》说《诗》"

朱熹的文学艺术理论体系不是纯粹哲学的推演，而是建立在丰富的文学、艺术研究基础之上的。其中，最值得重视的就是他的《诗经》诠释。

众所周知，《诗经》在中国文化史上的地位相当显赫。它是中国第一部诗歌集，是中国美学与中国诗学的重要源头，由于孔子参与了这部诗集的整理工作，并且发表了一些重要言论，引起了汉儒的特别重视，对它的研究，遂成为一门重要的显学。由于统治阶级的特别重视，《诗经》晋升"五经"之阶，成为儒家的重要经典之一。这样，一部文学作品遂成为全民思想教育的教材，亦成为知识分子的晋身之阶，跻身于国家意识形态的主流地位。这种现象在世界文化史上是绝无仅有的。

《诗经》的这种现象，非常典型地反映了中国传统文化的某些重要特征,那就是官方主流、政教首位、道德核心。这种特征也影响到了文学艺术,进而影响到美学。中国古典美学自先秦以来就有两条线:一条是以儒家思想为基础的重政教伦理;另一条是以道家思想为基础的重自然情性。前者为骨,后者为肉,合而为一,共同形成中国古典美学的生命。

朱熹作为中国古典文化的高峰——理学的代表人物,他的思想集中体现了中国传统文化儒道合一、儒为骨干道为血肉的特点。他在对《诗经》的诠释中突出表现出的美学思想,同样体现了这样的特点。

《诗经》研究中所体现出来的以《序》说《诗》与以诗说《诗》,是中国美学中两条路线的交锋,具体地说,是将《诗经》(在未成为"经"之前是一部诗歌集)看成治国教民的教材,还是将它看成一部审美抒情的文学作品。这一交锋,体现了中国古典美学在其发展过程中所显示出来的矛盾及其统一。

所谓"以《序》说《诗》",是说以《毛诗序》所奠定的以政教伦理说诗的路子去认识《诗经》。这种体系,不是为《诗经》作序的毛亨一人完成的,充分体现"以序说诗"路线的《毛诗正义》集中了许多学者的心血。据说,毛亨作传,毛亨与子夏共同作序(亦说是卫宏作序),郑玄作笺,孔颖达作疏,才最后成就了《毛诗正义》。这种体系的突出特点是以政教伦理为读诗的出发点与归宿点。具体说,一是以伦理说诗,即将诗中所体现的思想情感归到政治伦理上;二是以史说诗,将诗中所说的故事——从历史上找根据,印证历史上曾出现过的重要事件。

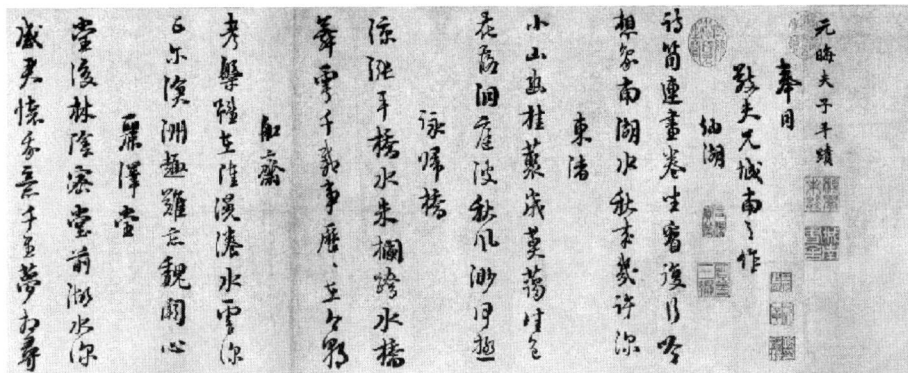

朱熹手迹

所谓以诗说《诗》，就是还诗原本为民歌的本来面目，它的主要功能是反映当时人们的生活面貌与思想情感，满足人们的审美需要。

在这样两条路线的斗争中，朱熹主要持"以诗说《诗》"的立场。这样说是有根据的。首先，朱熹的确表露过对以《序》说《诗》的不满。他说，"某自二十岁时读诗，便觉《小序》无意义，及去了《小序》，只玩味诗词，却又觉得道理贯彻"①。并明确说过要"以诗说《诗》"。在对《诗经》的具体解释上，他的确有不少突破以《序》说《诗》的地方。朱熹并不彻底否定"以《序》说《诗》"，虽然他对"以《序》说《诗》"有过批评，但是在实际的说诗中，他试图将"以《序》说《诗》"与"以诗说《诗》"统一起来。朱熹的这种做法，集中体现在他的《诗集传序》之中。朱熹说：

> 或有问于余曰："《诗》何谓而作也？"余应之曰："'人生而静，天之性也；感于物而动，性之欲也。'夫既有欲矣，则不能无思；既有思矣，则不能无言；既有言矣，则言之所不能尽而发于咨嗟咏叹之余者，必有自然之音响节奏，而不能已焉。此《诗》之所以作也。"曰："然则其所以教者，何也？"曰："诗者，人心之感物而形于言之余也。心之所感有邪正，故言之所形有是非。惟圣人在上，则其所感者无不正，而其言皆足以为教。其或感之之杂，而所发不能无可择者，则上之人必思所以自反，而因有以劝惩之，是亦所以为教也。"②

朱熹的意思很清楚，他从人性出发来谈诗的本质与功能：人性本为"静"，动则为"欲"。有"欲"就有"思"，有"思"就有"言"，言之不足，就发于"咨嗟咏叹"之类的情感，既有情感，就必有"自然之音响"来表达，于是产生诗。朱熹强调"言"与"自然之音响"的区别。这是颇有创意的。诗其实也用语言表达，但诗的语言从本质上属于"自然之音响"，是抒情的。而言，从本质上看是人造的符号，是说理的。将诗的本质定位于用"自然之音响"来表达情感，说明朱熹深深认识到诗的审美本质，这是难能可贵的。

---

① 朱熹：《朱子性理语类·诗一》卷八十。
② 朱熹：《诗集传序》，《晦庵集》卷七十六。

此为一方面;另一方面,朱熹认为"心之所感有邪正""有是非",由此得出诗也存在正邪是非的问题,这关涉到政治伦理,不只是抒情,于是就提出"教"。诗教当然不是一般人做得到的,须"圣"人或"上之人"方行。朱熹认为《诗经》中有一部分诗明显地具有"教"的功能,并且指出,孔子"特举其籍而讨论之,去其重复,正其纷乱",就是为了"使夫学者即是而有以考其得失,善者师之而恶者改焉"。①

朱熹还进一步举《诗经》中的主体部分"风"为例,他说:"凡诗之所谓风者,多出于里巷歌谣之作,所谓男女相与咏歌,各言其情者也。"② "风"分两部分:一部分为《周南》《召南》,这部分诗,"亲被文王之化以成德,而人皆有以得其性情之正"③,所以称之为"正经"。而另一部分的"风",则"邪正是非之不齐","先王之风于此焉变矣"④,故称之为"变风"。除"风"有"变"外,"雅"也有变,称之为"变雅"。对于这部分诗歌,朱熹也给予了很高的评价,认为"雅之变者,亦皆一时贤人君子闵时病俗之所为,而圣人取之,其忠厚恻怛之心、陈善闭邪之意,尤非后世能言之士所能及之"⑤。

这样说来,诗有"教"的功能也是自然而然的事,并不是强加给诗的。朱熹虽然没有明确将诗的抒情功能与政教功能的地位做一个哲理上的区分,但是,从他的行文中还是可以看出,诗的抒情功能是本,政教功能是从这个本上派生出来的功能。也许在现实生活中,诗的政教功能有时大于它的抒情功能,但并不能改变诗的本质是抒情的。凡诗都是抒情的,但不是所有的诗都具有政教的功能。《诗经》足以说明了这一点。

朱熹持论是平允的,他的学识、他的修养,使他对许多问题的认识取中庸之道。他对《诗经》的诠释足以证明了这一点。中国古典美学鲜有走极端者,对于文学艺术,纯审美与纯教化的观点都不可能存在,只是偏重、强

---

① 　朱熹:《诗集传序》,《晦庵集》卷七十六。
② 　朱熹:《诗集传序》,《晦庵集》卷七十六。
③ 　朱熹:《诗集传序》,《晦庵集》卷七十六。
④ 　朱熹:《诗集传序》,《晦庵集》卷七十六。
⑤ 　朱熹:《诗集传序》,《晦庵集》卷七十六。

调有所不同而已。

(二) 朱熹文学艺术美学体系的建构

朱熹关于诗文的言论很多，虽然多系语录，但将其联系起来作综合性的考察，就可发现朱熹的文学艺术美学思想有一个完整的理论体系。这个体系大致可以包括文艺本体论、文艺创作论、文艺批评论。文艺本体论即"文从道出"说，上面已作了介绍。下面我们简单地介绍他的文艺创作论，重点介绍他的文艺批评论。

关于文艺创作论，朱熹最重要的观点是"从容于法度之中"，既讲法度，又讲创造。他说：

> 杜诗初年甚精细，晚年横逸不可当，只意到处便押一个韵，如自秦州入蜀诸诗，分明如画，乃其少作也。李太白诗非无法度，乃从容于法度之中，盖圣于诗者也。①

朱熹以杜甫、李白为例，杜甫重"意到"，写作进入自由境界，堪称"横逸"。李白亦如此，关于李白，朱熹特别提出"法度"问题。因李白作诗给人的感觉是无法，朱熹说"非无法度，乃从容于法度之中"。这是说得非常精当的，既可看作对李白的准确评价，又可看作创作的一般规律。

朱熹较重视生活对文学创作的重要意义，他认为韩愈的文章做得好与他在潮州的一段经历有关，只可惜"且教他在潮州时好，止住得一年"；又说"柳子厚却得永州力也。"②

关于文艺批评，核心的是批评标准，而批评标准又来自审美理想。从朱熹对诗文的大量评论上，我们大致可以这样描述朱熹的审美理想：

1. 关于意蕴：重"真味"，重"义理"，情理结合

朱熹对屈原的作品非常推崇，他说："原之为书，其辞旨虽或流于跌宕怪神怨怼激发，而不可以为训，然皆生于缱绻恻怛，不能自己之至意。"③情感是真挚而又强烈的。这一点对文学魅力的造就十分重要。朱熹论诗极重

---

① 朱熹：《朱子诸子语类·论文下》卷四十八。
② 朱熹：《朱子诸子语类·论文下》卷四十七。
③ 朱熹：《楚辞集注序》。

情真,认为诗之美在于"真味发溢"。当然,作为理学家,朱熹也很重义理。他说:"若其义理精奥处,人所未晓,自是其所见未到耳,学者须玩味深思,久之自可见。"① 不过,他不主张在诗中大引经典,他说:"文字好用经语,亦一病。"② 黄庭坚写诗好用典故,以才学为诗,朱熹褒中有贬:

> 蜚卿问山谷诗,曰:"精绝。知他是用多少工夫!今人卒乍如何及得。可谓巧好无余,自成一家矣。但只是古诗较自在,山谷则刻意为之。"又曰:"山谷诗忒好了。"③

2. 关于格调:重"气象",重"雄健",又不拘一格

朱熹评诗论文好用"气象"一词,比如他论韦应物的诗:"无一字做作,直是自在,其气象近道,意常爱之。"④ 又如论石曼卿的诗:"诗极有好处如'仁者虽无敌,王师固有征。无私乃时雨,不杀是无声'长篇,某旧于某人处见。曼卿亲书此诗大字,气象方严遒劲,极可宝爱。"⑤

朱熹偶尔也用"气骨":

> 前辈文字有气骨,故其文壮浪。⑥

"气象""气骨"都含力,但"气象"展开为场景,"气骨"则专注于力的深度。朱熹十分重视文章的力度。在评论诗文中,他大量用到"雄健""俊健"等概念,如评李白边塞诗,说是"俊健";又如评司马迁、贾谊、苏洵的文章:"司马迁文雄健,意思不帖帖,有战国文气象,贾谊文亦然,老苏文亦雄健。似此皆有不帖帖意。"⑦ 这里,他创造一个"不帖帖"的概念。不帖帖,应该是不柔和、不温顺、不雅洁的意思,这样的文章虽有几分粗糙,却添加了诸多雄健。这样的风格隐含着对于儒家"温柔敦厚"文风的批评。

值得指出的是,也许就个人爱好来说,朱熹比较喜欢雄健而又有气象

---

① 朱熹:《朱子诸子语类·论文下》卷四十七。
② 朱熹:《朱子诸子语类·论文下》卷四十八。
③ 朱熹:《朱子诸子语类·论文下》卷四十八。
④ 朱熹:《朱子诸子语类·论文下》卷四十八。
⑤ 朱熹:《朱子诸子语类·论文下》卷四十八。
⑥ 朱熹:《朱子诸子语类·论文上》卷四十七。
⑦ 朱熹:《朱子诸子语类·论文上》卷四十七。

的诗文,但他并不排斥别的格调的作品,在诗文评论中我们亦可看到他对别的艺术风格的赞扬。比如,他说:"东坡文字明快,老苏文雄浑,尽有好处,如欧公、曾南丰、韩昌黎之文,岂可不看。"①"因言欧阳公文平淡,曰:虽平淡,其中却自美丽。"②

3. 关于境界:重"和气",重"浑厚",文质彬彬

朱熹的审美观基本上来自传统儒家,在文学的总体境界上特别看重"浑厚""和气"。他推崇《诗经》的审美品格"乐而不过于淫,哀而不过于伤"③;赞赏"《雅》《颂》之篇,其语和而庄,其义宽而密"④。总之,"《诗》之为经,所以人事浃于下,天道备于上,而无一理之不具也"⑤。《诗经》在儒家美学中,处于经典的地位,而《诗经》的美,就是经孔子阐发的中和之美、温柔敦厚之美。

以《诗经》为标准,他评论欧阳修、苏轼的文章,认为,"欧公文字,好底便十分好,然犹有甚拙底,未散得他和气。到东坡文字便已驰骋,忒巧了。及宣政间,则穷极华丽,都散了和气"⑥。这里说的"和气",即"温柔敦厚"。

在《答王近思》一文中,他批评王近思的文章:

大抵吾友诚悫之心似有未至,而华藻之饰常过其哀,故所为文亦皆辞胜理,文胜质,有轻扬诡异之态,而无沉潜温厚之风。⑦

这里批评王文"辞胜理,文胜质",那么,他所希望的当然是辞理并茂、文质彬彬了。

4. 关于文风:重"平易",重"自然",反对华而不实,刻意雕琢

朱熹说:"圣人之言,坦易明白,因言以明道。"⑧从"明道"的立场出发,

---

① 朱熹:《朱子诸子语类·论文上》卷四十七。
② 朱熹:《朱子诸子语类·论文上》卷四十七。
③ 朱熹:《诗集传序》,《晦庵集》卷七十六。
④ 朱熹:《诗集传序》,《晦庵集》卷七十六。
⑤ 朱熹:《诗集传序》,《晦庵集》卷七十六。
⑥ 朱熹:《朱子诸子语类·论文下》卷四十七。
⑦ 朱熹:《答王近思》,见《晦庵先生朱文公文集》卷三十九。
⑧ 朱熹:《朱子诸子语类·论文上》卷四十七。

朱熹力主为文"平易"。正面的例子，他举了许多：

> 楚词平易。①

> 欧公文章及三苏文好处只是平易说道理。②

> 文章到欧、曾、苏，道理到二程，方是畅。③

> 古人文章，大率只是平说而意自长。④

反面的例子，则是今人："后人文章，务意多而酸涩。"⑤ "平易"不等于肤浅，一览无余，相反，"平说而意自长"。

不仅文要"平易"，诗也要"平易"。朱熹说："诗须是平易不费力，句法混成。如唐人玉川子辈，句语虽险怪，意思亦自有混成气象。因举陆务观诗：'春寒催唤客尝酒，夜静卧听儿读书。'不费力，好！"⑥ 这里，朱熹将"平易"与"气象"联系起来，"平易"只是入门容易，而诗中的大千气象又需要细细品味。

朱熹还提倡自然，不管是哪种风格，哪种写法，都要出之自然方好。陶渊明诗以平淡著称。陶诗的平淡朱熹认为是"出于自然"⑦。这种出于自然的诗是不可模仿的，朱熹指出后人模仿陶诗的平淡，然"相去远矣"，其原因是未真正做到出于自然。

三、新的审美原则的确立

从哲学上论证文道关系，其实依旧遵循的是理一分殊的思路。自然万物是象，文学艺术亦是象，以形象见长的文学艺术，如何去传达天理，这是理学家面临的难题。西方文学艺术不涉及这个问题，西方哲学本体论的言说依赖的是逻辑的语言，而非诗性的语言，更不是造型艺术。既然朱熹将

① 朱熹:《朱子诸子语类·论文上》卷四十七。
② 朱熹:《朱子诸子语类·论文上》卷四十七。
③ 朱熹:《朱子诸子语类·论文上》卷四十七。
④ 朱熹:《朱子诸子语类·论文上》卷四十七。
⑤ 朱熹:《朱子诸子语类·论文上》卷四十七。
⑥ 朱熹:《朱子诸子语类·论文下》卷四十八。
⑦ 朱熹:《朱子诸子语类·论文下》卷四十八。

文学艺术作为天道的产物,那么他就必须面对这个难题:如何既保证文学艺术的审美独立性,同时将天理的言说贯穿其中,真正做到文从道出。

朱熹很好地完成了这个任务。

(一) 思想是文学艺术的本体

从本质上来说,道是文学艺术的本体,文学艺术是道的显现。然而道不会直接转化为文,道先为作者颖悟获得,然后作者按文学艺术的创作规律,将道转化为文学艺术作品。

如此一来,作者的思想水平就与文学艺术直接相关。朱熹以圣人之文为例,说道:

> 圣人之言坦易明白,因言以明道,正欲使天下后世由此求之。使圣人立言要教人难晓,圣人之经定不作矣。若其义理精奥处,人所未晓,自是其所见未到耳。学者须玩味深思,久之自可见。①

朱熹指出,圣人的文章有两个特点:其一,义理精奥,这是思想层面的;其二,文字坦易,这是形式层面的。因为思想精深,所以其文章深刻新颖,但其语言平直坦易。所谓平直坦易,就是这语言恰到好处地显现了思想,思想与语言完全统一。朱熹以此作为好文章的基本标准。在评价《周易》文字时,朱熹认为:"大抵《易》之书,如云行水流,本无定相,确定说不得。"② 朱熹从文学的角度推崇《周易》,正是基于对文学思想性的重视。

在朱熹看来,最好的文章就是圣贤的文章,他指出:

> 圣人之言平铺放着,自有无穷之味,于此从容潜玩,默识而心通焉,则学之根本于是乎立,而其用可得而推矣。患在立说贵于新奇,推类欲其广博,是以反失圣言平淡之真味,而徒为学者口耳之末习。③

圣人文章的奥妙不在于追求新奇、翻新文采,而是精研义理、提出正见。当义理精深,达到了常人未达到的地步,文章自然显得高深。圣人写文章不写闲言碎语,情欲仇怨,而是专写大道,为的就是后世之人可以读其文而

---

① 黎靖德编:《朱子语类》卷一百三十九。
② 黎靖德编:《朱子语类》卷七十六。
③ 朱熹:《晦庵先生朱文公文集·答张敬夫》。

求其道。所以，朱熹说："圣贤不是要作文，只是逐节次说出许多道理。"①在朱熹看来，这就是圣人之文高妙的根本，为今人之文做出了示范。

从求道之文的角度来讲，朱熹的观点没有问题。当文学艺术的目标被定位为探求真理的时候，文章的根基自然是思想。问题是，探求真理并非文学艺术的唯一目标。因此，朱熹的观点仅适应于求道之文，如果将这种观念作为文学的唯一标准，就会造成文学艺术风格上的单一化。

（二）文学艺术的情感是中和的情感

文学艺术是无法排斥情感的介入的，否则文学艺术就失去了其独特的价值。朱熹虽然将思想作为文学艺术的根基，但同时认为并非一切情感都是违背理性的。在朱熹看来，理性与情感在很大程度上是一致的。关于情感与理性的问题，《中庸》讲："喜怒哀乐未发谓之中，发而皆中节谓之和。"朱熹就此指出："喜怒哀乐未发便是性，既发便是情。"②朱熹所推崇的中节之和就是情感与天理的完美统一，也就是说，情感只要是合乎天理，就是正常的、正确的、应该被肯定的情感。

他说：

> 心之全体湛然虚明，万理具足，无一毫私欲之间；其流行该遍，贯乎动静，而妙用又无不在焉。故以其未发而全体者言之，则性也；以其已发而妙用者言之，则情也。③

在朱熹看来，心统性情。心本身是万理具足的，其中没有任何私欲在里面。心之未发是性，心之已发是情。从这个逻辑上来讲，文学艺术表达情感也就毫无问题可言。

情感问题在朱熹的体系中占据着重要的位置。天理是高悬的本体，心性是内在的本体，情感则是现实的、具体的、感性的人的基本状况。理学要讲透彻，最终还是要落实到人身上。在朱熹看来，天理—心性—情感应该是一以贯之的，但情感易受现实因素的影响，所以情感容易生出偏差。

---

① 黎靖德编：《朱子语类》卷六十二。
② 黎靖德编：《朱子语类》卷一百零一。
③ 黎靖德编：《朱子语类》卷五。

他说：

> 盖人受天地之中以生，其未感也。纯粹至善，万理具焉，所谓性也。然人有是性，则有是形，有是形则有是心，而不能无感于物，感于物而动，则性之欲者出焉。而善恶于是乎分矣，性之欲即所谓情也。……情之好恶，本有自然之节，唯其不自知觉，无所涵养，而大本不立，是以天则不明，于内外，物又从而诱之，此所以流滥放逸，而不自知也。苟能于此觉其所以然者，而反躬以求之，则其流庶乎。其可制也，不能如是而唯情是徇，则人欲炽盛，而天理灭息尚，何难之有哉。此一节正天理人欲之机，间不容息处，唯其反躬自克，念念不忘，则天理益明，存养自固，而外诱不能夺矣。①

在朱熹看来，情感不符合天理的要求，就违背了"中和"的要求，容易走向流滥放逸。此时必须不断反躬自省，限制欲望的盛行，以使情感回归本体的约束。

由此朱熹提出，好的文学作品，其情感应该是"中和"之情感。朱熹以《诗经》为例，指出：

> 或有问于余曰："《诗》何谓而作也？"余应之曰："'人生而静，天之性也；感于物而动，性之欲也。'夫既有欲矣，则不能无思；既有思矣，则不能无言；既有言矣，则言之所不能尽而发于咨嗟咏叹之余者，必有自然之音响节奏，而不能已焉。此《诗》之所以作也。"②

在朱熹看来，感物抒情、发言为诗本身是没有任何问题的。这与程颐"作文害道"的思想截然不同。朱熹认为，人心感于物而生出情感，将这种情感表达出来就是文学艺术的创作。情感只要是合乎天理的，其所作的文学艺术作品自然也是合乎天理的，《诗经》就是典型。在这种思想前提下，朱熹确立了他对于文学艺术情感的要求——中和。在评论"乐而不淫，哀而不伤"时，朱熹强调："淫者，乐之过而失其正者也。伤者，哀之过而害于

---

① 朱熹：《晦庵先生朱文公文集·乐记动静说》。
② 朱熹：《诗集传序》。

和者也。"① 这就是对情感的要求。

当然,在面对具体的文学作品时,朱熹对情感的要求也是有一定的活动尺度的。譬如,屈原的楚辞,虽然情感过于浓烈而有失中和,但朱熹认为,屈原之情感是家国之情,因而也值得称赞:

> 原之为人,其志行虽或过于中庸而不可以为法,然皆出于忠君爱国之诚心。原之为书,其辞旨虽或流于跌宕怪神、怨怼激发而不可以为训,然皆生于缠绵恻怛、不能自已之至意。虽其不知学于北方,以求周公、仲尼之道,又独驰骋于变《风》、变《雅》之末流,以故醇儒庄士或羞称之。然使世之放臣、屏子、怨妻、去妇,抆泪讴吟于下,而所天者幸而听之,则于彼此之间,天性民彝之善,岂不足以交有所发,而增夫三纲五典之重? 此予之所以每有味于其言,而不敢直以"词人之赋"视之也。②

对《诗经》的评价与对屈原的肯定,可以看出朱熹在面对情感问题时的尺度。情感并非洪水猛兽,朱熹也并非绝对地要"存天理,灭人欲"。情感是人之常情,情感的产生与抒发同样是人之常情,但情感不能滥发,而要有节制地表达。朱熹的情感论很好地处理了情感与理性的冲突,为文学艺术的情感表达确立了一席之地,这就既保证了文学艺术与本体的关联,又尊重和适应了文学艺术自身的特点。从这个意义上来讲,朱熹确实推动了文学的新的发展。

(三) 形象是文学表达的基础

文学艺术的基本要素是形象,哲学理论的基本要素是概念。形象是情感性的表达,概念是逻辑性的表达。朱熹对情感的重视决定了他必然重视形象在文学艺术中的作用。情感只有落实为形象,经由语言文字等媒介传达出来,文学作品才能算是完成。因此,朱熹特别重视形象在文学艺术中的作用。

---

① 朱熹:《论语集注》。

② 朱熹:《楚辞集注序》。

在评价《诗经》《楚辞》的时候，朱熹特别重视"比兴"手法的应用。在朱熹看来，比兴就是托物兴辞，借物象来表达情感。他指出：

> 比是以一物比一物，而所指之事常在言外。兴是借彼一物以引起此事，而其事常在下句。但比意虽切而却浅，兴意虽阔而味长。①

在朱熹看来，比是类比，欲讲此物，先讲彼物，二者类同，所以可以由此及彼；兴则是烘托意境，所言之物不必与所传之事有必然的联系，更多的是一种情感的传递与氛围的营造。朱熹的讲法很重要，从本体的确立，到情感的中和，再到形象的表达，朱熹一点点地理顺文学艺术与哲学本体的具体关联。朱熹的处境是十分艰难的，他一方面要突出本体的绝对地位，另一方面还要确保文学艺术的审美特征。只有两者之间达到平衡，才能真正建立文学艺术的本体论路径。否则，只有本体而无审美，文学艺术就被取消了；只有审美而无本体，文道关系又被打破了，文学理论就又回到了之前的水平。

形象是文学艺术之美的根基，形象同时又是传达天理的基本方式，朱熹对此深有体会。在评论《诗经·大雅·云汉》"倬彼云汉"一句的时候，朱熹指出：

> "倬彼云汉"，则为章于天矣。周王寿考，则何不作人乎？退之为言何也。此等语言自有个血脉流通处，但涵泳久之，自然见得条畅浃洽，不必多引外来道理言语，却壅滞活底意思也。周王既是寿考，岂不作成人材？此事已自分明，更着个"倬彼云汉，为章于天"，唤起来便愈见活泼泼地。此六义所谓"兴"也。"兴"乃兴起之义，凡言兴者，皆当以此例观之。易以"言不尽意"而"立象以尽意"，盖亦如此。②

在朱熹看来，"倬彼云汉，为章于天"二句极妙，其妙处在于以活泼生动的方式传达了诗歌的思想性。形象的出现不仅没有破坏思想的传达，而且使得诗歌余味无穷、涵泳不尽。在朱熹看来，文学艺术中的形象表达与《周

---

① 黎靖德编：《朱子语类》卷八十。
② 朱熹：《晦庵先生朱文公文集·答何叔京》。

易》"立象以尽意"的思想是一致的。这一看法从根本上奠定了文学艺术与本体的关系。文学艺术与哲学不同,哲学遵循思维的逻辑演绎,文学艺术遵循形象的审美表达,但在朱熹的体系中,文学艺术的审美原则并不与逻辑演绎冲突,文学艺术同样可以表达本体。这是中国美学基本特征在文学艺术中的直接表现,决定了文学艺术与真理的根本关联,与西方传统的文学艺术观念形成鲜明对比。

(四) 追求情趣与理趣的融合

朱熹的文学艺术思想,以天理为其思想根基,以中和为其情感原则,以形象为其表达中介,构成了一个完整的文学艺术理论体系。这种思想呈现在文学艺术审美理想之上,就是追求情趣与理趣的融合。理趣对应的是天理本体,情趣对应的是中和之情,而以诗性的方式将情趣与理趣表达出来,就成为文学艺术作品追求的目标。

朱熹以《诗经》为例讨论了文学在情趣与理趣上的融合。他说:

> 《诗》本只是恁他说话,一章言了,次章又从而叹咏之,虽别无义,而意味深长。不可于名物上寻义理。后人往往见其言只如此平淡,只管添上义理,却窒塞了他。如一源清水,只管将物事堆积在上,便壅隘了。①

在朱熹看来,《诗经》是既有理趣也有情趣的,但理趣并不意味着要表达什么具体的道理,只是给人一种意味深长的感受即可。《诗经》的文字都是形象,形象背后究竟是什么,后世已经不可确知,但反复涵泳,却能感受到无限的韵味,这就是《诗经》之美的根本——情趣与理趣的融合。朱熹在点评《诗经》的时候,对《诗小序》的解读方式极为反感。在他看来,《诗小序》过于追求《诗经》的义理,破坏了《诗经》的美感。

基于这种看法,朱熹自己的文学创作就特别追求以文学艺术的方式来表达对于天理的理解,而非直陈道理,破坏审美。朱熹的诗文,少有情爱、相思、怨恨之语,多为山水、交友、感怀之作。这种文学创作的取向是其理

---

① 黎靖德编:《朱子语类》卷一百一十七。

学修养的必然结果,也是中国文学在唐代之后的新的突破。唐诗以抒情为主,宋诗以说理为主。说理容易流于干枯滞涩,韵味全失,朱熹的文学创作很好地回避了这种误区。其词《浣溪沙·次秀野酴醾韵》云:

> 压架年来雪作堆。珍丛也是近移栽。肯令容易放春回。却恐阴晴无定度,从教红白一时开。多情蜂蝶早飞来。

酴醾即荼蘼,花白如雪,晶莹剔透,每年四五月份开花。词中有对花之喜爱,有对花开之期待,有对蜂蝶之飞来的热爱,但却没有明确的义理指向。研究朱熹的文学思想,必须关注朱熹的文学作品。作品,是朱熹文学思想的直接呈现。朱熹不像邵雍、周敦颐、二程那样直接以义理入诗,而是以中和之情入诗,情既然是中和之情,自然合乎天理,但诗的基点落在了情之上,而非理之上。这就很好地保证了文学审美特征的独立性。

朱熹的文学造诣是极深厚的,朱熹对于诗的理解也是极全面的。对于朱熹文学思想的误解,完全可以在读其诗文之中得以消除。理学家的诗歌确实容易重义理而轻审美,但朱熹的诗歌做到了义理浑然不见,形象活泼生动,审美意味浓厚。这与朱熹的文学思想是分不开的。再看三首:

> 秋日
> 一雨生凉杜若洲,月波微漾绿溪流。茅檐归去无尘土,淡薄闲花绕舍秋。

> 春日偶作
> 闻道西园春色深,急穿芒屩去登临。千葩万蕊争红紫,谁识乾坤造化心。

> 斋居闻磬
> 幽林滴露稀,华月流空爽。独士守寒栖,高斋绝群想。
> 此时邻磬发,声合前山响。起对玉书文,谁知道机长。

从上述诗歌可以看出,朱熹很好地融合情与理、美与真的矛盾,在尊重文学艺术之审美特性的前提下,传达出作者的情感与襟怀。朱熹的成功之处在于,他既保证了文学艺术出自天理,又保证了文学艺术的审美特征。这其实是很难做到的,至少朱熹之前的理学家做得并不好。言道说理,很容易流于哲学化的语言,这是很难避免的。但朱熹的文学创作成功地避免了理性对审美的破坏,他以中和之情去感物道情,形成了独具风格的诗歌类型。总之,朱熹的文学创作与其文学思想不是矛盾的,而是统一的。

(五) 倡导质朴平淡的文风

在朱熹的诗文中,义理是消融不见的,可见的是形象,而形象背后是中和的情感,中和的情感又发自对天理的体悟。中和的情感决定了文风的平淡,也决定了朱熹对文学艺术之平淡风格的崇尚。

对于前代诗人,朱熹最为赞赏的是陶渊明与韦应物。对于陶渊明,朱熹赞其"诗平淡,出于自然"①;对于韦应物,朱熹认为,"韦苏州诗高于王维、孟浩然诸人,以其无声色臭味也。"② 朱熹对陶渊明和韦应物的推崇亦可见其对情理交融的理解。陶诗与韦诗的特点就是文字平和、情感中和,但义理又不可直接看见,可以说是"此中有真意,欲辨已忘言"的典型。朱熹以此指出文学创作的根本仍旧是对义理的习得与体悟。因为按照朱熹的思路,义理精深,才能情感中和,才能作出平淡之风的文学艺术作品。所以,朱熹批评当时的为文风气,说:

> 今人不去讲义理,只去学诗文,已落第二义。况又不去学好底,却只学去做那不好底。作诗不学六朝,又不学李杜,只学那峣崎底。今便学得十分好后,把作甚么用? 莫道更不好。如近时人学山谷诗,然又不学山谷好底,只学得那山谷不好处。③

前文已经指出,义理高明则文字平易。朱熹这里批评的正是那种义理不通却追求文字奇崛的创作风气。在朱熹眼中,齐梁之绮靡,韩愈之晦涩,苏轼之华艳皆不足取。他推崇平淡而深远的文字。谈及欧阳修,他说:

> 道夫因言欧阳公文平淡。曰:"虽平淡,其中却自美丽,有好处,有不可及处,却不是阗茸无意思。"④

---

① 黎靖德编:《朱子语类》卷一百四十。
② 黎靖德编:《朱子语类》卷一百四十。
③ 黎靖德编:《朱子语类》卷一百四十。
④ 黎靖德编:《朱子语类》卷一百三十九。

在朱熹看来,欧阳修的文章虽然文字平淡,但其中自有独特的美感,而且这种美非寻常文章可及。依朱熹的理论,平淡是情感中和的必然后果,情感中和不意味着文字贫乏无味,恰恰相反,平淡乃是建立在深邃的思想境界和高拔的道德修养基础之上的,故而平淡之文往往是绚烂所归。

观朱熹的诗文可见一斑:

感怀

经济夙所尚,隐沦非素期。几年霜露感,白发忽已垂。

凿井北山阯,耕田南涧湄。乾坤极浩荡,岁晚将何之。

百丈山记

出山门而东十许步,得石台。下临峭岸,深昧险绝。于林薄间东南望,见瀑布自前岩穴瀵涌而出,投空下数十尺。其沫乃如散珠喷雾,目光烛之,璀璨夺目,不可正视。

朱熹的诗歌颇有古风,文章亦平易,符合他对于平淡之风的追求。当然,更重要的是,朱熹的诗文没有明显的理学气息,这是他的高明之处。朱熹文学思想的最大特色就是如何在保证文学审美特性的前提下使之符合天理。这展示出了朱熹对文学艺术独立性的自觉。正是这种自觉,决定了朱熹的文学作品虽然自道中流出,却不着痕迹,由此为中国文学贡献了一种全新的审美风格。

朱熹对文道关系的推进为中国文学史、艺术史提供了新的审美风格。哲学的艺术化使得宋代的诗文、绘画、园林、建筑均受到了理学的影响。这就是理学家尤其是朱熹的贡献。

朱熹的失误在于,其文学艺术观念缺乏包容性,中和之情固然是情之本体化的产物,但人情并非仅此一种。这种对情感的理性化要求导致他在评价历代作家之时,多有苛刻之语。其实,文学艺术曲尽人情,人情所发,皆有可写,多种多样的文学艺术表达方式和风格本应是共生共在共存的,而不是相互否定和攻击的。朱熹对情感的单一化主张导致其文学观念引发众多诗人、艺术家、评论家的不满,也导致后世对朱熹在文学艺术方面的贡献颇多微词。

第五节 天理节文：礼乐制度的理学化

以形象的方式言说真理，是中国美学的特质。这种言说方式决定了形象的意味总是指向某种形而上的观念，这就为审美文化的丰富大开方便之门。在朱熹的体系中，自然万物与天理相通、文学艺术与天理相通，可以想见，礼乐制度同样与天理相通。礼乐制度既是政治、伦理的载体，同样也是美的载体。

一、礼乐制度的理学化改造

朱熹的礼乐思想是中华民族礼乐文明精神的延续和发展。礼乐文明是中国传统政治美学、伦理美学的中心，朱熹的独特贡献在于将礼乐制度与天理沟通，将礼乐制度拔高到本体的高度。但礼乐制度作为美学的根本立足点仍旧是具体的、形象化的"物"，包括制度、仪式、乐舞、器物等。形象的直观性决定了礼乐制度不仅具有规范社会的功能，同样也是一种美的呈现。

从继承的方面来说，朱熹的礼乐美学思想是对周代礼乐美学的继承与发展。西周礼乐制度的根基是"德"。周代以"德"为本，宣扬以德配天，以德治国，敬天保民，但这种观念的展开不是借由逻辑论证的方式，不是以苏格拉底式的层层分析来讨论"德是什么"这个问题。周公之不同于苏格拉底的地方就在于，周公没有探讨"德"的内涵与外延，而是以各种具体可见的形式表征"德"的现实性，这就是制礼作乐。制礼作乐是中国文化中非常值得思考的事件，因为制礼作乐标志着中国古代的政治、伦理走向了以形象表达观念的思想路径，而巴门尼德和苏格拉底则坚持以逻辑去讨论正义自身的合理限度。

"德"是抽象的，这个抽象的"德"规范着人们的行为。礼乐制度的独特之处就在于，将这种抽象的"德"具体化。这种具体化使得"德"成为可以直观的对象，自然有利于"德"所代表的价值规范的传播与教化。《乐记》道：

是故先王之制礼乐，人为之节；衰麻哭泣，所以节丧纪也；钟鼓干戚，所以和安乐也；昏姻冠笄，所以别男女也；射乡食飨，所以正交接也。礼节民心，乐和民声，政以行之，刑以防之，礼乐刑政，四达而不悖，则王道备矣。乐者为同，礼者为异。同则相亲，异则相敬，乐胜则流，礼胜则离。①

在礼乐制度之中，那需要经过"自省"并转化为"行为"的"德"具体地显现为"衰麻哭泣""钟鼓干戚""昏姻冠笄""射乡食飨"等带有明显仪式性的过程，而当仪式性的行为展开时，其背后所蕴含的价值观念就已经得到了践行。仪式是美学性的，但其内涵却是伦理的、哲学的。这种对"德"的形象化规定使得人的行为中的"应当"问题变得清晰而直白，何种情形、何种事务、何种规范均由"物"的形象得到规定。《论语·阳货》载孔子语："礼云礼云，玉帛云乎哉？乐云乐云，钟鼓云乎哉？"就是孔子对礼乐背后所蕴含之价值观念的揭示。

身处中国文化内部，这种以"物象"来表达抽象观念的思维显得并不难理解，但对比西方文化，可知这种对抽象观念的形象化言说是极具民族特色的，并且直接促成了大量"物象"的产生。这些"物象"既是德的载体，又是欣赏的对象。可以说，礼乐文明的一个重大作用就是"造型"，即制造各种形体之物。虽然这种形象的创造本身不是为了审美，但"造型"本身不可避免地向着美靠近。《乐记》载：

故钟鼓管磬，羽龠干戚，乐之器也。屈伸俯仰，缀兆舒疾，乐之文也。簠簋俎豆，制度文章，礼之器也。升降上下，周还裼袭，礼之文也。故知礼乐之情者能作，识礼乐之文者能述。②

乐器本身及其所奏的音乐，礼器本身及其所用的仪式，均以形象化的方式呈现出来。这样一来，礼乐制度具体呈现为典章、制度、规矩、仪式、言辞、器物、饮食、娱乐等可以直观的"物象"，其目的不是通过概念的辨析

① 《礼记·乐记》。
② 《礼记·乐记》。

获得对正义的理解，而是通过形式的直观获得对正义的理解。"德"是抽象的规则，但当"德"形式化为各种物象的时候，抽象的东西就形象化了，需要分析的价值观念就成为直观的对象了。于是，物象就不再是自在的物，而是有意义的物。周代的物之形式的意义，就是"德"；反过来说，是"德"塑造了周代之物的形式，确立了周代物之美学特质。总之，在礼乐文明之中，形象本身是审美的对象，形象背后又隐藏着道德的要求；反过来，道德激发了形象的创造，形象的创造丰富了人们的审美体验。

(宋) 马远:《雪滩双鹭》

从发展的方面来说，朱熹将礼乐提升到了天理的高度。礼乐的形而上色彩是自其诞生就有的。西周时期的"德"本身就是至高无上的法则。《乐记》认为，礼乐与天地同和。具体如下：

> 大乐与天地同和，大礼与天地同节。和故百物不失，节故祀天祭地，明则有礼乐，幽则有鬼神。如此，则四海之内，合敬同爱矣。礼者殊事合敬者也；乐者异文合爱者也。礼乐之情同，故明王以相沿也。故事与时并，名与功偕。①

不过，此时的"德"尚未达到本体论的层次，其中夹杂着殷商的神学思想和西周的人文道德思想。在哲学思维尚未成熟的时代，"德"的形上学意味依赖的不是对本体的论证，而是对天命的直觉。直到宋代，理学家提出天理的概念，儒家的本体论哲学才真正诞生。朱熹作为理学的集大成者，就顺其自然地将礼乐提升到本体的高度。

> 礼乐者，皆天理之自然。节文也是天理自然有底，和乐也是天理自然有底。然这天理本是笼统一直下来，圣人就其中立个界限，分成段子；其本如此，其末亦如此；其外如此，其里亦如此，但不可差其界限耳。才差其界限，则便是不合天理。所谓礼乐，只要合得天理之自然，则无不可行也。②

在朱熹看来，礼乐制度虽然是人为制造的事物，但其根本仍旧是天理。朱熹以圣人作为礼乐合理性的保证，他认为圣人制礼作乐，并非任意而为，而是依据天理之流行为人类行为确立了基本的道德规范。所以，礼乐制度的内内外外、方方面面皆符合天理的具体要求。朱熹以天理—圣人—礼乐的阐释模式赋予了礼乐制度以天理的高度。

当礼乐制度被抽象为天理时，作为表象的礼乐制度并没有被这种抽象思维否定。这是理一分殊思想的延续。中国哲学追求本体，但从不否定本体的具体显现。朱熹的礼乐思想也是如此。他说：

---

① 《礼记·乐记》。
② 黎靖德编：《朱子语类》卷八十四。

礼是那天地自然之理。理会得时，繁文末节皆在其中。"礼仪三百，威仪三千"，却只是这个道理。千条万绪，贯通来只是一个道理。夫子所以说"吾道一以贯之"，曾子曰"忠恕而已矣"，是也。盖为道理出来处，只是一源。散见事物，都是一个物事做出底。一草一木，与他夏葛冬裘，渴饮饥食，君臣父子，礼乐器数，都是天理流行，活泼泼地。那一件不是天理中出来! 见得透彻后，都是天理。①

一方面，礼乐制度皆可抽象为天理；另一方面，天理又必须散见于事物之中。天理是一，礼乐制度是分；天理是抽象的，礼乐制度是现实的；天理不可直观，而礼乐制度活泼泼地显示着天理之流行。这样，礼乐制度中的每一个环节、事物均得到了相应的肯定。这种肯定为礼乐美学的发生奠定了基础。天理是本体层面的规定，礼乐制度则是本体的形象化显现。只有当礼乐制度的形象化显现得到肯定，才会确保政治、伦理的观念始终以形象的方式传达。在中国政治、伦理的发展历史中，不同时代有不同时代的思想观念，这一方面体现在思想家、政治家的逻辑论证之中，另一方面也体现在建筑、服饰、色彩、器具、行止之中。后者既是前者的感性显现，同时也是一种美学的创作。

朱熹特别强调这种政治、伦理观念的感性显现。他说：

礼，极是卑底物事，如地相似，无有出其下者，看甚么物事，他尽载了。纵穿地数十丈深，亦只在地之上，无缘更有卑于地者也。知却要极其高明，而礼则要极于卑顺。如"礼仪三百，威仪三千"，纤悉委曲，无非至卑之事。如"羹之有菜者用梜，其无菜者不用梜"；主人升东阶，客上西阶，皆不可乱。然不是强安排，皆是天理之自然。②

礼乐是极其具体的事事物物，但又承载着极其抽象的观念。其作为抽象观念是哲学性的，其作为各种具体的事事物物则是美学性的。抽象观念的变迁推动着事事物物之造型的变迁，为中国美学提供着丰富的物象。物

---

① 黎靖德编：《朱子语类》卷四十一。
② 黎靖德编：《朱子语类》卷七十四。

的造型从来就不是偶然的、任意的，物的造型总是依据某种观念的指导。为政治造型、为伦理造型、为本体造型、为思想境界造型、为情感世界造型、为感官欲望造型、为艺术而艺术地造型等，均在现实世界中丰富着人们的审美世界。为抽象概念造型，为西方文化所否定，却是中国文化的特长。

中国文化对形象与真理之关系的肯定，决定了道德规范，政治理念可以被形象化、"艺术化"地呈现出来，由此构成了极具民族特色的伦理美学和政治美学。在朱熹的思想中，举凡敬天祭祀、婚丧嫁娶、言行举止、车马衣饰、器具建筑皆由此得到理学化的规定。这种规定直接创造出各种各样以显现"理"为意图的"物"的形象，为中国美学提供了丰富的资源。

二、礼乐制度的审美教化功能

礼乐制度作为社会规范之形象化的载体，其优势就在于直观性。当社会规范、伦理道德等理性化的思想通过形象的方式得到规定后，人们就可以在直观物的形式的过程中感受到理的存在。如此一来，审美与德育融合，感性与理性融合。这是中国人的独创。

（一）朱熹肯定礼乐制度的教化功能

他在论述孔子之"兴于诗，立于礼，成于乐"的时候，特别突出了礼乐的重要性。

> "'兴于诗'，便是个小底；'立于礼，成于乐'，便是个大底。'兴于诗'，初间只是因他感发兴起得来，……'成于乐'，是甚次第，几与理为一。看有甚放僻邪侈，一齐都涤荡得尽，不留些子。'兴于诗'，是初感发这些善端起来；到'成于乐'，是刮来刮去，凡有毫发不善，都荡涤得尽了，这是甚气象！"①

在朱熹看来，在人的教化过程中，《诗经》的作用是感发，使情之善端升起，但情之培养以至于达到中和的水平，却需要礼乐的教化。礼乐制度就在日用之间，反反复复地强化着人对于道德的理解，最终提升人的道德

---

① 黎靖德编：《朱子语类》卷三十五。

水平。

在朱熹的思想中,礼乐制度之所以可以提升人的道德水平,是因为礼乐制度虽然呈现为一种形象化的物的形态,但其根本却直指天理、伦理。朱熹在《家礼》序言中写道:

> 凡礼有本有文。自其施于家者言之,则名分之守、爱敬之实者,其本也;冠婚丧祭仪章度数者,其文也。其本者有家日用之常礼,固不可以一日而不修;其文又皆所以纪纲人道之始终,虽其行之有时,施之有所,然非讲之素明,习之素熟,则其临事之际,亦无以合宜而应节,是亦不可以一日而不讲且习焉者也。①

本是礼乐背后的观念,文是礼乐表面的形式。文是本的载体,所以要真正体会天理,不是从天理开始,而是从天理之载体开始。在朱熹的格物致知思想之中,礼乐制度本身也是物之一种。通过对礼乐制度之形式的把握,去体悟这种形式背后的道理,这是朱熹认为必须经历的过程。

(二) 朱熹强调礼乐制度的工夫论意义

朱熹重视礼乐制度,有一个重要原因是他担心直接言说天理会造成人们将私欲作为天理。这是朱陆之争的焦点。天理无非二字,但对天理的领悟如果走向直觉顿悟,就缺失了对天理所涉及实理的领悟,很容易落入禅宗的理路。正是在这个意义上,朱熹特别重视以居敬涵养和格物致知为基本方法的工夫论。礼乐制度就是工夫论的重要依托。借助于对礼乐制度的长期领悟,人们才能逐渐理解天理的究竟含义。这是一个漫长的过程,而非一朝一夕的事情。朱熹说:

> 古者教法,"礼、乐、射、御、书、数",不可阙一。就中乐之教尤亲切。夔教胄子只用乐,大司徒之职也是用乐。盖是教人朝夕从事于此,拘束得心长在这上面。盖为乐有节奏,学他底,急也不得,慢也不得,久之,都换了他一副当情性。②

---

① 朱熹:《家礼·家礼序》。
② 黎靖德编:《朱子语类》卷八十六。

这里，乐因其艺术性最强而独具亲和力，是六艺之中最易为人接受的方式。但朱熹强调，必须朝夕沉浸其中，久而久之，才能真正起到洗心革面、脱胎换骨的效果。这就决定了礼乐制度虽然呈现为各种各样的形象，但人们却不能停留于其表面，而要透过各种各样的形式去把握形式背后的真理。他多次强调要透过礼乐制度之文习得礼乐制度之理。他说：

> 古人自少小时便做了这工夫，故方其洒扫时加冠之礼，至于学诗，学乐舞，学弦诵，皆要专一。且如学射时，心若不在，何以能中。学御时，心若不在，何以使得他马。书、数皆然。今既自小不曾做得，不奈何，须着从今做去方得。若不做这工夫，却要读书看义理，恰似要立屋无基地，且无安顿屋柱处。今且说那营营底心会与道理相入否？会与圣贤之心相契否？今求此心，正为要立个基址，得此心光明，有个存主处，然后为学，便有归着不错。若心杂然昏乱，自无头当，却学从那头去？又何处是收功处？故程先生须令就"敬"字上做工夫，正为此也。①

这里，朱熹指出礼乐制度作为工夫修养之依托的重要性。他认为，古人习练六艺，其实就是做工夫。六艺背后皆有道理，但这个道理不是突然就可以理解的，必须依靠长时间的修养。古人做了工夫，故其修养高；今人不做工夫，自然不能理解道理。所以，朱熹认为理解天理，必须从当下去做工夫。否则读书所得的义理，没有工夫论根基的支撑，就像没有基地的房子一样。其实，今天看来，朱熹的思想极有道理。人皆可以通过读书知道天理的定义，但是这就像小儿说大人话，并非切身的理解，自然也就无助于思想境界的提升。

(三) 朱熹要以礼乐制度为桥梁走向圣贤境界

作为天理载体的礼乐制度，以形象的方式使天理平易切近，这是创制礼乐制度的基本出发点。但是，礼乐制度最终还是要导向天理的习得与境界的提升，这是礼乐制度的最终目的地。礼乐制度的巧妙之处就在于平易处极其平易，高深处极其高深。前文论做工夫要以礼乐为起点，就是看重

---

① 黎靖德编：《朱子语类》卷十二。

其平易处；由平易而臻于高深，则是朱熹最终的目标。

朱熹在谈论孔颜之乐时，认为孔颜之乐境界虽高，但只要从礼乐做工夫，就可以达到。他说：

> 问："叔器看文字如何？"曰："两日方思量颜子乐处。"先生疾言曰："不用思量他！只是'博我以文，约我以礼'后，见得那天理分明，日用间义理纯熟后，不被那人欲来苦楚，自恁地快活。你而今只去博文约礼，便自见得。今却去索之于杳冥无朕之际，你去何处讨！将次思量得人成病。而今一部《论语》说得恁分明，自不用思量，只要着实去用工。"①

这一段朱熹讨论了一个重要的理论话题，即如何达到孔颜境界。朱熹明确指出，不要思量。他的意思是说不要只去做思维上的理解。儒家的理，是行事做人之理，不是知识论上的理。只去思维逻辑上推演，最终得到的理还是个空的理。所以朱熹强调"博文约礼"。所谓博文约礼，就是在礼乐制度中去做工夫，工夫做到一定程度，礼乐之文所蕴含的理就会从外在形式内化为主体意识的自觉。

朱熹认为，颜回的境界虽然高妙，但也是从实际的工夫中一步步做出来的。他说：

> 须是子细体认他工夫是如何，然后看他气象是如何，方看他所到地位是如何。如今要紧只是个分别是非。一心之中，便有是有非；言语，便有是有非；动作，便有是有非；以至于应接宾朋，看文字，都有是有非，须着分别教，无些子不分晓，始得。心中思虑才起，便须是见得那个是是，那个是非。才去动作行事，也须便见得那个是是，那个是非。应接朋友交游，也须便见得那个是是，那个是非。看文字，须便见得那个是是，那个是非。日用之间，若此等类，须是分别教尽，毫厘必计始得。②

境界一词，高邈遥远，如若空谈，玄妙无际。要将境界说到实处，就必

---

① 黎靖德编：《朱子语类》卷三十一。

② 黎靖德编：《朱子语类》卷三十。

须在言行举止中见得。朱熹此段谈的是《论语·雍也篇》孔子对颜回的评价:"好学,不迁怒,不贰过。"在朱熹看来,颜回之境界必须落到实处来理解,其所思、所言、所行,以至于生活中的方方面面,看似不落痕迹,其实他对于诸事的是非对错皆有自己明确的判断,如此一来,他的行为举止自然处处合乎天理,颜回的境界也就由此形成。

在朱熹看来,境界也有高下之分,圣人境界最高,与天理浑然一体。他说:

> 子路、颜渊、夫子都是不私己,但有小大之异耳。子路只车马衣裘之间,所志已狭。颜子将善与众人公共,何伐之有。"施诸己而不愿,亦勿施于人",何施劳之有?却已是煞展拓。然不若圣人,分明是天地气象! ①

天地气象就是天地境界。孔子境界虽然已臻极致,但孔子依旧是从礼乐工夫做起,从博文约礼做起。朱熹对圣人气象的推崇,为礼乐制度的审美教化功能树立了终极的目标。

最后,礼乐制度不是一成不变的,而是有所损益、随事变迁的。从制礼作乐的起始,就确立了礼乐制度的角色:伦理本体的形象化表达。依此逻辑,本体是不能改变的,礼乐制度却是可以损益的。本体不变,所以后世儒家不断重新诠释伦理本体的时代内涵,但均以自己的诠释作为圣人之本意;礼乐可变,因为伦理之时代内涵必须得到形式上的彰显。

关于礼乐制度的变化,朱熹给出了明确的说法:

> 古礼繁缛,后人于礼日益疏略。然居今而欲行古礼,亦恐情文不相称,不若只就今人所行礼中删修,令有节文、制数、等威足矣。古乐亦难遽复,且于今乐中去其噍杀、促数之音,并考其律吕,令得其正;更令掌词命之官制撰乐章,其间略述教化训戒及宾主相与之情,及如人主待臣下恩意之类,令人歌之,亦足以养人心之和平。②

---

① 黎靖德编:《朱子语类》卷二十九。
② 黎靖德编:《朱子语类》卷八十四。

在朱熹看来，由于世殊时异，古礼已不能很好地适应时代的需求。一个时代有一个时代的思想主题、时代精神，这种时代性的需求必须以新的形式来传达。所以，修订古礼，完善古乐，为现时代的主流思想提供与之相适应的礼乐制度，进而为现时代的人提供修养之途径，是学者的使命。朱熹亦为此而努力，在《家礼》序中，他说：

> 三代之际，礼经备矣。然其存于今者，官庐器服之制、出人起居之节皆已不宜于世。世之君子，虽或酌以古今之变，更为一时之法，然亦或详或略，无所折衷。至或遗其本而务其末，缓于实而急于文，自有志好礼之士，犹或不能举其要，而用于贫窭者，尤患其终不能有以及于礼也。虑之愚盖两病焉，是以尝独究观古今之籍，因其大体之不可变者而少加损益于其间，以为一家之书。大抵谨名分、崇敬爱以为之本，至其施行之际，则又略浮文、务本实，以窃自附于孔子从先进之遗意。诚愿得与同志之士熟讲而勉行之，庶几古人所以修身齐家之道、谨终追远之心犹可以复见，而于国家所以崇化导民之意，亦或有小补云。①

朱熹著《家礼》一书，实是为所处时代提供一套具有时代性的名物制度。《家礼》以"谨名分、崇敬爱"为思想根据，修订、设计、完善了关于冠婚丧祭等各个礼仪的具体内容，为宋代伦理道德的形象化表达提供了全新的制度体系。以形象的方式传递核心价值观，时至今日仍旧是值得学习和借鉴的。

审美活动展开的前提是有"物"存在，凡物必有其形，形象的直观性决定了审美的可能性，形象的丰富性决定了审美的丰富性。中国美学的特别之处就在于对形象的高度重视。在中国文化中，形象可以表达一切观念，甚至可以言说本体。朱熹的最大贡献就是赋予形象以言说纯粹理性化的哲学本体的资格。本体的形象化必然催生新的形象的诞生，于是，自然美、艺术美、社会美皆在朱熹的手中得到扩展。当本体这一纯粹理性的概念都可以用形象来表达时，那就意味着中国文化中的一切观念都可以得到形象化

———————————

① 朱熹：《家礼·家礼序》。

的呈现。正是这种观念，决定了中国文化不仅有着抽象思维的推进，而且创造出了郁郁乎文哉的光辉历史。

需要注意的是，以形象言道并不意味着形象只能言说理学的道，而不能传达其他观念和情感。朱熹美学思想的弊端恰在于此：以一种单一的审美理想否定了美学的多样性。正是这种审美的固执导致朱熹以本体的唯一性限制了个体的多样性，从而使得不断追求自由和解放的审美活动感受到了极度的不适。审美活动是多元的，人类文明史中涌现出的一切积极的审美现象都应该得到尊重和认可。审美的发展与科学的发展不同，科学是更迭换代式的发展，审美是积累重叠式的发展。人类过去的一切美的形象，至今仍旧闪耀着光芒。

以情感体现天理，以形象表现天理，这情感与形象统一为情象，情与象均非天理外之东西，而是天理本然就有的东西，只是情与象更多地处于天理显现的层面，而天理的内核则更多地属于真与善，因此，文学艺术实际上是情、象、真、善四个因素的完美统一。

第十四章

辽朝美学（上）

  宋朝时期，中国的北部疆域内有好几个王朝，有辽、西夏、金、元。它们与中原王朝在时间上存在部分的叠合。公元916年，契丹首领耶律阿保机统一了契丹各部，建国号契丹。是时，还是中国五代时期，宋朝还未建立，960年，赵匡胤称帝，建立宋朝，五代结束。980年，宋辽大战，缔结澶渊之盟。其后，宋辽间，时而和平，时而战争。1125年，金灭辽；第二年，即1126年，金兵攻破北宋国都东京，北宋灭亡。从这看，辽的中后期与北宋基本上叠合。辽朝存在达219年。

  契丹、辽，作为国号转换过多次，某种意义上，反映出辽人矛盾的思想情绪。就民族来说，辽人为契丹族，又称东胡族，《史记索隐》引东汉服虔的解释："在匈奴东，故曰东胡"，《汉书·匈奴传》云："燕北有东胡"。契丹民族史可以追溯到久远的史前。据《契丹国志》，契丹的起源"中国简典所不载，远夷草昧，复无书可改，其年代不可得而详也"。传说是一对青年男女，分别骑马、驾牛车而来，在一个名叫木叶山的地方相遇，结为夫妇。他们生下八子，后来发展成八个部落，这就是契丹的来源。可以想见，以契丹为国名，让国人念念不忘久远的民族史，这多有意义；然而，契丹人又不愿成为一个单一民族的国家，它需要建成多民族融合的统一的中国王朝，故而对"辽"这一国名又情有独钟。

契丹原本以游猎为主要的生产方式，但建国后，历代皇帝均高度重视农业生产，在获得燕云十六州之后，辽将这一汉族生活区打造成了辽国的重要粮仓。这一时期，辽重用了一位汉人韩延徽。《辽史》云："凡营都邑，建宫殿，正君臣，定名分，法度井井，延徽力也。"[①] 也就是在这段时间里，契丹开始借助中原工匠，学习中原建筑技艺，建设都城宫殿等重要建筑，辽朝艺术既具有明显的北方草原部落的特色，又兼有中原王朝的文化内涵，不乏精品，它们的美学思想不是以文字，而是以艺术作品表现出来的。

第一节 辽 工 艺

辽朝的工艺相当精湛，主要体现在瓷器、玉器和金银器上。

一、瓷器

辽瓷大体上可以分契丹人用的瓷器和汉人用的瓷器。但实际上，契丹人也用汉人的瓷器，而汉人也用契丹人的瓷器。也就是说，生活在辽帝国版图的人们既有民族的区分，更有国民之融合。因而，在总体风格上见出中华民族在生存过程中民族大融合的特色。

（一）形制

辽瓷的形制可以分为汉人用瓷和契丹人用瓷，汉人用瓷与唐宋用瓷没有区别，而契丹人用瓷则见出马背民族的特色。

契丹人为马背民族，主要的生产方式为游牧，奶是他们主要的食品，因此，盛奶是瓷器的重要功能。与游牧生产方式相关，他们常需要骑马，因此，作为食具的瓷器也需要便于悬挂在马身上。这样一种生活的需要，他们的瓷器在造型不能不有所考虑。

最能体现马背民族特色的瓷器为鸡冠壶。

鸡冠壶，为携壶，即辽人在马背上生活时所需要携带的壶，通常是用来

---

① 脱脱等：《辽史》卷七十四，中华书局1974年版，第1232页。

装奶、装水。它有四种名称：鸡冠壶、马镫壶、皮囊壶、马盂壶。

它的形制，主要有两个特点：一为扁平状，这是为了在马背上便于携带；二是上部的前面，有一类似鸡冠的尖顶，后面则似城墙垛口，为凹字形，凸出的部分有圆孔。

鸡冠壶的底部有的为囊状，椭圆形，这大概是皮囊壶名称的来历吧。

鸡冠壶表面有的有花纹，顶部可以有各种小装饰。

1977 年在河北平泉市辽墓出土一件绿釉扁体鸡冠壶。壶的上部贴塑两只伏猴。

河北平泉市辽墓出土绿釉扁体鸡冠壶

此件瓷器给人的总体感觉很舒服。适用而又美观，朴素不失精致。两只小猴在壶顶攀缘，童趣盎然。可以想见，这样一件作品作为远行的用具，它多么地贴心，洋溢着温馨与浪漫。

具有马背民族特点的瓷器还有鸡腿坛，又称牛腿坛，为一种长壶，是一种贮藏容器；还有长颈瓶，其口有三式：喇叭口、凤首口、盘口。

这些瓷器，形制上给人以高挑、柔和、清纯的美感，女性的美感。剽悍的契丹牧马人在辽阔的草原上奔驰，与狂风暴雨搏斗，向蓝天白云放歌，与青草小花亲昵，他们的情感既豪壮，又细腻。孤独的野外生活，让他们对于女性美的渴求格外强烈。

辽瓷中还有一些艺术瓷，它们的造型注重艺术性，具有雕塑的特点，下面这具鸳鸯注壶出土于内蒙古赤峰市的一座辽墓中，这是一具三彩鸳鸯壶，无论从造型还是色彩都称得上考究。值得我们仔细品赏的是鸳鸯背上的那只喇叭状的壶口，它宛如一朵花。壶口花瓣的柔曲变化，传达出爱情的缠绵与温馨，而与鸳鸯的文化含义极为贴合。壶的提手显得特别轻巧，作为用具，它是提手，而作为艺术，它是鸳鸯的一支颈羽。真实的鸳鸯没有这样一支长而弯曲的颈羽，但这是艺术，完全可以不求形似而求神似的。壶的足，它做成低矮的圆圈足，这足就仿佛是鸳鸯的足，因此，整个形象，更像是一具艺术雕塑。

赤峰出土的辽三彩鸳鸯壶

（二）纹饰

辽瓷的纹饰总体来说比较简洁。总是在器的显眼部分，画龙点睛般地做一些不多的装饰，目的是创造一种高雅的情调。与汉人用瓷的纹饰相比，辽瓷纹饰要简洁得多，也清爽得多。纹饰的内容似乎较唐宋瓷器要丰富得多。大体上有这样几类纹饰：

植物纹：主要为花草纹，花草纹中以牡丹花纹见多，其他还有菊花、莲花等。这些本都是汉人的吉祥物，然而，在辽国也很受欢迎，也成为了吉祥物。

动物纹：有鱼、雁、鸳鸯、猴、鹿、兔、羊、猫等。

人物纹：有各种人物，甚至还有污吏。邵国田先生说，敖汉旗乃林皋发现的白釉瓷罐腹上所画的两个勾头背身、大腹便便的官员实是两个贪官污吏。[①] 将这样的形象涂在瓷器上当然是为了嘲笑，批判。

辽瓷的纹饰较宋瓷丰富。宋瓷有的，辽瓷均有，宋瓷没有的，辽瓷也有。

（三）釉彩

辽朝瓷器色彩丰富，这与用釉有直接关系。辽朝的辽三彩由黄釉、绿釉、白釉三色釉组成，另外，还有单色釉，有白釉、绿釉、黄釉等。"出单色釉陶器的辽墓，并非仅出单色釉陶，而是多与白瓷共出，有的还与白瓷、青瓷、影青瓷共出，这说明辽人除使用辽土烧造的釉陶外，同时也使用中原烧造的白瓷、青瓷和影青瓷，是契丹人接受汉文化的结果。"[②] 宋朝定州窑、磁州窑对辽瓷的影响随处可见。

二、金银器

以金为贵，这是人类普遍的意识。中国在什么时候使用金器，还是一个有待考古新发现的问题。已知的是三星堆祭祀坑出土有金面具，此面具盖在青铜人像的面部。[③] 三星堆遗址的文化堆积分为四大期：第一期的年代在新石器晚期年代范围内；第二期的年代大致在夏至商早期；第三期的年代相当于商代中期或略晚；第四期的年代约在商代晚期至西周早期。此面具存在的时期可能为商代。此后，金器在中国一直作为奢华之物而宝贵之。

1985 年，在内蒙古通辽市奈曼旗发现了辽陈国公主墓，墓为公主与驸马的合葬墓，此墓出土了一些珍贵的金器。主要有金银冠、金面具、金碗等。

---

① 参见邵国田：《敖汉旗乃林皋出土的几件辽代陶瓷器》，《文物》1980 年第 7 期。

② 佟柱臣：《中国辽瓷研究》，社会科学文献出版社 2010 年版，第 195 页。

③ 参见四川省文物管理委员会等：《广汉三星堆遗址一号祭祀坑发掘简报》，《文物》1987 年第 10 期。

陈国公主墓出土的金银冠

　　金银器中，最引人注目的是公主与驸马的鎏金银冠。公主的冠为鎏金银冠，高筒式，圆顶，全体镂空。两侧有立着的花瓣形翅，帽体镂有两只相对的凤凰，其余部分均为花枝。帽顶有一尊神像，有高耸的发髻，着宽袖长袍，端坐在莲瓣上，神像背后有背光，背光边缘为九朵灵芝。从神像的装束来看，学者多认为是道教的元始天尊，但从莲台、背光、跌坐来看，又疑为佛。契丹宗教多元，佛教有，道教也有，不排除是两者的结合。此冠是公主大婚时皇上赐给的。《辽史·礼志》说："公主下嫁仪，……致宴于皇帝、皇后。献赆送者礼物讫，朝辞。赐公主青幰车二，螭头、盖部皆饰以银，驾驼，送终车一，车楼纯锦，银螭、县铎、后垂大毡，驾牛，载羊一，谓之祭羊，拟送终之具，至覆尸仪物咸在。赐其婿朝服、四时袭衣、鞍马，凡所须无不备。"[1]这中间包括公主戴的冠。

　　驸马的冠应该也是皇帝赐的。陈国公主驸马的冠为鎏金的银冠，由银丝缠绕而成，为网状体。帽上錾刻有凤凰、鹦鹉、鸿雁、火焰、花枝等多种图案。此冠工艺更为精致，美艳至极。

　　在内蒙古赤峰市阿鲁科尔沁温多乐敖瑞山辽墓发现有鎏金高翅铜冠，

---

① 　脱脱等:《辽史》卷五十二，中华书局 1974 年版，第 864—865 页。

在辽宁省法库县叶茂台辽墓的考古中发现有丝质高翅冠,虽级别比陈国公主墓低,但形制与陈国公主的鎏金银冠相似,说明这种冠饰在辽国具有一定民族性。

也许,金银冠限于皇家,而贵族、大臣只能戴铜冠。内蒙古库伦旗五号辽墓出土鎏金铜冠,此冠图饰分为四个带,中间图案相同,相间则饰有长尾的凤凰,四周饰有牡丹花纹,而冠顶有莲花的造型。这种装饰与陈国公主墓金银冠的装饰基本相同,说明凤凰、牡丹、莲花是契丹民族认为的吉祥物。应该说,这四者也正是汉民族所喜爱的吉祥物。张景明认为,"这种以金花为装饰的冠,是继承东汉以来慕容鲜卑的步摇冠之传统做法。"① 契丹族本为鲜卑之一支,说明这种习俗来自鲜卑族。值得我们注意的是,金步摇这种头冠也传入汉民族,白居易的《长恨歌》中有句:"云鬓花颜金步摇"。唐代皇室李氏具有鲜卑族血统,这种习俗传入中国是很自然的。

墓中出土有两具金面饰,覆盖在墓主人脸上,按人的面形制作,从面具可以大致想象墓主人的风采。

据历史记载,陈国公主(1000—1018),辽景宗耶律贤的孙女,婚后两年即病卒,年仅18岁。驸马萧绍矩,论辈分还是陈国公主的舅舅,比公主死亡时间略前,时年35岁。

陈国公主墓出土的金面具

① 张景明:《辽代金银器研究》,文物出版社2011年版,第283页。

金冠做何而用,目前也还只是猜测。大体上,有保护尸体、佛教影响、萨满教影响等说法。笔者认为,缺乏足够的证据证明金面可以保护尸体。佛教影响更是牵强,建造佛像有佛面贴金的做法,但人死了,面上贴金就可以成佛?似乎没有这一说法。更多的可能性也许是萨满教的影响。萨满是部落中的大巫师。萨满作法时,需要戴上面具,以便与神灵沟通。萨满教是一种古老的原始宗教,在中国的北部地区广有影响。尽管各地的萨满教具体做法有所不同,但萨满精神以及行教时的基本做法是相同或相似的。通过面具与神灵沟通可能在萨满教影响地区具有一定的普遍性。四川三星堆发现的金面具应该就是萨满戴的,那时就有萨满教了。考古发现新疆伊犁昭苏古墓葬中有突厥人用的金面具[①],它的意义也同样是为了与神灵沟通。关于西汉满城县中山靖王刘胜墓中所发现的包裹在墓主人身上的金缕玉衣,我不认为是用来保护尸体的,也可能具有萨满的意义。

陈国公主墓中金银器的运用,反映出契丹族审美情趣上的两个特点:

第一,以金为尊,以金器为美。《辽史·仪卫志》有诸多这样的记载:"大祀,皇帝服金文金冠""臣僚戴毡冠,金花为饰。"[②]"皇太子进德冠,九琪,金饰"[③]。

第二,以神为尊,以天堂为美。辽国公主、驸马以金面具饰面,目的是死了后能与神沟通,让神将他们带到天堂上去,天堂是尘世无法比拟的最为美丽的地方。

辽朝的金银器按用途可以分为饮食器、妆洗器、装饰品、鞍马具、佛教造像、日杂器及墓用品等,器种有碗、盏托、盒、冠饰、耳坠、带饰、鞍饰、佛像等。金银器的纹饰主要有龙、凤、狮、鹿、鸳鸯、牡丹、莲花等。辽朝金银器从器型、纹饰等,可以明显看出唐宋文化的影响,尤其是唐代文化的影响。辽朝金银器也受到西域其他诸少数民族文化的影响、中亚及西亚文化的影

---

① 参见安新英:《新疆伊犁昭苏县古墓葬出土金银器等珍贵文物》,《文物》1999年第9期。

② 脱脱等:《辽史》卷五十六,中华书局1974年版,第906页。

③ 脱脱等:《辽史》卷五十六,中华书局1974年版,第910页。

鎏金摩羯形银壶

响。内蒙古赤峰市松山区城子山辽代窖藏出土一件鎏金摩羯形银壶。此件作品造型中有摩羯形象，摩羯是印度神话中的一种动物，长鼻利齿，鱼身鱼尾。摩羯造型、摩羯纹在辽朝的金银器中多有发现。另外，还有一些"金银器的佛塔、佛教造像及供奉器，虽然器物本身融合了中国的特征，但其根源却来自印度"[1]。

第二节 辽 壁 画

由于战乱的原因，辽朝绘画艺术存留在地面的极少，保留得比较好一点的在墓葬之中。中华民族有视死如生的传统，重视墓葬中的陪葬物，大体上，墓葬中的陪葬物均是墓主人生前所喜好的东西或者是显示他地位身份的东西，因此，在一定程度上，从墓葬中的陪葬物可以看出地面上人们生

---

[1] 张景明：《辽代金银器研究》，文物出版社 2011 年版，第 215 页。

活的状况，可以大致推断出地面上人们的审美观念。

壁画在辽代墓葬艺术中占有重要的地位，诸多贵族的墓室，墙壁全是壁画。这些壁画内容主要为三个方面的意义：

第一，表现了墓主人生前精彩的生活场景。内蒙古哲里木盟库伦旗所发现的八座辽墓，除三号墓、五号墓外，其他均有壁画，这些壁画将墓主人生前的生活的豪华、奢侈表现得淋漓尽致。比如八号墓主要描绘墓主人出行与归来的情景。墓道北壁绘墓主人出行：主人气宇轩昂，随从恭谨侍候，驭者备马待发，仪仗整齐肃立。壁画全长 22 米，人物 29 个。墓道南壁绘墓主人归来：车马乍停，骆驼跪卧，女仆忙着搬物，男仆神态疲惫。壁画全长 22 米，人物 24 个。

陈国公主墓也有这样的壁画。下面的侍者图系壁画的一部分。

陈国公主墓壁画中的婢女侍者图

此图刻画男女侍者形象，女的捧手巾，男的捧痰盂。婢女面容悲戚，男侍面容虔诚。

第二，描绘了或神话或佛国或仙界的情景，祈求墓主人早日升入天堂。

第三，装点着诸多山水、花木、飞禽、走兽的图像。

总之,这是一个集人间幸福、天国快乐、自然优美的世界,是当时人们所向往的理想的世界。

20世纪70—90年代,在河北省宣化市西北下八里村发现辽墓群,发掘清理了以张世卿墓为代表的10余座辽代张氏家族墓,出土各种文物800余件。张世卿,辽代归化州(今宣化)清河郡人,汉族,地方绅士,因灾年捐出谷物救济灾民有功,为辽朝授予官职,其子张恭谦也在辽朝为官,并与耶律氏通婚。张氏墓中的壁画共计98幅,总面积达360平方米。壁画中有天文图、茶道图、散乐图、出行图、启门图、挑灯图、备经图、备宴图、对弈图、婴戏图、花鸟图等,内容丰富,人物众多,色彩鲜丽,美轮美奂,被誉为地下艺术长廊。

张氏墓葬群壁画中,有四件作品文化含量很高:

第一,彩色星象图。它的造型是:分为三层,最外的一层绘星体,第二层绘二十八宿,第三层绘黄道十二宫。墓顶中心嵌有一面铜镜,镜周绘有莲花。类似的图案也出现在二号墓、三号墓、五号墓、六号墓、七号墓、十号墓中。

二十八宿是中国固有的星象说,黄道十二宫说则来自巴比伦。将两种星像体系综合在一起,让学者感到极大的兴趣。关于它的意义,有不同的说法,著名考古学家夏鼐认为是"为了宗教目的而作象征天空的星图和为了装饰用的个别星座的星图"[①]。而有的学者认为以象征性的手法表示自然星空。

第二,散乐图。宣化张氏辽墓诸多墓壁画发现有散乐图,张世卿墓(一号墓)中的散乐图中,有12个人物。皆头戴无脚幞头,身穿圆领窄袖袍。其中1人为舞者,11人为乐队,每个人手中持一种乐器,场面极为壮观。这种伎乐场面,学者认为是散乐表现。关于散乐,《辽史·乐志》有记载,云:"殷人作靡靡之乐,其声往而不反,流为郑、卫之声。秦、汉之间,秦、楚声作,郑、卫寖亡。汉武帝以李延年典乐府,稍用西凉之声。今之散乐,俳优、

---

① 夏鼐:《从宣化辽墓的星图论二十八宿和黄道十二宫》,《考古学报》1976年第2期。

歌舞杂进，往往汉乐府之遗声。"① 看来，散乐不是宫廷音乐，属民间音乐，具有娱乐性，但收入乐府后就成为雅乐了。虽然本为汉人乐舞，但汉唐以来，也不断杂入少数民族的歌舞，辽墓中散乐图就说明它已进入少数民族生活区域了。散乐主要用于庆宴，不仅达官贵人用，皇家也用。《辽史·乐志》载："辽册皇后仪，呈百戏、角觝、戏马以为乐。"② 这百戏、角觝、戏马统属于散乐。

张世卿墓壁画散乐图

① 脱脱等：《辽史》卷五十四，中华书局 1974 年版，第 891 页。
② 脱脱等：《辽史》卷五十四，中华书局 1974 年版，第 891 页。

发现有散乐图的不只是一号墓，四号墓、五号墓、六号墓、七号墓、九号墓和十号墓都有。

第三，备茶图。备茶图在宣化诸多辽墓中都有所发现，情景大同小异。其十号墓的构图是：画面前部为两个茶童，一个在碾茶，另一个在煮茶。画面后部两个汉装女侍者托着茶盏，分头去送茶；另一个髡发男侍者欲提取正在烧煮的茶壶（见宣化十号辽墓壁画备茶图）。

宣化十号辽墓壁画备茶图

陆羽的《茶经》云："茶之为饮，发乎神农氏。"[1] 饮茶的习俗首先在汉人中产生，后来传到少数民族，至唐宋，饮茶几乎成为中华民族共同的习俗。知识分子以茶会友，以茶治病，以茶悟道，饮茶竟成为一件雅事。有意思的是，佛教僧人也好喝茶，以至于成为一种修佛的方式，名之曰"禅茶"。备茶图在宣化辽墓的发现对于了解茶文化在辽国的传播仍有重要的意义。

---

① 　陆羽：《茶经六之饮》卷下，中州古籍出版社 1990 年版，第 448 页。

第四,三老对弈图。此图在宣化张氏墓群七号墓发现。图中有三位老者在下棋,中间的一位戴展脚的幞头,着宽袖长袍,腰束朱带;右边一位头梳高髻,长须,穿道袍;左边一位光头,着袈裟。李清泉认为:"北宋画家如高克明等,就曾有专门表现儒、道、释三教人物对弈的《三教会棋图》藏之御府,可见已成当时一种专门题材,而宣化七号辽墓会棋画的'三老'形象表现的正是儒、道、释三种人物,画稿显然源出有自,故以定名'三教会棋图'为宜。"①

这些壁画生动地反映了墓主人生前的生活和哲学宗教及科学观念。作为汉人的辽官员,他的生活兼具汉、辽两民族的特色,而主导面为汉族,这种情况,在一定程度上折射出了当时社会的生活风貌与精神状况。

从绘画技艺来说,这些壁画继承了唐朝人物画的传统,以线造型,形神兼备。值得特别指出的是,张世卿墓的壁画注重画面构图。备茶图中人物众多,人物与人物之间的呼应,人物与器具的关系,都真实而又生动,透露出浓郁的故事性。虽然张氏墓中的壁画未必是当时绘画的最高水平,但可以肯定它是当时绘画艺术中的上品。

墓葬制度包括墓葬艺术是礼制的一部分,辽朝的礼制如《辽史·礼志》所说"皆其国俗之故,又有辽朝杂礼,汉仪为多"②。汉仪为多,不只是量多,还指它对于辽文化的影响之大,实际上,汉仪已经成为辽文化的主导。以汉文化为核心,多种文化的和谐统一,共同奏鸣着华夏文化的旋律。

第三节 辽建筑

辽代建筑风格形成于晚唐至五代十国时期,其建筑风格又模仿自中原,因此和晚唐建筑风格极为相似,很容易被误认为唐代建筑。目前尚存的最典型的辽代建筑多分布于辽宁、河北北部、山西的北部及京津地区,最著名

① 李清泉:《宣化辽墓墓葬艺术与辽代社会》,文物出版社 2008 年版,第 201 页。
② 脱脱等:《辽史》卷四十九,中华书局 1974 年版,第 834 页。

的有义县奉国寺大雄殿、蓟县独乐寺观音阁和山门、应县佛宫寺释迦塔等。

义县奉国寺大雄殿建于辽开泰九年（1020），初期名为咸熙寺，金代改为大奉国寺，迄今已有 1000 余年，是辽国鼎盛时期的建筑，也是现存较早的辽代建筑。

一、唐、宋建筑风格过渡的代表

奉国寺大雄殿建筑屋顶为单檐庑殿，面阔九开间，进深十架椽，面积达 1800 余平方米。大殿不仅是现存最大辽代单体木构殿堂建筑，也是中国现存面积最大的单檐殿堂建筑。大雄殿单檐五脊屋顶坡度平缓，斗拱宏大，挑檐深远，台基低矮。正脊两端鸱尾高耸，七铺作斗拱尺度宏大，出挑深远，结构简洁清晰，斗拱双抄双下昂的做法刚健有力。建筑总体造型和细节颇具盛唐神韵，屋面平缓的坡度与宽阔的挑檐，正脊两端鸱尾，阑额出头直截，与唐代建筑风格神似。但阑额上施有普拍枋，柱头铺作与补间铺作做法一致，则近于宋代工艺，相较于现存唐代建筑如五台山南禅寺大殿、佛光寺大

奉国寺辽代塑像

殿等,在结构构造技术上有所完善,可以看作是唐、宋建筑的过渡风格。

奉国寺大雄殿内供奉着七尊大佛,由东至西依次为迦叶佛、拘留孙佛、尸弃佛、毗婆尸佛、毗舍浮佛、拘那含牟尼佛、释迦牟尼佛。七佛皆端坐于须弥座上,通高超过九米。"过去七佛"并列于一殿,释迦牟尼偏居其列,这种佛像布置方式十分罕见。七尊佛像均为辽代塑造,是典型的辽代佛教造像作品。大殿梁架彩绘保存基本完好,色调鲜明,绚丽多姿,仍保留有唐代佛教建筑彩绘的艺术神韵,亦是极为少见的辽代建筑彩画遗存。

二、兼有唐代建筑的雄浑与宋代建筑的秀雅

坐落于河北蓟县的独乐寺建于辽统和二年(984)。寺院现存建筑中,山门和观音阁为辽代原建。独乐寺山门体量不大,但风格特征较为典型。山门为三间一开屋宇式大门,分心槽地盘,进深四步架。单檐庑殿式屋顶,正脊两端鸱尾雄大,形态遒劲。内部屋架彻上明造,不施天花,充分利用构架的装饰作用。柱头铺作为五铺作,出两挑华栱,额枋上没有普拍枋,故补间铺作未施座斗,而用斗子蜀柱,柱头铺作与补间铺作差异明显,是较为典型的唐代做法。山门建筑台基低矮,挑檐深远,屋面坡度平缓,外柱有侧脚,次间用直棂窗,窗台低矮。建筑形态舒展,有向上飞腾的动感,颇具唐代建筑神韵,是典型的唐、宋风格过渡形式。进入山门,从当心间内部可以看到,作为建筑群焦点的观音阁被完全纳入视野,其视觉设计可谓别具匠心。

独乐寺观音阁是宋、辽时代楼阁建筑的典型代表。以高大楼阁为寺院核心,是唐中叶以后为供奉高大佛像而形成的一种寺院建筑风格,从这一点也可以看出,辽代建筑深受中晚唐建筑风格的影响。观音阁外观两层,内部有一个暗层,实际结构为三层。观音阁中供奉一座十一面观音像,塑像直通三层,高达 16 米。观音像塑造精美生动,是中国现存最大的古代佛教塑像。为容纳高大塑像,第二、三层楼阁结构中部开设井口,第二层井口为矩形,第三层井口四角以斜梁联系以增强结构整体性,因而呈六边形。塑像贯穿两层井口,头部直达屋顶中央藻井之下。楼阁多层结构的柱子并未贯穿整个高度,而是将上层柱子插入下层斗拱中,并且向内退半个柱径,

在外观上自然形成层层向内缩小的收分效果，提高了建筑稳定性，同时在观感上也形成了拔地而起的高耸效果。这种做法在宋代《营造法式》中被称作叉柱造。

楼阁上下檐斗拱均为七铺作，等级较高。上檐斗拱双抄双下昂，刚劲有力，而下檐斗拱出四挑华栱，给人感觉较为平和亲切。上下檐斗拱这种区别应该是考虑到了人们的心理感受，高处的斗拱视觉冲击较强，而离人较近的下檐斗拱则较为稳重平和。上下檐斗拱做法均可在唐代建筑遗存上见到，阑额上亦未用普拍枋，柱头铺作与补间铺作不一致，柱头铺作高大雄浑而补间铺作较弱。楼阁外观上也明显保留有唐代遗风。斗拱宏大，挑檐深远，歇山屋顶坡度平缓舒展。台基低矮，建筑挺拔雄健，有拔地而起的飞腾之势。在形态风格上兼有唐代建筑的雄浑与宋代建筑的秀雅，集中体现了辽代建筑的风格特征。

三、古代最高最华丽的木结构

辽代木构楼阁建筑代表作当属山西应县佛宫寺释迦塔。佛宫寺释迦塔建于辽清宁二年（1056），是现存最古老的木塔，也是世界上现存最高的古代木结构建筑（见应县佛塔）。佛宫寺坐落于应县（明清称应州）西北部，寺院建筑群布局和独乐寺相似，以塔为核心，木塔位于中轴线上，塔后是大殿。从山门（辽代山门已毁）可以看到塔的全貌以及塔后台基上的大殿。这是南北朝时期佛教寺院常见平面布局方案，相当古老，不过目前除了木塔以外其他建筑均为明清重建。

塔平面为八角形，外观五层，内有四个暗层，实际结构有九层。最下面一层采用重檐，所以我们能看到五层檐口。应县木塔高度为 67.3 米，塔身底层直径 30.27 米，体形极为庞大。由于其外面每层檐上有一圈外挑的平座环廊，塔身光影变化丰富，八角攒尖屋顶，顶部铁刹高耸，整个木塔雄健挺拔，华丽庄严而又丝毫不显笨拙，极具视觉冲击力。木塔结构柱网布局为内外两圈柱，形成中心多边形和外围环形两层空间，其中心空间供奉佛像，外围供礼拜行走之用。上下层结构关系与独乐寺观音阁相似，采用"叉柱造"结构方法,上层柱插入下层斗拱并向内退入半个柱径,且各层外柱均向内倾斜一个很小的角度,称为侧脚,形成上细下粗的形体,外观看上去稳定而高耸挺拔。各层檐口和平座下均施斗拱,由于塔身呈八边形平面形状,各层檐口、平座又有尺度变化,因而各型斗拱种类多达60余种。

应县佛塔

南北朝时期,木构塔幢较为常见,但因高大木构建筑易燃又不易扑救,人们兴建热情亦逐渐消退。隋唐之后,寺庙楼阁式塔多为砖石结构,高大的木构楼阁式建筑日渐稀少,山西应县佛宫寺释迦塔遂成为仅存硕果。此塔构架体系与独乐寺观音阁等辽代建筑为统一体系,内外两圈柱,《营造法式》中称作金厢斗底槽,是唐代寺庙殿堂常用地盘方案。但隋唐佛塔多为正方形平面,形体和结构相对简单。释迦塔八边形平面,其结构复杂程度远超过隋唐时期的正方形平面布局。但八边形结构布局形体紧凑,结构整体性要好于正方形平面,显然是在总结唐代经验基础上吸纳北宋中原新技术的结果。能够成为现存唯一古代木塔，且成为世界最高古代木结构，足以证明其结构方案设计之精妙。

契丹民族早期生活在北方森林草原地带，土地辽阔，传统文化粗豪奔放。建国初期，各项典章制度多数来自晚唐中原地区，城池建筑多由来自中原的士人代为经营规划，由来自中原的工匠施工营造，其建筑自然也就保留了唐代建筑雄浑质朴、豪迈奔放的气质。而同一时期，中原地区五代十国以及后来的北宋王朝，建筑风格则逐渐转向精致典雅，秀美而细腻。在一段历史时期内，两种风格迥异的建筑体系并存于中国南北方，对比鲜明，相映成趣。

辽代建筑在继承中晚唐建筑技术与艺术手法的基础上，部分吸收北宋中原新的工艺技术与艺术手法，其间也不乏自我创新。其建筑结构清晰明朗，外观简洁不重装饰，形态遒劲奔放颇具盛唐遗风。同时，随着工艺、材料技术的变化和时代审美意识的变迁，相较于唐代建筑形态更趋均衡，风格更加中庸。辽代建筑可以看作是由唐代建筑风格直接继承演化而来的，与同时期北宋建筑风格如同一母双生的兄弟，虽然相像却又各具特色，是中国传统建筑中极具特色的一个支流。

第十五章

辽朝美学（下）

辽朝的文化既具本民族特色，又具中原王朝文化内涵，且以中原儒家礼乐文化为其意识形态的主心骨，因此，它本质上属于华夏文化。

辽朝的美学思想大体上从两个方面体现出来，一方面是艺术包括建筑；另一方面则是文学。关于文学，如同中原的汉族一样，重视实际创作，而轻于理论上的总结与创造，虽然没有文论与诗论的专著、专文，但有一些值得注意的思想，散见在各种文献资料之中。清代有人将辽代论诗的语录汇编为《辽诗话》，收录在《清诗话》之中。

第一节　汉化工程与辽文学

辽朝一直使用汉字。辽太祖神册五年（920），辽开始创造契丹文字，尽管如此，辽并不废除汉字。正是因为如此，辽朝文学主要还是汉文学。汉文学的数量，目前很难做出准确的判断，目前所见到的辽诗歌约 300 首，黄震云所著《辽代文学史》说："从古籍线索看，至少应该将近 200 种左右。"① 根据《顺天府志》所辑《辽文存》六卷，王仁俊所编《辽文萃》七卷，

---

① 黄震云：《辽代文学史》，长春出版社 2010 年版，第 39 页。

黄任恒《辽文补录》一卷，罗福颐所编《辽文续拾》二卷、《补遗》一卷、《汇目》一卷，陈述所编《全辽文》十三卷，向南所编《近代石刻文编》，存世的辽文总计当为三百余篇，对于存国达 200 年之久的辽国而言，这个数量不算多。对此，郑振铎先生在他的《插图本中国文学史》中这样解释："沈括说，辽时禁其国文书传入中土，故流布者绝罕。近人竞于断简残编之中，爬搜辽代文献，也不过存十一于千百而已（像周春的《辽诗话》；缪荃孙《辽文存》，皆是没有第二部的著作）。《辽史·文学传》所载，也不过萧韩家奴、王鼎等寥寥数人。或这个北方的民族，原来对于中原文化便不甚着急，所以，强占据中国北部至二世纪，却一点也没有什么文学上的重要的成就。"① 郑振铎先生所述不是事实。

事实应该是辽文学有过繁荣，存世的作品少，当是战乱所致。

辽国其实是重视汉文化的。辽对于中原文化不是不着急，事实是它一直进行着汉化的浩大的工程。

契丹的汉化工程早在建立国家前就进行了。契丹属于东胡部族。东胡与匈奴其实是一个部族，《旧五代史》云："契丹者，古匈奴之种也。"② 只是因为在匈奴的东面，故称东胡。匈奴，按《汉书·匈奴传》的说法，"其先夏后氏之苗裔"，既如此，契丹也是夏后氏的苗裔了。

关于契丹的族源，还有两种说法：

一种说法是"辽之先，出自炎帝"，此语出自《辽史》卷二《太祖下》；另一种说法："辽本炎帝之后，而耶律俨（辽道宗时枢密直学士、宰相，为辽史的修订者——引者）称辽为轩辕后。"③ 关于辽为炎黄之后，还有更多史料可以印证。当然，这些均只是传说，但有一点是可以肯定的，契丹族一直与汉民族生活在一起，它们之间早就存在着生产上、生活上乃至婚姻上的关系。也就是说，它们不仅存在着自然血缘关系，更存在着文化血缘关系。契丹族生活的地域主要为中国的东北地区、内蒙古地区，这个地方史前有着辉

---

① 郑振铎：《插图本中国文学史》，作家出版社 1957 年版，第 623—626 页。

② 薛居正等：《旧五代史·卷一百三十七·外国列传第一》。

③ 脱脱等：《辽史·卷六十三·表第一》。

煌的文化创造。查海文化、兴隆洼文化、红山文化、赵宝沟文化、新乐文化、夏家店文化均产生于这一地区,这文化应该有契丹族的先民的功劳。应该说,是生活在这块土地上的多民族的共同创造。这些文化都崇拜龙,以红山文化的C形龙和玉猪龙为代表,另外,也崇拜凤。众所周知,龙凤是汉族的图腾,这个地区崇拜龙凤,这个地区的先民肯定是汉族的祖源。但如上所说,这以红山文化为代表的东北史前文化不只是汉族先民创造的,还有包括契丹族在内的其他少数民族的先民的创造。红山文化人既是汉族的先祖,也是契丹族的先祖。共同认定龙凤为图腾,说明了它们具有共同的文化基因。

在进入文明时代之后,汉族与契丹族在生产方式上出现了不同,汉族主要从事农业生产,而契丹族长期以游牧为生,因为生产方式的差异,导致生产力发展水平上的距离拉开。汉与契丹各自建立自己的政权。基于生存与发展的需要,两个民族的矛盾冲突势必发生。虽然如此,契丹对于汉文化的向往一直存在,他们通过各种不同的方式,向汉文化学习。于是,契丹与汉的关系就变得复杂起来,一方面,需要顽强地维系本民族的存在,不愿臣服于汉朝政权,更不愿融入汉族,为了利益,还要与汉族政权为敌;另一方面,又不得不以汉文化为师,以汉族政权为范,就是在这种矛盾的态势下,契丹开始了它的漫长的汉化工程。

这个工程,正式开始应该是在辽国建立的时候,由辽太祖耶律阿保机拉开序幕。

《旧五代史》载“天祐末,阿保机乃自称皇帝,署中国官号”[1]。又,他任用汉人韩延寿徽为相,全面推行汉人政权的各项制度,其中包括礼乐制度,《新五代史》载,他接见后唐明宗的使臣姚坤时说:“我亦有诸部乐官千人,非公宴不用。”[2]

《辽史纪事本末》云:

---

① 薛居正等:《旧五代史·卷一百三十七·外国列传第一》。
② 欧阳修:《新五代史·卷七十二·四夷附录第一》。

太祖尝问祀神何先？群臣以佛对。太子曰："孔子大圣，万世所尊，宜先。"即立孔子庙，令太子春秋释奠。[①]

另，是书还记载了辽太祖及诸多皇帝谒孔子庙的事实。立孔庙并祭奠，作为皇帝，此行为是在昭示天下，以孔子为代表的中原文化是辽所尊奉的文化，是治国的指导思想。这里，是说辽太祖就已经重视汉文化的建设了。

《辽史·列传文学上》有不同的说法：

辽起松漠，太祖以兵经略方内，礼文之事固所未惶。及太宗入汴，取晋图书、礼器而北，然后制度渐以修事。至景、圣间，则科目聿兴，士有由下僚擢升侍从，骎骎崇儒之美。[②]

辽太祖耶律阿保机称帝于公元 907 年。这里说辽太祖主要"以兵经略方内"，还来不及重视礼文建设。此说似与前说矛盾，其实没有，这里说的"礼文之事固所未惶"，只是说还顾不上，并不是不重视。事实上，立孔子庙就已是重视了。

辽太宗即阿保机的儿子耶律德光，他决心向中原文化学习。具体做法，一是去宋朝首都朝拜宋朝皇帝，表示出对中原政权的臣服以及对中原文化的礼拜与敬畏。二是从中原获取各种图书典籍及各种礼器回草原，这些资料是辽礼乐制度的重要教材。然后就是全面地建设与中原王朝差不多的政治、文化制度。可以说，这是一个系统的汉化工程。

汉化工程延续到第五代景宗、第六代圣宗时，就像模像样了，从而在辽朝全面地展现出"崇儒之美"。

汉化工程包括文学的汉化。事实上，学习汉文学，用汉语写诗作文，在辽非常普遍，而且辽国皇帝带头。存世的辽文中，有些是皇帝写的，其中辽太宗耶律德光有 17 篇，其中，有些篇文采飞扬。当然，署名皇帝的文章不一定皇帝亲笔，但是署名皇帝的诗，很可能是皇帝做的。《辽史·耶律良传》

---

① 李有棠：《辽史纪事本末》，中华书局 2015 年版，第 89 页。

② 脱脱等：《辽史·卷一百零三·列传文学上》。

说"清宁中,上幸鸭子河,作《捕鱼赋》",这可能是真的。《辽诗话》前面的十余则,均是辽国的皇帝、皇妃、皇子写诗的故事,强调辽国的皇帝是喜爱汉语诗词的。

汉化工程,在辽圣宗时期达到了鼎盛。《辽史纪事本末》云:"圣宗亲以契丹大字译白居易《讽谏集》,诏番臣读之。史称:幼喜书翰,十岁能诗。既长,晓音律,好绘画,性尤喜吟咏,出题诏宰相以下赋诗进御,一一读之,优者赐金带,又御制曲五百首。"① 这样的文字,如果不特别说明,疑为是在说宋朝的某一位皇帝。据《辽史·张俭传》,辽圣宗对于臣下还"赐诗褒奖"②,就这样,至汉第六代皇帝圣宗,汉文学的崇高地位建立起来了。

《辽史纪事本末》还记载宋朝大臣欧阳修出使辽国受到隆重款待的事。这一隆重款待不是出于政治的考虑,与欧阳修的官位无关,而是因为欧阳修是天下著名的文学家,辽国的君主曰:"此非常例,以卿名重故尔。"③

辽朝的第八代皇帝辽道宗同样酷爱汉文化。他让枢密直学士耶律俨为他讲《尚书·洪范》,又命王延禧写《尚书·五子之歌》④,他善于写汉诗。《辽诗话》录下他的一首诗。

> 昨日得卿《黄菊赋》,细剪金英填作句。袖中犹觉有余香,冷落西风吹不去。

此诗的背景是,相臣耶律俨作《黄菊赋》以献,道宗遂作诗题其后以赐。此诗很精彩,不弱于宋朝诸多名家包括欧阳修、秦观之作。因为它好,留下诸多佳话:

元朝诗人张肯(继孟)将这首诗改写成《蝶恋花》:

> 昨日得卿黄菊赋,细剪金英,题作断肠句。冷落西风吹不去,袖中犹有余香度。

> 沧海尘生秋日暮,玉砌雕栏,木叶鸣疏雨。江总白头心更苦,素琴

① 李有棠:《辽史纪事本末》,中华书局 2015 年版,第 789 页。
② 脱脱等:《辽史·卷八十·列传第十·张俭》。
③ 李有棠:《辽史纪事本末》,中华书局 2015 年版,第 570 页。
④ 脱脱等:《辽史·卷二十五·道宗五》。

犹写幽兰谱。①

辽道宗让汉人讲《论语》，当讲到"北辰居其所而众星拱之"时，他说："吾闻北极之下为中国，此岂其地耶？"这说明他俨然以中国皇帝自居了。不仅辽皇帝这样认为，辽臣也这样认为。《鲜演大师墓碑》就以"大辽中国"自称，并且极度赞美辽道宗"圣人之极也"②。

辽朝的汉文学的繁荣与科举制度有关，中国的科举制度始于隋，唐朝将这一制度继承下来并进行了初步的完善。科举考试科目有诗。辽朝学习唐朝的科举制度，也考诗。《辽史·杨皙传》中说"诏试诗，授秘书省校书郎"③。

汉文写作在辽朝是既严肃又高雅的事。说严肃，因为重要的政治文件是用汉文书写的，如《告太祖庙文》《圣宗皇帝哀册》《立石敬瑭为大晋皇帝册》均为汉文。说高雅，因为在辽写汉文、汉诗那是高雅之事。皇帝以汉诗赐臣下，显示有学问。辽道宗即位的第二年，"御制《放鹰赋》赐群臣，谕任臣之意。"④ 正是因为皇帝看重汉文，所以，善写汉文的大臣往往易于获得君主赏识。辽臣王泽"承命摛藻，多中旨焉"⑤。因此，他十分得意，死后写进墓志铭。辽朝朝廷以翰墨交际为乐，"或政事忝宾筵之昼，或辞笔尘翰苑之荣"⑥。

辽的汉化工程的成功，不仅促进了中华民族的统一，而且为中华民族文学的繁荣增光添彩。

值得指出的是，虽然辽的汉文学有一定的成绩，但不能不指出，相对于中原的宋朝，这样的成绩是不足道的。辽的作家队伍，主体来自汉族地区，本为汉人。他们能写汉文学，但优秀的作品不多，存世的作品多为应用性的文字，纯文学很少。原因是辽本是游牧民族，长期以来，没有文字。建国

---

① 《清诗话》下，上海古籍出版社 1963 年版，第 790 页。

② 阎凤梧主编：《全辽金文》上，山西古籍出版社 2002 年版，第 666 页。

③ 脱脱等：《辽史·卷八十九·列传第十九·杨皙》。

④ 脱脱等：《辽史·卷二十一·道宗一》。

⑤ 阎凤梧主编：《全辽金文·王泽墓志铭并序》上，山西古籍出版社 2002 年版，第 270 页。

⑥ 阎凤梧主编：《全辽金文·王泽墓志铭并序》上，山西古籍出版社 2002 年版，第 272 页。

之后,方才进行文化的建设。基于与汉人政权的对立性,他们学习汉文化不是没有疑虑的,因而也不够彻底。在辽朝,对汉文学的喜爱局限于一定的人群,即使是皇族,也不是人人都懂汉语能写汉文。尽管如此,对于辽文学,我们仍然需要为它保留一定的历史地位。还值得指出的是,辽有自己的文字,称为契丹文。用契丹文创作的文学作品当不在少数,但由于缺乏翻译,留存的作品很少,目前已知的译成汉语的诗歌有两首:《契丹歌》《醉义歌》,均收入陈述所编《全辽文》。

第二节　人格美学

辽国的文章中,有涉及审美的言论,这些言论,有些涉及人生观,它反映辽人对于人格的审美追求。

一、儒家人格

（一）重心志：天人之学、家国之志

杨佶的《张俭墓志铭并序》中有这样一段文字:

> 性植清淳,文成郁彬。学切劘于天人,志蹈厉于风云。[1]
>
> "学综天人,才兼文武""砺山带河,出将入相"[2]。

这里,对于张俭的人格做了很高的评价。分四个方面:一是品性,以"清淳"评价之。"清淳",既有儒家的清正,又有道家的清高。而"淳",则不仅说它纯粹,而且说它成熟。如此评价可谓中国文化中最高的了。二是文采,以"郁彬"评论之,"郁"者,丰繁茂密;"彬"者,文采闪耀。三是学养,说是"切劘于天人","天人"涵盖自然与社会,可见其博大;同时也见其深邃。四是志向,说是"蹈厉于风云",可见气概之豪迈。四个方面,前面两个可为一组:品性为德,文采为才,两者结合,可谓德才兼备;后两个一组,学养重在积储,

---

[1] 阎凤梧主编:《全辽金文·张俭墓志铭并序》上,山西古籍出版社2002年版,第231页。

[2] 阎凤梧主编:《全辽金文·张俭墓志铭并序》上,山西古籍出版社2002年版,第236页。

志向重在践行，两者结合，可谓学用结合，而此学与用，均以家国为旨。

综合，则是："学综天人，才兼文武"，此为修养；"砺山带河，出将入相"，此为践行。

这是中国古代知识分子的理想人格。

同样的表述还体现在刘湘为其父刘日泳所做的墓志铭之中：

"上从帝理，下顺民心""心同秋月，德讶朱弦""直气凌云，精诚介石""生为民秀，出为国桢""尊德业而明礼乐"。①

这些理想属于儒家，由此也可以看出，辽国士人也是以儒家思想为自己人格坐标的。

（二）重功利：文行言政、富贵寿康

《史洵直墓志铭》中说：

> 文行言政，士之善也，标于《鲁语》；富贵寿康，人之福也，载在《周书》。有一于兹，犹为美矣，兼而备者，果何人哉？故左谏议史公得之矣。②

这里表达的也是一种人生理想，也重视心志，但它还重视实际功利。功利体现在为国能实现文行言政，为己能实现富贵寿康。前者作为知识分子之善；后者作为人之福。

（三）尚学养：真道、纯德、懿文、朴学

儒家尚学，关于学什么，如何学，辽人也有精彩的论述：

> 夫真道、纯德、懿文、朴学，士人之于四者，而长于一者犹难，公独兼而有之。③

此话见之于南抃的《王师儒墓志铭并序》中。这里谈道、德、文、学四个方面的修养。南抃强调道为真道，真与伪相对；德为纯德，纯与杂相对，说明社会上有伪道、杂德流行。到底何谓真、何谓纯，南抃没有进一步阐述，但据历来儒家对于伪君子、伪隐者的揭示与批判，可以理解何谓真道、纯德。这

① 阎凤梧主编：《全辽金文·刘日泳墓志铭》上，山西古籍出版社2002年版，第292—293页。
② 阎凤梧主编：《全辽金文·史洵直墓志铭》上，山西古籍出版社2002年版，第864页。
③ 阎凤梧主编：《全辽金文·王师儒墓志铭并序》上，山西古籍出版社2002年版，第608页。

是对真儒者的要求。真儒者的人生理想是"致君尧舜上,再使风俗淳"。南
抃这里具体讲的是王师儒。在《王师儒墓志铭并序》中,南抃说他"宜发身
入仕,遇知见器,上为天子辅,次为王者师"。王师儒是有家国情怀的,而且
很有能力,不仅是君子,而且能做国家的栋梁之臣。"懿文"是说文才之美好,
"朴学"是说学问之厚实。四者,与宋代知识分子标榜的"内圣外王"相一致。

（四）尚治性:以仁养智、以智养仁

学养首先为的是治性。而治性的关键是将学变成养。辽朝文人杨丘文
在《柳溪玄心寺洙公壁记》中说:

> 夫善治性者,必求其所以养之也。养之道无他焉,一诸仁智而已矣。
> 仁,性之固也;智,性之适也。……故知道者,以智养之仁,以仁养之智。
> 仁焉以智养之则安,智焉以仁之养则给。仁之安,则恬乎其内而不流;
> 智之洽,则应答乎万变而弗殆。①

这些论述都相当深刻。说"仁为性之固",意思是仁为性之本,本是根。
说"智为性之适",意思是智是性之生,生为花。说以仁养智,意思是根育花;
而以智养仁,意思是花壮根。仁智互养,即根花互养。如果说,仁主要体现
为善,那么,智主要体现为美。

杨丘文的仁智互养理论,发宋朝理学家之所未发。

（五）尚践行:德实行厉、业成文明

在道德与事业的践行方面,辽朝的文章也有特别强调的。如杨丘文的
《柳溪玄心寺洙公壁记》,其中有句:

> 德以实之,行以厉之,业以成之,文以明之,斯治性之道得矣。②

德不是表现在口头上,而是落实在行动上,口头上的德为虚,行为上的
德才为实。行,要讲究力度,没有力度的行,不会成功,等于不行,因此要
厉行。业为事业,事业要创,而且要力求成功;文,在这里指教化,教化要

---

① 阎凤梧主编:《全辽金文·柳溪玄心寺洙公壁记》上,山西古籍出版社 2002 年版,第
590 页。
② 阎凤梧主编:《全辽金文·柳溪玄心寺洙公壁记》上,山西古籍出版社 2002 年版,第
590 页。

取得昌明苍生、造福社会的效果。

（六）则尧舜：乃圣乃神，尽善尽美

儒家人格最高的典范是尧舜。这样的美誉一般用于君王。辽圣宗朝的大臣张俭为辽圣宗写过一篇哀册，在这篇文章中，他这样评价辽圣宗：

> ……远则有虞大舜，近则唐室文皇。既比崇于功业，故可得而揄扬。先皇帝位缵六朝，君临四纪，乃圣乃神，尽善尽美。①

辽圣宗是不是这样，那是另一个问题，这里，突出地体现了儒家的人格理想。

二、道家人格

辽朝知识分子也有以道家思想为人格理想。辽朝文学家耶律孟简就是其中一位。耶律孟简是一位善文学、爱山水、又重情感的知识分子。《辽史》说他：

> 时虽以谗见逐，不形辞色。遇林泉胜地，终日忘归。……闻皇太子被害，不胜哀痛，以诗伤之，作《放怀诗》二十首，自序云："禽兽有哀乐之声，蝼蚁有动静之形。在物犹然，况于人乎？然贤达哀乐，不在穷通祸福之间，易曰乐天知命，故不忧。是以颜渊箪瓢自得，以知命而乐者也。予虽流放，以道自安，又何疑耶？"②

道家思想的重要特点是"以道自安"，此道为自然之道。中国的道家与儒家其实并不矛盾，儒家在不得志的时候，往往以道家的生活方式自处，孔子大弟子颜渊的"箪瓢自得"其实也就是"以道自安"。儒家标榜的乐天知命，其天、其命都是自然，因此，也就是道法自然。

三、兼儒道佛人格

辽人对于人格的推崇，也有兼儒道两家的，如郑皓对于张世卿人格的

---

① 阎凤梧主编：《全辽金文·圣宗皇帝哀册》上，山西古籍出版社 2002 年版，第 184 页。

② 脱脱等：《辽史·卷一百零四·列传第三十四·耶律孟简》。

推崇:

> 夫人生两仪之间,禀五行之气,清和则挺英俊,浑浊则产凶顽。明公殿直,钟五行之秀王者哉! 不然,何以心地坦夷,明白豁然若万顷之陂,积雪盈尺而皓方中矣。其能慕道崇儒,敬佛睦族,悟是知非,徇义忘利,不畏豪强,不侮寡弱,天下之善道,尽企而行,岂非一代君子乎? ①

这段文章对于张世卿人格的颂扬,从天人合一的高度立论,说张"生两仪之间,禀五行之气",这种立场是中国传统文化共同认可的。文中更是明确地指出,张世卿"慕道崇儒,敬佛睦族",说明张的人格是儒道佛三家的综合。中国文化发展到宋朝,理学出现,理学的基本立场是以儒为中坚,整合道、佛,而成有机整体。这一学说形成后,用于衡人,则有"慕道崇儒,敬佛睦族"这样的说法。张世卿并非宦族,但他是大户,有强大的经济实力,他忠于朝廷,乐善好施,信佛。灾荒年间,他开仓赈济百姓,因而获得朝廷赏赐,得授以官职。他不是儒者出身,故以儒家人格理想评价他是不够恰当的。张世卿也不是隐士,不过,他本为一介平民,因而也兼有一定的道家色彩。如此,用儒道佛三家的人格理想来评价他是最好不过的了。

第三节 文章之道

在诸多的文章中,也有一些言论涉及文章之道,虽然零碎,但像珍珠,闪耀着灿烂的光辉。

一、文章的作用

(一) 国之光华

"文章大匠,社稷元龟。"② 此语出自张峤写的《马直温妻张馆墓志铭并

---

① 阎凤梧主编:《全辽金文·张世卿墓志铭并序》上,山西古籍出版社2002年版,第655页。

② 阎凤梧主编:《全辽金文·马直温妻张馆墓志铭并序》上,山西古籍出版社2002年版,第636页。

序》，是用来颂扬马直温妻张氏父亲张融复的。这两句话，分别为两个评价，一是文章写得好，堪为"文章大匠"；二是朝廷谋臣，称为"社稷元龟"。这里只是间接地说到文章与国家的关系，而在杨佶的《张俭墓志铭并序》中，文章于国家的重要性就说得很明确了。文中有句："洞象纬以察时，炳文章而华国。"[①]文章写得好，可以"华国"。同样的话，在辽人的文章多见，如《辽史》云"文章之职，国之光华，非才不用"[②]。《王泽墓志铭并序》说："履行可以律时，文章可以华国。"

何谓"华国"？为国增光。为国增光，不只是宣传国威，也有教化的意义。

中华民族很看重文的作用，而文，主要是通过文章来表达的。曹植说："盖文章，经国之大业，不朽之盛事。"辽国作为契丹建立的国家，在意识形态上，与中原汉族政权取一致的态度，说明辽政权就是中国的政权。

（二）纪事传世

文章的另一重要功能是纪事。李万的《耿延毅墓志铭并序》中说："乃征铭于陇西氏，万元非史才，久废文章。承郡王之教，难以固辞，乃考世德，刊勒墓石。"[③]耿延毅是辽国的大将，立有诸多战功，他去世后，为了给他立传，耿氏家族"征铭"于李万，李万说他并不是史学家，但受耿氏岳父漆水郡王的教诲，难以推辞，故查考耿氏家族的历史，为耿延毅做这墓志铭。从这话可知，文章的另一作用，就是记史。

（三）述功彰名

文章的另一功能是表彰人物的功德。王纲为其父王泽写墓志铭，关于此铭写作的缘起，文中说，王泽去世后，王氏家族"思求论撰"，也就是要为王泽做一个像样的铭，以表彰王泽生前的功勋与德行。为此，特对王纲说："若以编修行状，请托词人。"[④]然找来找去，觉得还是王纲最合适，于是，王

---

① 阎凤梧主编：《全辽金文·张俭墓志铭并序》上，山西古籍出版社2002年版，第236页。

② 脱脱等：《辽史·卷一百零三·列传第三十三·萧韩家奴传》。

③ 阎凤梧主编：《全辽金文·耿延毅墓志铭并序》上，山西古籍出版社2002年版，第160页。

④ 阎凤梧主编：《全辽金文·王泽墓志铭并序》上，山西古籍出版社2002年版，第272页。

纲"难遵礼让,少抒哀情。搦笔挥涕,强写岵瞻之思"①。

李三畋是《张绩墓志铭》的作者,他在文章的开头就说:"伏闻梁选所序,专谓纪其年代;释名所载,铭者述其功美。盖士君子生而有行实,身后不可以弗显,死而有寿数,葬前不可以弗纪。又曰:'君子耻当年而功不立,疾没世而名不称。'则志铭之义,可得而详焉。"②辽国葬俗同于中原,达官贵人死后均要做一个墓志铭,以表彰墓主人生前的事迹,而撰写这样的文章,不是一般文人可为的,需要高手。

当然,文章的作用绝不只是以上所说的三个方面。以上的三个方面,均是为他人做文章,其实文章还有一个重要功能是抒写心志。这与"诗言志"是一致的,只是这方面,辽文没有多加论述,故从略。

二、文章之美

文章如何才算美? 辽文中也有一些片断的论述:

(一) 美在自然

《史洵直墓志铭》云:"文章敏巧,出于自然。"③"敏巧",是人工,用此语,言其高明。其高明在是人工却不像人工,而为自然。于是,人工即自然,自然亦人工。这种论述,将艺术创作中主客关系,表达得极为深刻。

(二) 美在朴质

释志恒的《宝胜寺僧玄照坟塔记》提出另一种观点:"直而不文,聊记美德者也。"④又,王纲的《王泽墓志铭并序》云:"当年宣召,授都员外郎,充史馆修撰,与故翰林学生丞旨陈公邈同典是职,左言右动,直笔而记。"⑤这种写法适于写史,史强调真实,尽可能不修饰、不掩饰,因此,显得"直而

---

① 阎凤梧主编:《全辽金文·王泽墓志铭并序》上,山西古籍出版社 2002 年版,第 272 页。
② 阎凤梧主编:《全辽金文·张绩墓志铭》上,山西古籍出版社 2002 年版,第 370 页。
③ 阎凤梧主编:《全辽金文·史洵直墓志铭》上,山西古籍出版社 2002 年版,第 864 页。
④ 阎凤梧主编:《全辽金文·宝胜寺僧玄照坟塔记》上,山西古籍出版社 2002 年版,第 600 页。
⑤ 阎凤梧主编:《全辽金文·王泽墓志铭并序》上,山西古籍出版社 2002 年版,第 270 页。

不文"。这样写，似乎彰显不出美来，而其实德之美正在于其朴质。《辽史·萧韩家奴传》说"史笔当如是"①。

（三）美在境界

释性嘉的《显秘圆通成佛心要集并供佛利生仪后序》本是说修佛的心要，但它提出的一种文章写法，却合于中国美学所说的境界：

> 出匣之镜，动则临人；射空之箭，发必有中。尽善尽美，兼质兼文。有玄之又玄之宗，秘之又秘之趣。②

此段文字句句堪品味。

前两句设喻：第一句将文章比作"出匣之镜"。出匣之镜要发生作用了，它用来临人，临人，是动态。镜要动，人也要动，正是这动，显现出人之美，镜之妙。文章也是这样，它的美妙在阅读之中，在欣赏之中。自然，作为出匣之镜，它洁净无尘，因而可以真实地临人。第二句将文章比作"射空之箭"。射空，无遮挡，可以准确地中的，因而"发必有中"。文章应如"射空之箭"，直击人心，晓畅明白，以达最好的效果。两个比喻，一是强调动，重在文章的生命活力；二是强调中，重在文章的实际效果。两个比喻，感性生动地将文章之好的体现说得很透彻。

中间两句："尽善尽美，兼质兼文"，提出两对概念：善与美，质与文。它们不仅是统一的，而且各自均达到最高境地，因而为"尽"。两句，理性深刻地将文章之好的道理予以高度概括。

最后两句："有玄之又玄之宗，秘之又秘之趣"。"玄之又玄之宗"是什么？是道。《老子》云："道可道，非常道。名可名，非常名。无，名天地之始；有，名万物之母。故常无，欲以观其妙；常有，欲以观其徼。此两者，同出而异名，同谓之玄。玄之又玄，众妙之门。"于是，这"玄之又玄"的道，就成为了妙。如果说，前两句是说文章的好，这一句则是说文章的妙。"秘之又秘之趣"是什么？是美。美是趣，不是一般的趣，而是妙趣，妙在哪里，

① 脱脱等：《辽史·卷一百零三·列传第三十三·萧韩家奴传》。
② 阎凤梧主编：《全辽金文·显秘圆通成佛心要集并供佛利生仪后序》上，山西古籍出版社2002年版，第448页。

妙在"秘之又秘"。"秘之又秘之趣"来自"玄之又玄之宗"。至此,境界之美说得极为透辟了。

第四节　《辽诗话》与诗美学

辽朝的诗歌美学有重要成就。《辽诗话》就是重要体现。虽然此书辑录者是清朝文人周春,但所辑内容来自辽朝,书中有关诗的诸多随笔应该说在辽代就存在,散见在各种文献中。论诗的前提,是诗的出现,且有一定的社会影响了。

众所周知,最早的诗话是欧阳修撰的《六一诗话》,此书距《辽诗话》时间很近。《六一诗话》应该已经传入辽国了,也许是《六一诗话》的示范,辽国的文人也以这样的形式评论诗歌。

《辽诗话》作为中国较早的诗话之一,它的出现,意义就非凡。诗话是中国特有的论诗的形式,它在北宋出现,而在南宋就达到了繁荣,宋人编辑的诗话就有三大部:《诗话总龟》(前集、后集)、《苕溪渔隐丛话》、《诗人玉屑》。诗话一直编下来,其后还有词话,直到晚清民国初,最后一部收官之作为王国维的《人间词话》。《辽诗话》虽然内容不够丰富,但只是因为较早,就足以在中国文学批评史、诗歌美学史上占据一席之地了。

除此以外,《辽诗话》还有几个重要价值。

第一,辑录了一些优秀诗歌。

除了上文所录的辽道宗的诗以外,还有诸多好诗,如赵惟一所作《十香淫词》,试录三首:"青丝七尺长,挽作内家装。不知眠枕上,倍觉绿云香。""红绡一幅强,轻阑白玉光。试开胸探取,尤比颤酥香。""芙蓉失新艳,莲花落故妆。两股总堪比,可似粉腮香?"[1] 十首诗将女性的香之美表达得非常出色,其实不是淫词,而是佳作。

---

[1]　《清诗话》下,上海古籍出版社1963年版,第792页。

第二，辑录了辽朝一些诗人的名字及事迹。

《辽史·列传》介绍的文学家仅七位：萧韩家奴、李瀚、王鼎、耶律昭、刘辉、耶律孟简、耶律谷欲，事迹也极简略，都不收诗。《辽诗话》收录的诗人名录有圣宗、兴宗、道宗、懿德皇后萧氏、天祚文妃、东丹王、平王隆先、宁王长没、韩延徽、马得臣、李瀚、耶律某、萧劳古、耶律学古、萧柳、萧孝穆、萧八撒、刘经、张俭、杜防、耶律资忠、萧韩家奴、耶律庶箴、杨皙、杨佶、张昱、张人纪等55人，其中皇帝3人，皇后皇妃2人，皇族3人，外国王1人。

关于这样一个名单的产生，《辽诗话》的编者周春说了这样一段话："辽人诗后世无传，于是移剌名流、二丹才士，与燕、云十六州之文人，胥莫能举其姓氏矣。然试观求草堂之全部，诵三苏之文章，其诗人有灵，苦心所诣，亦复不能尽泯，偶仿《遂初堂诗话》体例，剌取正史数十条，以群书附益之，殆遗山《中州集》之次乎！"① 可谓感慨系之了！这个名单整理出来，太不容易了。对于辽这样一个存世219年的中国北部政权，它对中华民族文学的贡献不能埋没。因此，《辽诗话》这个名单的辑录，意义重大！

如《虞仲文》条。虞仲文为辽相，后封秦国公，他四岁能作诗，其雪花诗云："琼英与玉叶，片片落前池。问著花来处，东君也不知。"② 这诗起码不在骆宾王少年时写的《鹅》诗之下。保存下来，还是很有意义的。

又如《李俨》条。辽道宗的宰相李俨出使宋，蔡京接待，李俨留于使馆已经有好些日子了。一天，李俨与蔡京在一起，李俨忽然持盘中杏，云："来未花开方见幸。"蔡京会意，举梨，言道："去虽叶落可轻离？"③ 这里的"幸"与"杏"、"离"与"梨"谐音。李俨思归之情切，跃然纸上，而蔡的机敏、才华也展露无遗。

① 《清诗话》下，上海古籍出版社1963年版，第788页。

② 《清诗话》下，上海古籍出版社1963年版，第804页。

③ 《清诗话》下，上海古籍出版社1963年版，第801页。

第三，辑录了一些重要的史料。

大体上有两类：一类为辽朝国内的一些重要史料，另一类为辽与宋、金、高丽等国关系的一些史料。前者有《懿德皇后萧氏》条。此条言爱好汉诗的萧后为人陷害写作《十香淫词》而被迫自尽。还有《东丹王》条。东丹王系辽太祖长子，太祖让他作属国东丹国的国王。后来，他让位于耶律德光，耶律德光即位，仍然对东丹王不放心。东丹王无奈，最后投靠后唐。此条辑录东丹王写的一首表白心志的诗："小山压大山，大山全无力。羞见故乡人，从此投外国。"[①]

后者有《赵良嗣》条、《高丽王王徽》条等。《赵良嗣》条辑录辽臣赵良嗣出使金国所写的诗，揭示辽金宋三个王朝当时极为复杂的关系，记录了一段历史。《高丽王王徽》辑录的是高丽王写的一首诗，高丽当时为辽的属国，但心向宋朝。此条云："（高丽）国主王徽，常诵《华严经》，祈生中国。一夕，梦至京师，备见城邑及宫阙之盛，觉而慕之，为诗以纪云：'恶业因缘近契丹，一生朝贡几多般。移身忽到中华里，可惜中宵漏滴残。'"此条反映高丽国处宋辽间的艰难处境，同样具有史料的价值。

以上条目均为诗案，它从侧面反映汉文学在辽国的重大影响，事实上，用汉语写诗在当时的辽国是自皇家至普通知识分子的风尚。

从《辽诗话》我们也可以看出辽朝的文学审美观念，主要有：

第一，以诗讽谕。

"讽谕"是汉语诗歌重要传统。最早提出这一思想的是孔子。孔子说"诗可以怨"，这是"讽谕"说之源。《毛诗序》提出"下以风刺上"，这"刺"就是怨，《毛诗序》强调这刺"主文而谲谏"，这就成"讽谕"。讽谕是一种委婉的隐晦的批评。《辽诗话》中"天祚文妃"条，说文妃"见金兵内侵，而天祚畋游不悛，忠良疏斥，作歌以讽云"[②]。这"讽"就是讽谕。另，《萧韩家奴》条，说萧韩家奴"每入赐坐，饮酒赋诗，以相酬酢，虽谐谑不忘讽谏"[③]。讽谏

① 《清诗话》下，上海古籍出版社1963年版，第794页。
② 《清诗话》下，上海古籍出版社1963年版，第793页。
③ 《清诗话》下，上海古籍出版社1963年版，第798页。

即讽谕。

辽朝的君主对于诗的讽谏功能是肯定的。《辽诗话》"圣宗"条说"圣宗亲以契丹大字译白居易《讽谏集》，诏群臣读之"。①

讽谕诗发展到后来，也用于一般的交往。凡是不直说隐晦着说的，内容含有教育、批评、劝诫的诗，都被视为讽谕诗。《辽诗话》"耶律庶箴"条，说耶律庶箴"尝作戒谕诗以寄其子蒲鲁"②。

第二，以诗取士。

《辽诗话》"张人纪"条，说"太平九年十一月，皇城进士张人纪，赵睦等二十三人入朝，试以诗赋，皆赐第。"③

第三，以诗言志。

中国诗学，既说诗言志，又说诗言情。按唐代经学家孔颖达的说法，"情志一也"。

《辽诗话》有诸多"诗言志"的内容。"耶律资忠"条说资忠兄国留"以事卒于狱，在狱中著《兔赋》《寤寐歌》"，这些作品都是抒情，也都是言志。

第四，以诗娱乐。

写诗是一种娱乐。大凡高兴时就写诗，这时写诗带有娱乐色彩；如果有喜事，也就具有庆贺的意义。《辽诗话》"道宗"条："咸雍元年十月，皇太后射获虎，大宴群臣，令各赋诗。"④ "兴宗"条："重熙五年四月，幸后前萧无曲第，泛觞赋诗……如宋使，钓鱼赋诗。"

第五，以诗交往。

诗是人际关系中一种最高雅的交往方式。如果是上对下，可以说赐诗。《辽诗话》"兴宗"条说，"魏国王萧惠有大功……及惠生日，（兴宗）辄赐诗，以示尊宠。"⑤

① 《清诗话》下，上海古籍出版社 1963 年版，第 789 页。
② 《清诗话》下，上海古籍出版社 1963 年版，第 799 页。
③ 《清诗话》下，上海古籍出版社 1963 年版，第 800 页。
④ 《清诗话》下，上海古籍出版社 1963 年版，第 790 页。
⑤ 《清诗话》下，上海古籍出版社 1963 年版，第 796 页。

经常在一起讨论诗,交流诗,就成为了诗友。《辽诗话》说萧劳古"以善属文为圣宗诗友"①。

凡此说明汉诗在辽朝很普遍,是一种高雅的审美方式,受到贵族与知识分子的青睐。

中华文化内涵博大精深,核心的是汉字以及用汉字写作的诗歌。辽朝如此喜爱汉诗,说明汉文化在辽朝实际上成为了主导文化。

---

① 《清诗话》下,上海古籍出版社 1963 年版,第 796 页。

第十六章

金朝诗文美学

    中国历史发展到宋朝阶段,外患问题益发严重。在宋朝存在的(960—1279) 300 多年的历史期间,在中国北方,有辽、西夏、金等少数民族为统治者的政权存在。他们的文化孕育着自己的美学。虽然相比于宋朝的美学,这些朝代的美学不够重要,但是,也不能忽略它们的存在。四个少数民族的朝代中,辽文化、西夏文化没有能够留下比较多的文字史料,以至于我们今天想为它做一些描述,也甚感困难,但金(1115—1234)还是留下一些文字史料,故它的存在不能忽视。金朝存在近 120 年,这期间,金人不断地汉化,实际上,金文化是汉文化的一种延伸与发展。1137 年金采纳了汉人历法,1138 年金建立了与宋朝差不多的科举考试制度,1139 年采用汉人的朝廷礼仪制度,实施礼乐治国,其朝廷服饰和音乐近于南宋。1140 年祭孔并建立太庙。金朝的知识分子大部分本为汉人,他们会用汉语写诗填词。他们的作品,虽然总体上不能与南宋相提并论,但其中优秀的诗人如元好问,搁在宋朝,也堪为一流。由元好问编辑的金代诗歌集《中州集》有十卷之多,蔚为大观。另,还保留大量的论诗、论文的著述,因此,金朝的诗文美学面目清晰。金朝的诗文美学具有两个特点:第一,相比于宋尊儒薄道,金朝的诗文美学似乎尊道薄儒。金朝的诗论家、文论家,谈教化不多,但谈自然很多。第二,相比于宋代美学尊柔薄刚,金朝的诗文美学似乎尊刚薄柔,具体显现则是对苏东坡的评价远高于宋朝。

第一节　赵秉文：透具眼之禅

赵秉文（1159—1232），字周臣，号闲闲老人，磁州滏阳（今河北磁县）人，金大定三年（1163）进士，历官应奉翰林文字、知岢岚军州事、北京路转运司度支判官、户部主事、翰林修撰、宁边州刺史、翰林侍讲学士、礼部尚书。在金朝文人中，赵秉文当属领袖级人物，地位如同北宋欧阳修。赵秉文著作有《闲闲老人滏水文集》等。

赵秉文在诗文及与他人的通信中，表达了一些比较可贵的美学思想。

一、论"工"和"奇"——论艺术的创造

赵秉文在《翰林学士承旨文献党公碑》中说：

> 文章非能为之为工，乃不能不为之为工也[①]。非要之必奇，要之不得不然之为奇也。譬如山水之状，烟云之姿，风鼓石激，然后千变万化，不可端倪，此先生之文与先生之诗也。至于篆、籀之妙，后数百年复有一阳冰，则不可知；后数百岁无复一阳冰，则书止于斯。噫！[②]

这段话赞誉当朝的翰林学士党怀英的文章、诗歌、书法的精妙。它用了这样两个句式："能为之"——"不能不为之"；"要之"——"要之不得不然之"。这是耐人寻味的。这里，实质说了艺术创作的两个层次：

第一层次：由"能为之"到"不能不为之"。

"能为之"，是主观意念上认为能够做到的；"不能不为之"，是主观意念上没有想到的，而且也是不能控制的，然而实践上出现了。

赵秉文认为，对于艺术创作比如写文章来说，"能为之"，不能称为"工"；只有"不能不为之"，才为"工"。

---

① 此句本为苏轼语。

② 赵秉文：《翰林学士承旨文献党公碑》，见胡传之：《金代诗论辑存校注》，人民文学出版社 2017 年版，第 167 页。

(宋) 王诜:《渔村小雪》

　　为什么"能为之"不能称"工"？原因是没有创造性。这种做法是工匠所为，工匠可以千百遍地重复他的技法，每次做出来的东西均是克隆，没有任何新意。而艺术创作，不管是写诗作文还是写字，每一次都是"不能不为之"，是作者事前没有想到而结果又不能不是这样的。

　　比如画一株兰草，尽管兰草的形状及画兰草的技法烂熟于心，属于"能为之"，然而每次画出来，却每次不同，也不可能一样。

　　艺术创作以工匠制作为基础，所以，"能为之"的本领是需要的，但仅止于此，就是匠，只有突破此，将外在的技法内化于心，将技法的约束化为表现的自由，才能成为艺术。

　　赵秉文在这里说的是艺术创作的一般规律，强调创新是艺术的本质。

　　第二层次："要之"到"要之不得不然之"。

　　"要之"，是希望要的，与"能为之"相比较，虽然它们都具主观意念性，然而"能为之"不是理想，它不仅具有转化为现实的可能性，并且具有一定的保证性。然而，"要之"是理想，它不具有转化为现实的可能性。

　　"要之"不属于工匠，只属于艺术。对于艺术来说，它的创造性有两个层次，第一个层次，是被动的创造性。"不能不为之"属于这种。就是说，艺术家主观上想创新，但由于艺术本身的力量推动，艺术家被动地创造了。如画兰草，画家本意是重复，没有创新，但画出来，多少还是有新意的。第二个层次，是主动的创造性，"要之"就是主动的创造性。

　　问题是艺术家的"要之"，当其进入实践后，出现了意想不到的现象："要之不得不然之"。要之，是创作前的期望，然而结果出于创作前的期望，为"不得不然之"。"然之"是结果，此结果不是艺术家所期望的，故为"不得不"。

赵秉文认为,"要之"不是"奇","要之不得不然之"才是"奇"。

奇,是艺术创作的最高境界。奇,不是一般的美,而是超出一般的美。严格来说,那种无限克隆的作品,根本不算美,要说美,也只能是第一次的作品,那是创作。后来的克隆,如果要说有美,那只是分享了第一次作品的美,创作的美。

赵秉文用"山水之状""烟云之姿"来比喻艺术创作,强调每一次创作都是出新,都是创造。

奇的本质是唯一,真正的艺术亦为唯一。

二、论"意"与"文"——论艺术的形式

赵秉文在为党怀英文集所写的序言中,说:

> 文以意为主,辞以达意而已。古之人不尚虚饰,因事遣词,形吾心之所欲言者耳。间有心之所不能言者,而能形之于文,斯亦文之至乎!譬之水不动则平,及其石激渊渊,纷然而龙翔,宛然而凤蹩,千变万化,不可殚穷,此天下之至文也。①

"文以意为主,辞以达意而已"这话的意思虽然前人说过,但赵秉文的表达很警策,仍然很有价值。他将辞与意的关系,概括为"形吾心之所欲言",则有深意。"形吾心",心意的语辞外化即为文,问题是,形与心能实现一致吗?赵秉文深刻地发现心与文的统一性与矛盾性。统一性在于,言确实能够表达心,但能表达的只是心的一部分,心中尚有诸多难于用言表达的意。赵秉文敏锐地发现了言与意的不统一性,这让我们想起《易传》所说"言不尽意,立象以尽意"。

赵秉文的深刻不在于他发现了言与意的不统一性,而在于他发现了努力实现统一性的可能性。他认为,以语言为创作手段的作家,其才华的高

---

① 赵秉文:《竹溪先生文集引》,见胡传之:《金代诗论辑存校注》,人民文学出版社2017年版,第170页。

低正是在这里见出了高低。

赵秉文认为，只有能将"心之所不能言者，而能形之于文"，这文才是"至文"。而欧阳修就是这样的作家。他说："亡宋百余年间，唯欧阳公之文不为尖新艰险之语，而有从容闲雅之态，丰而不余一言，约而不失一辞，使人读之者，亹亹不厌。"①

谈到欧阳修的这一本事，赵秉文回到前面所谈到的"不得不然之"上去了。他说："盖非务奇之为尚，而其势不得不然之为尚也。"② 这"不得不然之"，看起来是客观性对于主观性的控制，而实质是主观性的能动发挥。这种发挥所进入的"不得不然"境界，表面上看是必然的境界，实是自由的境界。

艺术是主观的。主观中，一部分属于天性。赵秉文认为党怀英的"文章字画盖天性"③。另一部分属于修养。天性与修养的结合，则产生文章。这里见出作家才华之高低与个性之特殊，而艺术之"正"就体现在这里。他说："韩文公之文，汪洋大肆，如长江大河，浑浩运转，不见涯涘，使人愕然不敢睨视。欧阳公之文，如春风和气，鼓舞动荡，了无痕迹，使人读之亹亹不厌。凡此皆文章之正也。至于书亦然。秦相、李监之篆，汉、魏之八分，虞、褚、鲁公之楷，见者莫不敛衽而敬，其下作者如零珠片玉，非无可喜，要非书法之正也。"④

三、论师古——论艺术的主体

做艺术与其他行业一样，均有一个学习的阶段。学习，一是向师长学，

---

① 赵秉文：《竹溪先生文集引》，见胡传之：《金代诗论辑存校注》，人民文学出版社 2017 年版，第 170 页。

② 赵秉文：《竹溪先生文集引》，见胡传之：《金代诗论辑存校注》，人民文学出版社 2017 年版，第 170 页。

③ 赵秉文：《翰林学士承旨文献党公碑》，见胡传之：《金代诗论辑存校注》，人民文学出版社 2017 年版，第 167 页。

④ 赵秉文：《翰林学士承旨文献党公碑》，见胡传之：《金代诗论辑存校注》，人民文学出版社 2017 年版，第 166 页。

二是向古人学。古人也是师长。但是，艺术需要创造，必须将向师长所学、向古人所学全化为自身的营养，而创造出真正属于自己的作品来。在答文友李天英的信中，赵秉文说："足下立言措意，不蹈袭前人一语，此最诗人妙处。然亦从古人中入，譬如弹琴不师谱，称物不师衡，工匠不师绳墨，独自师心，虽终身无成可也。"① 虽然赵秉文对于"不蹈袭前人"予以肯定，但是，这种不蹈袭前人，正是从向前人学习而来，"独自师心"只能是终身无成。但是，学习不是目的，学习的目的是创造。于是，赵秉文提出"尽得诸人所长，然后卓然自成一家"②。

两种对待古人的态度都是不对的："非有意专师古人也，亦非有意于专摈古人也。"③

如何学古人？赵秉文提出从自身情况出发，择古人之某一方面而师之。他以自身为例说明之：

> 贾谊、董仲舒、司马迁、扬子云、韩愈、欧阳、司马温公，大儒之文也，仆未之能学焉。梁肃、裴休、晁迥、张无尽，名理之文也，吾师之。太白、杜陵、东坡，词人之文也，吾师其辞，不师其意。渊明、乐天，高士之诗也，吾师其意，不师其辞。④

这种从自己的情况出发，有选择地向前人学习，彰显的正是主体精神，这是非常可贵的。

四、论苏轼

赵秉文对于宋代的文人，评价最高的其实还不是欧阳修，而是苏轼。

---

① 赵秉文：《答李天英书》，见胡传之：《金代诗论辑存校注》，人民文学出版社 2017 年版，第 174 页。
② 赵秉文：《答李天英书》，见胡传之：《金代诗论辑存校注》，人民文学出版社 2017 年版，第 174 页。
③ 赵秉文：《答李天英书》，见胡传之：《金代诗论辑存校注》，人民文学出版社 2017 年版，第 174 页。
④ 赵秉文：《答李天英书》，见胡传之：《金代诗论辑存校注》，人民文学出版社 2017 年版，第 174 页。

欧阳修只是在行文的自由裕如上是突出的,而在修养的综合性上,无疑苏轼第一。赵秉文有多篇文章论及苏轼,其中,最重要的是《东坡四达斋铭》。其中关于艺术风格问题,透出四个重要观点:

第一,风格构成:推崇对立统一之美。

赵秉文说:

> 东坡先生,人中麟凤也。其文似《战国策》,间之以谈道如庄周;其诗似李太白,而补之以名理似乐天;其书似颜鲁公,而飞扬韵胜,出新意于法度之中,寄妙理于豪放之外,窃尝以为书仙。①

赵秉文认为,苏轼的艺术风格具有综合性,这种综合性体现为对立的统一:文,其风格是《战国策》与《庄子》的统一。《战国策》宏阔谨严,《庄子》诙谐灵动,二者在苏轼的文章中实现了统一。诗,其风格是李白与白居易(乐天)的统一。李白豪放畅情,白居易隽永名理。二者,在苏轼的诗歌实现了统一。书,苏轼的风格是阳刚与阴柔的统一。

对立的统一,对立两者并不是均衡的,而是以一种为主,另一种只是"间之""补之"、含之。苏轼的艺术风格就是这样。

第二,风格特色:推崇雄强兼灵秀之美。

赵秉文用一系列的比喻,诸如"大鹏之孤骞""狠石当道""长松临渊""大臣正色""千石之钟""万石之虡"来描述苏轼艺术的雄强之美。但是,苏轼艺术风格不单调,如上面所言,它是对立的统一,因而存在着一种张力:"如偃而复植,如堕而反妍",正是这种张力让雄强透显着灵秀。赵秉文用"秋风水波,春山云烟"来描绘苏轼雄强风格中的灵秀之美。

第三,艺术功力:推崇"不知其所以然而然"的巨匠之功。

赵秉文认为,苏轼作文最胜之处,是"字外匠成风之妙,笔端透具眼之禅,盖不可得而传也"②。"匠成风",即挥斥成风。典出自《庄子·徐无鬼》,

---

① 赵秉文:《东坡四达斋铭》,见胡传之:《金代诗论辑存校注》,人民文学出版社 2017 年版,第 185 页。
② 赵秉文:《东坡四达斋铭》,见胡传之:《金代诗论辑存校注》,人民文学出版社 2017 年版,第 185 页。

说是郢人讨厌鼻上粘有一片蝇翼那么薄的脏东西，叫一位石匠斫去，石匠挥着斧，快如风，瞬间，那片脏东西掉下来了，而鼻子没有受伤。赵秉文用此典来说明苏轼的艺术功力。苏轼曾自述自己作文"大略如行云流水，初无定质，但常行于所当行，常止于不可不止"[①]；亦曾赞叹吴道子的艺术功力"游刃有余，运斤成风"[②]，而他自己也是这样。这种功力的形成当然非止一日，按《庄子》谈庖丁解牛所表达的观点，庖丁解牛功夫已经由技进乎道了。苏轼的艺术功力亦应作如是观。

"出新意于法度之中，寄妙理于豪放之外"[③]，这本是苏轼对吴道子画作的评价，其实，用在他自己身上最合适。赵秉文就是这样认为的。

第四，艺术境界：推崇具眼之禅的深刻透脱。

赵秉文对于苏轼作品的艺术境界，有一句重要的概括："笔端透具眼之禅"。"具眼"为佛教所认可的一种观察事物的方式。这种方式能透见宇宙真谛，从现实之虚相中发现本质之实相。赵秉文认为，苏轼作品"透具眼之禅"，透，一为透显，指苏轼作品的风格；另为透脱，指苏轼作品之意味。这种认识是切合苏轼作品实际的。苏轼的作品风格清新，而其意境充满着禅机，显示出生命的活泼、灵动与对现实的超越。

概括苏轼的艺术与审美，赵秉文说："数百年之气象，引笔著纸，与心俱化，不自知其所以然而然，其有得于此而形之于彼，岂非得古人之大全也耶？"[④]

这是自由之境，至美之境。它是中华民族审美的理想之境。这种境界在苏轼身上得到充分体现，可以说，苏轼是中华民族审美理想的最高代表。

赵秉文虽然身处金朝，但其修养完全融会于中华传统文化之内，他对

---

① 苏轼：《与谢民师推官书》。
② 苏轼：《书吴道子画后》。
③ 苏轼：《书吴道子画后》。
④ 赵秉文：《东坡四达斋铭》，见胡传之：《金代诗论辑存校注》，人民文学出版社 2017 年版，第 185 页。

于艺术审美的观点达到那个时代的高峰。

第二节　王若虚（上）：论文章

王若虚（1174—1243），字从之，号慵夫，自号滹南遗老。藁城（属河北），承安二年（1197）擢经义进士，官鄜州录事，历官至国史院编修。曾奉使西夏，还授同知泗州军州事。后为著作郎，入为翰林直学士。他是当朝著名的诗人、诗论家。元好问在《中州集》中介绍王若虚："博学强记，诵古诗至万余首，他文称是。善持论，李屏山杯酒间谈辩锋起，时人莫能抗，从之能以三数语窒之使嗫不得语，其为名流推服如此。……负海内重名，而不立厓岸，虽小书生登其门，亦折行辈交之，滑稽多智，而以雅重自持，谋事详审，出人意表。……经学史学，文章人物，公论遂绝。"甚至说："不知承平百年之后，当复有斯人否也。"[①] 如此评价可谓至高矣！

王若虚论文有《文辩》，论诗有《滹南诗话》，谈锋犀利，见解卓异。由于所论均片言只语，多为论点，少有论证，因而让人有不够充分之憾。然将其零散的观点整合起来，能够看得出来，他是在宣扬一种可以名之为"自由性灵"的美学思想，体现在为文作诗上，均要求直抒性灵，自由潇洒，不受拘束。于是，他推崇陶渊明、欧阳修、苏东坡，而对于黄庭坚为首的江西学派曾多微词。值得指出的是，自由性灵的表现，并不是不加修饰地粗言鲁语，而是精审到位且出人意表的绝妙辞章。他在论文、论诗中，常常对于名家哪怕是他崇拜的苏东坡的文字，也挑毛病。应该说，绝大多数的挑剔是对的，但也有吹毛求疵之嫌。

一、文章美学

作文问题，有些属于技法问题，有些则属于观念问题，观念问题中有些为美学观念，主要有：

---

① 元好问：《中州集·王内翰若虚》，华东师范大学出版社 2014 年版，第 361—362 页。

(一) 文体观念

中国古代的文章有体裁之分,不同体裁有不同做法。《文心雕龙》一共十卷,其中四卷讲文体,可见体对于文章的重要性。王若虚文体有一个基本的看法:

> 或问:"文章有体乎?"曰:"无。"又问:"无体乎?"曰:"有。""然则果何如?"曰:"定体则无,大体须有。"①

"体"重在规定性,凡物均有其内在的规定性,规定性即质,质的条理化、量化、制度化且外定化,即为规定。失去规定性就失去了质,而失去了质,也失去了真。但须知:内在的质具有两重性:可规定性与不可规定性。其可规定性是相对的,而不可规定性是绝对的。正是因为有规定性,它具有可辨识性,而因为有不可规定性,它具有不可辨识性。

"大体"与"定体"之区分,在于前者是活的,后者是死的。活的有规定,但也有变化,定体虽有规定,但规定到将物框死,就没有意义了。

文章的功能,不外乎两大类:表达思想、情感,陈述物事、过程。某类中,又有各种不同的名目。根据不同的功能将文章分类,并规定要如何做,才能更好地实现功能,这就有了体。从更好地实现功能来说,体是必要的,但若某种原因,无法按体的规制来作文,就应实事求是地改变体制,毕竟功能是最重要的。王若虚说了几个不同的例子。其一,韩愈的《画记》,此文介绍了诸多的画家画作。苏东坡此文"仅似甲乙账,了无可观",意思是不合体。而王若虚却说:"韩文高出古今,是岂不知体者?盖其图中人物,品数甚多,而状态不一,公惜其去而不复见,故详言而备书之,庶几犹可得于想象耳,不必以寻常体制绳之也。"② 其二,《墓铭》的写法。王若虚说:"今人作墓铭,必系以韵语,意谓叙事为志,而系之者为铭也。"然而,这是墓铭的体制吗?不是。"古人初不拘此。退之作《张圆张孝权铭》,皆止用散语以志,

---

① 王若虚:《文辩十八》,见胡传之:《金代诗论辑存校注》,人民文学出版社2017年版,第273页。
② 王若虚:《文辩三十》,见胡传之:《金代诗论辑存校注》,人民文学出版社2017年版,第215页。

（宋）文同：《墨竹图》

　　而终之曰'是为铭'。"由此可见，体也是变化的，历史的原因可以造成它的变化。

　　写文章既应是自由的，又应是不自由的。王若虚说："凡人作文字，其他皆得自由，惟史书实录、制诰王言，决不可失体。"① 说"其他皆得自由"，

---

① 　王若虚：《文辩十六》，见胡传之：《金代诗论辑存校注》，人民文学出版社 2017 年版，第271 页。

这自由是指心灵抒写的自由,艺术创造的自由,唯一不自由的是体制的限制。这说明体是十分重要的。前面说的诸多对体制的突破,它是有限的,有条件的,并不是无限的,更不是随意的。

(二)本末观念

王若虚说:

> 凡为文章,须是典实过于浮华,平易多于奇险,始为知本末。世之作者,往往致力其末而终身不返,其颠倒亦甚矣。①

在这里,王若虚说,作文章,在内容上,要讲究"典实",典实即事情真实、观念雅纯;与"典实"相对立的是"浮华",浮华一是事假,二是思邪。这是著文第一要注意的。在形式上,要讲究"平易",平易,在这里指一种易于为读者接受表述的写作方式,与之相对立的是"奇险",这种方式不易于为读者接受。

王若虚将内容上的"典实"与形式上的"平易"均视为文章之本,而将与之相对立的"浮华""奇险"视为文章之末。

本与末的对立不是通常说的内容与形式的对立,而是实用功能与"审美"的对立。这里的审美之所以要打上引号,是因为浮华、奇险的审美具有两重性。一方面,它确具有一定的审美性,着重体现为感官上的刺激。另一方面,这种华如果是浮的,它就不真、不实,因而具有虚假性;奇险,如果也只是停留在感官上的惊奇而缺乏坚实的内容,也同样具有虚假性。真实的华和奇险均可审美,而脱离了真实性的华和奇险则只能审丑。

本末问题涉及文章体制。有些文章如制诰、表章,按文章功能,要求严肃、端庄、诚挚,而"骈俪浮辞、不啻如俳优之鄙",王若虚认为,用这种文风来写制诰、表章,"无乃失体耶"?

(三)"古意"观念

中国古代的文人,都有崇古的倾向,常以是否有古意来评论文章,南宋

---

① 王若虚:《文辩十七》,见胡传之:《金代诗论辑存校注》,人民文学出版社2017年版,第271页。

的大文学家洪迈也如是。在他的《容斋随笔》中说到《礼记·檀弓》中的一个掌故，其中"沐浴佩玉"一语，重复了四次，洪迈说，这样一个故事，如果让今人来表达，"沐浴佩玉"说一次就可以了，但是"古意衰矣"。王若虚却不以为然，他说：

> 迈论固高，学者不可不知。然古今互有短长，亦当参取，使繁省轻重得其中，不必尽如此说也。沐浴佩玉，字实多两处，夫文章惟求真是而已，须存古意何为哉？ [1]

说的事情也许小，但提出的问题足以大。在洪迈看来，"沐浴佩玉"用多用少，不只是一个文字繁省的问题，而是一个对待古意的问题，用四个，古意存；用一个，则古意衰。王若虚对于作文是不是需要存古意，不置可否，但他强调，"求意"乃是最重要的，他用了"惟"字，虽然未必是惟，但第一位或者说最重要是肯定的了。

就审美来说，古意，能构建一种历史感、沧桑感，从而使文章如陈年老酒，滋味醇厚绵长；但历史感应是实的，不能伪，一伪，其意义就整体没了。如酒，首先得是真酒，如果是假酒，即使伪装成陈酒，也毫无意义。

做人要讲真，著文也要讲真。真是第一位的。

(四)"故实"观念

古人写文章多喜欢在文章中引经据典，其目的，其实是为了更好地说明要表述的现实之事。这样写，可以造就文章内容的丰富，造成繁艳之美；也可增加逻辑的力度，造成理性之美，还可以延展历史的深度，造成沧桑之美。但是，这样一来，它也可能造成文章的芜杂，造成阅读的不畅。王若虚对于这种一味堆砌故实的做法是反感的。他说："庾信《哀江南赋》堆垛故寔以寓时事，虽记闻为富，笔力亦壮，而荒芜不雅，了无足观。" [2]

总起来说，王若虚推崇的是那种既自然率真、情感充沛，又文采焕然且

① 王若虚：《文辩九》，见胡传之：《金代诗论辑存校注》，人民文学出版社2017年版，第202—203页。
② 王若虚：《文辩二十六》，见胡传之：《金代诗论辑存校注》，人民文学出版社2017年版，第213页。

大体上合乎体制的文章。这种文章的代表有二：

其一，陶渊明。

王若虚说："《归去来辞》本是一篇自然率真文字，后人模拟已自不宜，况可次其韵乎？次韵则牵合不类矣。"[①] 陶渊明这篇文章系自然率真之作，真情实感，写得自由潇洒。历史上，有不少模拟之作，也有次韵之作，包括苏轼、秦观、晁补之、李之仪、张耒等，都写过这类文章。王若虚认为，陶渊明的《归去来辞》文，是不可模仿的，也不可次韵。因为它是自然率真的文字，虽然他人也有自然率真，但不会一样。陶渊明的"自然率真"为《归去来辞》独特的语汇所表现，内容与形式切合致至，恰到好处，不可移易。均是唯一。

其二，苏轼。

王若虚认为苏轼的文章有两个重要特点：一个是自由行文却均合章法。他引东坡自言其文："如万斛泉源，不择地而出，滔滔汩汩，一日千里无难，及其与山石曲折，随物赋形，而不自知。所之者，当行于所当行，而止于不可不止。"对于如此说法，王若虚说，"论者或讥其太夸，予谓惟坡可以当之"[②]。另一个是"具万变而一以贯之者也"[③]。这"一"就是精纯。精纯就是度，是主心骨，正是有了主心骨，因而"为四六而无俳谐偶俪之弊；为小词而无脂粉纤艳之失"[④]。这种"独兼众作"，熔铸一体，又标新立异的本领，"莫可端倪"，他人不可企及。

正是从这样的高度认识苏东坡，东坡在他心目中就是至高无上的丰碑。当时文坛，喜欢将苏东坡与欧阳修进行比较。其中一种观点是欧公与坡公

---

① 王若虚：《文辩二十五》，见胡传之：《金代诗论辑存校注》，人民文学出版社 2017 年版，第 213 页。

② 王若虚：《文辩三十二》，见胡传之：《金代诗论辑存校注》，人民文学出版社 2017 年版，第 258 页。

③ 王若虚：《文辩三十三》，见胡传之：《金代诗论辑存校注》，人民文学出版社 2017 年版，第 258 页。

④ 王若虚：《文辩三十三》，见胡传之：《金代诗论辑存校注》，人民文学出版社 2017 年版，第 258 页。

各有特色,打个平手,代表性的说法是:"欧公之文和气多英气少;东坡之文英气多和气少。"王若虚明确表示不赞同,他说:"其论欧公似矣,若东坡,岂少和气哉? 文至东坡无复遗恨矣。"① 另一种说法是"文当以欧阳子为正,东坡虽出奇,非文之正"。这种说法实际上将苏轼贬在欧阳修之下。王若虚不同意,说"定是谬语。欧文信妙,讵可及坡? 坡冠绝古今,吾未见其过正也"。②

如此全面地肯定苏轼,可以想见王若虚基本的美学思想应该是同于苏轼的。而苏轼的美学具有儒道佛的综合性,却是以道家特别是庄子的天地观、自由观为核心的。虽然苏轼一般被认为是儒家知识分子,在政治观、伦理观上也确实如此,但是,他的哲学思想更多地属于道家。

第三节　王若虚(下):论诗人

王若虚有《滹南诗话》,这是一部重要的诗话。在这部诗话中显示出他有关诗歌的一些重要的美学观念。

一、李白杜甫论

北宋朝,诗界喜欢比较李白与杜甫两位唐朝诗人,以定其高低。这种比较中,其实与李白、杜甫本身的诗歌成就并没有什么意义,但可以看出持论者的美学思想。金朝诗人对于北宋诗人品评李白与杜甫的事比较感兴趣,喜欢在此基础上发表自己的一些意见,王若虚便是其中一位。他的《滹南诗话》中,与此有关的条目不少,试择比较重要的析之:

> 荆公云:"李白歌诗豪放飘逸,人固莫及,然其格止于此而已,不知变也。至如杜甫,则发敛抑扬,疾徐纵横,无施不可。盖其绪密而思深,

① 王若虚:《文辩二十一》,见胡传之:《金代诗论辑存校注》,人民文学出版社 2017 年版,第 252 页。
② 王若虚:《文辩二十二》,见胡传之:《金代诗论辑存校注》,人民文学出版社 2017 年版,第 252 页。

非浅近者所能窥,斯其所以光掩前人而后来无继也。"而欧公云:"甫之
于白,得其一节,而精强过之。"是何其相反欤?然则荆公之论,天下
之公言也。①

发生于北宋的王安石与欧阳修关于李白与杜甫诗歌高低的争论,是很
有意义的。王安石认为李白的诗只是豪放飘逸一格,而杜甫则不止一格;
而欧阳修则反过来,认为李白才是全面的,杜甫只是得其一节,只是在这一
节上,精强过之。王若虚虽然对于两种意见如此对立感到惊讶,但他认为
还是王安石说得对,并认为此是"天下之公言"。

查看一下欧阳修的原文,是这样的:

"落日欲没岘山西,倒着接篱花下迷。襄阳小儿齐拍手,大家争唱
《白铜鞮》。"此常言也。至于"清风明月不用一钱买,玉山自倒非人推",
然后见其横放。其所以警动千古,固不在此也。杜甫于白,得其一节,
而精强过之。至于天才自放,非甫可到也。②

欧阳修此文中引用的诗句,均出自李白的《襄阳歌》。"落日欲没岘山
西"四句,是诗的开头,欧阳修说只是"常言",一直要读到"清风明月不用
一钱买,玉山自倒非人推"才见出李白的"横放"。然而,李白的诗"警动千
古"并不在横放。那在什么呢?欧阳修没有说。然他认为杜甫只得到李白
的"一节",这一节是什么,欧阳修也没有说,但他说,这一节在杜甫这里,
做得比李白好,措辞是"精强过之"。一是"精",二是"强"。"精",指切中
问题要害更到位;"强",指力度更大,更具感染力。这就是说,在"一节"上,
杜甫是超过李白的。确实也如此,比如反映现实社会问题上,杜甫的诗要
比李白的诗"精强"得多。欧阳修要突出的是文章最后一句"至于天才自放,
非甫可到也"。

这里,可以回答王安石与欧阳修在李杜的评论上"何其相反欤"。原来
王安石与欧阳修所持的角度不同:

① 王若虚:《滹南诗话十》,见胡传之:《金代诗论辑存校注》,人民文学出版社 2017 年版,
第 296 页。
② 《欧阳修全集》,中国书店 1986 年版,第 1044 页。

王安石持风格的角度来评李杜。他认为，李白"豪放飘逸"这一种风格，"人固莫及"。李白的不足在"不知变"，即风格的变化太少。而杜甫诗风格变化多，"发敛抑扬，疾徐纵横，无施不可"。也就是说，在豪放飘逸上，杜甫不及李白，而在风格多变上，李白不及杜甫。

欧阳修持才华的角度来评李杜。他认为李白的才华是比较全面的，当然，杜甫也是全面的，才华较量主要在两点上见出李杜的差异：其一，某"一节"如对于某类题材的开掘与反映上，杜甫是超过李白的。其二，天质上，李白的天质非杜甫可到。

应该说，王安石与欧阳修并不存在矛盾，他们说得都对。只是王若虚比较推崇王安石的说法。众所周知，诗要写得好，于诗人来说，天质与功夫均很重要，王若虚不否定天质的重要性，但更看重功夫。

诗之美既在情又在理，在情理之融合，但情与理亦有侧重。李白的诗以情胜，杜甫的诗以理胜。两者相较，王若虚显然是更重理性的。他赞扬杜甫的诗"绪密而思深，非浅近者所能窥"，的确，杜甫的诗在理性方面，"光掩前人而后来无继也"。

二、白居易与孟郊论

《滹南诗话》亦比较喜欢谈白居易。其中一条云：

> 乐天之诗，情致曲尽，入人肝脾，随物赋形，所在充满，殆与元气相伴。至长韵大篇，动数百千言，而顺适惬当，句句如一，无争张牵强之态。此岂捻断吟须，悲鸣口吻者之所能至哉！而世或以浅易轻之，盖不足与言矣。[①]

这里，对于白居易的诗，从美学上做了一个概括：

1."情致曲尽"——情与象完全统一，象为情之象，情为象之情，美在情象。此为诗美的主观性一面。

---

① 王若虚：《滹南诗话十九》，见胡传之：《金代诗论辑存校注》，人民文学出版社 2017 年版，第 303 页。

2. "随物赋形"——物与象完全统一,象为物之象,物为象之物,美在物象。此为诗美的客观性一面。

(宋) 夏圭:《溪山清远图》(局部)

3．"顺适惬当，句句如一，无争张牵强之态"——尽心尽意，而又中规中矩。既自由自在，又自然而自然。主观与客观合一——此为诗美的极致。

又，另一条谈到孟郊云：

> 郊寒白俗，诗人类鄙薄之，然郑厚评诗，荆公苏黄辈曾不比数，而云乐天如柳阴春莺，东野如草根秋虫，皆造化中一妙，何哉，哀乐之真，发乎情性，此诗之正理也。①

"郊寒白俗"来自苏轼。苏轼《祭柳子玉》云："元轻白俗，郊寒岛瘦。"如果只是谈诗的风格，不涉及评价诗的品位高低，此说有一定的道理，孟郊的诗多言寒士的生活，而白居易的诗通俗易懂。但如果涉及诗的品位，那么此说就含有鄙薄的意味。南宋诗人郑厚在《艺圃折衷》中说："李谪仙，诗中之龙也，矫矫焉不受约束。杜则麟游灵囿，凤鸣朝阳，自是人间瑞物……孟东野则秋蛩草根，白乐天则春莺柳阴，皆造化之一妙。余皆象龙刻凤，虽美无情，无取正焉。"② 郑厚的看法其可贵在于，它提出不能以诗的题材、风格论诗品，诗品与题材、风格无关。不管是李白、杜甫被比喻为"人间瑞物"的诗，还是孟郊被比喻为"秋蛩草根"的诗和白居易被比喻为"春莺柳阴"的诗，都是"造化之一妙"，都称得上诗之"正"。王若虚的贡献是说明为什么它们是"正"。

在王若虚看来，"哀乐之真，发乎情性"才是"诗之正理"。李白、杜甫的诗是这样的诗，孟郊、白居易的诗也是这样的诗，正是因为他们合了"诗之正理"，所以才是"造化之一妙"。

按王若虚的看法，诗的基本品位是真——情之真，性之真。因为真，它才具有打动人心的力量，它才具有审美魅力。

---

① 王若虚：《滹南诗话二十》，见胡传之：《金代诗论辑存校注》，人民文学出版社 2017 年版，第 303 页。

② 转引自王若虚：《滹南诗话二十》注二，见胡传之：《金代诗论辑存校注》，人民文学出版社 2017 年版，第 303 页。

三、苏东坡、黄庭坚论

《滹南诗话》最有价值的部分是论苏东坡。涉及的问题很多,对于苏轼有肯定,也有批评。基本倾向是崇拜,是崇敬,即使是批评,也只是商榷,因为在王若虚的心目中,苏轼是伟人,但不是神人、圣人。既然是人,就会有失误,也会有可商榷之处。关于黄庭坚,这位苏门四学士之一,王若虚常将他与苏东坡进行比较,这种比较,不是比高低,而是比他们的美学观。苏东坡的美学观基本上属于自由派,或者说自然派,以自然为法度,以自由为至尊,遵自然而行自由。这就是苏轼的审美理想。而黄庭坚则基本上属于功夫派、学问派。他所创立的江西诗派以讲究格律、重视用典而闻名。两人的创作风格,均由唐人发展而来,苏轼更多地来自李白,而黄庭坚则更多地承自杜甫。他们有交锋,但更多地是相互推崇,两者共同影响着中国诗歌的未来走向。

试看如下《滹南诗话》中关于苏东坡、黄庭坚诗的评论:

> 东坡,文中龙也,理妙万物,气吞九州,纵横奔放,若游戏然,莫可测其端倪。鲁直区区持斤斧准绳之说,随其后而与之争,至谓未知句法。东坡而未知句法,世岂复有诗人? ……鲁直欲为东坡之迈往而不能,于是高谈句律,旁出样度,务以自立而相抗,然不免居其下也,彼其劳亦甚哉! ……世以坡之过海为鲁直不幸,由明者观之,其不幸也旧矣。[1]

此段文章首先对苏轼的风格做一个描述:“理妙万物,气吞九州,纵横奔放,若游戏然,莫可测其端倪。”讲了四点:喻理,洞悉万物之秘;抒怀,吞吐宇宙之豪;创象,自由愉悦如戏;逻辑,自主创新不能居旧理辨析。这个概括是准确的,也是非常之高的。

概括为一个词:自由。

苏东坡是自由写作的典范。而黄鲁直(黄庭坚)是依律即“持斤斧准绳”

---

① 王若虚:《滹南诗话二十一》,见胡传之:《金代诗论辑存校注》,人民文学出版社 2017 年版,第 320 页。

写诗的,他讲究各种诗的法度,而苏东坡则不受所谓法的限制。黄庭坚说苏东坡"未知句法"。王若虚对于黄庭坚这种批评,不能同意。他说"东坡而未知句法,世岂复有诗人?"说得在理。

黄庭坚持"持斤斧准绳"与苏东坡论诗,在王若虚看来,是徒劳的,而且"不免居其下"。

王若虚是否定诗有法度吗? 当然不是,它否定的是法度至上。法度是为抒情言志服务的。东坡之高出于黄庭坚,不在法度上,而在抒情言志上。东坡熟练地运用法度抒情言志,将法度与抒情言志统一起来,法度,似为抒情言志的约束,为阻力,然而苏轼熟练地运用法度时,这法度就由约束变成自由,由阻力变成助力。当然,这个过程中,也会有破法度的地方,这是可以理解的,也是必要的,不值得否定,反而值得肯定。王若虚为苏轼辩护是得当的。

抒情言志是需要有生活做基础的。这里谈到东坡"过海"事。此典来自金朝初期诗人朱弁的《风月堂诗话》卷上:"东坡文章,至黄州以后人莫能及,唯黄鲁直诗时可以抗衡。晚年过海,则虽鲁直亦若瞠乎其后矣。或谓东坡过海,虽为不幸,乃鲁直之大不幸也。"东坡过海即东坡晚年被贬海南。东坡被贬海南,于东坡的生活来说是大不幸,而于他的诗文创作来说,是大有幸。因为海南这段生活的磨砺,他的诗文,内容更接地气了,他的情感也更厚重了。人生的苦难与家国之志完美结合,从而使得他的诗文也达到了无人可以企及的高度。在这种情况下,拿苏东坡与黄庭坚做比较,黄庭坚自然是"瞠乎其后"了。

王若虚在这里,似乎以具体例证阐述了欧阳修的"诗穷而后工"论。正是赵翼"国家不幸诗家幸,赋到沧桑句便工"的理论之源。

对于黄庭坚,《滹南诗话》也有一个比较简赅的评价:"山谷之诗,有奇而无妙,有斩绝而无横放,铺张学问以为富,点化陈腐以为奇新,而浑然天成,如肺肝中流出者,不足也。"[1] 这个评价是准确的。

---

① 王若虚:《滹南诗话二十四》,见胡传之:《金代诗论辑存校注》,人民文学出版社 2017 年版,第 323 页。

对于苏东坡与黄庭坚这场学术上的论争,王若虚做了一个很好的总结:

> 东坡《南行唱和诗序》云:"昔人之文,非能为之为工,乃不能不为之为工也。山川之有云雾,草木之有华实,充满勃郁,而见于外,虽欲无有,其可得耶?故予为文至多,而未尝敢有作文之意。"时公年始冠耳,而所有如此,其肯与江西诸子终身争句律哉? ①

苏东坡与黄庭坚的对立,是两种美学观的对立:一是诗文贵"肺肝中流出",因此"不能不为之为工";二是诗文为"斤斧准绳"斫就。前者浑然天成;后者必然留斧凿之痕。

可以说,苏黄之争由《滹南诗话》做了一个优秀的总结。

---

① 王若虚:《滹南诗话二十》,见胡传之:《金代诗论辑存校注》,人民文学出版社 2017 年版,第 319 页。

第十七章
元好问的美学思想

　　元好问（1190—1257），字裕之，号遗山，太原秀容（今山西省忻县）人。金兴定五年（1221）进士，正大元年（1224）中宏词科，授儒林郎，充国史编修，历任镇平、内乡、南阳县令、尚书省掾，累官至左司都事。天兴二年（1233），蒙古大军攻入汴京，金亡。元好问一度为蒙古军羁管聊城。晚年，主要从事著述，著有《遗山文集》四十卷、《遗山诗集》二十卷、《遗山乐府》二卷，另编集《中州集》。元好问是金至元代最重要的诗人。郝经认为他的诗"上薄风雅，中规李杜，粹然一出于正，直配苏黄氏"[①]，评价显然过高，不过他的诗的确"遒婉高古，沈郁大和"，"巧缛而不见斧凿，新丽而绝去浮靡，造微而神采粲发"。[②]元好问的《论诗三十首》是继杜甫《论诗绝句》之后，最重要的论诗诗，其中不乏精辟之论。除此之外，他有诸多的论文之作，其中也有不少重要美学观点。金朝的美学思想，元好问当是重要代表。

---

① 郝经：《遗山先生墓铭》。
② 郝经：《遗山先生墓铭》。

第一节　论情感:"直教生死相许"

元好问并没有论情感的专文,但他的一首词,其中"问世间,情是何物,直教生死相许"一句具有丰富而又精湛的美学意味,很值得深究。

其词原文如下:

迈陂塘

问世间,情是何物,直教生死相许。天南地北双飞客,老翅几回寒暑。欢乐趣,离别苦,就中更有痴儿女。君应有语,渺万里层云,千山暮雪,只影向谁去?

横汾路,寂寞当年箫鼓,荒烟依旧平楚。招魂楚些何嗟及,山鬼暗啼风雨。天也妒,未信与,莺儿燕子俱黄土。千秋万古,为留待骚人,狂歌痛饮,来访雁丘处。①

词有一小序,序中说明此词的来历:"道逢捕雁者云:今日获一雁,杀之矣。其脱网者悲鸣不能去,竟自投于地而死。予因买得之,葬之汾水之上,累石为识,号曰雁丘。时同行者多为赋诗,予亦有《雁丘词》。"

故事说的是雁,一雁为猎人网获而杀害,另一雁虽得逃身,却悲鸣不肯离开,最后竟投地而死。故事没有说明它们是何关系,不管是哪种关系,反正是脱网者殉情而死。

元好问通过他的词作,将鸟人格化了,因此,鸟情即人情。那么,他试图说明一些什么呢?

(一) 肯定情能让人生死相许

众所周知,人的价值至高者莫过于生死。那么,以生死相酬的价值在人有哪些? 需要看用什么作价值的天平。有两种天平:一是理性的,二是情性的。

理性的天平主要是道德的价值。道德的价值立足于人的社会关系属

---

① 夏承焘、张璋编选:《金元明清词选》,人民文学出版社 1983 年版,第 83 页。

性。人是社会关系的总和,是诸多关系的集结处。不同的关系决定着人不同的价值。从家庭关系看,父(母)子、夫妻、兄弟(姐妹)是三对基本的关系。处在不同关系中的家庭人员有着不同的价值。价值意味着责任,责任包含着付出,最高的付出是牺牲。个人的最高定位,在儒家是:国家的一员、人民的一员、民族的一员。在这种价值关系中,儒家将国家、人民、民族的利益看得最高。因而,在必须的情况下,人要为国家、人民、民族做出牺牲。个体为群体做出牺牲,基于道德价值的认识,这种认识就是理。因此,道德是可以让人"生死相许"的。

(宋)赵佶:《花鸟图》

理,主要是道德理念,当然也可以是宗教理念、哲学理念。

理性的天平,可以不具强迫性,这种不具强迫性,只有在主体充分认识到它的意义并心悦诚服之后,如文天祥的慷慨赴死。它也可能具有一定的强迫性。个体并不愿意去死,但基于道德律令的不可违抗性,不得不付出生命。

情性的天平,主要基于情,此情含伦理性,但这种伦理性尚未达到让人付出生命的程度,它只是一种意味,而不是一种律令。夫妻之间,一方不幸离世。在旧社会,有两种殉葬的方式:一种是殉理,就是上面说的为某种道德律令而不得不死；另一种就是殉情，就是元好问词中说的脱网之雁为已死之雁"自投于地而死"。

伦理关系具有理性和情性的两重性，而以理性为主，但是在一定情况下，情性可以超过理性而居于首要地位。殉情的故事，如果发生在伦理关系中，只能是在情性超过理性的情况之下。

情性的天平，多用在爱情关系之中。爱情具有一定的伦理性，但伦理性不占主要地位，爱情具有纯情性或者说全情性。

情性的天平，不具强迫性，它是自愿的，这需要殉情者付出极大的勇气。作为生物，怕死是一种本能，超越本能，自愿赴死，它显示出人性中最为灿烂的光辉。

这种光辉无疑具有美学的意义。

但是，理性的自觉赴死，这种美更多的为崇高；情性的自觉赴死，这种美更多的为壮美。

崇高和壮美均具以巨大的精神震撼力而取胜。但这种震撼力的来源是不一样的，崇高之力来自于道德和宗教；壮美之力来自于人性和自然。

（二）情来自何处？

词中描写雁夫妻的生活："天南地北双飞客，老翅几回寒暑。欢乐趣，离别苦，就中更有痴儿女。君应有语，渺万里层云，千山暮雪，只影向谁去？"给人的感觉特别深的有三点：（1）饱经艰辛，同甘共苦。（2）相爱至深，专情之痴。（3）前途茫茫，不堪影只。可以说，是共同的生活，是生活中的相互扶持造就了这样深、这样专的痴情。词中强调的是生活的艰辛。"天南地北双飞客，老翅几回寒暑。欢乐趣，离别苦"，让人心颤而不能已。

（三）情的审美意义

元好问没有谈到情的审美意义，但是，他以大雁爱情故事充分说明情是审美灵魂。不管是哪种情，是正面的还是负面的，都是审美的必然要素，而且是主要素。雁的故事之美、之感人全在于情。

元好问的《迈陂塘》，其缘起是现实中一对恋人共同殉情的故事。故事是：泰和年间，大名地区，有一对青年男女，私下恋爱，因为得不到双方家庭的认可不能如愿成婚,于是双双赴池塘而死。后来,此池塘开的莲花全是并蒂莲。诗人认为,这是这对男女的爱情感动了天地之故。出于对这对男女纯真而又坚定的爱情的肯定,他写了这首词:

> 问莲根、有丝多少,莲心知为谁苦。双花脉脉娇相向,只是旧家儿女。天已许,甚不教、白头生死鸳鸯浦。夕阳无语,算谢客烟中,湘妃江上,未是断肠处。香奁梦,好在灵芝瑞露。人间俯仰今古。海枯石烂情缘在,幽恨不埋黄土。相思树,流年度,无端又被西风误。兰舟少住。怕载酒重来,红衣半落,狼藉卧风雨。①

又一段"直教人生死相许"的爱情故事!这回殉情的不只是一方,而是双方。与上个故事不同的是,这一个故事有一个美丽的结尾。这一对恋人死后化成了并蒂莲,而且不是一枝并蒂莲,而是满池塘的并蒂莲。

在词中,元好问还说了一个类似的故事:《搜神记》载:宋康王的手下的办事人员韩凭娶妻何氏,何氏很漂亮,康王于是霸占了何氏。韩凭自杀,以示抗愤;何氏跳楼而死。乡下来将他们埋葬,两坟相望。两坟之间长出一株大树。一天,飞来一对鸳鸯,栖在树上,交头悲鸣,音声感人。当地人称此树为相思树。这一新的故事完全是想象的、艺术化的,它闪耀着美的光辉。

于是,"情是何物,直教生死相许",就在两种意义上美学化:一是故事本身(韩凭夫妻殉情的故事)因情的彰显而美学化,二是由原故事派生的艺术想象(鸳鸯悲鸣的故事)而美学化。前者为生活中的美,后者为艺术中的美。两者均以情为灵魂。

类似于元好问对于情为何物的探索,还有明朝伟大的戏曲家汤显祖的《牡丹亭》。此戏所表达的青春女子杜丽娘的爱情故事感天动地,将"情为何物"的探索,较元好问有更大发展。在元好问的词作中,尚只有"因情而死",而在汤显祖的作品中,不仅有因情而死,还有因情而生。汤显祖在《牡丹亭题词》中说:"天下女子,有情宁如杜丽娘者乎? 梦其人即病,病即弥连,至手画形容传于世而后死。死三年矣,复能溟莫中求得其所梦者而生。

---

① 夏承焘、张璋编选:《金元明清词选》,人民文学出版社1983年版,第85页。

如丽娘者,乃可谓之有情人耳。情不知所起,一往而深,生者可以死,死可以生。生而不可与死,死而不可复生者,皆非情之至也。"也许,正是因为汤显祖对于情的作用彰显到了极致,这戏曲才具有历史上空前巨大的审美魅力。

第二节　论唐诗:"移夺造化为工"

元好问的诗歌美学思想以唐诗为旨归。他在有关唐诗的论述中,表达了他的诗歌美学思想。

一、以诚为本,做到真与善的完美统一

元好问在为杨叔能《小亨集》所写的序言中,赞赏杨叔能的诗写得好,而其好就在于"以唐人为旨归"。当杨叔能的儿子请他为其父的集作序时,他明确表示"予亦爱唐诗者",并且说,正是因为对于唐诗"爱之笃而求之深,故似有所得"。

他的序,主体部分即是阐述他对唐诗美学的理解。他言道:

> 唐诗所以绝出于三百篇之后者,知本焉尔矣。何谓本?诚是也。……由心而诚,由诚而言,由言而诗也。三者相为一,情动于中而形于言,言发乎迩而见乎远。同声相应,同气相求,虽小夫贱妇孤臣孽子之感讽,皆可以厚人伦、敦教化,无他道也。故曰不诚无物。夫惟不诚,故言无所主,心口别为二物,物我邈其千里,漠然而往,悠然而来;人之听之,若春风之过马耳,其欲动天地感鬼神难矣。其是之谓本。①

以"诚"为唐诗之本,"诚"是什么?从"情动于中而形于言"这一解释来看,他说的诚就是心中真实的想法。

众所周知,诚是儒家哲学中的重要范畴。《中庸》对"诚"有全面而又深入的阐释。《中庸》云:"自诚明,谓之性。""诚者,自成也"。说诚为"自

---

① 元好问:《杨叔能小亨集小引》。

成",强调诚是人的自我认识,是反躬自审。人是不是做到"自成"就可以了呢? 不是的。《中庸》说"非自成已而已也",那么,还要做什么呢? ——"成物"。由成己到成物,这是儒家所要求的做人的全部过程。虽然"成己"之后还要"成物",但成己是成物的前提,因此,诚于人是第一重要的。

(宋) 刘松年:《山馆读书图》

　　元好问对于"诚"的认识与《中庸》的阐释是相通的,但它强调了三点:一是情。诚为情。二是真。诚为真情。三是中。诚出自于心中。从"情动于中而形于言"这一文本来看,这一解释取自《毛诗序》,而《毛诗序》源自《尚书》。心中的诚,其实有两个部分:一是理,二是情。《毛诗序》在阐述乐与人的关系时,着重于情生乐,而有意回避了理。这是因为在《毛诗序》看来,理主要与礼相联系,理生礼。这一阐述显示《毛诗序》已经具有一定的美学观念。它认为乐主要属于审美的范围,而礼则主要属于非审美的范围。

　　《中庸》对于"诚"的认识,主要立足于本体论和伦理学二者,就本体论来说,"诚者天之道也;诚之者,人之道也。"也就是说,诚可以视为天地之本,做人之本。而就伦理学言之,诚为仁①。而《毛诗序》对于"诚"的认识,主要立足于美学,而兼有伦理学。

元好问,以诚为唐诗之本,其立场同于《毛诗序》,它强调的是性情。他说:"诗与文特言语之别称耳。有所记述之谓文,吟咏性情之谓诗。"② 有所记述的文字,不是艺术,不属于审美的范围;而吟咏性情的文字,是诗,是艺术,它才属于审美的范围。在吟咏性情这方面,"唐诗所以绝出于三百篇之后者,知本焉尔矣"。

虽然在肯定诗的本质特点为吟咏性情这一点上,元好问没有新的贡献,但在提出唐诗以诚为本这一观点上,元好问确是发前人未发之声。

基于元好问对于"诚"的理解侧重性情之真,可以推导出三个认识:

第一,于审美来说,真是善的基础或者说前提。

第二,于唐诗来说,它的美最重要的或者说作为基础的是真性情的展现。

第三,于唐诗来说,它的美不仅在于真性情,而且还在于它的合仁义,它是真与善的完美统一。

元好问在关于唐诗如何以诚为本的阐释中,将既合真性情又合仁义这一点,表达得力透纸骨:

> 唐人之诗,其知本乎? 何温柔敦厚蔼然仁义之言之多也! 幽忧憔悴,寒饥困惫,一寓于诗,而其阸穷而不悯,遗佚而不怨者,故在也。至于伤谗疾恶不平之气,不能自掩,责之愈深,其旨愈婉,怨之愈深,其辞愈缓,优柔餍饫,使人涵泳于先王之泽,情性之外不知有文字。③

这段文字的要旨是,虽然是真性情,但在抒发上又做到了"温柔敦厚蔼然仁义"。为什么会是这样? 原来,这出自内心深处的真性情,做过一番伦理上的陶冶,"涵泳于先王之泽",这"先王"就是儒家奉为始祖的尧舜文武周公,从而使之合仁义,于是就必须对真性情做一番斟酌,一番淘洗,一番

---

① 《中庸》云:"成己,仁也。"
② 元好问:《杨叔能小亨集小引》。
③ 元好问:《杨叔能小亨集小引》。

改造，以服务于家国之志。即使描绘的是"幽忧憔悴，寒饥困惫"的淹蹇生活，也不能不"穷而不悯"，虽困顿也不能自伤可怜，埋天怨地，而应有一股精神气概在。即使抒发的是"伤谗疾恶不平之气"，也不能不是"责之愈深，其旨愈婉，怨之愈深，其辞愈缓，优柔餍饫"。

这样，又回到了《中庸》中所说的"诚"，回到了对于诚的本体论与伦理学的统一，即真与善的统一，回到了"中庸"。

元好问说，他初学诗时，为自己设置了诸多的戒条，如"无怨怼""无谲浪""无矫饰"等数十条，而结果并没有做到，其真正原因，是"诚"的缺失。他认为杨叔能比他做得好，因此读他的《小亨集》而"增愧汗"。

二、因事陈辞，不离文字，不在文字

对于诗，元好问认为，"诗之极致，可以动天地，感鬼神，故传之师，本之经，真积之力久而不能复古者。"[1] 这里提出几条标准：其一，效果上，感天动地，具有审美感染力；其二，内容上，传之"师"即古圣人，本之"经"即儒家经典，这就是"复古"，正是因为"复古"而具有道德感召力；其三，表达上，有积累，有功力，有出新，不一味抄袭前人，具有艺术创造性。

元好问认为，这样达到极致的诗在《诗经》时代普遍皆是。收入《诗经》中的诗"皆以小夫贱妇满心而发，肆口而成"，完全出自真性情，由于"秦以前，民俗醇厚，去先王之泽未远，质胜则野，故肆口成文，不害为合理"[2]。这就是说，内容就是一切，而内容主要是真，真即善，即美。而此后，"使小夫贱妇满心而发，肆口而成"就不行了，固然它还是真性情，但它不合善，也不美，"适足以污简牍"，采诗官当然不会采取了。这样，诗的形式就重要了，诗的形式是诗的文字。随着文字在生活中重要性越来越突出，对于诗的要求也就不一样了，不只要求真性情，也不只要求合仁义，还要求有很高的文字技巧，而这，不容易。所以，"文字以来，诗为难"。

---

① 元好问：《陶然集诗序》。

② 元好问：《陶然集诗序》。

写诗,在《诗经》时代,是不难的,有文字以来,它难了。这难,分为两类:"魏晋以来,复古为难;唐以来,合规矩准绳尤难。"

"魏晋以来,复古为难",是因为魏晋以来,玄学兴起,"越名教而任自然",儒家的正统性遭到前所未有的挑战,其神圣性减弱了。"唐以来,合规矩准绳尤难",这是因为唐朝,诗的格律已经建立,越来越重视形式美了。这后一难,元好问认为最难。

后一难涉及内容与形式的关系,这一关系的处理是美学中的主要问题之一。在诗的创作上,它表现为事与辞的关系处理。

元好问感叹道:"夫因事以陈辞,辞不迫切而意独至,初不为难,后世以不得不难为难耳。古律歌行,篇章操引,吟咏讴谣,词调怨叹,诗之目既广,而诗评诗品诗说诗式亦不可胜读。"① 对于诗的形式有如许多的要求,诗怎么不难写呢? 于是对于诗的"工"与"病"就形成了通识:"大概以脱弃凡近,操雪尘翳,驱驾声势,破碎阵敌,囚锁怪变,轩豁幽秘,笼络今古,移夺造化为工。钝滞僻涩,浅露浮躁,狂纵淫靡,诡诞琐碎陈腐为病。"②

于是乎,诸多诗人不得不在诗的形式上下功夫,连诗圣杜甫也说:"毫发无遗恨""老去渐于诗律细""佳句法如何""新诗改罢自长吟""语不惊人死不休"。写诗就成为专门的学问。元好问慨叹:"求追配古人,欲不死生于诗,其可已乎?"③

如何解决好事与辞的关系,元好问从美学的高度,提出了自己的看法:

> 虽然,方外之学有"为道日损"之说,又有"学至于无学"之说,诗家亦有之。子美夔州之后,乐天香山以来,东坡海南以后,皆不烦绳削而自合。非技进于道者能之乎! 诗家所以异于方外者,渠辈谈道不在文字,不离文字;诗家圣处不离文字,不在文字。唐贤所为,情性之外

---

① 元好问:《陶然集诗序》。
② 元好问:《陶然集诗序》。
③ 元好问:《陶然集诗序》。

不知有文字云耳。①

这段话有三个要点：

第一，关于写诗，最高的技法是"损"，是"无"，这属于"方外之学"。"损"的是妨碍道的一些东西，诸如功名利禄之类，这就是庄子说的"心斋"，损去这些东西，心就空了，空故纳万境，进入了自由，进入了无限。既然为自由，那就是无所谓约束，无所谓师法，那就是"至于无学"。也许此前有学，而此时学没有了。既是匠心独运，又是自由挥洒，而最后无不中道。

第二，关于写诗，有一个"技进乎道"的过程，亦如庄子在《庖丁解牛》中所说。而关键点在人生历练，也在"真积之力久"而达到质变的时候。"子美夔州之后，乐天香山以来，东坡海南以后"。到这个时候，"皆不烦绳削而自合"，即损之又损以至于无，学之又学以至于无。元好问将杜甫、白居易、苏东坡诗技和诗境的飞跃定在夔州、香山、海南这三个时候是耐人寻味的。像杜甫，年轻时浪游大江南北，交游广阔，可以广纳博取，为努力学习诗技之时。安史之乱，抛家弃子，为国事操劳，一度为贼兵拘系于长安，此为人生最大历练之时。最后，滞留夔州，有家不得归，纵目江天，崇山峻岭，云雾苍茫，大江东去，惊涛骇浪。此时的吟咏，也就完全进入自由的境界了，诗技化为了道，苦难化为了诗。真善共同锻造了美。

第三，写诗的关键处是如何对待文字的问题。元好问提出两个模式：(1) 不在文字，不离文字；(2) 不离文字，不在文字。前者为学习写诗的人的做法；后者为优秀诗人的做法，均为两句相同的话，只是放在前后不同。

"不离文字"，强调文字是诗的载体，无文字就无诗。"不在文字"，说是诗也只是载体而已，不是本体。诗的本体是情性。

将"不在文字"放在"不离文字"的前面，强调先有诗的本体——情性，然后再考虑诗的载体——文字。这是一般学习写诗的人的做法。

将"不离文字"放在"不在文字"的前面，强调情性产生之前，诗的格律早就在心中滚瓜烂熟了，正是因为心中早就有了诗的格律，所以情性产

---

① 元好问：《陶然集诗序》。

生之时，就自然而然地与格律黏合在一起。情性虽因事而生，却因律而成。

元好问此种理论非常深刻，它与康德的先验构架理论异曲同工。康德认为，如果要使知识成为可能，不仅要有感性材料即后验因素作为知识的内容，而且还要有先验因素，即所谓"范畴"，这范畴即是让后验的感性材料成为知识的形式。形式先存在于脑海之中，先于内容而存在。

元好问虽然强调于诗来说，情性是本，但他非常重视诗的形式。虽然一般说内容决定形式，但从某种意义上讲，又是形式决定内容。诗就是这样，不是有了情性就能写出诗来，如果不熟悉诗的形式，情性永远只是情性，不是诗。唐诗之超绝处其实不在它的情性是多么的不一般，超越了前人，而是它的形式确实优秀，超越了前人。

三、唐诗的典范

元好问认为，唐诗的典范是杜甫的诗。他说："窃尝谓子美之妙，释氏所谓'学至于无学'者耳。今观其诗，如元气淋漓，随物赋形，如三江五湖合而为海，浩浩瀚瀚，无有涯涘；如祥光庆云千变万化，不可名状。固学者之所以动心而骇目。"①

这里说的正是上面说的"不离文字，不在文字"，"为道日损""学至于无学"，也就是法至于无法。另外，杜甫的诗还有一个古与今、他与己的关系处理。

元好问说：

> 谓杜诗无一字无来处亦可也，谓不从古人中来亦可也。前人论子美用故事，有著盐水中之喻，固善矣；但未知九方皋之相马，得天机于灭没存亡之间，物色牝牡，人所共知者为可略耳。②

杜甫为饱学之士，"读书破万卷，下笔如有神"。他的诗不仅来自生活，也来自读书。然而生活进入诗后化为诗情，书中知识进入诗后成为诗料，

---

① 元好问：《杜诗学引》。
② 元好问：《杜诗学引》。

两者均不是原来的东西了。所以，说"杜诗无一字无来处亦可也，谓不从古人中来亦可也"，这里，对于原材料（生活和书本知识）创造性的转化是极其重要的，正如人食了植物、动物，并没有在自己身上育出植物和动物，而是育出人体细胞一样，诗人从诗的原材料锻造出诗，其诗中的生活并不等于原生态的生活，同样其中的知识也并不等于原知识挪了一个地方。这样一个过程中，对于原材料的改造必然会有所失真，但得到的永远是最重要的，正如九方皋的相马，虽然常弄错了马的毛色牝牡，但从没有将一匹驽马看成为一匹骏马，同样也不会将一匹骏马看成一匹驽马。

唐诗之美，根本处正如元好问所说的，为"移夺造化为工"。"移"，是向自然学习，道法自然；"夺"，是化自然为自由，是"学至于无学"。

第三节　论宋诗："不得不然之谓工"

元好问也喜欢论宋诗。其中论得比较多的是苏东坡、其次是黄庭坚。金人喜欢论苏、黄，这是普遍现象，大体上，元好问没有标新立异的观点，但是由于元好问论诗的角度比较侧重于诗的表现功力，因此，在这方面，他的论述比较深入。

一、"情性之外，不知有文字"

元好问在《新轩乐府引》中说：

> 唐歌词多宫体，又皆极力为之，自东坡一出，情性之外，不知有文字，真有"一洗万古凡马空"气象。虽时作宫体，亦岂可以宫体概之。人有言乐府本不难作，从东坡放笔后便难作。此殆以工拙论，非知坡者。所以然者，《诗三百》所载，小夫贱妇幽忧无聊赖之语，时猝为外物感触，满心而发，肆口而成者，其初果欲被管弦，谐金石，经圣人手，以与六经并传乎，小夫贱妇且然，而谓东坡翰墨游戏，乃求与前人角胜负，误矣。自今观之，东坡圣处，非有意于文字之为工，不得不然之为工矣。

这段文章主旨，是"情性之外，不知有文字"，此话，在《陶然集诗序》

出现时说明乃唐贤所说。唐贤即皎然。皎然在《诗式》卷一《重意诗例》云："两重意已上,皆文外之旨,若遇高手如康乐公,览而察之,但见情性,不睹文字,盖诣道之极也。"皎然是想说明像谢灵运这样的高手,他们的诗情性恰到好处地表达于文字,因而文字受不到关注。在皎然看来,这其实达到了诗道之极致了。

(宋) 燕文贵:《溪山楼观图》

元好问显然非常喜欢这句话，故在文章中多次引用，但他的阐述与皎然的主旨有别。在他看来，"情性之外，不知有文字"有三种情况。

第一种情况：只是抒发情性，不计较文字。这种情况一般不会产生好作品，但也有好作品，那就是《诗经》中的民歌，这些民歌多为"小夫贱妇幽忧无聊赖之语"，但"时猝为外物感触，满心而发，肆口而成"。因为这为"外物感触"，将内心最真挚、最闪光的思想情感激发出来了。这思想情感本是大家心中都有，但未被激发，如今某某人先被激发出来了，于是，引起强烈共鸣，具有重要的社会价值、审美价值。于是，就成为了好诗。于是"被管弦，谐金石"，成为歌，成为舞。"经圣人手"，它就成为了经典，与"六经"并传，名之曰"诗经"。

第二种情况：六朝出现的宫体诗，它抒发情性，不计较文字。宫体诗是艳诗，始于梁简文帝萧纲，流波所及，主要为上层社会包括最高统治者，一部分诗人鲍照、汤惠休也写。宫体诗表现男女恋情为主，风格绮曼，感情苍白。宫体诗开始也是不讲究格律的，任随情感的抒写。这种作品在中国文学史上负面的影响远大于正面的影响，历来遭到批评。其实其中也有一些不错的作品。

第三种情况：就是苏东坡写的宫体诗了，苏东坡也写过一些宫体诗。但苏轼的宫体诗，虽然也是"情性之外，不知有文字"，其实文采风流，文字也是很讲究的，只是他"不知"，也不需要知，这种驱遣文字的本领早已内化成他的一种本能，不用费心，而文采自来，所以是一种"翰墨游戏"。元好问说："东坡圣处，非有意于文字之为工，不得不然之为工"。元好问堪为东坡的知音！

宫体诗后来也成为乐府的重要来源，统治者将这种诗作为歌词，谱成乐曲，专为统治者演奏，将诗的娱乐功能发扬极致，也不失为一种贡献。为乐府写宫体诗岂止是苏轼。元好问说：

坡以来，山谷、晁无咎、陈去非、辛幼安诸公，俱以歌词取称，吟咏情性，留连光景，清壮顿挫，能起人妙思，亦有语意拙直，不自缘饰，因病成妍者,皆自坡发之。①

宫体诗在六朝发展正逢永明体兴起,沈约等人精研诗的音律,创"四声""八病"之说,宫体诗受其影响,也重视声律及其他诗的形式,开始对形式美的追求。讲究声律,重视用典,把玩辞藻,让诗跳出儒家的"教化"樊笼,开诗的审美新天地,功不可没。苏东坡、黄山谷、晁补之、陈去非、辛弃疾等人在这方面的贡献一直受到忽视,而元好问将它发掘出来,可谓目光如炬,功莫大焉。

元好问借说苏轼的乐府诗,论及时人张德谦(圣与、新轩)的《新轩乐府》,大加夸赞:"圣与三世相家,以文章名海内,其才情风调,不减前世贺东山、晏叔原。"②

元好问在《新轩乐府引》中,借虚构的人物屋梁子先是痛批这种乐府诗,什么"淫言媟语""笔墨劝淫,当下犁舌之狱",然后说:

> 子颇记谢东山对右军哀乐语乎?"年在桑榆,正赖丝竹陶写,但恐儿辈觉,损此欢乐趣耳。"东山似不应道此语。果使儿辈觉,老子乐趣遂少减耶?君且道如诗仙王南云所说,"大美年卖珠楼前风物,彼打硬头陀与长三者,《三礼》何尝梦见在?"③

东晋名臣谢安曾经对王羲之说:"年在桑榆,正是需要丝竹之乐,以陶冶性情的啊,只是恐怕为儿辈发现,就损失这种欢乐趣味了。"元好问说,谢安不应说这样的话,如果为儿辈发现,老年人就要减少这种欢乐吗?诗仙王南云说大美年妓院卖珠楼前景象:苦行僧与妓女长三调情。那个时候,儒家的"三礼"(《周礼》《仪礼》《礼记》)在哪里呢,只怕做梦都梦不到。话说得再明白不过的了,欢乐是人性的需要,是正常的,也是应当的。

这种对儒家诗学"教化"说的批判精神,难能可贵!

---

① 元好问:《新轩乐府引》。
② 元好问:《云岩序》。
③ 元好问:《新轩乐府引》。

二、"诗为禅客添花锦，禅是诗家切玉刀"

宋朝的诗，有一个突出特点：追求禅意。禅宗在宋代得到很大的发展。禅宗虽创立在唐朝，但禅宗发展却是在宋朝。禅宗在宋朝的发展，突出体现有二：一是禅宗的一花七叶在宋朝越开越盛。中国的汉传佛教在唐朝形成了诸多宗派，禅宗本只是一宗，而且不是大宗，但到宋朝，禅宗成为大宗，全国佛教大部分寺院修禅宗。禅宗本有南北二宗，到宋，南宗成为汉传佛教的一统天下，而北宗式微。二是禅宗全面而且深入地影响到中国社会。对于百姓的生活而言，禅宗信仰或者准信仰成为普遍现象；对于社会意识形态而言，诸多知识分子喜欢禅宗，将禅宗纳入中国传统文化之中，先是与道家后是与儒家相渗相融，最终形成中国历史最重要的文化形态——理学。理学既是哲学，也是政治学，它直接影响到治国。由于中国的知识分子基本都会写诗作画写字，于是，禅宗也全面渗透进中国传统的文学艺术。于是，出现了以禅入诗、以禅入画、以禅入书的种种理论与创作实践，诸多大知识分子如苏轼、黄庭坚都乐在其中，成为代表人物，而禅宗也将中国传统的诗、书、画吸收到自己的理论与实践中来，造就了诸多的诗僧、画僧、书僧。

元好问论宋诗，充分注意到这一现象，并且发表了精彩的意见。其中《蒀和尚颂序》中云：

> 虽东林隆高出十百辈，而蒀于是中犹为上首。其语言三昧，盖不必置论。予独记屏山语云："东坡、山谷俱尝以翰墨作佛事，而山谷为祖师禅，东坡为文字禅。"且道："蒀和尚百则语，附之东坡欤？山谷欤？"予亦尝赠嵩山隽侍者学诗云："诗为禅客添花锦，禅是诗家切玉刀。"蒀和尚，添花锦欤？切玉刀欤？予皆不能知，所可知者，读一则语未竟，觉冰壶先生风味，津津然出齿颊间。

这段文章中所说的蒀和尚系金朝万寿寺的诗僧，"颂"是他所做的《颂古百则语》。元好问此文为"颂"所做的序。序中说到的屏山为当时名士李纯甫。他说："东坡、山谷俱尝以翰墨作佛事，而山谷为祖师禅，东坡为文字禅。"这话的意思是,北宋时,文人们就喜欢在诗歌、书法中寄寓禅意,即"作佛事"了。只是山谷做的是"祖师禅",东坡做的是"文字禅"。所谓"祖师禅"说是南宗禅法。南宗主张教外别传,不立文字,以心传心,心心相传,祖祖相传。山谷即黄庭坚崇奉的是这种禅法。文字禅,主要是通过研习禅宗经典和写诗作书来把握禅理。两种禅法,是相通的,但祖师禅更能体现出禅门宗风,以祖为本,不太会走样;而文字禅,受文本的影响,而文本又会受到读文本人的影响,可能会走样,但它更富有创造性。

(宋) 佚名:《普贤菩萨图》

那么,嵩和尚做的《颂古百则语》属于哪种禅法呢?李屏山发问。元好问接过此问,做出回答。他先引出他过去为嵩山隽侍者赠诗所说的两句:"诗为禅客添花锦,禅是诗家切玉刀",这一联的核心是诗与禅的关系。元好问试图将对李屏山的提问纳入这个模式之中。

(一) 以禅为主体,诗对于禅的作用为"添花锦"

"添花锦"即锦上添花。锦为禅,为本;花为诗,为末。虽是末,但因为添上此末,则本更能发挥作用了。具体到禅与诗的关系来说,禅为主体,禅吸收了诗,诗为禅不仅增添色彩,而且为禅增加力量。

1. 禅偈成为了诗。偈是梵语的音译的简略,全译为伽佗,汉译为颂。在佛教中,偈有两类,一曰通偈,一曰别偈。通偈又称数字偈,不拘韵文与散文,只要字数满三十二,即为一偈。别偈四句为一偈,每句字数三至八字不等。唐朝近体诗体裁已经成熟,不少偈写成绝句。因为诗的魅力,偈于信众的感染力、影响力就大了。丹霞子淳禅师有一偈,云:"长江澄澈印蟾华,满目清光未是家。借问渔舟何处去,夜深依旧宿芦花。"[①] 于禅师来说,做此偈是为了向徒弟晓谕禅理,因为它是诗,而且是一首相当优秀的诗。诗境的美妙不仅有力地晓谕了禅理,而且极大地增强了禅理的入心力。

2. 话头成为了诗句。禅宗中不少话头,就是诗句,如"一口吸尽西江水",这就是一句诗,马祖曾说"待汝一口吸尽西江水,即向汝道"[②]。此后,这一话头成为禅门著名话头,许多禅师以此为头,写下很多精彩的偈颂。

3. 以诗句对话为形式绕路说禅,形成精彩的诗句联编。这种方式既要佛学修养好,又要诗学功底深厚,还要反应敏捷,非常不易。此种具有斗才意味的说禅,也影响到诗人说诗。《诗人玉屑》载:"王摩诘云:'行到水穷处,坐看云起时。'少陵云:'水流心不竞,云在意俱迟。'介甫云:'细数落花因坐久,缓寻芳草得归迟。'徐师川云:'细落李花那可数,偶行芳草步因迟。'知诗者不可以无语。或以二小诗复之曰:'水穷云起初无意,云在水流终有心。悦若不将无有判,浑然谁会伯牙琴?''谁将古瓦磨成砚,坐久归迟总是机。草自偶逢花偶见,海沤不动瑟音希。'公曰:此所谓可与言诗矣。"[③]

(二) 以诗为主体,禅的作用是为诗增加一把"切玉刀"

"切玉",是一件精细的事。玉之可贵,不只在材料,还在雕琢,雕琢得好,玉石就成了宝,雕琢得不好,玉石就只是一块顽石。这里,关键是切玉的刀。元好问说"禅是诗家切玉刀",将禅对诗的作用,做了准确的定位。

---

① 《从容庵录》卷四,见《大藏经》第四十八册。
② 《襄州居士庞蕴》,《景德传灯录》卷八,见《大藏经》第五十一册。
③ 魏庆之编:《诗人玉屑》上册,上海古籍出版社 1978 年版,第 8 页。

它包括了如下三个方面的意义：第一，好诗必有禅味。第二，好诗必有"境"，"境"概念首先出现在佛学中，皎然从佛学中引入境概念，用来说诗，认为好诗应有境，将诗的形象说成为"境象"，此论为意境论、境界论的前身。第三，作诗的思维类似于禅悟。南宋诗人兼诗论家严羽说："大抵禅道惟在妙悟，诗道亦在妙悟。"

诗、禅关系的出现，是中国文化史上的大事。它为佛教的中国化、审美化起到巨大的推动作用，正是因为诗对禅"添花锦"的作用，禅的宗教味在某种意义上被冲淡了，或者说变味了，这种变味，犹如谷物给酿成了酒，它不仅在中国人的宗教生活中而且在中国人的审美生活中占据重要地位，成为了一种高雅的生活。知识分子的生活中，添了"清课"一项，而清课大多与禅相关，其中有：焚香、品茗（禅茶）、听乐（禅乐）坐禅、参禅、读经、寻僧、写诗（禅诗）等等，而家庭的用具，则多了佛堂、香炉、诗瓢、麈尾、禅榻、蒲团等。而中国美学，因为禅对于诗、书、画、乐等艺术广泛深入的渗透、影响，加速了中国美学最高范畴——境界论的生成。

第四节 论诗诗："谁是诗中疏凿手"

元好问最重要的美学著作是《论诗三十首》。杜甫《戏为六绝句》首开以诗论诗之风。元好问继承并大加发展之。《论诗三十首》纵论汉魏以来的诗人，颇有见解，非同凡响，其中亦涉及大量的美学问题，可以说代表了金元之际诗歌美学的最高水平，亦能见出中国古代美学某些很重要的观点和思想倾向。元好问论诗的诗，远不只《论诗三十首》，散见的论诗诗，亦有很高的水平。元好问论诗诗涉及的问题甚多，其中主要有：

一、正体论

中华诗学一直很重视正体，所谓正体就是儒家的雅正。这一精神，由孔子的诗教说提出，经子夏、孟子、荀子阐发，到汉代，在《毛诗序》中得以确立。但其后很长一段时间，此精神有所失落。到唐朝经李世民、李白、陈子昂、杜甫、白居易、韩愈等弘扬，又有发展，但唐时的文艺声势远非汉魏可比，它已如长江黄河，波涛澎湃，泥沙俱下，难辨清浊了。至宋，儒家的声音已经不太纯正，随着理学的兴起，释禅渗于其间且融为一体，已经不能予以剔除了。这个时候的儒家，不再议论此事，甚至适应了这种雅俗正邪混沌的状态。而陈子昂、韩愈这样有担当的人物竟然一直没有出现。元好问虽处金国，对于华夏文化正统问题一直十分关注，他深切地感到，这诗歌的别伪正体工作应该有人来做。于是，吟道：

> 汉谣魏什久纷纭，正体无人与细论。
>
> 谁是诗中疏凿手，暂教泾渭各清浑。

这首诗居于《论诗三十首》的第一首，说明它的重要性。元好问虽然也想做新时代的陈子昂，但是，他似乎缺乏陈子昂的气魄与胆略，而且，南北分治的中国，也没有重振儒家诗学一统局面的环境，因此，他只有在他的诸多论诗诗中唠唠叨叨："泥涂终自拔，璞玉岂虚捐。书破三千牍，诗论二百年。文章有圣处，正脉要人传。"①

二、天然论

中华美学一直很重视天然美，魏晋的陶渊明、谢灵运，唐代的李白，宋代的苏轼，他们的创作都是天然美的杰出代表。李白、苏轼对于天然美也发表过精辟的言论。

重视天然美是道家美学的一个十分重要的观点，儒家亦予以接受，可以说，重视天然美是中华美学传统之一。元好问在《论诗三十首》中多处涉及天然美。如：

> 一语天然万古新，豪华落尽见真淳。
>
> 南窗白日羲皇上，未害渊明是晋人。

> 慷慨歌谣绝不传，穹庐一曲本天然。

---

① 元好问：《答潞人李唐佐赠诗》。

中州万古英雄气,也到阴山敕勒川。

这两首诗都很有名,尤其是第一首。诗中"豪华落尽见真淳",含义深邃。从他批评"斗靡夸多""布縠澜翻"的诗风来看,他说的"豪华落尽"不是说诗不需要华美,而是说诗应摒弃有损内容的夸饰。

三、出新论

元好问对于诗歌的创新特别注意,他多处论述到这一问题。其《论诗三十首》之三云:

晕碧裁红点缀匀,一回拈出一回新。

鸳鸯绣了从教看,莫把金针度与人。

非常有意思的是这诗的结尾,它的意思,绣工可以将自己精心创造的作品让人家观赏,但不要将自己的绣法传授给别人。为什么不传授,让他人去创造。其实,传授也是没有用的,传授的只是技法,只懂得技法,也做不出优秀的作品来。

四、亲身论

写诗要不要亲身经历,还是只有想象就成?元好问不这样认为。《论诗三十首》中有诗云:

眼处心生句自神,暗中摸索总非真。

画图临出秦川景,亲到长安有几人。

诗要怎样才写得好呢?元好问提出"眼处心生"四字诀。"眼处",亲身去看,去听,去体验;"心生",则是动情、动心,去想象,去揣度。两者缺一不可,而前者是最重要的,因为只有"眼处",才能获得真实的印象。真,来自于体验,而不是来自于想象。真于诗的重要性在元好问这首诗里得到充分的肯定。虽然从没有谁否定诗的真实性,但自古以来,总是大谈想象与情感的重要性,而将体验忽视了。元好问将一个不应忽视而实际上忽视的问题提出来,其意义不一般。

五、心语论

元好问喜欢用"心语""心声"来说明诗是诗人独具心裁的创造，反对模仿，反对套用。他在《自题二首》中说：

　　千首新诗百首文，藜羹不糁日欣欣。

　　镜中自照心语口，后世何须扬子云。

元好问认为，所有的诗文，都是作家呕心沥血的产物，好比藜羹，全然不加米粒，乃自然的产物，然而味道纯粹，更因为是自己所采，每天喝它，都感到快乐。品读自己的诗句，正如揽镜自照，只是照的不是面容，而是心语。其滋味别人怎么能知道呢？这正如汉代的扬子云（扬雄），他刻苦著书，句句为心语。学者刘歆称扬雄著《太玄》，怕的是后人用它来覆盖酱瓿（"恐后人用覆酱瓿"），不识它的价值啊！其实，扬雄就只有一个，后世再没有扬雄了。元好问说这话，是来表白自己的心志，他要著的诗文，也要像《太玄》一样，是唯一的。

正是诗文是诗人独出心裁的产物，因此"文章得失寸心知，千古朱弦属子期"①，像钟子期那样的知音就非常难得了。

六、清气论

清气，堂堂正气，得自宇宙，化为肺肝，呕成诗歌。元好问《自题中州集后五首之三》云：

　　万古骚人呕肺肝，乾坤清气得来难。

　　诗家亦有长沙帖，莫作宣和阁本看。

中国知识分子非常看重清气，在儒家，清气为正气；在道家，清气为真气。前者来自人伦至理，后者来自自然之道，理与道均推至天地，以说明其绝对性。两者在中国知识分子那里，是统一的。可以说，清气是中国人做人行事的最高准则，是真与善的统一。写诗，是一件高尚的事，当然要体现

---

① 元好问：《自题中州集后五首之四》。

出清气来。然而，这并不是易事，一则清气并非天生就有，而需要后天的修炼才有，这是一难。二则清气由乾坤纳入心脾，而在写诗时又需要按照诗的要求锻造成诗句，这也不是易事，此为二难。于是，元好问说："万古骚人呕肺肝，乾坤清气得来难。"类似的话，前代诗僧贯休就说过："乾坤有清气，散入诗人脾。圣贤遗清风，不在恶木枝。千人万人中，一人两人知。"①

这由外入内再化外的心理创造过程，有没有可以遵循的原则呢？元好问说，有，这就是"诗家亦有长沙帖"的意思。长沙帖为典，北宋淳化年间（990—994），宋太宗令人搜集前代帝王及名贤书法，共十卷，临摹刻印，是为淳化阁帖。庆历年间（1041—1048），又加入原没有收入的王羲之的《霜寒帖》《十七帖》和颜真卿的书法墨帖，由书法家钱希白临摹刻印，是为庆历长沙帖。元好问说，虽然写诗"亦有长沙帖"，但此帖不能当作"宣和阁本"看。所谓"宣和阁本"即是淳化阁帖，只不过它是宣和年间（1119—1125）刻的帖。说来说去，元好问想表达的意思是：虽然清气入诗有则可循，但没有类似于书法帖那样可摹。

七、胸怀论

诗是心声，心有大小。心有多大，眼界就有多大。所以，诗境之大小决定于胸怀之大小。元好问《论诗三十首》之一云：

　　坎井鸣蛙自一天，江山放眼更超然。

　　情知春草池塘句，不到柴烟粪火边。

井底观天，天只有井大；而放眼江山，则江山无边。诗人的胸怀大小决定了诗界的大小。

"春草池塘"句为典，谢灵运《登池上楼》云："池塘生春草，园柳变鸣禽。"此诗向来被视为清新的典范。诗句之品位来自心胸之品位。"春草池塘"这样格调清新的诗句，决不会来自"柴烟粪火"这样污浊的心胸。因此，此诗的下句说的是诗人胸怀的清浊决定了诗境的清浊。

---

① 贯休：《古意》。

《论诗三十首》之二云：

> 诗肠搜苦白头生，故纸尘昏枉乞灵。
>
> 不信骊珠不难得，试看金翅擘沧溟。

为求得佳句，诗人或是苦吟，或是乞求灵感。苦吟不管事，乞灵灵不来。为什么？元好问认为，还是胸怀有问题。他说"不信骊珠不难得"，骊珠，宝珠，传说出自骊龙的颔下。此比喻佳句。佳句如何可得，元好问用了一个比喻："试看金翅擘沧溟"。"金翅"古印度神话中的大鸟。元好问说，此鸟可以分开沧溟，战胜骊龙，获取骊珠。金翅，在这里比喻为诗人博大而又锦绣的胸怀。只有这样的胸怀才能获得骊珠般的佳句。

八、"心画心声"论

元好问诗云：

> 心画心声总失真，文章宁复见为人。
>
> 高情千古《闲居赋》，争信安仁拜路尘。①

"心画心声"，即扬雄《法言》中所说："言，心声也；书，心画也。"一般来说，此话不错。但运用时需要区别真假，因为人是善于矫饰的，不见得每诗、每画都是真情、真心的流露。元好问诗中说的《闲居赋》系晋人潘岳（即"安仁"）所作。如果只看这篇赋，你会以为潘岳是恬淡高雅、超越名利的人，然而潘岳并不是这样的人。据《晋书·潘岳传》载：潘岳"性轻躁，趋利，与石崇等谄事贾谧，每候其出，与崇辄望尘而拜……既仕官不达，乃作《闲居赋》"。原来他是在"仕官不达"的情况下作的《闲居赋》，而且《闲居赋》中所表达的淡于名利的思想完全是骗人的。

元好问对"心画心声"的再认识，涉及文品与人品的关系问题。中华美学传统重人品文品的统一，这方面的言论甚多，其主旨是要求作家、艺术家加强道德修养，以写出品格高尚的文章来。这自然是正确的。但如果将人品与文品的统一看成是必然的，将文品与人品等同起来，那就有可能将这

---

① 元好问：《论诗三十首》。

个只具相对真理性的命题导向荒谬。因为文品与人品既有联系的一面，也有各自独立的一面。这除了为文还需要有为文的技巧、为文的专业修养、天分外，人的情感、思想外露也还有真实与不真实的区别。艺术批评的复杂性也就在这里。从人出发来衡文与从文出发来衡人应作综合考虑。

（宋）佚名：《草堂消夏图》

元好问的"心画心声"论是对文品人品统一说的一个重要补充，值得重视。

九、声律论

诗律的建立推至南北朝的齐梁时代。始作俑者为周颙、沈约。周颙创"四声"说，沈约将它用到诗歌上去，创"八病"说。初唐诗人沈诠期熟练地运用诗的声律，创作绮丽的诗歌，一时赢得很高声誉。经过有唐一代不少优秀诗人的努力，近体诗格律建立，诗歌形式美有格律可依。客观说，声律建立对于诗歌走向成熟有着极大的推动作用,但过严的格律也给诗歌的发展带来一定妨碍。于是,有关声律问题的讨论,从来没有停歇过。元好问在论诗诗中也对这一问题表示了自己的立场:

　　切响浮声发巧深,研摩虽苦果何心?

　　浪翁水乐无宫徵,自是云山韶濩音。①

　　"切响",指仄声;"浮声",指平声。沈约在他所著的《宋书·谢灵运传》中说:"五色相宣,八音协畅,由乎玄黄律吕,各适物宣,欲使宫羽相变,低昂互节。若前有浮声,则后须有切响。一简之内,音韵尽殊;两句之中,轻重悉异。妙达此旨,始可言文。"对于这样一种讲究,元好问并没有否定,但是,他认为最美的声音是自然的声音,唐代诗人浪翁即元结写了一篇文章,名《水乐说》。在这篇文章中,元结表达了他对于流水声音的喜爱:"元子于山中尤所耽爱者,有水乐。水乐,是南磕之悬水,淙淙然,闻之多久,于耳尤便。"元好问说,流水声音是没有宫商角徵羽之讲究的,然而它非常动听。上古圣人的《韶濩》乐,不也是自然界的声音吗?

十、论"西崑"

　　西崑,又名西崑体。源于宋朝初年以诗人杨亿为首的十七位诗人的一部诗歌合集《西崑酬唱集》。西崑体的特点是追求诗歌形式美,讲究声律,辞藻华艳,诗旨隐晦,而内容多为闲愁,空虚而无聊,没有深刻的社会内涵。学者一般将这种文风溯源于唐朝的李商隐。元好问显然对这种诗风是不满的。他亦有诗予以批评:

　　望帝春心托杜鹃,佳人锦瑟怨华年。

　　诗家总爱西崑好,独恨无人作郑笺。②

　　"望帝春心托杜鹃""佳人锦瑟怨华年"均出自李商隐的《锦瑟》:"庄生晓梦迷蝴蝶,望帝春心托杜鹃";"锦瑟无端五十弦,一弦一柱思华年"。这

---

① 元好问:《论诗三十首》。

② 元好问:《论诗三十首》。

些诗句都比较晦涩。然而,很多诗人推崇它,而且学习它、效仿它。元好问对此不满,委婉而不失讽刺地批评了这种现象。

十一、论"女郎诗"

元好问《论诗三十首》中一首诗论及"女郎诗",女郎诗并不是女子写的诗,而是具有类似女子气质的诗即阴柔风格的诗。此诗云:

> 有情芍药含春泪,无力蔷薇卧晓枝。
>
> 拈出退之《山石》句,始知渠是女郎诗。

此诗前两句均是秦观的诗句。元好问说,如果从韩愈的《山石》诗中拈出句子,与之比较,则可以发现秦观的诗是女郎诗,女郎诗即阴柔风格的诗。

中国美学讲到艺术风格,就大的分类来说,有阳刚阴柔之分。值得指出的是,这种分别并不是作品质量高下之分。虽然儒家崇阳贬阴论在中国文艺中有着举足轻重的影响,但实际的文艺评论并不都是这样。就诗词来说,词以阴柔为正宗,豪放派就遭到李清照理直气壮的批评。就书法来说,王羲之的书法完全可以说是"女郎"书,但王羲之一直享有书圣地位,至今也没有动摇过。由此可见,儒家的崇阳贬阴论在中国美学中的实际影响实在有限。

元好问将此问题提出来,却没有表示明确的态度,也许他的内心深处也存在着疑虑。

第十八章
西夏美学（上）

　　西夏是与宋朝、辽朝基本上同一个时期的中国北方的一个政权。1038年，党项族李元昊建大夏国，时为宋仁宗赵祯在位。1227年，西夏为蒙古灭亡，时为南宋宝庆三年。西夏存国共 189 年。

　　西夏统治的中心区域为宁夏、陇右及内蒙古部分地区。主要民族为党项族，杂居的还有汉、吐蕃、回鹘、契丹、女真等民族。西夏文化有四个来源：第一，是党项族固有的传统文化。此种传统文化与它的地理环境、主要经济手段、原始的宗教信仰以及生活习俗有着直接的关系。第二，是与中原的汉族政权的关系。西夏兴起于中原唐王朝的时候，为唐赐姓李。宋朝时期，西夏首领曾为宋太宗封为银州观察使，并赐姓赵。建国后，与宋王朝有着密切的关系，或和，或战，或臣属，或独立，恩怨甚深，受到宋王朝影响也很大。第三，是与佛教的关系，西夏以佛教为国教，佛教文化广泛而又深入地进入西夏人的信仰与生活。第四，与其他民族特别是与藏民族的关系很深。

　　四大来源构成了西夏文化的主体，也创建了西夏特有的审美观念。综观西夏生活与艺术，我们发现西夏审美观念的突出特点是：党项本色，华夏主体，杂糅和谐。其精神为：崇武尚文，刚柔相济，格调强烈，大气雄浑。

　　关于西夏的审美观念，我们拟分成两章来论述，这一章主要论述生活，下一章主要论述艺术。

第一节　发型：尚秃发

人体的美在人类的审美观念中永远居于首位，这是人类自我意识的最初显现。这中间有着生命本能的认识，但凡具有强大生命特征的人体得到肯定并视为美；而病态孱弱的生命被视为丑。这种本能的认识，体现出人类对生命认识的自然性。在从动物进化为人类的进程中，人类对于身体的认识，不断地渗透人文的内涵。逐步见出族群意识、男女意识、尊卑意识等，而当人们通过装饰手段，突出身体的某种外在特征的时候，这种人体修饰就具有审美的意识。这种意义可以视为人类审美的觉醒。

身体修饰主要体现在发型、文身上，不同的民族重视的方面不一样。像非洲的一些民族对于文身特别重视，而在亚洲的大多数民族对于发饰有着特别重视。西夏民族的发饰有着鲜明的特色。

西夏男性的发型为秃发。1034年，西夏建国前四年，党项族首领李元昊下达旨令，强令下属男性臣民秃发。《续资治通鉴长编》有记载："景祐元年十月丁卯……元昊初制秃发令，先自秃发，及令国人皆秃发，三日不从令，许众杀之。"[1]

秃发者的形象，据高春明、刘建安等著的《西夏艺术研究》，有五种样式：

A式：以宁夏灵武窑址出土的人头瓷像和碗模残件为代表，人物头顶蓄发一撮，长短不一，长者被梳理成椎髻，余悉剃去。

B式：以宁夏灵武窑址出土的人头瓷像为代表，人物头顶蓄发三撮；两耳上部偏后各蓄发一撮，编成小型椎髻，额部蓄发一撮，或结发为髻，或修剪成各种形状，余发剃去。

C式：以敦煌莫高窟西夏壁画和黑水城出土的卷轴中人物发型为代表，人物头部蓄发两撮，左右各一，短者依附于双鬓；长者汇为一缕，

---

① 李焘：《续资治通鉴长编》卷一百一十五，上海古籍出版社1986年版，第1037页。

自然下垂。余发剃去。

　　D 式：以甘肃武威西郊林场西夏墓出土的木版画为代表，人物前囟门处的头发被剃去，其余头发则被保留，留下的头发或朝两侧伸展，或下搭于肩。

　　E 式：以敦煌莫高窟和安西榆林窟壁画为代表，人物头顶和颅后之发被剃去，额发和鬓发则被保留，颡部之发被修剪成 V 形。①

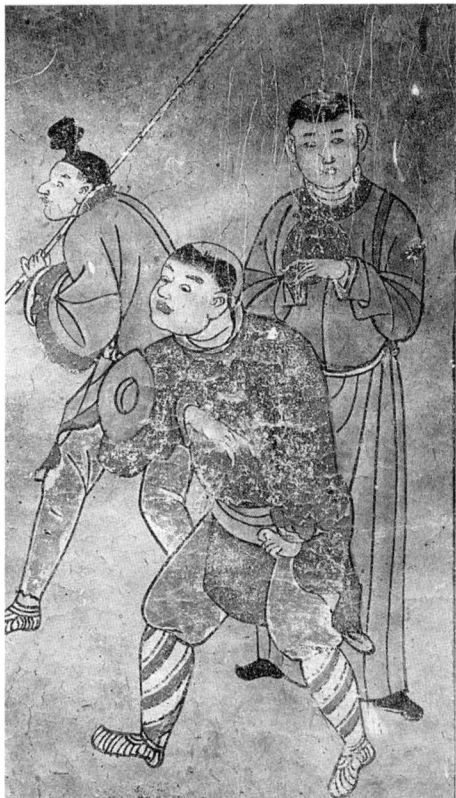

榆林窟第 29 窟西夏壁画秃发仆从

　　西夏党项族原来的发型没有统一。《后汉书·西羌传》云："被发覆面，羌人因以为俗。"② 党项人为西羌人的一支，可能也有这种被发覆面的发饰。

---

①　高春明主编，刘建安副主编：《西夏艺术研究》，上海古籍出版社 2010 年版，第 177 页。

②　范晔：《后汉书·卷八十七·西羌传第七十七》。

但也有另一种说法，说党项人"小髻，余发垂双辫如缕"①，李元昊将发型如此统一，其意义有三：

第一，这是一种民族自审行为。强调党项族是一个有着自己身体标识的民族。由确认身体标识，进而唤醒党项族其他方面的文化意识。李元昊试图以此种手段将党项族的民族性唤醒并提升，这对于强化党项族具有重要意义。

第二，这是一种政治威权行为。李元昊虽然此时已经是党项族的首领了，但是，他绝不满足于此，他想建立一个国，他想称皇帝，也与宋朝的皇帝平起平坐。他能不能建起这个国，首先要看国民对他的态度如何。而秃发令，就是一种尝试，从国民对于这个法令的服从程度可以看出他在国民心目中的地位。

第三，这是一种美学行为。李元昊强制推行秃发令，他肯定这种发型能够充分体现男人的魅力。至于秃发美还是不美，没有全人类的统一的标准。但每个民族在一定时期可以有一个或约定俗成或由权威人士认定的标准。李元昊作为党项族的首领，他对于本民族的审美心理自然很清楚，他知道在党项族人的心目中什么样的男子汉才是堂堂正正的男子汉，这种男子汉在外形上应该是什么样子。

西夏男子秃发形象不仅记录在文献中，画在壁画里，也做成瓷塑人物。宁夏灵武窑出土有男性瓷人塑像，为秃发形象，大多头顶留三撮发，余剃光。三撮发中，有的前额一撮呈蝙蝠状；有的前额一撮分为两叉；有的前额一撮打结，后面两撮分叉。有一尊坐像，双腿盘坐，抱着一只小羊，他的头顶留发只一撮。秃发形象进入雕塑，说明这形象已进入审美之中，它在党项人看来是美的，是耐人欣赏品味的。

秃发这一习俗，可能从辽而来。据五代时契丹人胡环所做《卓歇图》，契丹人的发型为秃发。西夏一度是辽的附属国。天禧五年（1021），西夏首

---

① 戴表元：《剡源文集卷四之唐画西域图记》，影印四库全书第 1194 册，台湾"商务印书馆" 1966 年版，第 59 页。

领李德明得辽册封为"大夏国王"，天圣七年（1029），辽将兴平公主嫁于太子元昊。可能因这关系，元昊即位后，下秃发令，企图进一步表示与辽的亲密关系。不过，在反过来投靠宋以后，西夏国仍旧坚持这一发式，可能仍想保持与辽的联系，以备与宋的关系之不虞，以获得辽的接纳，而宋于此也没有什么进一步的要求。

秃发习俗，其实也不只是辽有，西北、东北诸多少数民族都有。元脱脱所著《宋史》云："吐蕃本汉西羌之地，其种落莫知所出。或云南凉秃发利鹿孤之后，其子孙以秃发为国号，语讹故谓之吐蕃。"① 秃发这一习俗的产生，也许与游猎的生产方式与生活方式有关。

西夏女子的发型则为高髻，形象大体上与唐宋汉族贵族女子相似。现藏于俄罗斯的中国黑水城丝质卷轴画中《观音菩萨》右下方有两位着装华丽的女供养人，据画面上西夏文题款，前位女子为"白氏桃花"，后位女子为"新妇高氏引儿香"。两人的关系可能为婆媳。两位均为贵族女子，她们均有着浓密的头发，发髻高耸，高髻外饰有四瓣莲蕾形小冠，余发披在肩上。这种发型，与唐宋汉人贵族女子大体上相似。

也许，在西夏人看来，于男人的审美标准是力量，于女人的审美标准是漂亮。男人秃发，便于骑马、格斗；而于女人，则没有这种要求，女人主要是为男人服务，生儿育女。漂亮与否就显得重要了，在男人看来，女子长发高髻无疑是美的。

幼童的发型，近似大人。榆林窟第29窟《普贤变》壁画中，引路的童子额前留一撮短发。莫高窟第97窟有西夏壁画，画有童子飞天形象，童子秃发，头两侧梳小辫。

值得一说的是，西夏主要是对成年男子的发型有严格要求，对于幼童没有那样严格。西夏壁画中，我们发现有浓发的幼童、梳环髻着汉装的幼童。

---

① 脱脱等:《宋史·卷四百九十二·列传第二百五十一·外国八·吐蕃》。

第二节　服饰：尚白色

西夏服饰比较复杂，大体上可以见出两种风格：一种为本民族的风格以及同为游牧民族的回鹘、契丹、女真、吐蕃的风格；另一种为唐宋汉民族的风格，见出杂糅的审美特色。

这里，试以冠与衣为例论之。

冠不仅具有实用的功能，如防寒遮日避风等，而且还能见出身份、地位和财富。由于它戴在头上，相较其他服饰，最能见出文化意义。

据《宋史·夏国传》："元昊……少时好衣长袖绯衣，冠黑冠，佩弓矢。"[1] 这里强调的是"少时"，可见长袖绯衣、黑冠，不是皇帝的服装，只是贵族少年喜欢着的服饰。"黑冠"，就它与"佩弓矢"的打扮相配而论，应是一种猎装。

《宋史·夏国传》又云："嘉祐六年，上书自言慕中国衣冠，明年当以此迎使者"[2] 这里说的"中国衣冠"应该包含有冠。从这来看，西夏王正式场合戴的冠应同于宋。中国古代帝王戴的礼帽为冕冠，其顶端有一块长形冕板，叫"延"。延通常是前圆后方，用以象征天圆地方。延的前后檐有旒，名曰"冕旒"。旒用 12 根五彩丝绳根做成，每旒贯 12 块五彩玉，按朱、白、苍、黄、玄的顺次排列，每块玉相间距离各 1 寸，每旒长 12 寸。

帝王只是在祭祀及重大的朝仪上戴冕冠，平时一般不戴。宋朝皇帝平常戴的冠是什么样子？据南薰殿旧藏宋太祖像，戴的是长翅乌纱帽。长翅乌纱帽不只是皇帝戴，官员也戴。宋朝官员还戴一种名"幞头"的帽子，是一种包裹头部的纱罗软巾。幞头所用纱罗通常为青黑色，也称"乌纱"，只是它没有硬翅，帽后垂两带，可以折二带反系头上，故亦名"折上巾"。

西夏国王及官员是否戴这种帽子？甘肃威西西郊林场出土的西夏木版

---

① 脱脱等：《宋史·卷四百八十五·列传第二百四十四·外国一·夏国上》。
② 脱脱等：《宋史·卷四百八十五·列传第二百四十四·外国一·夏国上》。

画、宁夏贺兰县宏佛塔出土的绢画《玄武大帝图》和黑水城出土的卷轴画中都有头戴幞头的形象。

另，现存的西夏图像资料中，发现有一种通天冠样式。据高春明等的研究，"1990 年宁夏贺兰县宏佛塔出土的绢质《炽盛光佛图》，画面正中结跏趺坐于莲花须弥座上者为主尊炽盛光佛，主尊下方列有 11 星官，其中右侧一人（似木星）头上就戴着通天冠，通天冠样式与宋人《九歌图》所绘者完全相同。"①

西夏国的后妃在重大的礼仪场合戴凤冠，凤冠的样式基本上与宋朝一致。西夏女子还戴一种名之为"冠子"的帽子，这种帽子莲花花蕾形，有圆顶尖顶之分。据高春明等研究，"这种冠子并非西夏首创，而在魏晋南北朝就已出现，它是古鲜卑族男女所戴的常冠。"②党项族一度为鲜卑族吐谷浑所征服，两个民族实际上已经进行了融合，因此，这种冠子在西夏国出现是完全可以理解的。

再看看衣服。西夏国的衣服同样可以分成两种风格：

一种为本民族及同为西北游牧民族的风格。据《隋书·党项传》，党项人"服裘褐，披毡以为上饰"③。这种衣服，应该是西北游牧民族共同的服饰，这是由它们共同的生活环境所决定的。另一种则是汉民族的风格。如冠饰一样，也是两种风格杂糅。

《宋史·夏国传》有一段文字，涉及服饰：

> （元昊）既袭封，明号令，以兵法勒诸部。始衣白窄衫，毡冠红里，冠顶后垂红结绶……自中书令、宰相、枢使、大夫、侍中、太尉以下，皆分命蕃汉人为之。文资则幞头、靴笏、紫衣、绯衣；武职则冠金帖起云镂冠、银帖间金镂冠、黑漆冠、衣紫旋襕，金涂银束带，垂蹀躞，佩解结锥、短刀、弓矢韣，马乘鲵皮鞍，垂红缨，打跨钹拂。便服则紫皂地绣

① 高春明主编，刘建安副主编：《西夏艺术研究》，上海古籍出版社 2010 年版，第 179 页。
② 高春明主编，刘建安副主编：《西夏艺术研究》，上海古籍出版社 2010 年版，第 180 页。
③ 魏征等：《隋书·卷八十三·列传第四十八·党项》。

盘毯子花旋襕，束带。民庶青绿，以别贵贱。①

这里，谈到了李元昊在袭封宋封的西平王爵位时整顿君臣服饰的情况。有几点值得我们注意：

第一，作为党项族首领，他"衣白窄衫，毡冠红里，冠顶后垂红结绶"，这白窄衫值得关注。李元昊的父亲李德明是一位向往汉文化的西夏首领，他在1020年定都兴州后，全面地仿照宋朝的政府体制设置他的政权结构，并且接受了汉人的一些审美方式，包括衣着方式。对此，李元昊提出不满。而李德明说："吾族三十年衣锦绮，此宋恩也，不可负。"元昊却回答："衣皮毛，事畜牧，蕃性所便，英雄之生，当霸王耳，何锦绮为？"②元昊的观点很鲜明：党项族的生产方式、生活方式不可以丢，这其中就包括一些审美方式也不可丢。在袭封王位这样一个大庆的日子，他特意"衣白窄衫"，目的是宣示党项族的传统不能丢。

西夏尚白，不仅表现在衣服颜色上，也表现在陶瓷颜色上。西夏的瓷制品，以白瓷为主。

白，是党项族所崇拜的颜色，亦如汉族之崇拜红色。西夏碑文中多出现"白上国"或"太白上国"字样。有人认为，甘肃与四川交界有一条河名白水，白上可能是白水之上的意思，白上国即是西夏国。也有人认为，"白上"即尚白，意在说明这个国是尚白色的。

西夏尚白的来历可能还不是这条水，也许因为西夏为游牧民族，羊是最主要的产品，羊是白色的，由爱羊而爱白。也许还因为西北地区太阳强烈，强烈的阳光为白色。西北地区的人民崇拜太阳，故而给白色赋予崇敬的内涵。

白，在华夏五行文化中，代表着西方，西方标志物为金，色为白。党项族人尚白有没有这方面的意义？没有文献资料可征。但可以猜度，因为党项人对华夏文化有一定的了解。

① 脱脱等：《宋史·卷四百八十五·列传第二百四十四·外国一·夏国上》。
② 李焘：《续资治通鉴长编·卷一百七十一·仁宗明道元年（1032年）·十一月壬辰条》。

第二，在他所规定的文官、武官的服饰中既有党项族传统的服饰，也有汉人的服饰。《宋史·夏国传》有明确的记载："文资则幞头、靴笏、紫衣、绯衣；武职则冠金帖起云镂冠、银帖间金镂冠、黑漆冠、衣紫旋襕，金涂银束带，垂蹀躞，佩解结锥、短刀、弓矢韣，马乘鲵皮鞍，垂红缨，打跨钹拂。"①

这里，提到一种名为"旋襕"的袍服。旋襕，又称襕袍。它的特征是袍下施横襕为裳。由于这道襕前后都有，等于周身围绕，故名"旋襕"。董解元的《西厢记诸宫调》说到旋襕："那张生，闻得道，把旋襕儿披定。"《元史·礼乐志五》云："次一人，冠唐帽，绿襕袍，角带，舞蹈而进。"《水浒传》第八十四回说："班部丛中转出一官员，乃欧阳侍郎，襕袍拂地，象简当胸。"襕袍是一种公服，最早出现于北周。唐宋时期官员们的常服。这种服饰在西夏得到了运用。

汉人政权的官员服饰是等级的，西夏的官员服饰也是如此，只是没有汉人政权那样复杂。

第三，西夏的服饰中，也有汉人与胡人共同认同的服饰。如"蹀躞带"。这种带多为武士所用，带身为皮带，钉有若干枚带錡，錡上有金属小环，环上套细小的皮条，可以拴随身器物。此带原为游牧民族所用，后传入中原，中原的武士也佩带这种带。西夏武官的服饰中有"蹀躞带"。《东京梦华录·元旦朝会》中说西夏派往宋朝的使臣系着这种腰带："夏国使、副皆金冠短小样制，服绯窄袍，金蹀躞，吊敦，背叉手展拜。"②

西夏所用的宋人的服饰从何而来，据《西夏纪事本末》，从宋朝而来："谅祚（元昊子，夏毅宗——引者）……乞买物件，赐诏曰：'诏夏国主，省所奏幞头帽子并红鞓腰带及红鞓衬物等物件，乞从今后凡有买卖，特降指挥，无令艰阻以闻事具悉。'"③

在对待宋人服饰的问题上，西夏是有着矛盾的情绪的。夏太宗李德明是开明的，他主张汉化，他说："吾族三十年衣锦绮，此宋恩也，不可负。"而

① 脱脱等：《宋史·卷四百八十五·列传第二百四十四·外国一·夏国上》。
② 孟元老：《东京梦华录》下，中华书局 2006 年版，第 516 页。
③ 张鉴：《西夏纪事本末》，浙江古籍出版社 2015 年版，第 198 页。

他的儿子李元昊则顽强地坚守党项族的民族精神与生活方式，他说："衣皮毛，事畜牧，蕃性所便，英雄之生，当霸王耳，何锦绮为？"① 虽然如此说，但实际上做不到，不要说普通臣民，就是李元昊本人也采用宋人的服饰，只是在某些细节上，做到坚守民族精神与生活方式，如"衣白窄衫，毡冠红里，冠顶后垂红结绶"②。

中华民族的服饰有一个发展的过程，在这过程中，各民族互相学习、取用。沈括在《梦溪笔谈》中说："中国衣冠，自北齐以来，乃全用胡服。窄袖绯绿，短衣，长勒靴，有鞢躞带，皆胡服也。"③ 这说的是汉民族取用北方的少数民族服饰，同样，党项族等少数民族也不同情况地取用汉民族的服饰，这是中华民族融合的一个表现。

从审美意义上看西夏服饰，它在色彩上比较崇尚对比色的运用，如红与绿、黄与紫、青与橙，另是重视金色的运用。④ 可以想象，在辽阔的草原上，这种服饰是如何地鲜亮。

第三节 文字：尚会意

西夏有着自己的文字。西夏文字的存在，《宋史》有记载：

> 元昊自制蕃书，命野利仁荣演绎之，成十二卷，字形体方整类八分，而画颇重复。教国人纪事用蕃书，而译《孝经》《尔雅》《四言杂字》为蕃语。⑤

西夏国灭亡后，西夏文仍在继续使用。元代时它称为河西字，元至明初亦曾用来刻印经卷，明朝中叶还有人以它刻于经幢，此后就从人们的视

---

① 李焘：《续资治通鉴长编·卷一百七十一·仁宗明道元年（1032 年）·十一月壬辰条》。
② 脱脱等：《宋史·卷四百八十五·列传第二百四十四·外国一·夏国上》。
③ 沈括：《梦溪笔谈·卷一·故事一》。
④ 参见高春明主编，刘建安副主编：《西夏艺术研究》，上海古籍出版社 2010 年版，第 197 页。
⑤ 脱脱等：《宋史·卷四百八十五·列传第二百四十四·外国一·夏国上》。

线中消失了。

　　它的再现并引起研究者的兴趣是在 1804 年，此时距西夏灭亡已经有 577 年。清朝官员张澍因病回家乡武威疗养，一日与友人游城北大云寺，此寺西夏时为护国寺，张澍听说发现寺内有一块古碑：《凉州重修护国寺感通塔碑》，初看碑文，似乎都应认识，而细看，却一字不识。碑的另一面则有汉文碑铭，落款"西夏民安五年"（1094）。于此，张澍猜测碑文当为西夏文。他让僧人将此碑仍然用砖封闭好，留待后人研究。他则著文《书天祐民安碑后》，详细记述他发现此碑的过程。收入他的《养素堂文集》。在此文中，他不无得意地言道："此碑自余发之，乃始见于天壤。金石家又增一种奇书矣。"①

　　此后，西夏文字陆续有更多的发现，于今，已发现的西夏文字共有 5917 字，而实际上有意义的字为 5857 字。目前，西夏文字的辨识已经完成。

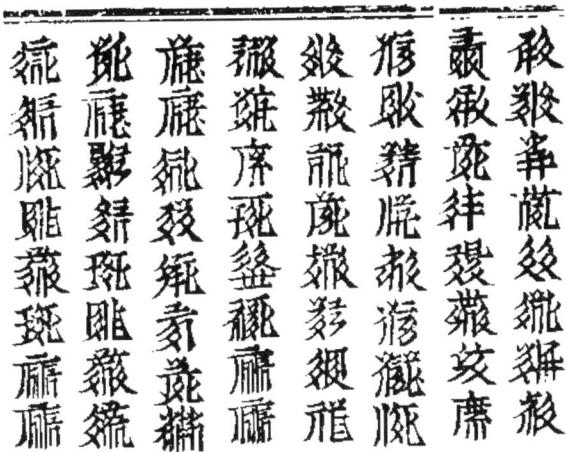

西夏文字

　　据学者研究，西夏文字有两种：一为独体字，二为合体字，独体字很少，而合体字多。合体字的组成格式是：

　　合成造字：比如"泥"字，由"水"与"土"合成；"害"字由"心"与"恶"合成；"狼"字由"齿"与"兽"合成；"温"字由"不"与"冷"合成；"爬"字由

_____

① 转引自陈育宁、汤晓芳：《西夏艺术史》，上海三联书店 2010 年版，第 21 页。

"膝"与"行"合成。

换位造字：将原字的构成部件换位，产生一个新字。有种种换位，有部件整体的换位、也有部件零件的换位等：如"指"字，将它的左右两部换位，就产生了"趾"字；"斫"字，有左中右三部分，中部不变，左右对换，就成为"断"字；"水"字，上下两部分，上部分不变，下部分有三个零件，将中间的那个零件与右边的那个零件换个位，就成为了"鱼"字。

对称造字：比如，"唇"字就由左右两个完全一样的独体字合成；"中"字，由三个部件构成，左右两个部件一样，就中间部件不同。

合体造字涉及意的构成，音的构成。意的构成，由字的构成部件的意义合并而成；音的构成，由字的构成部件的声音反切或汇合而成。

文字对于民族来说，其意义极为重大，它不仅是人们思想情感交流的重要工具，而且还是文明的载体。其实也不只是文明的载体，它包含有民族思维方式、审美方式以及艺术表达方式的基因。我们可以从中看出民族思维、审美及艺术表达的一些重要规律。

汉字的造字法六种：象形、指事、会意、形声、转注、假借。六种方法，作为造字凭借的基本元素为形、意、声。三种元素实际上为事物构成的三个基本元素。形、声，一为视觉对象，一为听觉对象，体现为感性认识；意为思维对象，体现为理性认识。感性认识与理性认识的统一，构成人们对事物的完整认识，就其偏于感性的一面言之，它具有审美性；就其偏于理性的一面言之，它具有科学性。两者统一，则为意象。只有意象才是认识的总体成果，它既具科学性，又具审美性。将它看成真与善的符号，可以；将它看成美的形象，也可以。在某种情况下，它是工具，具有功能性；而将其功能性悬置，它是艺术，具有审美性。

正是基于此，汉字不仅成为中国人思想的媒介，情感的载体，而且成为艺术。汉字的形、声、艺的独特性，还使之成为中国独特的艺术，名之曰"书法"。

世界诸民族的文字均可以因书写或发声之美而成为艺术，但唯有中国，此种艺术的地位之高，让人叹为观止。只因写得一笔好字，可以成为书法家，与诗人、画家、音乐家并列。科举考试中，书法之好坏，列入评分之内。

一代雄主李世民珍爱王羲之的《兰亭集序》，竟然下令让他的臣下千方百计地去寻访，待访到准确信息，不惜以拐骗的手法将之弄到手，并下令在他死时，让此件作品陪葬。[①] 宋徽宗因独创瘦金体书法而名扬千古。没有人因他是昏君而否定他在书法上的这一重大成就。

中国历代的君主几乎没有不重视写字的。创造西夏文字这样的工作由西夏国开国君主李元昊来承担，一点也不出奇。

将西夏文与汉字做比较，我们可以更清楚地认识到它的美学价值。

（一）字形

它们的相同处有三：

1. 字体：它们均为方块字，方块字因为其为方块，它的特点具有空间感，一个字是一个空间，更多的字构成更大的空间。空间感，让人有静态感、沉稳感，正是因为主要是空间的艺术，它要获得时间感，必须让字体具有流动的意味，于是，或在字形上破其方块形，见出字体之侧斜、椭圆或残缺；或注重笔势的流转、墨色的变化。这在汉字显得极为突出，其楷书之外的各种书体如篆体、隶书、行书、草书都这样。西夏文与汉字在这方面差不多。正是在这里见出中国美学化空间为时间的审美情趣。

2. 笔画：主要笔画相同，横、竖、点、捺、撇，均见出同样的规则：既要规整，又要有变化。讲究力度，在力的不同施用中见出雄壮和秀雅。正是这里见出中国美学阳刚、阴柔二分及刚柔相济的审美理念。

3. 书写工具：都用软笔，用墨，用吸水性好的纸如宣纸。这些工具，让西夏文书法见出与中国水墨绘画完全一样的审美情趣：就颜色来说，白与黑的反衬，让书法鲜亮醒目；就画面来看，水墨的浓淡、干湿，笔势的疾除、精粗，字的大小、正斜，章法布局的规整、变化，均见出书家自由的心境与运腕的功力，让人品赏，韵味无穷。

它们的不同处：第一，汉字笔画齐全，横、竖、点、勾、撇、捺、弯以及竖

---

① 参见本书"魏晋南北朝编"中的"第五章 书法审美的觉醒"部分。

勾都有，而西夏文没有竖勾，再者，撇、捺过多，字体像垂柳。第二，汉字笔画有繁有简，而西夏文都是繁体，给人密不透风之感。第三，字形大都相同，容易混淆。西夏文字似乎崇尚一种繁复之美。对于这种美的感受，党项族人可能不同于其他民族，因而无法加以评论。

(二) 造字法

汉字的造字法有六种，西夏文字的造字法只有两种：会意、形声。

汉字六种造字法中，象形是基础，几乎所有原始文字均有象形的成分，但文字发展的高级阶段，是将象形抛弃或者淡化的。形声，是形与声的结合，实际上是形、意、声三者的结合，因为形中有意，声中也有意。至于假借与转注，实际上属于用字法，因为它不创造新字，只创造新的用法。

西夏文没有象形字，说明它不是从原始文字发展来的，它没有原始，而是用高级的造字法所创造的一种新文字。

对于文字来说，第一当然是能辨识。象形字的好处是易辨识。鸟字，几乎所有的人都能认出来，因为它是鸟的写真；水也八九不离十能认出来，因为字形为水流的样子。西夏文不将易于辨识作为制造文字的第一原则，而将会意作为造字的基本方式，其次是形声。指事，可以包括在会意之中，转注、假借这两种方式是没有的。

会意作为造字的基本方式，在西夏文中的具体做法与汉字是相同的。汉语会意造字有纯文意与杂会意两类，以纯文意为主。西夏文也是这样。纯会意中有异文会意、同文会意、对文会意，西夏文也是如此。至于杂会意，这是会意的变形，在汉字，多为增笔、减笔或是兼声会意，西夏文大体上也是如此，但西夏文是另一种文字，笔画的拆分不同于汉字，因而可能有不同的做法。

西夏文造字看重会意法，反映出西夏人对于思想情感的表达比较重视认知的精密度，理性思维比较发达。由若干会意字组成的句子，意思既丰富又明确。正是因为它有表义明确这一优点，所以，它可以用来翻译佛经，事实上，它也翻译了不少佛经。西夏亡国后，西夏文并没有立即消失，它还存在了数百年，保定出土的弘治十五年 (1502) 的西夏石经幢上刻有西夏文字，说明西夏文在晚明还在使用。宋元之际，除汉字外，有多种少数民族的文字在使用，西夏文是使用时间最长的一种。

西夏文字以会意法为基本的造字法，反映出西夏人重思维、重理性的特点，这一特点也渗透到西夏人的审美之中去了，西夏艺术总体来说，比较地耐品读，这是因为它内涵比较丰富的缘故。

西夏文也有自己的书法艺术。书法诸体，对于西夏文书法来说，楷体是第一位的。事实上，西夏文字比较适合写成楷书。优秀的西夏文楷书作品都是佛经的抄写。其中《金光明最胜王经》是西夏文书法中的珍品。党项族学者骨勒茂才编写的西夏文与汉字对照的字典：《番汉合时掌中珠》①，虽然是刻本，但它是西夏楷书之楷模。西夏文的行书主要见之于日常生活所写的字条，如契约、医方等，西夏文的行书飘逸、流畅，笔画虽繁，但能给人一种轻快之感，实属不易。西夏文也有草书。贺兰山拜寺沟方塔出土的《西夏文佛经长卷》就是难得的西夏文草书珍品。

西夏文是在西夏国国王李元昊授意下并由野利仁荣演绎而创造的文字。它之创立，不只是为了实用的需要，更重要的是一种政治需要。李元昊让党项族人有自己的文字，意图是保持党项族的精神文化，并以此精神文化来建设他的国家。由于历史与现实的原因，党项族与汉族有着不可分割的血缘的文化的关系，这一文字的创立，先天性地保留着汉族的文化血液。

1989年，西夏考古发现一本字典残片，字典名《番汉合时掌中珠》，此书成书于西夏乾祐二十一年（1190），是党项人骨勒茂才编撰的一部西夏文、汉文音意的合璧辞书，相当于西夏文、汉文对音字典，为当时西夏境内流传较广的一部沟通西夏语、汉语的常用辞书。因为有了这样的字典，在西夏，汉语运用并不受到影响。

《宋史·夏国传》载："乾顺（西夏国崇宗）建国学，设弟子员三百，立养贤务；仁孝（乾顺子，夏仁宗）增至三千，尊孔子为帝，设科取士，又置宫学，

---

① 此书成书于西夏仁宗乾祐庚戌二十一年（1190），1909年在内蒙古额济纳旗黑水城出土。

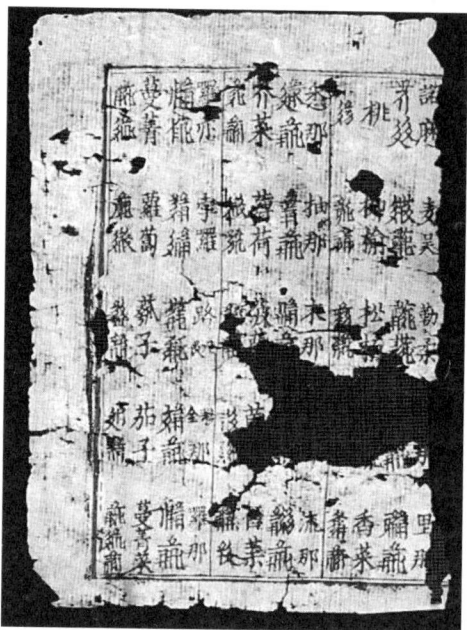

《番汉合时掌中珠》残片

自为训导,观其陈经立纪,传曰:'不有君子,其能国乎?'"① 从这来看,虽然西夏有自己的文字,但是汉字在西夏仍然在用,西夏的"国学"不可能不讲孔学。

第四节　民俗：尚生态

西夏一方面自创文字,注重向中原汉人学习,无论官制还是服饰都参考唐宋王朝,并自称为礼仪之邦,但是,在实际的生活中,仍保留着不少原始生活的色彩。其中,有这样几种生活习俗,还是比较落后的。

一、好生食

《西夏纪事本末》云："……（元昊）仿中国置文武班,立蕃、汉学,自中书令至宰相,枢密使以下皆命蕃、汉人为之。以衣冠采色别士庶贵贱。每

---

① 　脱脱等:《宋史·卷四百八十六·列传第二百四十五·外国二·夏国下》。

举兵，心率酋豪与猎，有获，则下马环坐饮，割鲜而食，各问所见，择取其长。"① 这段叙述，说明在政治制度上西夏学习了汉人的一些做法，但一时改不了的是生活习俗。喜欢打猎，是草原民族共同的爱好，有获则下马共饮，显示出草原民族的豪放、好客，但"割鲜而食"，就比较原始了。

二、好占卜

占卜，同样是来自史前社会的习俗，中华民族一直没有摆脱这一习俗。占卜的方式很多，商代主要为龟卜，即在龟甲、牛的肩胛骨上钻孔烧炙，以裂纹分析判断所问事情的未来走向，而到周朝，则主要为占卦了，即通过摆弄蓍草，得出一个或若干个卦来，又据《易经》中的卦爻辞及卦爻的阴阳信息，综合考虑，得出一个结果来。这种占卦就不完全是迷信了，它含有哲学的分析。而西夏的占卜，没有走到这一步，它完全为原始的巫术。

占卜的具体做法，有四种：一是"炙勃焦"。艾草烧炙羊髀骨，从骨头上裂纹，做出判断来。其分析与判断完全据"西戎之俗"。二是"擗算"。将竹片掷于地，求得某个数，据这数来判断吉凶祸福。这种做法与汉民族的"揲蓍"相似，但具体算法不同。三是"咒羊"。具体做法：将用咒语咒过的粟喂羊，羊吃了后，会自己摆动脑袋。当夜，将羊牵到野外，焚香祷告，又焚烧一些谷子。第二天早上，将羊杀了，看羊的五脏，如果羊的肠胃通则吉，羊心有血，则凶。四是"矢击弦"。用箭敲击弓弦，听其声判断战争的胜负以及敌人到来的时间。②

占卜法在生活中用得很普遍，打仗必卜，而且出兵前先卜。

三、好巫术

巫术有多种。生病不用医药，请巫者来，做一番巫术即可以了。或者将病人迁到另外一个房间，让鬼找不着他了。这种方式，名之曰"闪病"。

---

① 张鑑：《西夏纪事本末》，浙江古籍出版社 2015 年版，第 108 页。

② 参见张鑑：《西夏纪事本末》，浙江古籍出版社 2015 年版，第 108 页。

四、好报仇

西夏人之间若生了仇，都要以一定方式解决。如果仇解了，用鸡血、猪血、犬血与酒搅和，盛在髑髅中，双方一起饮了，然后，发誓："若复报仇，谷麦不收，男女秃癞，六畜死，蛇入帐。"① 这就算报了仇。

如果力小报不了仇，就将村中年轻力壮的妇女请来，先招待她们喝酒吃肉，然后一起去仇家放火。这叫着"敌女兵不祥"②。

五、恋爱自由

西夏国的男女青年，长大一点，就会自由恋爱，结婚不需要有媒妁之言，对于男女青年的恋爱，家里不管不问。有种种原因不能结合者，会殉情而死。殉情而死之死法相当惨烈：在野外，男女并首而卧，用腰带套住对方的脖子，同时用力，顷刻间，双双而死。不可理解的是："二族方率亲属寻焉，见而不哭，谓男女之乐，何足悲悼！"③ 然后，用彩缯包裹死者身体，杀牛设祭，选择峻岭，架设木梯，将男女死者运送到山顶，说是"飞升天"，而族人在山下击鼓饮酒，尽日方散。

西夏民俗是先进的，还是落后的，不好做简单的评判，可以说的，它具有一定的原始性，原始性的东西不能说就是反人性的。比如，死亡，西夏人不能说就不悲伤，但他们于悲伤之外，还有一种理解，那就是"飞升天"。"天"，那是人类理想的世界，飞升到理想的世界去，于情感，不无悲伤；而于理智，则极为崇高。

关于西夏社会，《西夏纪事本末》的作者张鑑说：

> 麟州府，在黄河西古云中之地，乃蕃汉杂居。……廨舍庙宇，覆之以瓦，民居用土，止若栅焉。……上引瓦为沟，虽大澍（疑"树"——引者）亦不浸润，其梁、柱、榱题，颇甚华丽，城邑之外，穹庐窟室而已。

---

① 脱脱等：《辽史·卷一百一十五·列传第四十五·西夏》。
② 脱脱等：《辽史·卷一百一十五·列传第四十五·西夏》。
③ 见上官融：《友会谈丛》卷下。

人性顽悍，不循礼法，公事惟吏稍识古就，除兹而下，莫吾知也。①

麟州府，这是西夏的地面。正是这个地方，一方面我们见出了先进："廨舍庙宇，覆之以瓦""梁、柱、榱题，颇甚华丽"，但另一方面我们见出了落后："民居用土，止若栅焉"。有官府，而且有礼制，李元昊即位后，"制衣冠礼乐，下令国中纪事悉用蕃书胡礼②"。然而，百姓"人性顽悍，不循礼法"。官员们就懂礼法吗？也不懂，处理民事，也只按"古就"即习俗办理，也许压根儿就没有李元昊所说的礼乐。

一切按习俗处理，习俗就是礼法。习俗的重要性不言而喻！

西夏人的习俗犹如汉人说的天理，它具有绝对性，也具有特殊性。

在生与死、悲与乐、爱与恨、情与义的问题上，西夏人有独特的认识，其他民族是不可理解的。像上面说的男女殉情之事，我们于悲伤之余，凛然感到一种原始的人性的光芒，此光芒逼人而来，直透心扉，寒彻骨髓。在寒彻之后，我们会悄悄感到一丝温馨，这是文明社会不可能有的温馨。

习俗不是艺术，它是生活，而且是生活的常态与典范，然而，在审美上它不弱于艺术。从某种意义上讲，习俗是审美的渊薮。

综合西夏人的生活的方方面面，我们发现西夏人的审美突出地具有文明与野蛮杂糅的和谐性。它就像一片正在拓荒的原始森林，生命的精致与生命的原始共同上演出无比奇美、无比丰富、无比生机勃勃的大戏。

这就是生态！人类从野蛮向文明行进过程中实有的生态。不独西夏有此种生态，一切民族均有过此种生态，只是我们在说西夏。

---

① 张鑑：《西夏纪事本末》，浙江古籍出版社 2015 年版，第 112 页。
② 张鑑：《西夏纪事本末》，浙江古籍出版社 2015 年版，第 111 页。

第十九章

西夏美学（下）

　　严格说来，在西夏，纯艺术是没有的，凡艺术要么服务于生活，要么服务于宗教与政治。只是作为玩赏的艺术似还没有发现。西夏的艺术有三个主要特点：一是多元性，民族的多元性、宗教的多元性和艺术样式艺术风格的多元性。二是宗教性，主要是佛教。三是汉文化的统摄性，尽管西夏国的首领努力彰显自己的民族性，但因为强大的宋朝的存在，特别是自汉唐以来西夏与中原的密切关系，西夏文化仍然体现出汉文化的主体性，在审美上，汉文化的主体性非常鲜明。华夏文化不只是汉族文化，还有属于中华民族的其他民族的文化，其中，有各民族的世俗文化和宗教文化。世俗文化中有贵族文化也有平民文化。就宗教文化来说，体现在西夏艺术中的，主要为佛教文化，其中以藏传佛教为主；其次是主要流传于中原的道教文化。基于汉文化的先进性以及强大的汉唐宋王朝的存在，华夏文化中，汉文化的主体性非常鲜明，这在西夏艺术中同样有着突出的显现。

　　西夏艺术丰富多彩，工艺、音乐、绘画、雕塑、建筑等均有不俗的成就，这里，特选工艺、音乐、绘画略做介绍。

第一节 工艺: 美利统一

西夏实用器皿虽然主要是向汉人学习的结果, 但也有自己创造。西夏工艺的杰出成就是中国工艺史上不可忽视的光辉篇章。

一、瓷器

西夏的手工艺制品中瓷器最为可观, 西夏瓷器很大程度上是向宋人学习的结果, 众所周知, 宋瓷是中国瓷的高峰。中国北方的瓷器以山西磁州窑最为著名, 西夏距山西不是太远, 西夏瓷受到磁州窑的影响, 很自然。

西夏瓷的美学风格明显受到汉文化影响, 主要见出于:

第一, 纹饰上, 喜欢采用牡丹图案, 以见祥瑞意义。1992 年甘肃武威市古城乡塔儿弯出土一件罐型白瓷制品, 高 62 厘米, 颈长 12 厘米, 腹径 36 厘米, 口径 17 厘米, 足径 16 厘米, 通体施白釉, 颈部有抽象的花叶纹, 最显眼的是腹部绘有写实的牡丹花的图样, 花瓣舒展, 枝叶疏朗, 清新活泼。

甘肃武威市古城乡塔儿弯出土的西夏
白釉剔刻牡丹纹瓷瓶

汉人喜欢牡丹,视它为富贵的象征。除牡丹外,西夏瓷器也多喜欢用葡萄、飞鸟、鹿、云霓等图案,这些图案在中原文化中也都具有吉祥的意义。

第二,造型上,讲究刚柔相济,端庄活泼。1992年甘肃武威市塔儿弯出土一件瓷瓶,高58厘米,颈长12厘米,腹径43厘米,口径17厘米,足径17厘米。此瓶由平肩底部至腹上部设有六系,属于六系罐类型。系与系之间绘有牡丹花,腹部绘有飞翔着的天鹅,天鹅之间有大朵的云,舒卷自如。图画极为清新活泼,这种图案,在汉族的瓷器中几乎看不到。

甘肃武威市塔儿弯出土的西夏白釉剔刻天鹅云纹高颈瓶

1995年在内蒙古霍洛旗征集到一件西夏国的白瓷瓶,器高16厘米,口径4.8厘米,足径5厘米,器体无图案。瓶体分为四段、口、径、腹、座。口是全器最为讲究的部位,沿为六片半圆联缀形,像波浪泛起,花朵怒放,蝴蝶展翅,裙摆飘扬,给人一种喜庆的感觉。瓶颈秀长,玲珑如葱管,柔韧似鹅脖,腹部接近球形,而下部稍收,在丰满中给人几分绰约之感。基座矮,短而不至局促。整座瓷器充分显示出节奏与韵律的美感让人百看不厌。

又如,出土于银川的瓷鼎,器高15厘米,口径16厘米,足高3.5厘米,口平折沿；有较长的圆颈；鼓腹，较口径要大，上鼓下收，有大朵牡丹花图案，圆底；三圆足，呈内收曲形。这一器造型同样见出汉文化风格，且不说鼎本是汉民族的具有政权意义的国之重器，就器体口、颈、腹、足几部分的比例关系来说同样见出抑扬顿挫的韵律感。

第三，工艺上，充分吸收了中原地区陶瓷工艺的手法，其中最重要的有刻釉技法、剔刻釉技法等。刻釉技法是在釉面上刻划各种阴线花纹。剔刻釉技法则是在施釉的器表面，剔除一些釉面，让留存的釉面形成花纹。用这样技法制作的瓷器，器表花纹具有浮雕的效果，醒目而不突兀。

西夏瓷器也具有党项族的民族风格，主要体现于：

第一，在形制上，有一种瓷扁壶，此壶便于骑马时携带，而下马后，又便于立在地面上。这种壶是西夏代表性的瓷器，它也可以剔刻上花纹，使之美观。

第二，在纹饰上，有些瓷器，刻划有猴的形象。这种形象唯有西夏器具上有。北京故宫博物院藏有一尊白地黑花猴鹿纹瓶，器高 42.5 厘米，口径 7.8 厘米，足径 12.5 厘米。瓶身绘有平行的两组图案：一组为两只展翅飞翔的大雁；一组为一只猴子、一头梅花鹿和水草。猴子立着，似与梅花鹿嬉戏。

猴子在党项族文化中受到特殊尊重。宁夏灵武窑出土一尊黑釉猴面人身塑像。塑像高 8.7 厘米，宽 2.8 厘米，坐式造型。着窄袖胞服，窄袖正是党项民族服装的特征。塑像一手持花，一手扶膝，此形象究竟具何意义，现在还没有得出结论。值得我们注意的是，在内蒙古黑水城出土有类似孙悟空的塑像，此塑像头部具有猴的特征，但基本上为人的形象。孙悟空的故事是否在西夏已经出现，不得而知。

二、木器

西夏考古，发现了诸多的木器制品，主要有：供桌、椅、衣架、佛塔、酒器、花瓶、木卧牛等。

这些制品很精美，其中有两件具有很高的文物价值、审美价值。

（一）彩绘木椅

此件作品 1986 年在宁夏贺兰山拜寺口出土。高 88 厘米，长 109 厘米，宽 92 厘米。由靠背、扶手、座板组成。椅背由四条细圆木组成，上条为三段曲线连接，中段拱出，边段向两旁翘出，伸出的头为如意云头纹状。椅背中部有一面板，上下留空，上空有尖状装饰，面板中有刻有圆圈，微微凹进，面板为背依靠用。扶手为两面板墙，分隔成两部分，上部分别隔有若干空间，下部分为板面。扶手头向上翘出，作如意云头纹状。底座由四块板组成。木椅通体彩绘。整体风格近明代。

（二）木雕供桌

此件作品亦 1986 年在宁夏贺兰山拜寺口出土。高 32.5 厘米，桌面长 58.5 厘米，宽 40.5 厘米，桌腿扁方，正后两面由三层镂空的图案组成，最上层为三个圆形的牡丹花枝图案，中层为三个方形牡丹花枝图案，下层刻出四组如意云头纹饰。桌腿与桌面所构成的直角三角形沿桌面和桌腿刻有龙形图案。整个桌子堪称美轮美奂。它的风格近似清代。

这两件作品为上层所用，是没有疑问的。这样的体制应该说完全来自中原汉文化，或者简直就是宋朝同类作品的翻版。它的意义有三：

第一，可以得知西夏在生活方式上受到宋朝的影响已达到相当的深度。

第二，由于种种原因，宋朝的木制器具基本没有留存，因为有西夏出土的这样高水准的木器，可以凭此猜测宋朝的木工的样式、风格和工艺水平。

第三，西夏的这两件作品，在风格上是完全不同的。木椅的风格尚简，线条流畅，有一股清新之感。总体风格近似明代，由此可以猜测它与明式家具风格的关系。而供桌的风格尚繁，精雕细刻，厚重而不失空灵，总体风格近清代，由此可以猜测它与清式家具风格的关系。

三、金属制品

西夏的金属制品也很优秀。

（一）铸铁工艺

铸铁工艺主要体现在武器的制作上。西夏的剑锋利，宋朝的皇帝也佩西夏的剑。《宋史·王伦传》中有这样一段文字：

> 汴京失守，钦宗御宣德门，都人喧呼不已，伦乘势径造御前曰："臣能弹压之。"钦宗解所佩夏国宝剑以赐。①

西夏的剑质地精良，被誉为天下第一。《西夏书事》云："契丹鞍、夏国剑、高丽秘色，皆天下第一，他处虽效之，终不能及。"②西夏帝陵出土一把剑，长一米有多，尽管锈迹斑斑，但仍能见出它的风采。

中华民族对于剑情有独钟，东汉袁康所著《越绝书》第十一卷，专记越王勾践的宝剑，对于剑之赞美达于极致，其中有一段论及龙渊、泰阿、工布三剑，文云："欲知龙渊，观其状，如登高山，临深渊；欲知泰阿，观其鈒，巍巍翼翼，如流水之波；欲知工布，鈒从文起，至脊而止，如珠不可衽，文若流水不绝。"③中国的铸剑工艺在春秋就达到了很高的水平，这种技艺传到西夏之后，又有新的发展。从宋钦宗佩西夏国剑来看，西夏的铸剑水平应该超过宋朝。

(二) 冶金工艺

西夏的金器在当时名震天下。金器工艺在当时达到最高水平。其中有几件重要的金器作品，值得分析。

1. 鎏金铜佛像。此件为内蒙古额济纳旗黑水城出土，佛面低垂，闭眼，作凝思状，佛衣有 12 条弧线，为衣服褶皱。形象端庄，威严然不失亲和。

2. 银川出土的鎏金佛教铜像，有普贤菩萨鎏金铜像、文殊菩萨鎏金铜像、韦驮鎏金铜像、护世天王鎏金铜像、寒山和尚鎏金铜像。这些铜像 1986 年出土于银川市新华街。这些作品中寒山和尚的形象尤其引人注意，塑像基本按生活中的真人模样雕塑，寒山神态轻松优雅，眼光微斜，嘴角含笑，两手提起，似为说话的手势。这样的雕像在西夏发现让人惊讶。这足以说明西夏的佛教与宋朝的佛教联系相当多，关系相当密切了。

---

① 脱脱等:《宋史·卷三百七十一·列传第一百三十·王伦》。
② 吴广成:《西夏书事》卷三十六，甘肃文化出版社 1995 年版，第 418 页。
③ 李步嘉撰:《越绝书校释》，武汉大学出版社 1992 年版，第 267 页。

银川市出土的寒山和尚鎏金铜像

3. 鎏金铜牛。此件于西夏陵区出土，长 120 厘米，宽 38 厘米，高 45 厘米，重 188 公斤。牛作卧地式，两角高耸，两眼圆睁，瞪视前方，威风凛凛。

西夏陵 117 号出土的铜牛

4. 金冠。西夏的金冠不仅皇帝戴，后妃戴，武官也戴。各种冠各有不同的款式，《宋史·夏国传》说"武职则冠金帖起云缕冠、银帖间金镂冠"，"文资则幞头"。但《辽史·西夏传》说："设官分文武，其冠用金镂贴间起云"，没有说文官不戴金冠。

5. 金带饰。西夏陵出土荔枝纹金带饰，长 5 厘米，宽 2.1 厘米，厚 0.4 厘米。带上錾刻三串荔枝及枝叶，做工精细，富丽堂皇。

6. 金杯。西夏出土的金器中也有一些为实用品，其中有金杯。1987 年，甘肃武威市出土了一批西夏金器，其中有金杯两件，杯高4.7厘米，口径9.1厘米，底径3.2厘米。胎体光滑，杯表有牡丹花纹样，做工极为精致，为艺术精品。

所有西夏的工艺品都体现了一个工艺美学的基本原则：功利与审美的统一。

第二节　音乐：胡风汉韵

西夏的乐舞大致可以分为宫廷音乐、民间音乐两大部分。前者受中原王朝礼乐制度影响，后者主要为民族音乐。

一、宫廷音乐

西夏民族主要为党项羌人。本姓拓跋氏，"唐贞观初，有拓跋赤辞者归唐，太宗赐姓李"[1]。唐末拓跋思恭镇夏州，破黄巢有功，被唐僖宗复赐姓李，封为夏州节度使。《西夏书事》卷十二载，唐僖宗赐拓跋思恭"鼓吹全部，部有三驾：大驾用一千五百三十人，法驾七百八十一人，小驾八百一十六人：俱以金钲、节鼓、捆鼓、大鼓、小鼓、铙鼓、羽葆鼓、中鸣、大横吹、小横吹、筚篥、桃皮、茄、笛为器"。这里说的大驾、小驾、法驾为天子车行仪仗，金钲等为宫廷乐器。应该说，这是党项族接受中原王朝宫廷音乐的开始。《金史》特别予以记载："五代之际，朝兴夕替，制度礼乐荡为灰烬，唐节度使有鼓吹，故夏国声乐清厉顿挫，犹有鼓吹之遗音焉。"[2] 李德明即位，加大了学习中原王朝礼仪制度的步伐，类似于中原王朝的礼乐体系已经出现。《宋史·夏国传》云：

> 夏之境土，方二万余里，其设官之制，多与宋同。朝贺之仪，杂用唐、宋，而乐之器与曲则唐也。[3]

---

① 脱脱等：《宋史·卷四百八十五·列传第二百四十四·外国一·夏国上》。
② 脱脱等：《金史·卷一百三十四·列传第七十二·外国上·西夏》。
③ 脱脱等：《宋史·卷四百八十六·列传第二百四十五·外国二·夏国下》。

　　但是，李元昊即位后，则对这一制度诸多不满，认为有损党项族的民族战斗精神。他对大臣野利仁荣说："王者制作礼乐，道在宜民；蕃俗以忠实为先，战斗为务，若唐宋之缛节繁音，吾无取焉。"野利仁荣表示支持。于是，采取措施，"于吉凶、嘉宾、宗祀、燕享、裁礼之九拜为三拜；革乐之五音为一音。"① 所谓"革乐之五音为一音"就是革去唐宋、吐蕃、回鹘、契丹四音，只留下党项这一音。据《西夏书事》载，元昊妃索氏，趁元昊打仗外出，在家偷偷欣赏五音，元昊归来，知道此事，索氏非常害怕，自刎身亡。

　　元昊去世后，其子谅祚即位，采取对宋友好的态度，上书宋朝廷，言"慕中国衣冠"②，谅祚之后，其子秉常被宋朝册封为夏国主，秉常继承其父友宋的政策。第五代西夏国王李仁孝执政时，更是试图复兴中原王朝的礼乐制度，"重大汉太学"，"尊孔子为文宣帝"，"策举人"。仁孝在宫内设"蕃汉乐人院"，他令乐官李元儒，汇集汉族乐书，改定西夏乐制，制作新的乐律，历时三年完成，《宋史·夏国传》说"增修律成，赐名'鼎新'"③。应该说，既体现党项民族自主性，又兼容汉民族音乐精华的西夏宫廷音乐体系最终在李仁孝时代完成。

　　据高春明主编的《西夏艺术研究》，西夏的宫廷音乐主要有《八佾》《柘枝》《西凉乐》等。

　　《八佾》是中原先秦天子专用的乐舞形式，有《青阳》《朱明》《西皓》《玄冥》等歌曲伴唱，有《云翘》《育命》等舞蹈，用于立春、立夏、立秋、立冬的节气祀天……《柘枝》在唐宋宫廷中广为传播，深受欢迎，传入西夏，为西夏党项羌贵族所喜爱。……《西凉乐》很早就从西域传入中原，被隋唐宫廷吸收为九部乐、十部乐的组成部分，列为诸蕃乐首位。……西夏还宫廷表演大曲，……在"大曲"曲目中载有《也葛倘兀》。据研究，"也葛"为蒙古语"大"，"倘兀"为蒙古语"西夏"，《也

---

① 　吴广成：《西夏书事》卷十二，甘肃文化出版社 1995 年版，第 146 页。

② 　脱脱等：《宋史·卷四百八十五·列传第二百四十四·外国一·夏国上》。

③ 　脱脱等：《宋史·卷四百八十六·列传第二百四十五·外国二·夏国下》。

葛倘兀》即西夏大曲。①

西夏的宫廷音乐基本来自汉人音乐。《宋史·夏国传》说："夏之境土土，方二万余里，其设官之制，多与宋同。朝贺之仪，杂用唐、宋，而乐之器与曲则唐也。"② 后期也渗入了蒙古音乐。所有这些音乐在西夏国演奏时都经过了西夏人的再创造，因此，它们是中华民族文化的结晶。

二、民间音乐

西夏的民间音乐指西夏人在生产生活以及战争中所演唱的音乐。这种音乐更多地具有本民族的精神特色，也具有西北民族的环境氛围。主要有：

1. 战争音乐。李元昊在外征战，"常携《野战歌》"③。这《野战歌》肯定具有鼓舞士气的作用。

2. 祭祀音乐。太宗李德明母罔氏薨时，"德明以乐迎至枢前"④，这乐就是祭祀音乐。

3. 怨歌。李元昊在外征战，战事极为惨烈，"人困于点集，财力不给"，而李元昊仍然在拼命搜刮百姓财物，以支援战争，《宋史》说"国中为《十不如》之谣以怨之"⑤。

当然，也有欢庆的歌曲、爱情歌曲、说唱的歌曲、娱乐的歌曲等，这些反映百姓生活、抒发百姓情感的音乐充分见出西夏人民的精神风貌。这些歌曲一般是胡歌，但也有汉歌。宋朝学者沈括在《梦溪笔谈》中说到在边地听羌人（应为党项羌）唱歌的情景，作诗曰："天威卷地过黄河，万里羌人尽汉歌，莫堰横山倒流水，从教西去作恩波"；"马尾胡琴随汉车，曲声犹自怨单于。弯弓莫射云中雁，归雁如今不寄书。"⑥

---

① 高春明主编，刘建安副主编：《西夏艺术研究》，上海古籍出版社 2010 年版，第 266 页。

② 脱脱等：《宋史·卷四百八十六·列传第二百四十五·外国二·夏国下》。

③ 脱脱等：《宋史·卷四百八十五·列传第二百四十四·外国一·夏国上》。

④ 脱脱等：《宋史·卷四百八十五·列传第二百四十四·外国一·夏国上》。

⑤ 脱脱等：《宋史·卷四百八十五·列传第二百四十四·外国一·夏国上》。

⑥ 沈括：《梦溪笔谈·卷五·乐律一》。

三、宗教音乐

宗教音乐的资料主要出现于佛教的壁画中。壁画中有诸多飞天或手抱琵琶，或横吹笛管。画面流淌着美妙的音乐。

在诸多的艺术中，音乐是最易受到外民族的影响的。中华民族的音乐不仅集中国内地各民族音乐的之大全，而且也吸收了与中国有交流的一些国家如波斯、大食、印度、日本、朝鲜音乐的成分。这在唐朝音乐中最为突出。西夏音乐受唐朝音乐影响最多，因此，它的音乐中有着外域的成分，也就不出奇了。

第三节　绘画：百川汇海

西夏艺术的发现，不能不提到黑水城。黑水城，位于今内蒙古自治区额济纳旗境内。1907 年 12 月 25 日至 1909 年 7 月 26 日，以沙俄军官柯兹洛夫为首的所谓俄国皇家地理学会赴内蒙古四川探险，在黑水城进行了两次非法盗掘，盗走了诸多珍贵的西夏文物。这批文物内容极丰富，数量极大，质量极高。当这批文物中的一部分 1910 年在彼得堡展出时，震惊了世界。一个被灭亡两千年，其面貌几乎完全在人们印象中消失的西夏王朝突然展现在人们的面前，光辉灿烂，绚丽无比。其后，又有曾在中国敦煌莫高窟有过盗掠文物劣迹的英国人斯坦因接踵而来，在黑水城进行了为期 8 天的极其野蛮的盗掘。1923 年，中国学者徐旭生来黑水城进行考古挖掘时，呈现在他面前的是一片废墟，所有有价值的文物已被西方强盗劫掠一空，徐旭生此次发掘基本上是一无所获。黑水城的大量文物披露于世之后，一些国家的学者对西夏文物的研究接着跟进。新中国成立后，中国学者陆续在西夏陵、灵武、武威、敦煌、内蒙古巴彦淖尔盟的高油房等地发现诸多极有价值的西夏文物，对于西夏文物的研究也有新拓展。

西夏文物中，绘画占量比较大，其中有佛窟的壁画、卷轴画、唐卡、木版画、版画等。所绘内容以佛教为多。总体特色，可以用"海纳百川"来概括。

这包括:绘画题材多元化、民族文化多元化、绘画风格多元化、表现形式多元化,这百川汇海的场景极为可观,它充分反映西夏文化的开放性,这方面,西夏绘画体现得最为突出。西夏艺术的兼容性主要体现为:党项族与汉文化的兼容性,党项族与吐蕃民族的兼容性。

虽然西夏是一个由党项族为首的多民族的统一的王朝,也非位于中国的中原地带,但是这个王朝与以汉文化为统治文化的中原王朝一直有着密切联系,这个联系可以追溯到汉,而在唐则达到高峰,西夏族首领一度成为唐王朝的节度使。虽然在宋朝,西夏政权与中原的关系趋向复杂,时而向宋王朝称臣,时而又投靠辽、金,但是,与宋的联系从未中断,其文化上的联系应该说超过唐朝。众所周知,宋在绘画上达到了历史上从未有过的高峰,西夏绘画向宋王朝学习尤多,但不可忽视的是,西夏与唐朝有过长达近三百年的友好关系,唐朝绘画对于西夏的影响早已深入骨髓。因此,全面地看西夏的绘画艺术,其风韵、精神还是唐朝胜过了宋朝。

一、人物画

西夏画以人物画为多,人物主要为佛教人物,由于佛教系由印度传入的外来宗教,其佛教人物的造型应该为印度人,但是经过数百年后,其人物造型就逐渐地中国化了,中国化又有一个西域化向中原化的过渡。西夏佛教绘画中的人物基本上中原化了。

例一,药师佛像。莫高窟第 310 窟药师佛。此画为西夏时期所绘。药师佛的形象为一慈祥的中年人,性别难以辨识,将佛、菩萨的性别淡化,是唐宋佛像的特点。此佛头结圆形发髻并戴冠,三分之二的侧脸,微胖,长长的弯月形的眉毛,眼长、微眯、似显笑意,鼻长、有肉而柔软,嘴小、微闭欲启,右袒,露出右臂、颈及前胸一部。虽然头、身均有光环,但整个形象随和、亲切,切合药师佛拯救人类疾苦解除一切祸害的身份。药师佛的这一造型显然是中原人,虽然不能确定为汉人,但肯定不是党项人,准确地说综合了汉人与西夏人,是华夏人。这种药师佛造型,继承唐代佛画传统,又吸收了宋朝佛画的成分以及西北地区少数民族地区的画风。

例二，大势至菩萨图，俄罗斯圣彼得堡艾尔米塔什博物馆藏的黑水城出土的大势至菩萨图。此画长125厘米，宽62.5厘米。大势至菩萨面相丰满，有胡须，显然是男人，但整个形象女性化，眉长，眼长，目光朝下，柔和微见冷峻；肉鼻不高见长，嘴小唇厚，两耳垂肩，这正是唐朝敦煌雕塑中典型的菩萨像。

例三，观音图。西夏绘画中有各种各样的观音图像，其中，现藏于俄罗斯圣彼得堡艾尔米塔什博物馆的黑水城出土水月观音图极为珍贵，这幅画长103厘米，宽57.5厘米。画面背景为海岸一角，大海水波荡漾，天空月光隐约。观音轻松地坐在岩石上，身子稍侧，身旁有净瓶，身后右边是竹石，左边是牡丹莲花。观音一手撑住身子，一手前探，似在与前方的人物交流。前方有一老者向观音拱手，老者背后有一小童。一老一少踏在云气之中，浮在水面之上，似正在往生西方极乐世界。画面的左下角，海岸上有一群人，还有两匹马，似是奏乐舞，送拜亡灵。画面的右上角，在海中的一个小岛上，有一着红衣的小孩，秃发，有四个小鬏，向着观音这一面，扬着手势。这幅画的生活气息很浓，这种想象中的送别亡灵的生活情景不属于党项族，而属于汉民族。值得我们特别关注的是人物造型，观音造型完全是汉民族的画风，女性，丰满圆润，神态庄严而又温婉有情。往生西方的老者戴黑色幞头，着宽袖长袍，完全是汉人服饰。送葬的人物则着党项族的窄衫，是老人的亲属和下属。这画面的习俗，应该是党项族的丧葬习俗，但这习俗中掺杂着汉民族的习俗成分。

例四，供养人像。莫高窟409窟南侧有壁画《西夏皇帝供养像》，画面中的皇帝身着团龙袍，高冠，圆脸。这样的西夏皇帝形象，明显地兼有汉人形象的成分。此窟北侧有《西夏后妃供养像》，"后妃头戴凤冠并镶有绿色宝石，身穿翻领长袍，手持供养花，能戴凤冠的不是一般贵人，与南侧的皇帝对称，即是后妃。人物脸型圆润饱满，两腮外鼓，显得体胖腰圆，崇尚肥胖为美，是唐代遗风"①。

①　陈育宁、汤晓芳：《西夏艺术史》，上海三联书店2010年版，第63页。

值得一说的是，虽然西夏的宗教主要是佛教，但道教也存在。这与唐宋皇帝崇奉道教有关系。黑水城出土有一帧《玄武大帝图》，玄武大帝是道教的神灵。

西夏人物画中也有画世俗人物的。甘肃武威西夏墓出土一件人物木版画，画板长 28 厘米，宽 10.5 厘米。画面为一老人，戴高耸的两层幞头，着交领宽袖长袍。老人长圆脸，长须飘动，神态安详，正是中原老人模样。画板上墨书"蒿里老人"想是老人名字。这类人物画，还有《老仆图》，亦系武威西夏墓出土。画面上的仆人，剑眉，圆眼，钩鼻，两手作揖，戴后倾的软幞头，着圆领长袍，形象凶恶。

西夏人物画的画法，基本为线描，重彩，可以明显见出中原画风的影响。

二、山水画

西夏绘画以人物画为主，至今并没有发现水墨山水。但是，各种佛画人物画的背景常见山水点染，山水画法类与唐宋的青绿山水相同。山水在画中所占面积之多少，情况不一，有的为边角，有的为半景。甘肃榆林窟第三窟的佛教壁画《文殊变》《普贤变》中的山水所占面积超过画面的二分之一，为全景式山水。重峦叠嶂中，掩映着高耸的寺院。寺院为高台式宫殿，完全是中原风格，山峦岩石取北地山水画法，少树，岩石裸露，孤峭入云。有飞瀑，有云气，整个画面生气氤氲，又静谧非常，神秘，虚幻。显然，这是按道教神仙境界来描绘的。这是中原山水画中常见的手法。

三、装饰画

装饰画多为建筑图案，用以装饰建筑构件，其中有一些装饰画具有中原文化风采，如，龙凤图案。莫高窟第 16 窟有团凤四龙藻井图案。凤在中心，为浮雕，展翅飞翔，凤头衔一火焰宝珠，凤尾旋转成圆状。周围为四条蛟龙，腾挪起舞，生意盎然。

这样一种龙凤合在一起的图案，可能是中原文化影响所及。值得指出的是，崇龙、崇凤不是中原地区特有的文化现象，史前，几乎整个中国都存在着各种形式的龙凤崇拜。距今 4000 多年前甘肃马家窑文化就有凤凰崇拜，至于龙，马家窑盛行蛙崇拜，蛙的变体，就成为龙。马家窑文化应是中华民族诸多民族文化的由来，不排除其中有党项族的前身。

四、经变画

经变是有故事的佛教画。有些佛教故事涉及中原文化，如甘肃榆林窟第三窟中的《普贤变》。画面中一角有唐僧取经的形象。面对着波涛滚滚的大海，唐僧双手合十，向普贤礼拜。唐僧身后，是白马，有一猴面的和尚，乃中原文化中所说的"孙悟空"。这画面正是元朝时吴承恩创作神魔小说《西游记》的素材之一。

五、唐卡

唐卡是西藏特有的用于礼佛的绘画样式，这种样式的来源，目前也还有着不同的说法①，此不展开。西夏唐卡集中在黑水城发现，共有 69 幅②。

藏传佛教是由印度直接传入西藏的佛教，派系很多，西夏人对于藏传佛教的接受是有所选择的，大抵上，对其中涉及密教的内容更感兴趣，因此，在唐卡中主要有描绘金刚座作降魔手印的释迦牟尼佛、药师佛和密教修习中的某些内容如金刚亥母、上乐金刚坛城等。金刚座作降魔手印的释迦牟尼佛造像风格有突出特点，头部很大，五官集中，佛陀呈少年相，脖颈短，胸廓异常壮硕等。谢继胜称之为"黑水城佛陀特征"③。另外，画面有怪异的形象。佛陀头部两侧龛顶上有蓝色和黄色的正面的人首

---

① 谢继胜的《西夏藏传绘画——黑水城出土的西夏唐卡研究》（河北教育出版社 2002 年版，第 297 页）说："唐卡这种艺术形式并非来自印度，实际上它的发展演变过程与从汉唐至宋元汉地卷轴画的形成演变过程一致，发源于蕃汉交往密切的敦煌，沿着佛教绘画的轨迹，由吐蕃旗幡画演变而成的。"

② 谢继胜：《西夏藏传绘画——黑水城出土的西夏唐卡研究》，河北教育出版社 2002 年版，第 12 页。

③ 谢继胜：《西夏藏传绘画——黑水城出土的西夏唐卡研究》，河北教育出版社 2002 年版，第 71 页。

鸟身有翼动物。西夏藏传绘画研究专家谢继胜认为，此人首鸟翼佛像是"迦陵频伽像"，他引《新译大方广佛华严经音义》卷下云："迦陵频伽，此云美音鸟，或云妙声鸟。此鸟本出雪山，在卵中即能鸣。其音和雅，听者无厌。"①

西夏佛教来源比较多，一部分来自藏传佛教，另一部分来自汉传佛教。《西夏纪事本末》载，西夏国王李元昊儿子谅祚即位后在一定程度上纠正元昊抗拒宋文化的做法，主动地向宋朝"乞赎《大藏经》"而宋朝也同意赐给《大藏经》，并赐给纸墨工具，准其印制佛经。② 因此，西夏的佛教体系比较地乱，藏传佛教与汉传佛教都有。即使是唐卡，也不是全部是纯粹的藏传佛教的内容，它也会有一些汉传佛教的因素。比如，唐卡中的阿弥陀佛形象，谢继胜认为，"仍然带有极强的汉地风格，成为西夏绘画中融和汉藏不同艺术风格的最好例证"③，这与净土宗在藏地流行有极大关系，净土宗尊的就是阿弥陀佛，此宗创立于东晋，汉人慧远为初祖。

另外，俄罗斯艾尔米塔什博物馆所藏的黑水城莲花手菩萨像，也具有浓郁的中原风格。此像原属一幅大唐卡的左侧边。此像为女人态，身子微作 S 形，极为优雅。面部椭圆，嘴角翘起，带着微笑，双眉连成波浪，舒展大方。

综上所述，西夏绘画称得上丰富多彩，百花齐放，风格多样，美不胜收。这中间，有三大美学来源：

第一，是佛教精神。佛教是一种极温和的宗教。它的佛号崇拜论将爱心开发到无限；轮回论将生命开发到无限；因果报应论将为善的道理开发到无限。佛教的美妙是中国美学境界论的重要源泉，而在西夏绘画中，它是最好的为善教育，最佳的审美享受。

---

① 谢继胜：《西夏藏传绘画——黑水城出土的西夏唐卡研究》，河北教育出版社 2002 年版，第 31 页。

② 参见张鑑：《西夏纪事本末》，浙江古籍出版社 2015 年版，第 198—199 页。

③ 谢继胜：《西夏藏传绘画——黑水城出土的西夏唐卡研究》，河北教育出版社 2002 年版，第 49 页。

俄罗斯艾尔米塔什博物馆所藏的
黑水城莲花手菩萨像

　　第二，是本民族的生命精神。西夏主要部族为党项族，这是一个具有极强生命力的民族，它的崇武尚文的精神，它的开放胸怀，不仅让西夏政权存在 100 多年，而且其优秀的民族精神一直保留在民族的血液之中，千百代地承传，哪怕它已融合在别的民族之中。

　　第三，是别的民族其中主要是汉民族的生命精神。这种精神自党项族兴起始，就一直在影响着党项民族，它渗透在党项族的各种生活之中，也渗透在它的艺术之中。